U0513522

近代中外交涉史料丛刊

袁保龄 撰 孙海鹏 整理

近代中外交涉史料丛刊

第二辑

复旦大学中外现代化进程研究中心　主编

本辑执行主编：戴海斌

直隸候補道劉含芳
直隸津海關道周 馥
直隸候補道袁保齡
分省補用道羅豐祿
江蘇候補道張 翼
天津府知府汪守正
分省補用道黃建筦
直隸候補道潘駿德
直隸候補道盛宣懷

袁保龄与北洋同僚合影

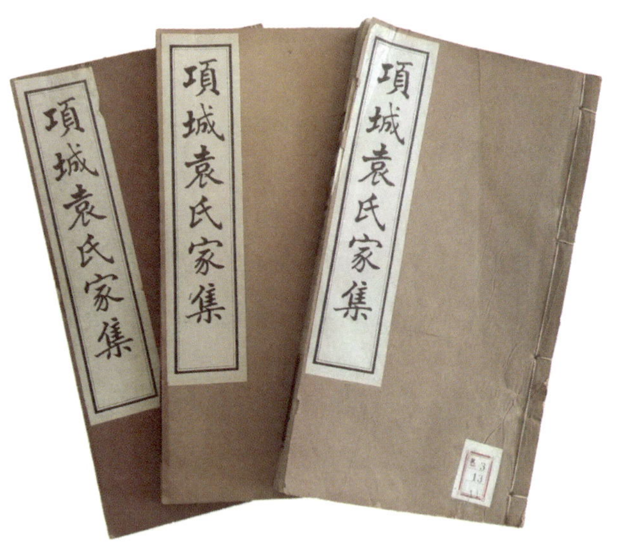

《项城袁氏家集》书影

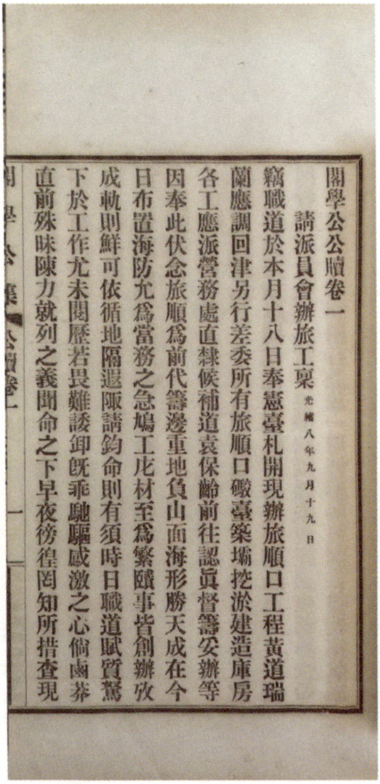

閻學公公牘卷一

請派員會辦旅工稟 光緒八年九月十九日

竊職道於本月十八日奉憲臺札開現辦旅順口工程黄道瑞蘭應調回津另行差委所有旅順口礮臺築壩挖淤建造庫房各工應派營務處直隸候補道袁保齡前往認眞督籌妥辦等因奉此伏念旅順爲前代籌邊重地負山面海形勝天成在今日布置海防尤爲當務之急鳩工庀材至爲繁賾事皆創辦攷成執則鮮可依循地隔遐陬請鈞命則有須時日職道賦質駑下於工作尤未閲歷若畏難諉卸既乖馳驅感激之心倘鹵莽直前殊昧陳力就列之義聞命之下早夜徬徨罔知所措查現

《阁学公公牍》书影

窗通
鴻儀時殷蟻慕仰荷
芝棫之遠賁彌殷蘭佩以邇恆敬維
子静仁兄姻大人捍海勳隆
整軍令肅
楙聲華於薇省綏藩資借箸之才荷
簡畀於
楓宸紀績渥
書屏之寵
升庸不次豫頌維殷弟濫廁邊防諸慚魯鈍上
月中浣回津匆當公事凱姪亦由姻隨節踵至
俟其清釐各務於初間回里後亦趕治裝鼓棹
於月之十七日旋防征塵甫浣冗務紛乘幸壹是
諸托敉平差足報紓
綺注耳泐丹奉覆敬請
台安
姻愚弟袁保齡頓首

袁保龄书札

总 序

梁启超在20世纪初年撰《中国史叙论》,将乾隆末年至其所处之时划为近世史,以别于上世史和中世史。此文虽以“中国史叙论”为题,但当日国人对于“史”的理解本来就具有一定的“经世”意味,故不能单纯以现代学科分类下的史学涵盖之。况且,既然时代下延到该文写作当下,则对近世史的描述恐怕也兼具“史论”和“时论”双重意义。任公笔下的近世史,虽然前后不过百来年时间,但却因内外变动甚剧,而不得不专门区分为一个时代。在梁启超看来近世之中国成为了“世界之中国”,而不仅仅局限于中国、亚洲的范围,其原因乃在于这一时代是“中国民族连同全亚洲民族,与西方人交涉竞争之时代”。不过,就当日的情形而论,中国尚处于需要“保国”的困境之中,遑论与列强相争;而面对一盘散沙、逐渐沦胥的亚洲诸国,联合亦无从说起,所谓“连同”与“竞争”大抵只能算作“将来史”的一种愿景而已。由此不难看出,中国之进入近世,重中之重实为“交涉”二字。

“交涉”一词,古已有之,主要为两造之间产生关系之用语,用以表示牵涉、相关、联系等,继而渐有交往协商的意思。清代以前的文献记载中,鲜有以“交涉”表述两个群体之间的关系者。有清一代,形成多民族一统的大帝国,对境内不同族群、宗教和地域的治理模式更加多元。当不同治理模式下的族群产生纠纷乃至案件，或者有需要沟通处理之事宜时，公文中便会使用“交涉”字眼。比如“旗民交涉”乃是沟通满人与汉人，“蒙民交涉”或“蒙古民人交涉”乃是沟通蒙古八旗与汉人，甚至在不同省份或衙门之间协调办理相关事务时，也使用了这一词汇。乾隆中叶以降，“交涉”一词已经开始出现新的涵义，即国与国之间的协商。这样的旧瓶新酒，或许是清廷“理藩”思维的推衍与惯性使然，不过若抛开朝贡宗藩的理念，其实质与今日国际关系范畴中的外交谈判并无二致。当日与中国产生“交涉”的主要是陆上的邻国，包括此后被认为属于“西方”的沙俄，封贡而在治外的朝鲜与服叛不定的缅甸等国。从时间上来看，“交涉”涵义的外交化与《中国史叙论》中的“乾隆末年”基本相合——只是梁启超定“近世史”开端时，心中所念想必是马嘎尔尼使华事件，不过两者默契或可引人深思。

道光年间的鸦片战争，深深改变了中外格局，战后出现的通商口岸和条约体制，致使华洋杂处、中外相联之势不可逆转。故而道咸之际，与“外夷”及“夷人”的交涉开始增多。尤其在沿海的广东一地，因涉及入城问题等，“民夷交涉”蔚然成为一类事件，须由皇帝亲自过问，要求地方官根据勿失民心的原则办理。在《天津条约》规定不准使用“夷”字称呼外人之前一年，上谕中也已出现“中国与外国交涉事件”之谓，则近百年间，“交涉”之对象，由“外藩”而“外夷”，再到“外国”，其中变化自不难体悟。当然，时人的感触与后见之明毕竟不同，若说“道光洋艘征抚”带来的不过是“万年和约”心态，导致京城沦陷的“庚申之变”则带来更大的震慑与变化。列强获得直接在北京驻使的权力，负责与之对接的总理衙门成立，中外国家外交与地方洋务交涉进入常态化阶段。这是当日朝廷和官员施政新增的重要内容。因为不仅数量上“中外交涉事件甚多”,“各国交涉事件甚繁”,而且一旦处置不当,将造成“枝节丛生,不可收拾”的局面,所以不得不“倍加慎重”,且因“办理中外交涉事件,关系重大”,不能“稍有漏泄”,消息传递须“格外严密”。如此种种,可见从同治年间开始,“中外交涉”之称逐渐流行且常见,“中外交涉”之事亦成为清廷为政之一大重心。

在传统中国,政、学之间联系紧密,既新增“交涉”之政,则必有“交涉”之学兴。早在同治元年,冯桂芬即在为李鸿章草拟的疏奏中称,上海、广州两口岸“中外交涉事件”尤其繁多,故而可仿同文馆之例建立学堂,往后再遇交涉则可得此人才之力,于是便有广方言馆的建立。自办学堂之外,还需出国留学,马建忠在光绪初年前往法国学习,所学者却非船炮制造,而是“政治交涉之学”。他曾专门写信回国,概述其学业,即“交涉之道”,以便转寄总理衙门备考。其书信所述主要内容,以今天的学科划分来看大概属于简明的国际关系史,则不能不旁涉世界历史、各国政治以及万国公法。故而西来的“交涉之学”一入中文世界,则与史学、政教及公法学牵连缠绕,不可区分。同时,马建忠表示“办交涉者”已经不是往昔与一二重臣打交道即可,而必须洞察政治气候、国民喜好、流行风尚以及矿产地利、发明创造与工商业状况,如此则交涉一道似无所不包,涵纳了当日语境下西学西情几乎所有内容。

甲午一战后,朝野由挫败带来的反思,汇成一场轰轰烈烈的变法运动,西学西政潮水般涌入读书人的视野。其中所包含的交涉之学也从总署星使、疆臣关道处的职责攸关,下移为普通士子们学习议论的内容。马关条约次年,署理两江的张之洞即提出在南京设立储才学堂,学堂专业分为交涉、农政、工艺、商务四大类,其中交涉类下又有律例、赋税、舆图、翻书(译书)之课程。在张之洞的设计之中,交涉之学专为一大类,其所涵之广远远超过单纯的外交领域。戊戌年,甚至有人提议,在各省通商口岸无论城乡各处,应一律建立专门的"交涉学堂"。入学后,学生所习之书为公法、约章和各国法律,接受交涉学的基础教育,学成后再进入省会学堂进修,以期能在相关领域有所展布。

甲午、戊戌之间,内地省份湖南成为维新变法运动的一个中心,实因官员与士绅的协力。盐法道黄遵宪曾经两次随使出洋,他主持制定了《改定课吏馆章程》,为这一负责教育候补官员和监督实缺署理官员自学的机构,设置了六门课程:学校、农工、工程、刑名、缉捕、交涉。交涉一类包括通商、游历、传教一切保护之法。虽然黄遵宪自己表示"明交涉"的主要用意在防止引发地方外交争端,避免巨额赔款,但从课程的设置上来看包含了商务等端,实际上也说明即便是内陆,交涉也被认为是地方急务。新设立的时务学堂由梁启超等人制定章程,课程中有公法一门,此处显然有立《春秋》为万世公法之意。公法门下包括交涉一类,所列书目不仅有《各国交涉公法论》,还有《左氏春秋》等,欲将中西交涉学、术汇通的意图甚为明显。与康梁的经学理念略有不同,唐才常认为没必要因尊《公羊》而以《左传》为刘歆伪作,可将两书分别视为交涉门类中的"公法家言"和"条例约章",形同纲目。他专门撰写了《交涉甄微》一文,一则"以公法通《春秋》",此与康梁的汇通努力一致;另外则是大力鼓吹交涉为当今必须深谙之道,否则国、民利权将丧失殆尽。在唐才常等人创办的《湘学报》上,共分六个栏目,"交涉之学"即其一,乃为"述陈一切律例、公法、条约、章程,与夫使臣应付之道若何,间附译学,以明交涉之要"。

中国传统学问依托于书籍,近代以来西学的传入亦延续了这一方式,西学书目往往又是新学门径之书。在以新学或东西学为名的书目中,都有“交涉”的一席之地。比如《增版东西学书录》和《译书经眼录》,都设“交涉”门类。两书相似之处在于将“交涉”分为了广义和狭义两个概念,广义者为此一门类总名,其下皆以“首公法、次交涉、次案牍”的顺序展开,由总体而个例,首先是国际法相关内容,其次即狭义交涉,则为两国交往的一些规则惯例,再次是一些具体个案。

除“中外交涉”事宜和“交涉之学”外,还有一个表述值得注意,即关于时间的“中外交涉以来”。这一表述从字面意思上看相对较为模糊,究竟是哪个时间点以来,无人有非常明确的定义。曾国藩曾在处理天津教案时上奏称“中外交涉以来二十余年”,这是以道光末年计。中法战争时,龙湛霖也提及“中外交涉以来二十余年”,又大概是指自总理衙门成立始。薛福成曾以叶名琛被掳为“中外交涉以来一大案”,时间上便早于第二次鸦片战争。世纪之交的1899年,《申报》上曾有文章开篇即言“中外交涉以来五十余年”,则又与曾国藩所述比较接近。以上还是有一定年份指示的,其他但言“中外交涉以来”者更不计其数。不过尽管字面上比较模糊,但这恰恰可能说明“中外交涉以来”作为一个巨变或者引出议论的时间点,大约是时人共同的认识。即道咸年间,两次鸦片战争及其后的条约框架,使得中国进入了一个不得不面对“中外交涉”的时代。

“交涉”既然作为一个时代的特征,且历史上“中外交涉”事务和“交涉”学又如上所述涵纳甚广,则可以想见其留下的相关资料亦并不在少数。对相关资料进行编撰和整理的工作,其实自同治年间即以“筹办夷务”的名义开始。当然《筹办夷务始末》的主要编撰意图在于整理陈案,对下一步外交活动有所借鉴。进入民国后，王彦威父子所编的《清季外交史料》则以“史料”为题名，不再完全立足于“经世”。此外，出使游记、外交案牍等内容，虽未必独立名目，也在各种丛书类书中出现。近数十年来，以《清代外务部中外关系档案史料丛编》、《民国时期外交史料汇编》、《走向世界丛书》（正续编）以及台湾近史所编《教务教案档》、《四国新档》等大量相关主题影印或整理的丛书面世，极大丰富了人们对近代中外交涉历史的了解。不过，需要认识到的是，限于体裁、内容等因，往往有遗珠之憾，很多重要的稿钞、刻印本，仍深藏于各地档案馆、图书馆乃至民间，且有不少大部头影印丛书又让人无处寻觅或望而生畏，继续推进近代中外交涉相关资料的整理、研究工作实在是有必要的，这也是《近代中外交涉史料丛刊》的意义所在。

这套《丛刊》的动议，是在六七年前，由我们一些相关领域的年轻学者发起的，经过对资料的爬梳，拟定了一份大体计划和目录。复旦大学中外现代化进程研究中心的章清教授非常支持和鼓励此事，并决定由中心牵头、出资，来完成这一计划。以此为契机，2016年在复旦大学召开了“近代中国的旅行写作、空间生产与知识转型”学术研讨会，2017年在四川师范大学举办了“绝域輶轩：近代中外交涉与交流”学术研讨会，进一步讨论了相关问题。上海古籍出版社将《丛刊》纳入出版计划，胡文波、乔颖丛、吕瑞锋等编辑同仁为此做了大量的工作。2020年7月，《近代中外交涉史料丛刊》第一辑十种顺利刊行，荣获第二十三届华东地区古籍优秀图书一等奖。《丛刊》发起参与的整理者多为国内外活跃在研究第一线的高校青年学者，大家都认为应该本着整理一本，深入研究一本的态度，在工作特色上表现为整理与研究相结合，每一种资料均附有问题意识明确、论述严谨的研究性导言，这也成为《丛刊》的一大特色。

2021 年 11 月、2024 年 6 月，由复旦大学中外现代化进程研究中心与复旦大学历史学系联合举办的“钩沉与拓展：近代中外交涉史料丛刊”学术工作坊、“出使专对：近代中外关系与交涉文书”学术工作坊相继召开，在拓展和推进近代中外关系史研究议题的同时，也进一步扩大充实了《丛刊》整体团队，有力推动了后续各辑的筹备工作。《丛刊》计划以十种左右为一辑，陆续推出，我们相信这将是一个长期而有意义的历程。

这一工作也是国家社科基金重大项目《晚清外交文书研究》(23&ZD247)、教育部人文社科重点基地重大项目《全球性与本土性的互动：近代中国与世界》(22JJD770024)的阶段性成果。

整理凡例

一、本《丛刊》将稿、钞、刻、印各本整理为简体横排印本，以方便阅读。

二、将繁体字改为规范汉字，除人名或其他需要保留之专有名词外，异体、避讳等字径改为通行字。

三、原则上保持文字原貌，尽量不作更改，对明显讹误加以修改，以〔　〕表示增字，以（　）表示改字，以□表示阙字及不能辨认之字。

四、本《丛刊》整理按照国家标准标点符号用法，进行标点。

五、本《丛刊》收书类型丰富，种类差异较大，如有特殊情况，由该书整理者在前言中加以说明。

目　录

风雨天涯梦[1]：袁保龄其人其事(代前言)

光绪十五年(1889)，张佩纶(1848—1903)在《津门日记》中留有以下记录：

七月二十日(8月16日)晴。至春元栈河干答翁尚书。归闻袁子久之丧，病已三年矣。

七月二十一日(8月17日)晴。往吊子久。

八月初二日(8月27日)晴。省三寄银二千，助子久之丧。

九月初五日(9月29日)晴。送子久丧归陈州。[2]

张佩纶在日记中记录了“袁子久”去世的消息。“子久”是袁保龄(1841年2月16日—1889年8月16日)之字。张佩纶的简短记录中涉及两个人物，一位是与袁保恒(1826—1878)、袁保龄兄弟素有深交的翁同龢(1830—1904)，另外一位则是淮军名将刘铭传(1836—1896)。8月16日，张佩纶在天津春元客栈拜访回籍修墓的翁同龢，之后张佩纶回到自己的府上，便得到了袁保龄去世的

① 袁保龄：《阁学公集》诗稿拾遗《为朝鲜大院君李石坡作并题兰》，宣统辛亥(1911)夏清芬阁编刊，第4页。

② 张佩纶：《张佩纶日记》(上)，凤凰出版社，2015年，第220、221、222页。

消息。张佩纶应当是第一时间得知这一消息的人。越日,张佩纶到位于天津的袁府凭吊袁保龄,遇到了曾是袁保龄在旅顺口海防营务处时期的僚属李竟成(?—1902)。李竟成“专司出纳,精密廉勤”,[①]是袁保龄重要的助手之一,彼此相知甚深。袁保龄故去之时“病已三年矣”,窘迫不堪,尚“拮据称贷”,[②]以资助亲族,还有高氏(1837—1924)、刘氏(?—1895)两位夫人以及六子四女,家累繁重。时任台湾巡抚的刘铭传立即汇给张佩纶2 000两白银,用以资助袁保龄丧事。张佩纶在收到这笔为数可观的唁金之后,当天即通过李竟成转交给袁保龄家眷。

张佩纶在日记中对袁保龄去世的消息做了准确记录。与张佩纶记录相比较,袁保龄从子袁世凯(1859—1916)在得知噩耗之时,从朝鲜发回的家书的记录更加细致:

二十日接津电,四叔大人于二十卯时去世,天津数十口将何以得了。此家运之又大不幸也,痛甚。即电请中堂赏假一月,赴津料理,乃三次不允。已由中堂派人助款,将棺衾各事料理周备。三哥即日代弟赴津照料一切。弟尚顽壮,惟心绪大乱,不知从何说起。自幼随侍四叔多年,今不知何以为情。[③]

袁世凯家书中“已由中堂派人助款,将棺衾各事料理周备”之说的由来,见于李鸿章(1823—1901)在光绪十五年七月二十四日

① 袁保龄:《阁学公集》书札卷二《致章晴笙太史》,第6页。
② 袁保龄:《阁学公集》书札卷四《致张筱石姊丈》,第36页。
③ 骆宝善、刘路生主编:《袁世凯全集》第二卷《致二姊函》,河南大学出版社,2013年,第149页。

(1889年8月20日)酉刻发给袁世凯的电报“令叔后事已妥,不必挂念”。[①] 袁世凯无法返回天津料理丧事,只能委派族兄袁世廉自朝鲜赴天津照料一切。张佩纶在八月初三日(8月28日)日记中有“袁世廉自朝鲜来,未见”[②]的记录,即是指袁世廉料理袁保龄后事。袁保龄从弟袁保颐时于台湾沪尾办理海关税务事宜,“闻从兄保龄讣,病益沈重,夫人白氏割股疗之,病稍痊可。乃乞假力疾回津料理丧务,扶柩旋里”。[③] 在袁保颐、袁世廉等人的扶助下,高、刘二夫人携子女自天津扶棺归陈州。

1889年10月11日《申报》刊登了袁保龄去世,灵柩自天津起运回陈州的消息:

直隶候补道总理海防营务处袁子久观察因病逝世。筮期本月初四日举襄扶柩回籍,丧仪并不煊赫。除平常执事外,计衔牌数对,有“奉旨入城”“奉旨照军营立功后赐恤”等字样。灵船停泊茶店口火神庙前,护以炮船两艘云。[④]

在并不煊赫的丧仪之后,由两艘北洋炮船护卫袁保龄棺椁自海路返回陈州,这也许是对袁保龄夙著勋劳的慰藉。在此后的40多天,11月28日,袁世凯自朝鲜发回家书,其中写道“四叔大人灵柩已抵陈,大事了已太半,弟心事亦稍减”。[⑤] 也就是说,袁保龄灵柩在此时已经抵达陈州袁氏墓园,与其兄袁保恒之墓相伴,安葬在

① 骆宝善、刘路生主编:《袁世凯全集》第二卷《北洋大臣李鸿章来电》,第150页。
② 张佩纶:《张佩纶日记》(上),第221页。
③ 张镇芳:《项城县志》卷二三,宣统三年(1911)刊,第35页。
④ 《申报》,1889年10月11日。
⑤ 骆宝善、刘路生主编:《袁世凯全集》第二卷《致二姊函》,第198页。

其父袁甲三(1806—1863)墓地之侧。此刻居于朝鲜的袁世凯正是崭露头角之时,风势颇盛,两次家书中以“心绪大乱”“大事”来表达其对四叔父袁保龄去世的哀痛之情,袁保龄在其心目之中具有无可替代的位置。

光绪十五年八月初五(1889年8月30日),李鸿章上《为袁保龄请恤片》:

再,二品顶戴直隶候补道袁保龄,河南项城县举人,幼承其父袁甲三、其兄袁保恒之训,励志勤学,旋在军中襄事,谙习戎机。历任内阁中书、侍读,熟悉掌故,博通经济。光绪七年,臣以北洋佐理需才奏调来津,委办海防营务。八年,朝鲜内乱,派师往援,该员赞画军谋,动中肯綮。是年即派赴奉天旅顺口办理工防。该口为渤海咽喉,北洋水师屯驻之所,必须挖浚浅滩,展宽口门,创建船坞,添造库厂,储备粮饷军火,分筑炮台,控制洋面,百事创始,极形艰难。该员力任烦劳,迭与提督宋庆、丁汝昌,臬司周馥,道员刘含芳等察看妥筹,次第兴作。其筑拦潮坝一役,于冰雪风雾中昼夜抢修,始获平稳。九年,法越开衅,海防戒严,旅顺口仅成黄金山炮台一座,该员跋山涉海,勘地督工,不数月而东西两岸大小七台屹然并峙,声势稍壮,敌舰竟未敢北窥。十年冬,又值朝鲜之变,其时电报未通。津、沽封冻,消息间阻,凡驻朝淮军饷械及派往水师各船,赖该员筹助接济,俾得迅赴事机。十二年间,醇亲王亲临阅视,曾以旅防布置合宜,该员等尤为得力,奏奉懿旨:从优议叙在案。惟该口远处海滨,瘴湿甚重,寒苦异常。该员经营数年,遂成脾泻中风等症。兹于本年七月二十日病故,身后萧条,实堪悯惜。据宋庆等呈请奏恤前来。臣查袁保龄世受国恩,竭忠图报,学问具有根柢，识力亦甚坚卓，洵足干济时艰，不期积劳过久，受病过深，年未五旬，赍志以殁。旅顺口工程防务，该员出力为多，其功实未可泯。合无仰恳天恩，敕部将二品顶戴候补道袁保龄，照军营立功后积劳病故例从优议恤，并准祔祀袁甲三专祠，为以死勤事者劝。理合附片陈请，伏乞圣鉴训示。谨奏。

光绪十五年八月初八日，奉朱批：袁保龄著照军营立功后积劳病故例从优议恤，所请祔祀之处，著毋庸议。钦此。①

从李鸿章《为袁保龄请恤片》的时间来看，是在袁保龄去世之后的 14 天，即由包括四川提督、毅军统领宋庆(1820—1902)在内的一众人等请为袁保龄求恤，即在李鸿章给袁世凯发出“令叔后事已妥，不必挂念”电报后的 10 天。向朝廷奏请抚恤袁保龄的时间极快，此中有宋庆等人的倡议，也有袁世凯的诉求，当然，不排除李鸿章对袁保龄的惋惜。从内容上看，李鸿章将袁保龄一生事功划分为三个不同时期，亦即在袁甲三、袁保恒引领之下的“谙习戎机”时期；到北京任职内阁的“博通经济”时期；调入北洋于旅顺口“办理工防”时期。李鸿章在此片中着力强调袁保龄在旅顺口主理海防工程期间的所作所为，“袁保龄世受国恩，竭忠图报，学问具有根柢，识力亦甚坚卓，洵足干济时艰，不期积劳过久，受病过深，年未五旬，赍志以殁。旅顺口工程防务，该员出力为多，其功实未可泯”。这一评价构成了袁保龄作为历史人物形象的基调，与此同时，李鸿章也将袁保龄一生经历的大致轮廓简单勾勒出来。

22 年之后，宣统三年(1911)，时任吏部右丞孙绍阳向朝廷呈

① 李鸿章著，顾廷龙、戴逸主编：《李鸿章全集》卷 13《奏议十三 · 为袁保龄请恤片》，安徽教育出版社，2007 年，第 150—151 页。

报《陈请宣付史馆呈》,呈文中历数袁保龄功绩之后,“目见乡党父老追怀遗徽,历久不忘”,恳求将袁保龄事迹“宣付史馆,附列袁甲三传后”。[①] 呈文很快得到批复。1911 年 7 月 11 日《申报》登载了以下消息:

五月初三日(中略)又奉谕旨。都察院代奏河南京官吏部右丞孙绍阳等呈称,已故道员袁保龄勋勤卓著,遗爱在人,恳请宣付史馆立传一折。袁保龄生平事迹著宣付史馆,附列袁甲三传后。钦此。[②]

李鸿章在光绪朝为袁保龄请恤的内容得以实现,而孙绍阳在宣统朝为袁保龄请求将事迹“宣付史馆,附列袁甲三传后”,并未得以实现,及至民国时期开始编纂《清史稿》《清史列传》等在内的诸多人物传稿中并未载有袁保龄传记。从此,袁保龄的名字逐渐隐没于近代历史的汪洋大海之中。

一、著述有千秋[③]:袁保龄与《阁学公集》

目前所见袁保龄传记共有四种。

第一种见于宣统三年(1911)夏由天津袁氏清芬阁所排印《项城袁氏家集》之中袁保龄《阁学公集》卷首《国史列传》。此篇传记并未署撰者之名。

① 袁保龄:《阁学公集》卷首《吏部右丞孙绍阳等陈请宣付史馆呈》,第 6 页。
② 《申报》,1911 年 7 月 11 日。
③ 袁保龄:《阁学公集》诗稿拾遗《感怀》,第 5 页。

第二种见于民国七年(1918)由上海嘉业堂所刊印的章梫(1861—1949)所著《一山文存》卷五《袁保龄传》。此传影印本收录在台湾文海出版社1980年版《近代中国史料丛刊》续编第三十三辑中。两篇文字略有不同。

第三种见于汪兆镛(1861—1939)辑《碑传集三编》卷十八《袁保龄传》，署名为章梫。此传影印本收录在香港大东书局1978年版《碑传集三编》中。

第四种见于宣统三年(1911)夏由天津袁氏清芬阁所排印《项城袁氏家集》之中袁保龄《阁学公集》卷首《行状》，撰者许贞幹(1850—1917)。

前三种《袁保龄传》文字内容略有不同，撰者均应为章梫，撰写时间大约是在《项城袁氏家集》编纂后期，即在宣统二年(1910)前后，这一时间恰是章梫与袁保龄之子袁世传(1879—1926)同在邮传部任丞参上行走。[1] 许贞幹所撰写《行状》材料主要来自章梫所撰《国史列传》，只是在此基础上略事扩展而成传。

就目前所知四种《袁保龄传》情况来看，是以李鸿章《为袁保龄请恤片》为主体架构，围绕袁保龄在旅顺口海防工程建设时期的事功与因应法国、朝鲜等一系列重要历史事件展开的叙述。

综合章梫、许贞幹所撰袁保龄传记文字，可将其生平主要经历叙述如下：

袁保龄，字子久，一字陆龛。河南项城人。道光二十一年(1841)正月生。父袁甲三，字午桥，道光十五年(1835)进士，授礼部主事，充军机章京，累迁郎中。三十年(1850)擢江南道监察御

---

① 《申报》，1910年8月16日。

史,直言抗议,卓有政声。咸丰三年(1853)帮办安徽军务,自此戎马倥偬,与曾国藩(1811—1872)互相砥砺,有十余年之久,以漕运总督病卒于陈州,谥端敏。[①] 兄袁保恒,字小午,道光三十年(1850)进士,选庶吉士,授编修。从父军中,咸丰五年(1855)留其父甲三军营差遣,屡立战功。及甲三卒,袁保恒以侍读学士即补。同治七年(1868)受命赴李鸿章军委用。旋从陕甘总督左宗棠(1812—1885)赴陕西,越年受命管理左军西征粮台凡五年,期间与左宗棠多有罅隙。光绪二年(1876),调刑部侍郎。次年,河南大旱,保恒受命襄办赈灾事务,越年遂因感染时疫遽卒于赈所,谥文成。族兄袁保庆(1825—1873),字笃臣,咸丰八年(1858)举人。随袁甲三从军,历著战功。同治七年(1868),为马新贻(1821—1870)所荐,奉命赴两江,两年后署江南盐法道,于吏治、河工、鹾务及整顿防军均有所建树。同治十二年(1873)卒于任所。[②] 袁甲三有两子,袁保龄为其次子。

咸丰八年(1858),与族兄袁保庆皆中秀才,自此拜入李鸿藻(1820—1897)门下。

同治元年(1862),中举。赴袁甲三军营历练。

同治二年(1863)七月,袁甲三病逝,因父荫蒙恩赏内阁中书,居于陈州守孝。

同治五年(1866),随兄袁保恒赴京补缺。是年九月到京,以举人特用,任内阁中书。

同治十年(1871)五月,升少詹事,[③]记名内用。

---

① 赵尔巽等撰:《清史稿》列传二百五《袁甲三、子保恒》,中华书局,1977 年,第 12109 页。

② 王钟翰点校:《清史列传》卷五十《袁甲三、侄保庆》,中华书局,1987 年,第 3921 页。

③ 翁曾翰著,张方整理:《翁曾翰日记》,凤凰出版社,2014 年,第 199 页。

同治十一年(1872)八月,校《剿平粤匪方略》《剿平捻匪方略》告成,保内阁侍读,遇缺奏补。

光绪元年(1875)十一月,充《穆宗毅皇帝实录》校对。[①]

光绪二年(1876)三月,在京参加丙子科会试,落第。五月,充《穆宗毅皇帝实录》详校处差。八月,开缺,在所保之项候补。九月,充玉牒馆汉班誊录差。[②]

光绪三年(1877),纂《穆宗毅皇帝实录》全书过半,赏带花翎,换四品顶戴。纂《玉牒》告成,奖俟补侍读缺,后以知府在任即选,并交部议叙。

光绪四年(1878),兄袁保恒奉命筹办豫省赈灾事宜,四月,卒于赈所。其时方补侍读,呈请开底缺,归河南办理赈务。尽出家财,益以称贷,毁家纾难,活人无数。照赈例给奖,以道员不论双单月即选,加三品衔。

光绪五年(1879),《穆宗毅皇帝实录》全书成,得赏二品顶戴。凡在内阁任职十三年,历官内阁中书、侍读,于天下要政博考远览,熟悉掌故。

光绪七年(1881)六月,直隶总督李鸿章上《章洪钧金福曾袁保龄请留北洋差委片》[③],以"谙习戎机,博通经济,才具敏捷"疏调办理北洋海防营务诸差。七月,得上谕准其调赴直隶差委。

光绪八年(1882)六月,朝鲜发生"壬午兵乱"。奉檄援护庆军统领吴长庆(1829—1884)率军东渡,复有所建议,又力请调宋庆所统毅军为后盾,直隶总督张树声(1824—1884)韪其言。朝鲜事既

---

① 翁曾翰著,张方整理:《翁曾翰日记》,第364页。

② 翁曾翰著,张方整理:《翁曾翰日记》,第386、392、409、418页。

③ 李鸿章著,顾廷龙、戴逸主编:《李鸿章全集》卷9《奏议九 · 章洪钧金福曾袁保龄请留北洋差委片》,第389页。

定,疏请以道员留直隶补用。十一月,受命赴旅顺口督海防工,兼办水陆军防务。

光绪九年(1883),与毅军统领宋庆、天津镇总兵丁汝昌(1836—1895)、津海关道周馥(1837—1921)、北洋沿海水陆营务处道刘含芳(1841—1898)、德员汉纳根(1854—1925)等人察勘妥筹,次第兴作。自此,于旅顺口开山浚海,垒台设炮,工大费巨,艰苦卓绝。中法战争期间,兴筑炮台,自天津架设电报线缆至旅顺,联合水陆诸军备战。

光绪十年(1884),是年初,朝议立海防衙门,大治水师,受李鸿章之命而起草《建海防衙门议》。[①] 兼顾水陆,侧重联防。五月,李鸿章会同吴大澂(1835—1902)、张之洞(1837—1909)、张佩纶等人乘坐北洋舰船出洋巡阅,至旅顺口察勘袁保龄监修炮台营垒,船澳船池,军械库屋等诸项工程。[②] 十一月,朝鲜发生"甲申政变",袁保龄于旅顺口审时度势,筹济策应。李鸿章奏派袁保龄从子世凯驻朝鲜,总理交涉通商事务。

光绪十一年(1885),旅顺口兴建海防工程次第竣工,凡军械库、陆军药库、水师药库、子弹库、煤库、粮库、官兵住房等库房工程,电报局、鱼雷营、水雷营、水陆弁兵医院等局营工程,旅顺口诸要塞黄金山、崂嵂嘴、威远、蛮子营、母猪礁、馒头山等炮台工程渐次竣工,海防工程初具规模。是年八月,庆军移防至金州大连湾及旅顺口地区,自此,旅顺口陆军有毅军四营、庆军六营、护军两营等驻防。

---

① 袁保龄:《阁学公集》文稿拾遗《建海防衙门议》,第33页。

② 李鸿章著,顾廷龙、戴逸主编:《李鸿章全集》卷10《奏议十·出洋巡阅情形片》,第480页。

光绪十二年（1886 年），三月，与洋员善威就船坞施工用料、购置设备、工程进度等事发生争执。四月，总理海军事务大臣醇亲王奕譞（1840—1890）大阅水师，李鸿章等人陪同。袁保龄与黄建筦（1844—1911）、潘骏德（1838—?）、盛宣怀（1844—1916）、罗丰禄（1850—1903）、张翼（1846—1913）、汪守正（1829—1894）、刘含芳、周馥等人在旅顺口摄影。[①] 醇亲王至旅顺口，登黄金山炮台，以海防布置合宜，袁保龄尤为得力奏闻，下部优叙。十月，受命与法商德威尼展开旅顺口船坞第二期工程谈判，是月下旬，与周馥在天津北洋行辕就法商包造旅顺口船坞二期工程之事签字画押，猝发中风，左体偏瘫。

光绪十三年（1887），在天津休养，病势逐渐趋向好转。年初致信于张家口戍所的张佩纶，二人时有书信往来。[②] 委托工程局提调王仁宝（1840—1917）、李竟成向李鸿章禀报旅顺口海防工程核结款项事宜。与在朝鲜总理交涉通商事宜的袁世凯电信往来不绝。[③]

光绪十四年（1888），在天津休养，多服用符箓之水以及仙家药方，俱无效。为此，周馥、刘含芳、袁世凯均有忧虑，屡劝之应以少服用药物为贵，此病非草木所能疗治。[④] 自觉病渐痊愈，函告袁世凯，拟于秋间八月之时销假。[⑤] 作《戊子孟夏朔病愈戏乘肩舆至

---

① 故宫博物院藏《王大臣官弁亲兵照像册》。见《西洋镜里的皇朝晚景·第八辑》《清末官员》，故宫出版社，2014 年，第八帧。

② 张佩纶：《张佩纶日记》（上），第 128、142 页。

③ 骆宝善、刘路生主编：《袁世凯全集》第一卷《致二姊函》，第 281 页。

④ 骆宝善、刘路生主编：《袁世凯全集》第一卷《致北洋沿海水陆营务处刘含芳函》，第 473 页。

⑤ 骆宝善、刘路生主编：《袁世凯全集》第一卷《致二姊函》，第 512 页。

街头一游舆中口占》诗,[①]张佩纶作《和袁子久观察病起韵》诗和之。[②]

光绪十五年(1889),二月,张佩纶来访。七月,病卒于天津寓所。十月底,归葬陈州。李鸿章奏陈其经营旅防,保护朝鲜,以死勤事,请照军营积劳病故例优恤。诏从之,赐祭葬,赠内阁学士,荫一子如例。长子世承(?—1906),字启之,荫生,山东候补直隶州知州。次子世显(1872—1929),字潜之,江苏候补同知。三子世勗(1874—1917),字励之,附贡生,分省通判。四子世荣(1878—1890),字絅之,早亡。五子世同(?—1907),字似之,廪贡生,湖北候补知府。六子世传(1879—1926),字述之,附贡生,二品顶戴,候补四品京堂。七子世威(1882—1916),字固之,候选布政司经历。

光绪十五年九月初八(1889年10月2日),居京的曾纪泽(1839—1890)得知袁保龄去世的消息之后,在日记中写道:

写一联挽袁子久保龄,午桥年丈之子云:济世经猷华裔仰,鞠躬忠荩父兄同。[③]

挽联中的文字可谓极尽褒扬,"济世经猷"是袁保龄终生所信守的以实学经世济用,"鞠躬忠荩父兄同"则对袁氏父子处于危世之间的人生价值选择进行了评说。袁氏父子与曾氏父子两代人皆

① 袁保龄:《阁学公集》诗稿拾遗,第5页。
② 张佩纶:《涧于集》诗卷四《和袁子久观察病起韵》,《清代诗文集汇编》,上海古籍出版社,2010年,第117页。
③ 刘志惠整理:《曾纪泽日记》第四册,中华书局,2013年,第1918页。

为至交，而且有过比较相似的政治境遇，从这一角度出发，曾纪泽在挽联中所表现出来的绝非是哀悼与褒扬这样简单的情感抒发，更多的是对包括袁氏、曾氏等家族在内的道咸同光四朝重要人物，尤其是依靠办理团练起家而迅速崛起的汉人官宦世家命运的哀婉。

袁保龄去世之后，其生平经历已经成为文献中一行行文字。至光绪三十年(1904)，袁保龄第六子袁世传决定编纂《项城袁氏家集》，自此将袁甲三、袁保恒、袁保庆、袁保龄等人的部分文献编纂成集。

袁世传(1879—1926)，字述之，号幼斋。光绪二十五年(1899)中秀才。附贡生。历办扬州巡警、淮南总局。光绪三十二年(1906)年秋任淮北盐运分司。宣统三年(1911)授二品顶戴，直隶补用道，候补四品京堂，以道员任职邮传部。辛亥后，举家奉袁保龄遗孀高氏太夫人迁往天津居住，此后一直从事实业。曾经赴欧洲考察矿业，后历任上海蒙藏银行经理、徐州贾汪煤矿有限公司经理等职。1923年4月，奉高太夫人之命，为南开大学捐赠7万元建立科学馆，取名“思源堂”。[①] 由于袁世传是袁保龄的承荫之子，所以，保存家族文献并将之弘扬成为袁世传的使命。光绪十五年(1889)，袁保龄病逝之后，生前所遗留下的大量公牍书札为其侧室刘氏夫人珍藏。直至光绪二十一年(1895)刘氏夫人病逝，遂将这些文稿交由第六子袁世传保存。光绪三十年(1904)，袁世传已经开始了《项城袁氏家集》的编纂工作，聘请丁振铎(1842—1914)、陈善同(1876—1941)两位进士担任总纂，并且约请同为进

① 《益世报》，1923年4月22日。

士的顾祖彭(1869—1941)等人担任校对。袁世传敦请丁振铎等人为编辑《项城袁氏家集》,历时八年方才告成,有皇皇56册之巨。民国七年(1918),袁世传在《继配刘夫人行略》中说“世传之编印先集也,八年矻矻,残笺断楮,皆嘱夫人敬慎保存,遂于先人遗训,谨记毋敢忘”。[①] 由此可知,袁保龄家族中的文稿后来是由袁世传继配刘氏(1884—1918)保存。

曾与袁世传多有交往的王锡彤(1866—1938)在《抑斋自述》中对袁世传以及《项城袁氏家集》有如下记述:

> 宣统元年(1909)九月二十四日,返北京袁宅,晤袁述之,端敏公诸孙中崭然露头角者。以《端敏公集》及《文诚公集》委校正。
>
> 民国二十三年(1934)八月三日,看《项城袁氏家集》,端敏第七孙述之(世传)刊。述之交我十余部分赠诸友,我未尝得阅,今始检出浏览,距述之亡已将十年矣。
>
> 民国二十三年(1934)十二月二十六日至二十八日,看袁子久先生公牍。小坞先生殉于光绪三年河南之振饥,子久先生殉于旅顺之建筑。当日旅顺、威海两面设防,筚路蓝缕,大启山林,实固北洋门户,转瞬拱手授人。孟子所谓城非不高,池非不深,委而去之,不啻为斯举言矣。可惜子久先生一腔热血付之流水。[②]

由上述记载可知,王锡彤在1909年秋天与袁世传相识于北京袁世凯府第,当时,袁世传将《端敏公集》及《文诚公集》两部书稿委托王锡彤校正。王氏在此年入袁世凯幕府,成为袁世凯重要的

① 袁世传:《继配刘夫人行略》,《妇女杂志》第五卷第二号,1919年,第3页。
② 王锡彤:《抑斋自述》,河南大学出版社,2001年,第150、447、451页。

幕僚之一，并且与周馥之子周学熙(1866—1947)一道办理实业，此后与袁世传在实业领域多有交往。丁振铎在《项城袁氏家集》序中也有一段文字记录：

(端敏)公从子笃臣先生，公子文诚公暨子久阁学皆以忠贞世笃尽瘁国家，后先勋业焜耀史册，无待赘述。文孙述之以丞参官邮部，数相过从，以振铎与先世为有知也，尽出所藏先世遗集，嘱为诠次。振铎当咸丰之季即家治团练，犹及见端敏。后公三十年承乏谏垣，尤亟以展读遗编为快。迨后与文诚暨子久阁学均以时通书问，望为吾乡泰斗。述之伉爽有为，能世其家，今举其先人手泽，寿诸枣梨，名曰《项城袁氏家集》。①

丁振铎此序言作于《项城袁氏家集》排印之时，即宣统三年(1911)夏，综合袁世传、王锡彤、丁振铎等人的记录可知，袁世传从光绪三十年(1904)开始着手约请丁振铎等人编纂先人遗集，宣统元年(1909)已经编纂完成袁甲三《端敏公集》、袁保恒《文诚公集》，至宣统三年(1911)方才全部编纂完成。家集编辑顺序是先从《端敏公集》《文诚公集》入手，由于袁保庆遗留下的文献不多，所以其编纂难度不大，袁保庆《中议公集》包括两部分，一部分为《中议公事实纪略》，收录了袁保庆列传、行述以及朋僚函稿等少数文献，另一部分则是由袁保龄代为编辑的《自乂琐言》。作为《项城袁氏家集》中卷帙最多的部分，袁保龄《阁学公集》保存了较多与旅顺口海防建设有关的文献，当此书刊成之时，距离袁保龄去

① 丁振铎：《项城袁氏家集》序，宣统辛亥(1911)夏清芬阁编刊，第1、2页。

世已有二十余年。

袁保龄《阁学公集》共二十卷,包括卷首一卷、公牍十卷、书札四卷、书札录遗一卷、文稿拾遗一卷、诗稿拾遗一卷、雪鸿吟社诗钟二卷。

卷首一卷,收录《谕赐祭文》、李鸿章《直督请恤片》、孙绍阳《京官请宣付史馆呈》、章梫《国史列传》、许贞幹《行述》等5篇文字。

公牍十卷,收录自光绪八年(1882)九月十九日始,至光绪十三年(1887)十月二十五日共计231篇公牍。内容中除少数几篇是向张树声禀报之外,其余均为向李鸿章请示汇报旅顺口澳坞工程进展情况以及北洋水陆军防务事宜。公牍涉及旅顺口港口系列工程项目预算、签订合同、施工、验收、维护,从国外采购新式机器、武器的配置、使用,洋员交涉与中方施工人员管理,北洋船舶及施工物资调度调拨等内容。

书札四卷,收录写给李鸿藻、徐桐(1819—1900)、钱应溥(1824—1902)、张佩纶、张之洞、刘铭传、张曜(1832—1891)、宋庆、吴元炳(1823—1886)、吴长庆、吴大澂(1835—1902)、续昌(?—1892)、吕耀斗(1828—1895)、章洪钧(1846—1888)、周馥、刘含芳、丁汝昌(1836—1894)、张謇(1853—1926)、黄仕林(1831—1899)等人书札共计190通。袁保龄书札部分涉及人物、事件等内容相当复杂,历史信息颇大。

书札录遗一卷,收录写给李鸿章、李鹤年(1827—1890)、涂宗瀛(1812—1894)、张佩纶、李载冕(1845—1912)等人的书札共计18通。

文稿拾遗一卷,包括袁保龄在内阁任职时期所拟诏书、贺表以及奏折、说帖等16篇。其中代他人所作《密陈安危大计折》《通筹南北全局折》《请速整边防折》等内容涉及财政、人事、防务、外交等事宜，《建海防衙门议》《东防论略》《晋防论略》等论略体现出袁保龄一贯侧重于海陆联防的战略主张。

诗稿拾遗一卷，收录25首诗，第一首诗写于同治八年(1869)，是与朝鲜使团书状官赵秉镐(1847—1910)唱和之作。最晚一首诗写于光绪十四年(1888)，此时袁保龄居于天津养病。附录中收录一首五言排律《感怀》，袁世传未敢遽下结论，实则确为袁保龄所作。

雪鸿吟社诗钟二卷附联语录存17则，诗钟卷前有袁保龄于同治十一年(1872)所撰序一篇，卷后附有袁世传跋语，可知诗钟二卷中的内容未尽为袁保龄所作。联语19则中包括11副挽联，挽吴可读(1812—1879)、曾金章(？—1881)、鲍康(1810—1878)、吴长庆(1829—1884)、毛昶熙(1817—1882)等人，另外尚有6副题旅顺口黄金山炮台、白玉山行宫等处的联语。

体量达二十卷的《阁学公集》比较全面展示了袁保龄生平经历以及思想，特别是公牍十卷和书札四卷以及书札录遗一卷，非常集中地呈现出袁保龄在旅顺口海防营务处工程局任总办时期的事功，将公牍与书札及《袁氏家书》中的相关内容对读，能够比较详尽地展现出彼时旅顺口兴造营建过程以及袁保龄的个人理念，同时，围绕着旅顺口海防工程建设这一主题的展开，袁保龄与李鸿章、张树声等主管上司，与李鸿藻、张佩纶、章洪钧、张之洞等师友，以及和周馥、刘含芳、丁汝昌、汉纳根、瑞乃尔(1847—1907)、善威等人就海防建设协作与沟通等问题，庶几构成了一张光绪八年(1882)至十三年(1887)之间北京、天津、山海关、营口、旅顺口、大连湾、威海卫、烟台,甚至包括朝鲜马山、平壤等地在内的错综复杂的北洋网络图。另外,袁保龄任职旅顺口海防营务处期间,适逢朝鲜发生壬午、甲申两次事变并且与中法战争纠缠于一起,以袁保龄为核心的旅顺口海防营务处因应突发事件的全过程,在《阁学公集》中有比较详尽的叙述。

但是,《阁学公集》所收录的并非是袁保龄全部文稿。其诗稿拾遗中附录了一首五言排律《感怀》,没有注明时间,只有几句简略跋语:"此诗系先公草书,而遍查昔年日记未载。不知是否旧作,钞存备考。传注。"①"传"是袁世传,通过跋语可知,袁保龄生前有记日记的习惯。袁世传在《雪鸿吟社诗钟》跋语中说:"先考诗稿散佚多无存者,即此十数什亦仅于故纸堆中得之。"②当然,在《项城袁氏家集》中也可见到袁保龄《阁学公集》以外的部分文字,如袁保庆《中议公集》中《自乂琐言》是袁保龄润色编辑而成,"二哥《自乂琐言》拟留此细读详签再确商,大致要少而精,字句不得不略修饰"。③ 袁保恒《文诚公集》中《行状》是袁保龄所拟,还有在《袁氏家书》中收录了袁保龄写给袁保恒、袁世凯等人家书,其中卷四有 11 通,卷五有 16 通,卷六有 27 通,共计有 54 通,其中有 16 通是写给当时居于朝鲜任通商总办的袁世凯,这 16 通书札均涉及处理朝鲜事宜过程中的一些细节问题。其实,就今日所不得见者,除了袁保龄日记、诗稿之外,应当尚有大量书札。袁保龄居京任职内阁之时,交游相当广泛,与张之洞、张佩纶、陈宝琛、吴可读、汪鸣銮等人交往密切,就目前所见,以上诸人的文集中尚未见著录有与

---

① 袁保龄:《阁学公集》诗稿拾遗,第 5 页。
② 袁保龄:《阁学公集》雪鸿吟社诗钟卷二,第 38 页。
③ 丁振铎编辑:《项城袁氏家集》之《袁氏家书》卷五《致三兄》,第 4 页。

袁保龄往来书札。袁保龄平生与周馥、张佩纶、章洪钧交往颇为密切，往来书信不断。《阁学公集》中书札部分共分作5卷，卷一收录袁保龄致周馥书札11通，卷二收录10通，卷三收录14通，卷四收录10通，录遗部分收录1通，累计达46通之多。书札卷一收录袁保龄致张佩纶书札4通，卷二收录2通，卷三收录1通，卷四收录1通，录遗部分收录10通，累计18通。这一数字仅为可见于《阁学公集》著录的书札，未见著录部分书札数量当亦可观。2016年，上海图书馆将张佩纶家所藏五千余通书札汇集为《张佩纶家藏信札》影印出版，其中未见有袁保龄书札。2018年，中华书局出版张文苑整理的《李凤苞往来书信》，其中涉及袁保龄委托李凤苞(1834—1887)代为办理采购旅顺口海防工程所需要物资事宜，而只收录了袁保龄、刘含芳、张席珍(？—1890)联署发给李凤苞的一通书札。包括即将由黄山书社出版的《周馥全集》中也未发现周馥与袁保龄往来书札。

杜鱼整理的顾训贤(1898—1963)《顾凤孙诗存》[1]中著录了一首诗：

> 四朝文献尽销磨，比似铜驼感更多。入手残编珍什袭，未知来日付谁何。述之先生故后，端敏、文诚、阁学诸公奏议诗文底稿，为人捆载出售，不可踪迹。偶于市上购得端敏公奏折数事，阁学公手抄奏议一册，以付内子荷民藏之，俟绍瑜叔侄他日归，当举以相还，期其能世守也。

顾训贤字凤孙，其父是《项城袁氏家集》校对者之一顾祖彭。

① 顾训贤著，杜鱼整理：《顾凤孙诗存》，天津问津书院编《问津》，2018第12期(总第72期)，第31页。

顾袁两家联姻,顾训贤的夫人是袁保龄长孙女袁荷民(1896—1979)。在诗中可以解读出袁世传去世之后,存放于天津袁氏故居的袁甲三、袁保恒、袁保龄父子等人的文献手稿被陆续变卖,由于顾训贤喜欢藏书,买到了袁家流散出的几篇手稿,等有机会交还给袁绍瑜(1906—约1960)。袁绍瑜本名袁克骏,此人是袁保龄第二子袁世显之子,1948年底自天津赴台湾定居。

台北"中央研究院近代史研究所"在1980年6月出版的《史料丛刊》第10辑为《袁世凯家书》,其中收录了袁世凯写给袁保龄长子袁世承的书札83通。此书前言中说:

> 本所创所人郭廷以先生于三十多年前曾自袁世凯族人处购买一批袁氏的亲笔函件,题为《容庵总统家书》,内容多家务事,但亦不少涉及袁氏在朝鲜的种种交涉内幕及小站练兵等事。[①]

根据此书中袁克定(1878—1958)、徐世昌(1855—1939)、孔德成(1920—2008)等人题跋可知,"袁世凯族人"指的是袁保龄之孙袁绍瑜,郭廷以(1903—1975)从袁绍瑜手中购买到这批袁世凯写给袁世承的书札。此书序言中说:"此外,郭廷以先生所作袁氏世系表亦加以补充修正列于后。"[②]这是袁保龄子嗣的第一张世系表。根据顾训贤的记载以及台北版《袁世凯家书》前言,袁保龄及其家族文献在20世纪20年代后期开始散佚。

《阁学公集》成书时间是在清民易代之季,民国肇始,袁世凯及其家族再一次成为焦点。不数年,随着护国运动而兴起的是对

---

① 台北"中研院近代史研究所"编:《袁世凯家书》序言,1980年,第3页。

② 台北"中研院近代史研究所"编:《袁世凯家书》序言,第4页。

袁世凯的持久声讨，一个为大众和历史所批判的独夫民贼“符号”被牢固锁定在袁世凯头上。对于前朝来说，袁世凯带有叛臣的色彩，对于新兴民国政权来说，袁世凯带有严重的封建独权属性，伴随袁世凯生前身后的谈“袁”色变，已经远远超出了袁世凯本人所能想象的范畴。自此，袁世凯及其家族从粉墨登场的近代历史前台告别，开始躲入幕后。由此而引发的对袁甲三、袁保恒、袁保龄等人的研究自然长久处于空白状态。

新中国成立之后，从1952年开始起，由中国史学会主编，上海神州国光社、新知识出版社、上海人民出版社陆续印行“中国近代史资料丛刊”。1957年，上海人民出版社编辑出版《中法战争》，其中第一册《中法战争书目解题》中文之部收录了袁保龄《阁学公集》提要。

《阁学公集》十九卷，袁保龄撰，《项城袁氏家集》本，宣统三年排印。

袁氏为袁世凯之从叔父，以道员居李鸿章幕，办理北洋海防营务处。旅顺设防，袁氏实主持之。集中过半皆属有关北洋海军之文字。①

“集中过半皆属有关北洋海军之文字”或许是提要撰写者有所误会，《阁学公集》中大量的文字并非是涉及北洋海军者，而是与北洋海防工程建设事宜有关，具体来说，是和旅顺口海防工程建设有关的文献资料。《中法战争》第四册中节录了《阁学公集》中

① 中国史学会主编：“中国近代史资料丛刊”之《中法战争》第一册《中法战争书目解题》，上海人民出版社、上海书店出版社，2000年，第15页。

的14篇文字，其中包括袁保龄写给李鸿藻的《上高阳师相》、写给周馥的《致周玉山观察》、写给续昌的《致续燕甫观察》、写给黄仕林的《致黄松亭》等13通书札节选，另外收录了一篇公牍《会覆烟旅联络防守情形禀》节选。[1] 这是新中国成立之后，袁保龄《阁学公集》中的少量文字唯一一次出现在官方编纂的史料文献之中。

1984年，台北文史哲出版社出版了王家俭（1925—2016）所著《中国近代海军史论集》，是书收录了《旅顺建港始末（1880—1890）》一文。2008年，此文作为《李鸿章与北洋舰队：近代中国创建海军的失败与教训》中的第六章《军港与基地的建设》第一节部分，由生活、读书、新知三联书店出版。两篇文字内容略有修改。王家俭在文章中详尽讨论了旅顺口建港过程，尤其是以《阁学公集》中公牍、书札部分为主要文献，第一次比较全面地论述了袁保龄及其团队在旅顺口海防建设过程，客观公允地评价了袁保龄的历史贡献。1991年，上海交通大学出版社出版了姜鸣所著《龙旗飘扬的舰队：中国近代海军兴衰史》，此书出版二十余年以来，经过作者多次补充修订。其中多处涉及袁保龄之事，与王家俭不同之处在于，姜鸣将袁保龄置于更为广域的近代历史范畴内展开讨论，尤其是在“二李一张”之间，即袁保龄在李鸿藻、李鸿章以及与张佩纶之间所充当的独特角色进行了讨论。自此，袁保龄及其《阁学公集》再一次进入近代史研究者的视野。

令人遗憾的是，袁保龄《阁学公集》问世一百多年以来，迄今尚未有一个完整的整理本。偶尔为学者所征引，也仅限于某个有限时段或者地域，大抵将袁保龄锁定于旅顺口海防建设时期

① 中国史学会主编：“中国近代史资料丛刊”之《中法战争》第四册，第623—632页。

(1882—1887)，尤其是局限于后期船坞工程。这无异于以管窥豹，作为北洋水师前期建设群体之一的旅顺口海防工程团队主要领导者，同时作为北洋水师前期防御体系构建的主要参与者，从这两个角度讲，对袁保龄个人经历及其事功的研究无疑是缺失的。袁保龄及其《阁学公集》的研究意义在于对其所处历史时代，所位于的历史坐标点，所交游人物及其人生经历的全方面审视，借以恢复袁保龄的海防建设思想与海陆联防的战略思路，包括袁保龄在不同时间节点，不同区域范畴的思想特征和实质；其所经历事件的完整过程，包括其在不同角色转换过程中的事件构成经过；其个人思想与时代思潮之间的关系等问题。袁保龄研究的思路需要多维度展开：以其一生历程为研究纵线，以其在不同时期、地区的行止为横线，在大的历史时空下对袁保龄的个体行为及其经历、著述、遗迹进行全方位系统性研究。

二、卓荦轻常儒[①]：袁保龄青少年经历

《项城袁氏家集》中最后一种名为《母德录》，收录有袁保恒《郭太夫人百岁寿启》，袁保恒、袁保龄《陈陈太夫人行述》，袁世传《刘太夫人行述》等三篇文章。前两篇文字中涉及袁保龄幼年之事。

> 先继慈教不孝保龄一如教保恒。甫能言，即口授以书。稍长，言动必令守童子礼，口不许出恶声。迨就傅晚归，必背诵日所读，

① 袁保龄：《阁学公集》诗稿拾遗《壬申春率成酬吉田仁兄见而和之意殷勤良厚走笔奉酬真持布鼓过雷山也愿公有以教之》，第1页。

不熟必痛笞之，曰："汝父勤劳王事，吾岂以孺子挠汝父精神耶？汝父不惜重聘，为汝延名师，何为者耶？外人目汝为神童，忍使汝为小时了了耶？"保龄用是勉于学。

乡闾多难，岁或数迁，皆先继慈筹策经理，不使不孝保龄以转徙废。学无定所，亦无常师，先继慈时亲督课之。

迨不孝保龄补弟子员秋诗未售，督学益力，曰："吾心血枯矣。汝父兄在外，吾不能视汝成名脱不讳，吾目不瞑。"壬戌秋闱，时已抱病。保龄欲不入场，严责之。视保龄三场试竣，病遂剧。比保龄报捷，而先继慈已不及见矣。①

袁保龄年幼丧母，由继母陈氏将之抚养成人，且严格督教其读书。少年之时的袁保龄读书并不用心，字迹潦草，做怪状，远不如其兄袁保恒精于读书写字。《袁氏家书》中收录了数通袁保恒、袁保庆、袁保龄的往来书札，也从另外一个角度描摹出居里期间袁保龄的生活情况。许贞幹在袁保龄《行状》中对其早年经历有如下记述：

性沉毅，幼负大志。生十岁，通十三经，能为经史论。十四入邑庠。受知于高阳李文正公。十五食廪饩。弱冠举同治壬戌孝廉。②

李宗侗、刘凤翰《李鸿藻年谱》中有如下记述：

① 丁振铎编辑：《项城袁氏家集》之《母德录》，袁保恒、袁保龄撰《陈陈太夫人行述》，第12、13页。
② 袁保龄：《阁学公集》卷首《行状》，第14页。

在此年任内中取项城袁氏弟兄，保龄、保庆。前为甲三(端敏公)之子，后为甲三之侄，世凯(慰庭)伯父也。保庆仕至江苏道员，无子，以世凯为嗣。故慰庭所上公书，皆称太夫子。①

根据上述两则文献资料记载可知，李鸿藻于咸丰八年(1858)出任河南学政，至咸丰九年(1859)始还京师。在豫期间，录取了袁甲三子侄中的两人，即甲三次子袁保龄，甲三之侄袁保庆。袁保龄从此踏入高阳李氏门墙，终生执门人之礼。袁保龄自己也说："保龄成童受知，得列门墙者于今二十余年。"②同治元年(1862)，袁保龄21岁，举孝廉。在袁保庆写给袁保恒的家书中对此事有明确的记录："十一日二更时，四弟之喜报到家，得中一百四十三名举人。"③

袁保龄青少年时期，适逢清王朝面临内忧外困的历史境遇。自道光朝末期开始，历经咸丰朝，至同治朝前期，从南至北，一直蔓延着难以阻挡的暴动力量，呈现出不可估量的复杂态势，朝堂内外弥散着各种势力的明暗抵牾，胶着和拉锯成为纠缠割扯的互生概念。袁氏家族从袁甲三开始登上政治舞台，并且极其富有担当使命地活跃在道咸之际。袁甲三、袁保恒、袁保庆父子叔侄先是依靠科举起家，却生逢乱世，时势造就了袁氏家族在艰难困苦之中的惟一抉择，从应对一个衰亡世事开始，一跃登上此时此刻风雨飘摇的历史舞台。以曾国藩、袁甲三等人为首的文臣群体在各种诱因之下，或主动，或被动回归故里，尝试参与戎机，在无助的状况下兴办

① 李宗侗、刘凤翰：《李鸿藻年谱》，中华书局，2014年，第66页。

② 袁保龄：《阁学公集》文稿拾遗《筹划庆军说帖》，第26页。

③ 丁振铎编辑：《项城袁氏家集》之《袁氏家书》卷二《致三弟》，第32、33页。

团练，摸索挣扎于种种变局之中，却得以依靠盘根错节的各种利益关系，加以个人的忍韧不懈，在历史机遇之中顽强生存下来，并且最终获取朝堂上的一席之地，这不能不说是一种历史的偶然。当袁氏家族开始崛起之际，弱冠之年的袁保龄却因为在陈州居家侍奉祖母与继母，只能选择以读书科举为业。

章梫在《国史列传》中非常简略地记录了咸同之际袁保龄的经历，并且近似于模糊式的叙述，即便如此，其中所涉及的史实却很复杂。

咸丰间，甲三视师淮上，保恒暨其从兄保庆皆从征役。保龄奉大母郭、母陈里居。寻甲三积劳成疾，保龄太息流涕曰："吾父力疾督军，诸兄频年戎马，吾不能执干戈卫社稷，非丈夫也。所不忍离者，重慈奉养耳。"祖母及母嘉其志，命之军。时兵饷奇窘，躬历各营拊循，众志固结。虽饥困中，踊跃用命。

同治二年，蒙城饷竭，苗沛霖踞怀蒙，窥陈宋，甲三已乞病归，复被命督办团防。保龄周历各团，抚其反侧各圩，晓以利害，使苗逆不得合纵内犯。张总愚率大股再犯陈州，复会合兵团，分筹堵御，危城独完，群捻纷窜，孤其党羽，官兵乘之，皖豫肃清。甲三以己子，不列奏报。①

正如上文中所叙述的，袁甲三、袁保恒、袁保庆父子叔侄所面对的主要对手是苗沛霖、张总愚等人。虽然苗、张属性不同，而伤害性同样极强。故此，袁氏在缺兵少饷、与地方各势力纠缠不已的

① 袁保龄：《阁学公集》卷首《国史列传》，第7页。

情况下，历经十年之久的艰难征战方才肃清安徽、河南等地。他们的经历与曾国藩颇相类似。同样，袁氏也是由此形成一股家族势力，这一势力集团虽然不如以曾国藩、曾国荃(1824—1890)等人为代表的湘军集团那样声势浩大，却为后来袁氏家族的兴起奠定了重要的基础。袁甲三为此所付出的代价是积劳成疾，虽苦苦支撑，但很难再坚持继续指挥军事，围剿苗、张等人，不得不依赖于袁保恒、袁保庆诸子侄。此刻，袁保龄陪伴祖母与继母居于陈州，心有所念，故此，在传记中有"吾父力疾督军，诸兄频年戎马，吾不能执干戈卫社稷，非丈夫也。所不忍离者，重慈奉养耳"的表述，这也成为其初入军营，牛刀小试的开端。袁保龄并未直接参与到袁氏军事集团核心之中，只是力尽所能地做一些外围之事，起到辅助功用，以开阔眼界，历练识见为主。所以，李鸿章对袁保龄在这一阶段"旋在军中襄事，谙习戎机"的表述是准确的。"周历各团，抚其反侧各圩，晓以利害"的行为对血气方刚的袁保龄来说，是一个较为合适的角色，使得袁保龄在参与到军营事务之中的同时，对兵事、粮饷等得以有所粗浅认知。传中叙及袁甲三"以己子，不列奏报"的表述或者只是一种褒奖式的说法。《清史列传》卷五十三中《袁保恒》中叙及穆腾阿(1814—1884)曾经移文袁甲三为袁保恒请功，袁甲三"婉辞不可"，①此时袁保恒可谓战功赫赫，颇具能战声名，而袁甲三深知朝事复杂多变，不宜过多彰显子侄辈功劳勋绩，免生横议，这也可视为是袁甲三的政治觉察力使然。对咸同之交这一动荡时期的袁保龄来说，也许并不知道，他即将迎来其人生中沉重的打击之一，这就是其父袁甲三于同治二年(1863)七月在

① 王钟翰点校：《清史列传》卷五三《袁保恒》，第4177页。

陈州战事之时溘然长逝。

三、经纬相贯穿[①]：任职内阁时期

章梫、许贞幹都曾经表述过“曾国藩一见，目为国士”。只是二者文字略有不同。曾国藩在日记中共计留下袁保龄五次来拜访的记录，前两次是同治四年(1865)在徐州，后三次是同治七年(1868)、八年(1869)、九年(1870)在北京法源寺。[②] 在徐州的拜访应当是袁保龄第一次见到曾国藩：

同治四年(1865)十月十九日，袁保龄字子久，坐颇久，午桥之次子也。[③]

这一次见面，袁保龄“坐颇久”，实则袁保龄此后每一次见到曾国藩均有较长时间的谈话，谈话具体内容不得而知，或许“目为国士”只是一种谈话间的寒暄客套而已。曾国藩道德文章与平生事功在当时朝野倾盖一时，像袁保龄这样出身的世家子弟受其影响是巨大的，曾国藩自然而然成为袁保龄这一代士子的楷模，这不惟因为其父袁甲三与曾国藩交谊深厚，更因为咸同年间的士林风气使然。此后，袁保龄曾经多次在公牍书札中引用过曾国藩的话：“救世乱者，莫大乎忠诚二字。”[④]并将这句话作为自己的人生信条。

① 袁保龄：《阁学公集》诗稿拾遗《题顾祠图》，第2页。
② 曾国藩著，唐浩明编：《曾国藩日记》第四册，岳麓书社，2015年，第130、144、363页。
③ 曾国藩著，唐浩明编：《曾国藩日记》第三册，第227页。
④ 袁保龄：《阁学公集》书札卷二《致周玉山观察》，第14页。

《清史稿》中《袁甲三传》对袁保龄有如下叙述：

捻匪两犯陈州，甲三病已亟，榻前授将吏方略，击走之。寻卒，优诏赐恤，谥端敏。擢其子保恒侍讲学士，保龄内阁中书。[①]

袁保龄由父荫而得内阁中书之职，在陈州陪同其兄袁保恒守孝三年之后，于同治五年（1866）赴京就职，“由举人特用到阁”。[②]自此，袁保龄开启了长达13年之久的内阁中书生涯，在此期间一直居住于北京南横街绳匠胡同南口外路北居所。

同治五年九月初二日（1866年10月10日），初到北京的袁保龄见到了来访的翁同龢，在当天的日记中，翁同龢记录下了这一次见面：“拜客，晤赵子勉效曾、袁子玖保龄。子玖，午桥漕帅次子也。慷慨议论，少年美才也。”[③]此后数年间，袁保龄与翁同龢及其家人多有来往。袁氏兄弟与翁氏兄弟的关系密切，主要是袁保恒与翁同爵（1814—1877）在同治八年（1869）期间曾经共同办理过左宗棠西北兵事，两人之间有所交集。另外则是袁保龄与翁同爵之子、翁同龢嗣子翁曾翰（1837—1878）为内阁同僚。翁同爵留有一定体量的家书，今人编辑整理成为《翁同爵家书系年考》，翁同龢日记更为庞杂，翁曾翰也有日记留存，翁氏两代人的文献中均留有袁保龄的身影。

2014年，凤凰出版社出版了张方整理的《翁曾翰日记》，这部

---

① 赵尔巽等撰：《清史稿》列传二百五《袁甲三、子保恒》，第12115页。

② 国家图书馆编：《历代人物传记资料汇编》第118册《内阁汉票签中书舍人题名一卷续编一卷》，国家图书馆出版社，2016年，第307页。

③ 翁同龢著，翁万戈编，翁以均校订：《翁同龢日记》第二卷，上海辞书出版社，2019年，第515页。

日记似乎并未引起学术界的关注。翁曾翰现存日记自同治二年(1863)开始至光绪三年(1877)结束,这期间缺失了同治四年(1865)后半年、同治五年(1866)、同治六年(1867)前半年日记。袁保龄自同治五年(1866)秋入都任职内阁,至光绪七年(1881)六月底到天津拜会李鸿章,正式进入北洋幕府。将《翁曾翰日记》时间与袁保龄任职内阁时间相叠加,袁保龄从同治六年(1867)七月开始就多次出现在翁曾翰日记中,直至光绪三年(1877)正月。

由于翁曾翰与袁保龄是世交,两家居住又近,且同阁为官,关系比较亲密,往来不断。《翁曾翰日记》从一个侧面记录了袁保龄此时的一些行踪,庶几可还原任职内阁之时袁保龄的人生轨迹。将翁曾翰日记中关于袁保龄的记录进行梳理,大致可以分为三类。

第一类是翁袁两家交往记录:

同治八年七月廿八日(1869年9月4日),作寄陕西信,托子久处附去。

同治八年八月初四日(1869年9月9日),午刻袁子久处送来陕西家信一件。

同治九年四月廿三日(1870年5月23日),晨祝袁子久祖母寿,九十二。

同治九年六月廿九日(1870年7月27日),午后过子久处,伊叔桐友学博卒于禹州,伊闻信设位,同人往行礼也。

同治十一年十月廿四日(1872年11月24日),袁子久得子。

同治十二年七月十七日(1873年9月8日),至财神馆吊袁笃臣。

同治十三年七月廿二日(1874年9月2日),至安徽馆,今日子久为伊祖母百岁称觞。

同治十三年十一月初七日(1874 年 12 月 15 日),吊袁子久之兄受臣。

光绪元年九月廿一(1875 年 10 月 19 日),袁子久送墨拓四种,南公鼎全形、式好堂董帖、杨少师韭花帖、岳忠武出师表。①

第二类是关于朝事与科考的记录：

同治九年正月十六日(1870 年 2 月 15 日),子久约朝鲜使臣笔谈,邀予同坐,辞之。

同治九年五月三十日(1870 年 6 月 28 日),袁子久送方略馆校对,署刘厚庵缺也。

同治九年六月初七日(1870 年 7 月 5 日),今日袁子久带见。

同治十一年五月廿五日(1872 年 6 月 30 日),袁子久升少詹。

同治十一年六月廿二日(1872 年 7 月 27 日),袁子久四直校签。

同治十一年八月初十日(1872 年 9 月 12 日),拟请侍读者五人,李、黄、翁、袁、王。

同治十一年八月十四日(1872 年 9 月 16 日),请侍读者五人,俱照准。

同治十一年八月廿五日(1872 年 9 月 27 日),董仲默、彭瑟轩、袁子久、曾印若同上委署。

同治十一年十月初四日(1872 年 11 月 4 日),子久换侍读

---

① 翁曾翰著,张方整理:《翁曾翰日记》,第 130、131、163、171、219、253、294、308、358 页。

顶戴。

同治十二年二月二十日(1873年3月18日),署中派黄、翁、王、袁四人发报接报。

同治十三年三月初八日(1874年4月23日),卯正点名,入坐西师五十四号,同号袁子久、赵仲古、王莩庭蕊修、龙笙陔昆仲。

光绪元年二月十三日(1875年3月20日),实录馆校对回堂点定正选八人,备选八人,再备十四人。刘湛煃、翁曾翰、曹翰书、王宪曾、马恩培、俞寿彭、彭銮、袁保龄均正选也。

光绪元年九月初八日(1875年10月6日),子久初上通本班,今日销假到署矣,午刻散。

光绪元年十一月朔(1875年11月28日)署中回堂点出,选实录馆校对八人,翁、王宪曾、俞寿彭、彭銮、袁保龄、吴福钟、孟继震、方恭铭也。

光绪二年五月初七日(1876年5月29日),载龄派武英殿总裁,闻实录馆廿六日奉总裁谕:派周之钧、俞寿彭、李邦桢、翁曾翰、许道培、盛植型、袁保龄、沈守谦为详校处。

光绪二年七月廿九日(1876年9月16日),袁子久开缺。吏部来文,以七月初六日奏定章程,奉旨之日开缺,在所保之项候补,援孙介航之例在侍读上行走,初一上班。

光绪二年九月廿三日(1876年11月8日),玉牒馆汉誊录八员:袁保龄、俞寿彭,袁、俞兼充帮纂,刘荣震、恽彦瑄、袁思韡、汪树屏、吕凤岐、雷钟德。①

① 翁曾翰著,张方整理:《翁曾翰日记》,第150、168、169、199、202、208、209、210、217、279、326、355、364、392、409、418页。

第三类是宴饮聚会的记录：

同治八年七月十三日(1869 年 8 月 20 日)，暮访陆叔文，又至万福居，小铁招饮，坐有许涑文、汪荃孙、袁子久。亥正散。

同治九年三月二十日(1870 年 4 月 20 日)，今日余同泉孙、济川、子久公请同署友人。

同治九年六月廿三日(1870 年 7 月 21 日)，遂至子久处，今日与子久同请英伯文奎、夏芝岑献云(湖南观察)、卢艺圃、汪泉孙。申正伯文冒雨来，乃入座。

同治十二年正月廿五日(1873 年 2 月 22 日)，祝子久。

同治十二年三月廿六日(1873 年 4 月 22 日)，夜，饮于子久斋中，伊与泉孙公请方元仲，坐有朱修伯、徐小云、方寿甫、李少石。亥刻归。

光绪二年四月初三(1876 年 4 月 26 日)，至广和居，应朱敏翁之招，坐有菱舟、措珊、萧启山韶、高仲瀛骑麟(中书)、杨若臣、陆伯葵、袁子久。申正散。返子久处，看其大卷。①

《翁曾翰日记》中所记载袁保龄之事颇多，内容比较琐屑，大致可以分作以上三类。翁曾翰在日记中多次记录与袁保龄互访、交谈或者聚会，有时一日见面多次，而且两家之间交往也颇为频繁，婚丧嫁娶生子等家庭事件均互相问候。另外，翁曾翰记录下了袁保龄在内阁时期的大致升迁经历。从日记中所见，袁保龄任内阁中书时期是比较闲散的，除了重大礼仪场面之外，平素只是上午

① 翁曾翰著，张方整理：《翁曾翰日记》，第 128、159、170、230、238、386 页。

到阁办公，起草文稿，校对典章，至中午前后便可以离开，其余时间则可以处理私事，主要是交游。翁曾翰也记录了当时内阁同僚频繁聚会之事，从中可见袁保龄当时交游范围。同治九年(1870)正月，袁保龄约朝鲜使臣笔谈，邀请翁曾翰同去，结果翁曾翰未往。在《阁学公集》中《诗稿拾遗》录有一首诗，题为《和朝鲜使赵蔼石诗步原韵》，诗题下有"己巳年作"。同治七年(1868)十一月，至北京朝贺冬至兼谢恩的朝鲜使节团由正史金有渊(1819—1887)、副史南廷顺(1819—1897)、书状官赵秉镐组成。[①] 袁保龄这首诗是同治八年(1869)之初写赠给赵秉镐的。《文稿拾遗》中也收录了袁保龄在同治十一年(1872)起草的《敬拟封朝鲜世子制》。在内阁期间，袁保龄与朝鲜人士有所接触，后来其对朝鲜问题的持续关注实滥觞于此。同治十三年(1874)，袁保龄与翁曾翰一起参加会试，结果依旧不售。翁曾翰还先后五次记录了袁保龄的生日，分别是同治十二年(1873)、同治十三年(1874)、光绪元年(1875)、光绪二年(1876)、光绪三年(1877)，[②]由此可以准确断定袁保龄的出生日期。

《翁同龢日记》中也有与袁保恒、袁保龄兄弟交往的颇多记录。其中与袁保龄相关的一则内容颇有特点。

同治十一年三月十三日(1872年4月20日)，黄济川、袁子久同来，云今日巳初至未申间，太和殿、太和门、午门及市楼，东、西华门，神武门鸱吻中同时出烟，浓黑而直喷，观者甚多，黄、袁两君皆

① 复旦大学文史研究院、韩国成均馆大学东亚学术院大东文化研究院合编：《韩国汉文燕行文献选编》第30册，王鑫磊、朱莉丽编《朝鲜王朝遣使中国一览表》，复旦大学出版社，2011年，第47页。

② 翁曾翰著，张方整理：《翁曾翰日记》，第230、274、323、376、438页。

目击。嘻,可惧哉。[①]

黄贻楫、袁保龄是日在内阁当值,亲眼目睹了这一奇异现象,将此异象转告在家守孝的翁同龢。两日后,这一现象仍然持续,朝内官员议论纷纷,也有人说这是蠛蠓而已。除此之外,袁保龄还参加了一些宴饮应酬或吊唁活动,诸如和同僚共同邀请李鸿藻、翁同龢、徐桐、钱桂森(1827—1902)等人聚会,或者作为襄题陪同翁同龢为人“点主”等。在郭嵩焘(1818—1891)日记中也可见袁保龄的身影,光绪元年正月初六(1875年2月11日)郭嵩焘在京,“便赴曹芗溪之召,同席周荇农、潘莲舫、丁芥帆、袁子玖”。[②] 由于袁甲三与曾国藩的交往深厚,所以,袁保恒、袁保龄伯仲与湘军诸多官员有着广泛接触,包括与曾纪泽、郭嵩焘等人建立了密切联系。

纵观翁同龢、翁曾翰日记中对袁保龄的记录,将之与章梫、许贞幹等人所撰袁保龄传记文字进行互证,佐以《袁氏家书》中袁保恒写给袁保龄的多通书札,可以清楚地勾勒出袁保龄在任内阁中书期间的行止。总体上说,这一时间跨度有13年之久,袁保龄开始正式步入政坛,利用家族势力与师生友朋关系频繁展开人际交往,形成了自己的人脉。生活也比较闲散舒适,饮宴应酬不断,在写给袁保恒的家书中说“弟逐日起早,逐日进前门,却颇觉习惯,亦不甚劳”。[③] 眼界逐渐开拓,虽然内阁中书的官职并不显赫,这一位置却能兼通中外,与朝堂各级官员多有往来,并且与外放官员保持紧密联络,又借助于李鸿藻、倭仁(1804—1871)、李棠阶

① 翁同龢著,翁万戈编,翁以均校订:《翁同龢日记》第二卷,第941页。
② 郭嵩焘著,梁小进主编:《郭嵩焘全集》卷十《日记三》,岳麓书社,2022年,第1页。
③ 丁振铎编辑:《项城袁氏家集》之《袁氏家书》卷四《致三兄》,第17页。

(1798—1865)、袁保恒等人在朝廷内外的威望影响,以及乃父袁甲三生前军政漕运等多方面的故旧友朋势力,一张错综复杂的人脉关系网络就此展开,这为袁保龄日后的仕途之路奠定了基础。袁保龄在朝事之余,也曾经再一次努力尝试科举,同治十三年(1874)入春闱,这也是其人生中最后一次参加会试,从此不再谋求科举之路。

道光二十三年(1843),何绍基(1799—1873)与张穆(1805—1849)在北京创建顾亭林祠,以寄托对顾炎武(1613—1682)的追慕之情,同时倡导其经世致用之学,试图改变乾嘉以来盛行考据的治学导向。自道光二十三年(1843)顾祠建立,每岁三祭,分别为春祭、秋祭、顾炎武生日祭祀。有慈仁寺《顾祠题名录》,乃每岁春秋两祭与祭诸人题名册,"册中咸同名人几无不在"。[①] 与祭顾祠这一传统一直持续到1921年,[②]其延续时间之久,参与者之众多,影响之大,无可比者。袁保龄是"册中咸同名人几无不在"中的一员。根据复旦大学段志强在《顾祠:顾炎武与晚清士人政治人格的重塑》一书中的统计,袁保龄二十余次参加顾祠会祭,时间从同治五年(1866)至光绪六年(1880),断续达15年之久。

同治五年(1866)九月十九日,参加顾祠秋祭。

同治六年(1867)三月三日,与兄袁保恒参加顾祠春祭。

同治七年(1868)十月初二,参加顾祠秋祭。

同治八年(1869)五月二十八日,参加顾祠生日祭。

---

① 罗继祖:《枫窗脞语》,中华书局,1984年,第154页。

② 段志强:《顾祠:顾炎武与晚清士人政治人格的重塑》,复旦大学出版社,2015年,第272页。

同治八年(1869)九月九日,参加顾祠秋祭。

同治九年(1870)五月二十八日,参加顾祠生日祭。

同治九年(1870)九月二十一日,参加顾祠秋祭。

同治十年(1871)二月初九日,参加顾祠春祭。

同治十年(1871)五月二十八日,参加顾祠生日祭。

同治十年(1871)九月十九日,参加顾祠秋祭。

同治十一年(1872)三月二十四日,参加顾祠春祭。

同治十一年(1872)五月二十八日,参加顾祠生日祭。

同治十一年(1872)九月三十日,参加顾祠秋祭。

同治十三年(1874)三月二十九日,参加顾祠春祭。

光绪二年(1876)二月十三日,与兄袁保恒参加顾祠春祭。

光绪二年(1876)五月二十八日,与兄袁保恒参加顾祠生日祭。

光绪二年(1876)九月初六日,与兄袁保恒参加顾祠秋祭。

光绪三年(1877)九月二十五日,与兄袁保恒参加顾祠秋祭。

光绪五年(1879)五月二十八日,参加顾祠生日祭。

光绪五年(1879)十月初九日,参加顾祠秋祭。

光绪六年(1880)四月二十五日,参加顾祠春祭。

光绪六年(1880)五月二十八日,参加顾祠生日祭。

光绪六年(1880)九月二十六日,参加顾祠秋祭。

袁保龄不仅自己与祭顾祠,而且带领袁保恒之子袁世勋从光绪十年(1884)至光绪十三年(1887)多次参加顾祠会祭。类似于以袁保恒、袁保龄伯仲,袁保恒、袁世勋父子这种家族关系而参与顾祠祭祀的情况并不是个案,如吴县潘世恩(1770—1854)之子潘曾绶(1810—1883)、潘曾玮(1819—1886)伯仲,寿阳祁寯藻

(1793—1866)、祁世长(1825—1892)父子,常熟翁同书(1810—1865)、翁同龢伯仲等。由家族纽带关系而带动的师生之谊,进而由民间形式的与祭顾祠团体而逐渐转变为庙堂之上的派系。袁保龄作为个体置身于以顾祠为载体而形成的京师官员文士圈子之中,其所受到的影响表现在袁保龄对顾炎武学术、人品、道德的仰慕,进而对自我独立人格的形成起到了重要作用。其次是对袁保龄及其同僚们所形成的从政风格与务实学风的引导作用。内阁中书品阶低而资历高,受朝野瞩目,袁保龄在内阁中书任上达13年之久,与祭顾祠经历对其后来出任旅顺营务处工程局总办期间的任事风格产生了深远影响。

袁保龄置身于风云变幻的时代,用何种行事准则去应对这个"此亦自古迄今四千余年未有之变局也"[①]的局面,成为袁保龄必须要回答的问题。内阁中书掌撰拟之事,熟悉掌故之学,关注时政言论,多为饱学之士充任,与翰林院并举。袁保恒在给袁保龄的家书中写道:"从此总司中外章疏,益习国家掌故,以为异日大用之基,勉之望之。"[②]袁保龄不乏文采,且性格倔强亢直,好慷慨陈词议事,敢于担当。这一流风其实是顾炎武不随时风人格的延续,也是受其兄袁保恒的影响,袁保恒抗疏直节而议论国事,且深具远见,在同治末年至光绪初年的朝堂之上具有相当影响力,徐世昌在《晚晴簃诗话》中评价袁保恒"立朝謇谔,屡陈大计,恪守端敏家风"。[③] 这一做事风格延续到了袁保龄的身上,同时也是其究心于经世致用之学的体现。袁保龄在京师内阁任职之时与祭顾祠的经

① 袁保龄:《阁学公集》文稿拾遗《建海防衙门议》,第29页。
② 丁振铎编辑:《项城袁氏家集》之《袁氏家书》卷三《致四弟》,第6、7页。
③ 徐世昌:《晚晴簃诗话》卷一百五十,华东师范大学出版社,2009年,第1089页。

历，广其交游仅是作为外部的表现行为，就其思想内部构成而言，祭祀顾亭林祠已经超越了仪式范畴。在袁保龄参加这一文化精英团体的契合过程中，对从学经历的补充，治学方法的甄别等问题深入探讨，结合同光之际的时政，着重于梳理、检讨彼时学术的现实意义。同时将顾炎武由士林学坛偶像角色虚化为人格追求与行事准则，成为鞭策袁保龄走上经世致用道路的起始动力，这一动力对袁保龄的影响是深远的，在其后来的海防工程实践中有着更为全面真实的体现。

袁保龄与李鸿藻始终保持着密切往来，特别是在袁保龄以父荫入内阁候补之后的13年间，往来更加密切。张佩纶在光绪五年（1879）日记中有以下记载：

十月初二日（11月15日）李兰孙师、朱茗生、袁子久诸公相继来。[①]

光绪七年（1881），李鸿藻日记中也有关于袁保龄的记载：

十一日（1月10日）晴。辰刻散直，至香涛处未晤。往慰袁子久，坐谈良久。其婶母去世。[②]

袁保龄不惟在私下里与李鸿藻保持密切往来，朝堂之内也一直对李鸿藻礼敬有加。同治十二年（1873），袁保龄在给自己的兄长袁保恒的家书中曾经提及对李鸿藻的关切之情，“枢府及诸大臣

① 张佩纶：《张佩纶日记》（上），第27页。
② 李宗侗、刘凤翰：《李鸿藻年谱》，中华书局，2014年，第241页。

咸默默,只高阳一人以直谏忤上意。其时数日内高阳颇有退志,弟托荫轩转劝,以现处地步似不以犯颜为长,不以洁身为义,当委婉尽心引君当道为是。闻师意,颇嘉许我言”。[①] 此时李鸿藻因为不赞同重新兴修圆明园之事而屡次冒犯同治皇帝,群臣均缄默不语,唯有李鸿藻抗疏,且有归隐之意。是故袁保龄委托徐桐婉转进言李鸿藻,不可过于直接犯颜,应当讲求策略。对袁保龄的建议,李鸿藻欣然接受。

袁保龄之所以以“清流派”自居,与其家学渊源、性格特征以及内阁经历,包括与祭顾祠经历都有关系。袁甲三曾经因为亢直而开罪淮北官吏,所以受过诬陷,最终证以清白。袁保恒一直以直言不讳的风格在朝为官,其在随同左宗棠西征期间,关于粮草供给问题上与左氏意见相左,彼此争执不断。袁氏家族这种倔强的性格,“横论”的风格,对袁保龄的影响是直接的。在袁保龄交往圈子中,以李鸿藻为首的“清流派”占了很大比例,诸如张佩纶、张之洞、宝廷(1840—1891)、陈宝琛等人一直与袁保龄保持着密切往来。光绪五年三月初二(1879 年 3 月 24 日),张佩纶在日记中写道:

袁子久侍读招同吴柳堂侍御、端木子畴舍人、何铁生编修、张孝达司业、黄霁川比部小饮,以子畴欲见孝达及余,而孝达欲与柳堂接也。柳门来谈。夕,孝达、弢庵过我,闻漱兰得学士。[②]

袁保龄召集了张佩纶、吴可读、端木埰(1816—1892)、何金寿

① 丁振铎编辑:《项城袁氏家集》之《袁氏家书》卷五《致三兄》,第 18 页。
② 张佩纶:《张佩纶日记》(上),第 13 页。

(1834—1882)、张之洞、黄贻楫等人聚饮，是袁保龄将这些人串联在了一起。当天张佩纶日记中还涉及与汪鸣銮(1839—1907)、陈宝琛、黄体芳(1832—1899)等人的密切交往，而这些人均为“清流派”的中坚力量，厕身其中的袁保龄政治识见是非常明确的。这也是袁保龄后来无法成为北洋嫡系的主要原因所在，以李鸿藻为首的“清流派”与李鸿章为首的“洋务派”之间的政争始终无法真正妥协。“然以政见异同，门户之争，牵及朝局，至数十年而未已。贤者之责，亦不能免焉。”①党争的影响是多方面的，袁保龄作为一个世家子弟，中级官吏置身于其中，需要用相当的政治智慧才能够解决众多敏感且棘手的问题。光绪十年(1884)初，袁保龄在天津致信旅顺同僚，有“张幼樵副宪至津住三日，与傅相极为融洽，弟亦将旅防务与之畅论。从此北洋与朝端更可呼吸一气，未始非大局之福。此公亦慨然以天下为己任也”②之语，从中可见袁保龄在“清流派”与“洋务派”漩涡中身不由己，以及对朝政的隐忧。与袁保龄有相似经历的是其好友张佩纶。张佩纶由光绪初年的屡争台谏，慷慨横议，弹劾朝野，因马江惨败被贬谪至张家口，赐环之后成为李鸿章的东床快婿，虽然袁保龄说张佩纶“合肥言公常襆被入署，精心讨论。私心更为天下喜，不独为吾党光也”。③文中以“吾党”相称，可见袁保龄是以“清流派”自诩的。张佩纶为李鸿章笼络而难以被重用，成为张佩纶后期在政治上无所作为的隐痛。袁保龄对李鸿藻的称谓是“师相”，对李鸿章的称谓是“傅相”，虽然只有一字之差，其内在含义截然不同。师生之谊与上下级隶属关

① 赵尔巽等编撰：《清史稿》列传二百二十三《李鸿藻传》，第12372页。

② 袁保龄：《阁学公集》书札卷二《致本局诸公》，第37页。

③ 袁保龄：《阁学公集》书札卷二《致绳盦》，第28页。

系有着本质性区别。袁保龄身为李鸿藻的门下士，虽然以“清流派”自居，而与“翰林四谏”等人又有所区别，作为旁观者，袁保龄与“二张”即张佩纶、张之洞有着高度一致的政治观点，作为参与者，袁保龄于“二李”即李鸿藻、李鸿章之间起到了他人难以企及的沟通作用，从政治立场上看，袁保龄似乎是单一的，并无左右摇摆之姿态，实则其政治的内在表现则是多元化的。

袁保恒与袁保龄的家书中保留了大量信息，此时袁保恒襄办西北军事，与左宗棠彼此心存芥蒂，朝内之事需要袁保龄代为打探，互通声气。同治帝（1856—1875）驾崩之后，光绪帝（1871—1908）即位，一场“大议礼”之争就此展开，诸多亲王、枢臣参与讨论，争执不下，如醇亲王奕譞、恭亲王奕訢（1833—1898）、李鸿藻、潘祖荫（1830—1890）、翁同龢、万青藜（1808—1883）、徐桐、宝廷、徐树铭（1824—1900）、李鸿章、锡珍（1847—1889）、张佩纶等人各持己见，袁保恒也参与其中。在袁保龄写的家书中可见“本月十四日，王大臣等大会议。奏稿另抄呈阅，可悉其详”“诸老意见亦不甚同”“叔平与藕舲宗伯辨昭穆庙不当远在世室两头，强词夺理，舌辩澜翻。藕舲宗伯亦执不为下，两争未决时，惇、恭各邸纷纷散去”。[①] 袁保龄及时向远在西征途中的袁保恒汇报朝堂之上所发生的重要事件，也包括左宗棠写给朝廷奏折中的相关信息，以及朝臣对左袁之间矛盾的倾向性。内阁官员看似荣光，其实清贫，在袁保龄家书中多次写到家用支出颇多，婚丧应酬诸事在在需钱，入不敷出。袁保恒突然去世对袁保龄影响极大，这也是袁保龄决意另谋位置的内在原因之一。外放是内阁官员的唯一出路，因此在袁

① 丁振铎编辑：《项城袁氏家集》之《袁氏家书》卷四《致三兄》，第14、15、17页。

保龄内在追求上存在立德与立功之间的矛盾，当然其所追求的是圣人之道的立德、立功、立言的统一。作为一个没有进士、翰林资格的中级官吏来说，“三立”是难以做到的，因此在袁保恒写给袁保龄的家书中有“必须中进士得翰林为宜。军机、御史均有回避之苦，由中书苦耗何日是出路耶”[①]之语，这是在袁保龄政治理想之外所必须面对的现实生活。

章梫在袁保龄《国史列传》中写道：

> 七年，直隶总督李鸿章以其囊侍甲三军中襄事，谙习戎机，博通经济，才具勤敏，疏调办理北洋海防营务诸差。时淮练各军集于津沽，保龄勤加搜讨。遇有兵民交讼之案，悉右民抑兵，以保良懦。[②]

从这段文字的字面含义来看，李鸿章对袁保龄的才学、任事能力都甚为欣赏。袁家有治军经验，袁保龄熟悉朝廷掌故，究心于时政，重视实学，交往又颇为广泛。这些长处均成为李鸿章奏调其进入北洋任职的理由。实则，传记中这句话的背后包含着一个颇为复杂的过程。

目前所见张佩纶日记中关于袁保龄的记录是在光绪五年二月二十一日(1879 年 3 月 13 日)，“午后，袁子久、赵寅臣、陆蔚庭、朱茗生见过”。[③] 这并非是张佩纶与袁保龄的首次见面。《阁学公集》中书札卷一收录有袁保龄初到旅顺口之时致章洪钧的书札

---

① 丁振铎编辑：《项城袁氏家集》之《袁氏家书》卷三《致四弟》，第 3 页。

② 袁保龄：《阁学公集》卷首《国史列传》，第 8 页。

③ 张佩纶：《张佩纶日记》(上)，第 12 页。

《复章琴生太史》中说“谢子龄为弟与绳盦十年老友”。[①] 由此约略推断，袁保龄与张佩纶相识大约在同治十一年(1872)前后，也就是在张佩纶中进士之后。此通书札后还有致张佩纶的《复丰润庶子》，时间为光绪八年(1882)十一月，这是袁保龄抵达旅顺口之后写给张佩纶的第一通书札，根据袁保龄书札中“两奉教，未即报”，[②]可知张袁之间往复书札不断，目前所见或为沧海遗珠而已。在这通书札中，袁保龄提及一件事情，“下走此行辱合肥倾城倚任，公与晴公实左右之，成则为李白之荐郭汾阳，败则为杜甫之荐房次律。每念及此，但有悚惧”。[③] 这段文字表述得很清楚，是张佩纶和章洪钧共同向李鸿章举荐了袁保龄。

张佩纶与李鸿章的关系向来是为近代史家所乐于讨论的，二人之间有世谊，政见有所不同，张佩纶从张家口戍所赐环之后成为李鸿章东床，两人之间存在着各种难以向外人尽道的微妙关系。在李鸿藻与李鸿章的派系之争中，张佩纶充当了一个极为特殊的角色，这一角色的影响也笼罩在了身为李鸿藻门人，同时即将成为李鸿章幕僚的袁保龄身上。

光绪六年四月二十日(1880年5月28日)张佩纶给李鸿章写信中说“左右多一亲信恳言者，自胜于面谀之士。愿公多储才自辅，以光全功，以肩巨任，天下之幸”。[④] 荐才是颇为普通的事情，对张佩纶来说，此时关注的焦点在于海防建设和水师人才培养，向李鸿章推荐的人物不惟要具备才干，更为重要的是要成为能够承

① 袁保龄:《阁学公集》书札卷一《复章琴生太史》,第3页。
② 袁保龄:《阁学公集》书札卷一《复丰润庶子》,第5页。
③ 袁保龄:《阁学公集》书札卷一《复丰润庶子》,第5页。
④ 上海图书馆编:《张佩纶家藏信札》第一册,上海人民出版社,2016年,第66页。

担“巨任”之人。光绪六年十一月二十六日(1880年12月27日)，张佩纶给李鸿章写信：

再启者。蔼青近得省三书，谓公将与袁观察保龄并调，意甚谦退。以佩纶尝启之于公，责以代辞。佩纶窃思省公在秦，苦左右乏才，致蹈清人之辙。袁观察久在内阁，明敏练事，谙习国故，资以佐刘，颇谓陆生之才足以交欢平勃，且袁端敏之子也。公扶而煦之，抑亦甘棠之爱乎?①

一周之后，光绪六年十二月初五日(1881年1月4日)，李鸿章亲笔致信张佩纶：

省三前请调袁、张，子久明练，与刘素交，须省公有专任之事，乃可调营。②

光绪七年五月十七日(1881年6月13日)，张佩纶再一次致信李鸿章，就北洋调用袁保龄问题进行商讨：

袁子久观察在内阁有年，明白晓畅，近来阅历有得，趋向颇正。袁端敏一生劲直，后人宜食其报。当筱坞前辈殁时，子久已官侍读，且系特用知府，可得察典，可即选缺。独能去官赴豫，友于谊笃，有足多者。去年省三向公言之，已允奏调。在省三之意，谓子久乃其至亲耳，而佩纶则以其为名臣后，有召伯甘棠之思，非有私

① 上海图书馆编：《张佩纶家藏信札》第一册，第166、167页。
② 上海图书馆编：《张佩纶家藏信札》第一册，第172、173页。

于袁氏也。公夙爱才,且与袁亦累世交,谅不终遗,但何妨与欲调者并案速行?设他日此君以不及见议,请受妄举之罚何如?[①]

越日(6月14日),李鸿章即亲笔致函张佩纶:

子久极思借重。鄙人向不轻奏调者,以调人必求终局,以是踌躇,容徐报命。[②]

收到李鸿章回信的同一天,张佩纶立即回复李鸿章:

子久事,从前佩纶亦未尝力言,蔼青辞后,始知原委,都门亦渐有知者。若竟中辍,未免令子久为难。秀才下第常耳,诳报而仍落孙山,则愧更甚于下第。女子不嫁常耳,欲聘而竟同小玉,则憾更甚于不嫁。我公宏揽人才,未可竟忘大信。范文正曲体人情,似亦当在矜恤之列也。至于终局一节,殆指温侯而言,此则四世五公之族,必不与夫己氏同科。如有错误,罚及举者,公幸终收录之,以为端敏地也。[③]

13天后,张佩纶再一次致信李鸿章,催促疏调袁保龄之事:

倘非可行之事,何敢屡渎清听,愿与汝南一事均勿游移为恳。[④]

7天之后,即光绪七年六月初九日(1881年7月4日),在李鸿

① 上海图书馆编:《张佩纶家藏信札》第一册,第278、279页。
② 上海图书馆编:《张佩纶家藏信札》第一册,第289页。
③ 上海图书馆编:《张佩纶家藏信札》第一册,第291、292页。
④ 上海图书馆编:《张佩纶家藏信札》第一册,第308页。

章写给张佩纶的亲笔书札中，说到了举荐袁保龄之事：

汝南与琴生、茗人同作一片，顷已拜发。[1]

19天之后，即光绪七年六月二十八日（1881年7月23日），李鸿章致信张佩纶：

子久到津具述悲戚之余，能自排遣，体中无恙，尤以为慰。[2]

从光绪六年（1880）年底开始，至光绪七年（1881）年七月，历时半年之久，张佩纶先后四次向李鸿章举荐袁保龄，最终底成。所以，袁保龄自己说"公与晴公实左右之"。事情起因是由刘铭传欲将袁保龄、张华奎（1849—1896）等奏调至陕西任职而不果，张佩纶屡次以袁保龄堪为可用之才，且出身名门，明练通达。但是，李鸿章不为所动，至于具体原因李鸿章并不明言，只是以"鄙人向不轻奏调者，以调人必求终局"推诿其事。张佩纶洞悉其中缘故，刘铭传因为和袁氏家族为世交，袁家每有丧葬婚庆事宜，刘铭传都慷慨解囊，举全力相助，并且刘铭传与袁保龄结为秦晋之好。因为奏调袁保龄外放之事已经为京师人士所知晓，此事足令袁保龄尴尬不堪，势成骑虎，所以张佩纶借古喻今，并且向李鸿章表白："设他日此君以不及见议，请受妄举之罚何如？""如有错误，罚及举者。"在李鸿章看来，袁保龄不堪信任并重用的原因由两方面构成：首先是袁家向来以亢直并好发横议著称，这是李鸿章所顾虑的。另外

① 上海图书馆编：《张佩纶家藏信札》第一册，第312页。
② 上海图书馆编：《张佩纶家藏信札》第一册，第318页。

一个主要原因是袁保龄乃李鸿藻的门生，袁保龄在内阁的13年中，与“清流派”来往密切，且以“清流派”而自居，“终局”亦即袁保龄此人能否会成为李鸿章的北洋心腹，对此，李鸿章是心存顾虑的。在张佩纶、章洪钧斡旋之下，光绪七年六月初九日（1881年7月4日），李鸿章上《章洪钧金福曾袁保龄请留北洋差委片》，理由是：“臣近驻天津督办北洋海防及中外交涉事件，头绪繁多，亟须求贤助理。”[①]就在上奏此片的同一天，李鸿章即回复张佩纶，举荐袁保龄赴北洋任职一事已尘埃落定。

从京师转而任职天津，再转而到旅顺口，袁保龄从中书的“虚职”到旅顺口营务处工程局总办的“实差”，这一过程揭示了一个中级官吏从“清流派”向“洋务派”的政治角色转变。在转变之中，袁保龄不可能绝对放弃原有的政见，也不会完全拒绝接受现实状况的真实性，故此，游走于两派之间，准确地说是游走于李鸿藻与李鸿章之间，或者说，适当借鉴张佩纶、张之洞等人的方式在政争之间合纵连横，游刃有余，成为袁保龄唯一的明智选择。当袁保龄抵达旅顺口海防工程局就任之后，其在给李鸿藻的四通书札中曾经详细阐释了自己的政治观点。[②]

四、方寸懔危微[③]：旅顺口海防建设时期

袁保龄抵达天津之后，至任职旅顺口海防营务处总办之前的

① 李鸿章著，顾廷龙、戴逸主编：《李鸿章全集》卷9《奏议九·章洪钧金福曾袁保龄请留北洋差委片》，第389页。

② 袁保龄：《阁学公集》书札卷一《上高阳师相》，第21、22页，第41、42页，第44、46页；书札卷三《上高阳师相》，第10页。

③ 袁保龄：《阁学公集》诗稿拾遗《病中感赋一律》，第5页。

一段经历,在文献中记载有限。章梫《国史列传》中描述也比较笼统：

时淮练各军集于津沽,保龄勤加搜讨。遇有兵民交讼之案,悉右民抑兵,以保良懦。八年,朝鲜乱党内讧,毁日本使馆。日兵轮驶仁川口,日使臣以兵入汉城。保龄奉檄援护,庆军统领吴长庆方率六营东渡。保龄建议,韩王孱弱,宜大举勘乱,选得力军数道并出,清理案犯,更订条约。遣忠正廉诚胸有古今者,统劲旅长驻彼都,扶起孱王,实行监察。效卫文治卫,力策富强。与辽东三省左提右挈,实东方一大屏障。若敷衍了局,韩其不旰食矣。力请调宋庆所统毅军为后盾。吴、宋皆甲三旧部,曾同袍泽,愿以军旅自任。直隶总督韪其言。日人知我有备,遽与韩议和。时我国方扩张海军,当事谓宜持重,议遂中寝。韩乱既定,直隶总督疏请以道员留直隶补用,乃益锐请整顿军实。[①]

章梫这段描述主要落脚点是在朝鲜"壬午兵乱"发生期间袁保龄所作所为。至于袁保龄抵达天津之初并没有太多的业绩可言,在写给袁保纯的家书中说:"十七日与运司同盘查运库,竟日乃完。""十九日与运司会查盐关盐坨,又竟日乃完。""查库、查关、查坨各事皆督帅到任公事,委代查者,不避劳怨,一切认真,振帅颇相许可。"[②]初到北洋,适逢李鸿章丁忧,张树声委派袁保龄协助查办公事,其实是做一些辅助性事务,虽然庶务芜杂,然而留心于水陆各军防务要务,尤其是联络袁甲三旧部各军将领。这一短暂的时

① 袁保龄:《阁学公集》卷首《国史列传》,第8页。
② 丁振铎编辑:《项城袁氏家集》之《袁氏家书》卷六《致九弟》,第2页。

间对袁保龄而言影响则是深远的，其抵达天津之后，目睹并亲身感受到北洋众多官员在办理洋务过程中的具体情况，虽未曾走出国门亲历外洋，而多年究心于洋务的刘含芳、张席珍、王德均（1823—1884）、顾元爵（？—1895）等人的专工所长足以令其眼界渐开，传统的士林风气未减，洋务新式的思考模式渐渐萌生。此时，李鸿章对海防建设和海军人才的重视提高到了前所未有的程度，尤其是对金州地区诸海口，包括大连湾、小平岛、旅顺口等地在内，李鸿章开始了北洋海防总体战略布局。光绪九年（1883）春，袁保龄致信张曜，回忆前一年，即光绪八年（1882）夏，奉李鸿章之命勘察北洋各海口事："去夏周历北洋各口，还津而朝鲜变起。两月中，几废寝食。"[①]在光绪八年（1882）三月下旬，李鸿章因丁母忧而开缺。旋即法越事紧急，美韩条约亦在仁川签订，清廷上下密切关注法军与朝鲜一切动态。张佩纶、陈宝琛等人上奏，建议由李鸿章、左宗棠等名臣督办法越之事。不久，曾国荃署两广总督，坐镇广州，严防法军入境。同年六月，朝鲜兵变事发，事态急迫，清廷命李鸿章即赴天津部署水陆各军，署理直隶总督张树声调广东水师提督吴长庆率领所部庆军自登州开拔乘船赴朝鲜靖乱。这一年，对于大清王朝来说是外患频发的一年，北方是朝鲜问题，为日本所觊觎；南方则是法越问题，因应无方。以李鸿藻为首的"清流派"力主使用诸如张之洞、张佩纶、陈宝琛等文臣，推荐张曜、宋庆等袁甲三旧部诸将领。此时总理各国事务衙门大臣恭亲王奕訢由于此前与慈禧太后存在政争，托病隐居不出。光绪八年十二月二十九日（1883年2月6日），抵达旅顺口任职已经两个月的袁保龄致信李鸿藻：

① 袁保龄：《阁学公集》书札卷一《谢张朗斋》，第43页。

“元公久病不出，吾师仔肩益重。”[①]“洋务派”的强劲支持者恭亲王的不出，对于李鸿藻来说朝堂局势就显得更为微妙。作为“高阳相国”李鸿藻的门下，袁保龄熟知其师心思，“丰润渐已向用，海滨为之起舞。枢府本根重地，天下安危所托。环顾中外，微南皮未易当之，固非一二人之私论也”。[②] “丰润”为张佩纶，“南皮”为张之洞，“张之洞、张佩纶、陈宝琛等，皆公所领导‘清流’之健将，彼等一举一动，皆与公事先议之”。[③]这是对“吾师仔肩益重”一语“固非一二人之私论”的具体解释。在袁保龄心目之中，李鸿章是国之干才，名满天下，谤言也随之满天下。李鸿章与“清流派”之“北派”李鸿藻、徐桐，“南派”翁同龢、潘祖荫等人均不谐，其原因固然众多，而在袁保龄看来，李鸿章只要亲近贤达之人、远离宵小之辈即可。李鸿章所面临的问题其实远没有袁保龄所理解的那样单一化。办洋务，兴修海防，组建水师都需要巨款，从治国理政理念分歧开始，用钱之争发展到用人之争，最终演化成为用权之争，这成为“清流派”与“洋务派”矛盾的焦点表现所在。与此同时，李鸿章还要面对与署理直隶总督张树声之间的微妙关系。虽然此时袁保龄对朝鲜事件有所建议，且建议有其合理性，而张树声并未采纳。光绪九年三月二十二日(1883 年 4 月 28 日)，袁保龄写给李鸿藻的信中谈及李鸿章：“合肥志力宏阔，不减曩时，近更以亲贤远佞为务，用舍均颇精当。但众口铄之，文网牵之，若非朝廷笃眷元勋，无少间隔，恐日久亦稍稍倦矣”。[④] 袁保龄给李鸿藻书札措辞中，意味深

① 袁保龄：《阁学公集》书札卷一《上高阳师相》，第 21 页。
② 袁保龄：《阁学公集》书札卷一《上高阳师相》，第 21 页。
③ 李宗侗、刘凤翰：《李鸿藻年谱》，第 287 页。
④ 袁保龄：《阁学公集》书札卷一《上高阳师相》，第 41 页。

长地说出了此时李鸿章的艰难处境，也道出了自身所要面对的种种困境。离开北京之后的袁保龄与李鸿藻、张佩纶、张之洞等人的联系是密切的，及至天津北洋幕府时期更是如此，一直延续到旅顺口营务处任职初期，袁保龄所充当的历史角色是多元化的，改变不了的是其对李鸿藻等人“清流派”的认同与持续亲近；与此同时，还需要主动参与李鸿章等人“洋务派”的海防大局筹划建设。此种多维度交往并不存在泾渭分明的界限问题，也不会产生深层次的矛盾或者演化为彼此龃龉，作为一种政争的嬗变过程，相对于弹风甚健而令人侧目的张佩纶来说，袁保龄无疑是擅于明哲保身的。

光绪七年十二月（1882 年 1 月），朝鲜领选史金允植（1835—1922）率领使团至天津，在此期间写成《领选日记》，其中记载了正在天津因应朝鲜“壬午兵乱”的袁保龄之事。

二十七日。阴。海关署有书来言：请今日九点钟到署与吴筱轩军门一谈。筱轩军门将奉旨带陆兵四千即赴仁川。筱轩军门在紫竹林上泰安兵轮船。筱轩本名家子，身历战场廿年，现官广东实缺提督，驻兵山东登州，满腹经济。（新）［祈］速一见，相约随往也。催饭即往，与主人笔谈良久。吴军门来会，年可六十内外，名长庆，号小轩，家在安徽合肥，现统六营兵驻山东登州府，韶颜笑容，有儒将之风，绝无赳赳之气。观笔谈纸毕，复举笔略论数处。余问：“吴军门今晚当发否？兵船合为几只？兵丁共几人？”主人曰：“大兵船三只，丁军门先已带出，现有烟台、旅顺口等处及南洋调来之船十只，合十三只，陆兵四千，悉归吴小轩统辖。明日十点钟发船。今鱼允中先出，若执事又去，则此中无可与议贵国之事。愚意俟师船回信去就，亦不为晚，不必明日同发。”余曰：“如弟者，去留俱无益,惟看事机为之耳。”少顷,刘芗林、袁子久名保龄,官二品、刘稼臣名笃庆,官升用知府,安徽人,三人来会,共饭。袁子久出朝鲜人所寄书函,乃李载冕书信也,并送其小照,乃昨年贡使便带来也,不知何缘有声息。而子久闻吾国有事,出此书以示诸人,相与哄笑,不知为何语也。饭罢先起,约吴军门明日往别,即还东局。①

九点钟,往别周玉山,袁子久观察亦在座,言此次其从侄名世凯亦从军云。②

日暮,闻刘芗林、袁子久两观察来在别堂,送名片,即往见之。两公俱自天津来,袁子久为往旅顺口看炮台,驻至明春始还。刘芗林亦向旅顺口,数旬即还云。袁即慰廷之从叔,知余与慰廷最厚加殷勤焉。少顷,揖别还船,仍留宿。③

金允植的记载是在光绪八年(1882),具体时间分别是六月二十七日(8月10日)、七月初二日(8月15日)、十月初一(11月11日),三次见到了袁保龄。第一次和第二次见面的地点均在天津,此时吴长庆、丁汝昌等人受命即将从海路驰援朝鲜,平其兵变。袁保龄、刘含芳等人“奉檄援护”,在此两个月时间内,废寝忘食,颇为辛劳,且有所建言,力荐以袁甲三、袁保恒旧部吴长庆之庆军、宋庆之毅军担任辽东防务,并欲请命率部从军,为张树声所尼。而袁

① 复旦大学文史研究院、韩国成均馆大学东亚学术院大东文化研究院合编:《韩国汉文燕行文献选编》第30册,复旦大学出版社,2011年,第313、314、315页。

② 复旦大学文史研究院、韩国成均馆大学东亚学术院大东文化研究院合编:《韩国汉文燕行文献选编》第30册,第323页。

③ 复旦大学文史研究院、韩国成均馆大学东亚学术院大东文化研究院合编:《韩国汉文燕行文献选编》第30册,第337、338页。

世凯此次正是在袁保龄、吴长庆等人的扶持之下与役朝鲜，正式登上历史舞台。第三次见面地点是在烟台，此时朝鲜突发事件接近尾声而进入外交谈判阶段，大院君李昰应（1821—1898）已经由吴长庆执送天津。金允植记录袁保龄在烟台的行踪与袁保龄同一天（1882 年 11 月 11 日）从烟台发出《暂借小轮应用并请饬坞赶造禀》中所记录的时间是一致的。

窃职道等于九月二十八日叩辞，敬聆钧训后，于二十九日带同在事员弁并邀同汉随员纳根等乘丰顺轮船，三十日卯刻开行。仰蒙宪台福庇，波平浪静，驶抵烟台。现经换坐超勇快船，定于初二日卯刻开行赴旅，一切情形容俟到旅后续禀。①

此时，袁保龄即将迎来一个前所未有的历史时期——“是年冬，赴奉天旅顺口督海防工，兼办水陆军防务”②——全面接收旅顺口海防建设工程。在写给袁保永、袁保纯的家书中，袁保龄不无得意地表达了自己此刻宏图初展的心境：“初三早九点钟至旅顺，停泊口内。沿途微风不动，波如镜平。初次泛海，仰荷神庥，差以自慰。轮船不遇风，行大洋中，鼓轮破浪，亦真人生一壮游也。”并计划在两天之后“开轮周历小平岛、搭连湾、威海卫各海口，周览形势”。③ 在此之前，袁保龄曾经受李鸿章委派“奉檄履勘沿海，通筹形势”，认为旅顺口“跨金州半岛，突出大洋，水深不冻，山列屏障。口门五十余丈，口内两澳。四山围拱，形胜天然，诚海军之要区也。

① 袁保龄《阁学公集》公牍卷一《暂借小轮应用并请饬坞赶造禀》，第 1 页。
② 袁保龄《阁学公集》卷首《国史列传》，第 9 页。
③ 丁振铎编辑：《项城袁氏家集》之《袁氏家书》卷六《致六、九弟》，第 3 页。

于此浚浅滩，展口门，创建船坞，分筑炮台，广造库厂。设外防于大连湾，屯坚壁于南关岭，与威海各岛，遥为声援。远驭朝鲜，近蔽辽沈，实足握东亚海权，匪第北洋要塞也”。[①] 其赞同李鸿章所确定的在旅顺口营建海防基地的方略，虽然对旅顺口一地自然地理条件做为重要考量，但是袁保龄比较清楚水陆联防的重要意义，且不囿于法侵朝变之一时，也不局限于旅顺口、威海卫两地北洋海防要塞，其将眼光拓展至东亚地区，尤其是袁保龄对“海权”的认知虽然并不十分明确，却也难能可贵，不能说是卓识，而远见尚是具备的。所以袁保龄在初到旅顺口不久写给李鸿藻的书札中说：

保龄于九秋之末，航海过烟台，十月初至旅顺。此地形势，负山面海，可战可守，若经营巩固，则北洋水师方有归宿，与登州附近各岛为犄角之势，以固津沽而卫畿辅，固不特辽沈屏蔽。通筹应办各工，由筑坝而浚澳，而船坞，而大小炮台以及疏啓海口，建库储械，布设水雷，联外防于大连湾，屯坚垒于南关岭，用帑当在三百万，每岁举五十万为之六七年，或略有可观。其最要者，须为本地人谋生计，养之教之，助其事，畜之资，鼓其忠义之气，民足胜兵，大费斯节，客军久戍，夫岂远图。此邦民情土俗，类山东登莱而贫瘠独甚。前月上疏合肥相国，乞以闲款设义学，添种桑柘，资民纺织，且勖旗兵练枪箭，择尤加赏，不识迂阔之说得行否。[②]

袁保龄在写给多位友朋的书札中均有过类似表述，不难看出其勃勃雄心。其核心内容可视之为在兴办旅顺口海防诸项工程同

① 袁保龄：《阁学公集》卷首《国史列传》，第9页。
② 袁保龄：《阁学公集》书札卷一《上高阳师相》，第21页。

时，侧重于水陆联防，并将此时尚是大海荒山，人烟稀少的旅顺口视为新生城市，开始投入大量帑银及人力物力，聘请洋员为顾问，浚海开山，购炮练兵，“至是规划建筑”。这可以理解为袁保龄对旅顺口一地包括海防建设、民生建设等内容在内的总体建设规划，此后5年时间里，袁保龄也一直按照这一规划设想，在中外僚员及毅军、庆军、护军等驻兵配合下展开了前所未有的大规模海防工程建设。

袁保龄自光绪八年十月初三日（1882年11月13日）清晨抵达旅顺口，至光绪十二年九月二十二日（1886年10月19日）在天津节署突然发病，旋留养于天津，前后总计5年时间。在此期间，“旅顺建港的诸多重大工程，皆于其手中先后完成。由于工大事繁，不论在人事、经费与工程技术等方面，均曾遭遇到无数的困难，卒赖其赤忱、定见与魄力，始得一一克服”。[①] 王家俭对任职旅顺口营务处工程局期间的袁保龄的这一评价颇客观公允。这一时期袁保龄的事功可从以下两个方面展开讨论。

（一）旅顺口海防工程全面兴建过程

袁保龄接管旅顺口海防建设之后，可将之分为三个阶段，第一阶段从光绪八年（1882）初冬开始，方兴工建设的船坞辅助工程拦海大坝、石备坝等工程因中法战争而暂时停止。第二阶段是从光绪九年（1883）至光绪十一年（1885），由于需要防御法舰北上，而转为全力以赴修建黄金山、崂嵂嘴、老虎尾等炮台和鱼雷营、水雷营、电报局等工程次第完工。第三阶段是从光绪十二年（1886）初开始至是年十月袁保龄发病为止，这一阶段主要是船坞建设工程，

① 王家俭：《李鸿章与北洋舰队：近代中国创建海军的失败与教训》，生活、读书、新知三联书店，2008年，第238页。

而此工程前期由袁保龄指挥施工，善威襄助，由于施工材料、技术等原因，袁保龄与善威之间发生争执，无法顺利施工，后期则与法国商人德威尼谈判，拟包工给法商，所以船坞工程并未取得实质性进展。

马建忠(1845—1900)曾经撰《勘旅顺记》一文，对旅顺口的形胜进行了详细描述。旅顺口地处辽东半岛最南端之海角，地分黄渤两海，湾澳众多，地远天荒，令人望而却步。“地为奉天金州厅属，扼渤海喉舌，实前代筹边重地，履冰践雪，登凭版筑，无片刻暇。”[①]“旅顺地方本属海滨荒岛，旗民村聚皆远在数里外，人烟稀少。高山数十丈，环峙四围，海气蒸湿，岚瘴交侵，风土迥殊内地。”[②]旅顺口自然地理条件优越，战略位置重要，而气候条件恶劣，加之人口稀少，各种资源均为匮乏，食物药物、建筑物资、施工劳力严重稀缺，这对满怀信心初到旅顺口的袁保龄来说是前所未料的，其在给吴重熹(1838—1918)书札中不无担忧地写道：

不学之身于土木会计均非夙习，加以停泊铁舰、修建炮台，半须参用西法，与各项工程迥别，绝无轨辙可循，不知将来如何陨越。夙夜惴惴，若临渊谷，公爱我深，其何以教我？[③]

包括坝澳、船坞、炮台、厂房等工程以及枪炮、艇船、鱼雷、水雷等科技技术在内，袁保龄对此几乎一无所知，因而其所面临的情况

① 袁保龄：《阁学公集》书札卷一《谢张朗斋》，第44页。
② 袁保龄：《阁学公集》公牍卷八《请奏恤在工病故人员并给发功牌禀》，第5页。
③ 袁保龄：《阁学公集》书札卷一《致吴仲怿同年》，第39页。

更加严峻。其困难可分为两类:人员与经费问题;施工过程中的困难问题。

人员和经费问题。袁保龄对工程人员相当重视,自光绪八年九月十九日(1882 年 10 月 30 日)至十月十八日(11 月 28 日),在短短的一个月时间内,先后上报《请派员会办旅工禀》《暂借小轮应用并请饬坞赶造禀》《察看坝套及库基公所大概情形禀附估折》《筹办坝澳引河各情形禀》《请派提调禀》《通筹旅防全局工程禀》等禀报。先是经李鸿章同意约请熟悉河工的周馥和通晓军械的刘含芳会同筹办旅顺口海防工程,调用镇海、湄云、快马、利顺、海镜、拱北、普济、日新等水师艇船则委托丁汝昌,坝澳、引河、炮台、人字墙等建筑施工劳力则委托宋庆、王永胜(1833—1886)等驻军将领,由此形成了旅顺口海防施工领导团队,袁保龄在其中充当了提领通筹的角色,与众人配合默契,彼此互为支持。在交接之后,裁撤了前任黄瑞兰(1830—1893)无所作为的旧用下属四百余人,而只留用了副将佚得胜、守备刘忠选在坝工继续任职。同时,利用公私两方面关系,在周馥、章洪钧、张佩纶等人推荐下,申请奏调多位能吏到旅顺口营务处效力,其中包括坝澳工程提调王仁宝,军库工程提调牛昶昞(1839—1895),管钱委员李竟成,专司出纳事宜委员谢子龄,澳工委员朱同保、潘煜,库工委员刘献谟,管煤委员李培成,管库委员吴燮元、张葆纶、黄士芬,军械委员谢梁镇,管理导海大挖泥轮委员黄建藩(1840—1907),以及裴敏中、关敏道、张葆纶、王鹤龄等文案人员,还有挖泥船委员陶良材,司事吴树勋、徐金淦、方文灿,总管厂务都司霍良顺,利顺轮管驾郭荣兴,导海挖泥船匠首陆昭爱(? —1885)、黄金山炮台教习袁雨春、刘芳圃,水雷营管带方凤鸣,庆军营官张光前(? —1905),护军营官张文宣(1850—

1895)等技术与防务人员,涉及工程设计与具体施工管理人员,还包括防军中的中低级军官。这些人各有所长,各司其职,构成了旅顺口海防建设与防务的中坚力量。

旅顺口海防营务处工程局先后从德国购买了大量机器及武器装备,在挖泥疏浚海澳、营造水雷营、鱼雷营和诸多炮台过程中,袁保龄需要借助于外籍顾问及其他工程技术人员。这些洋员包括级别较高的海关税务司德璀琳(1842—1913),北洋水师顾问琅威里(1843—1906),还包括工程具体施工人员,如旅顺口炮台工程师汉纳根,挖泥船洋匠勒威,水雷营教习满宜士,炮台教练瑞乃尔、额德茂,台澳工程师哲宁,鱼雷营教习施密士,浮重船工匠刁勒,导海挖泥船管轮丁治、士本格,导海挖泥船副管轮核粗、为而得,导海挖泥船水手司特巴、格温瓦而脱、海力希康喇脱,土木工程师舒尔次、善威等人。这些洋员背景复杂,观念迥异,学养和专业水平参差不齐,斟酌其间,颇令袁保龄难以裁定。

袁保龄一直以善于调解人事纠纷著称。到任之初,即稳妥解决前任黄瑞兰与众人的矛盾问题,并且开诚布公,秉公办事,随后解决了夫头欠款问题。这些纠纷的解决从表面上看似乎无关工程大局,实则,袁保龄在稳定人心,同德戮力方面独具手段。光绪十年(1884)吴长庆病逝于驻防地金州之后,由于庆军分统黄仕林与张謇兄弟之间素有间隙,曾经诬陷张謇兄弟贪墨饷银七千余两,赖于袁保龄、周馥从中调解,张謇兄弟方得解脱,其他诸如调解吴兆有(1829—1887)与袁世凯,宋庆与王永胜,方正祥与黄仕林之间的关系等,均显示出袁保龄办事周全稳妥之风。在旅顺船坞工程实施过程中,袁保龄需要与洋员展开周旋,并协调洋员之间的关系。1885年12月14日《申报》登载了以下消息:

善威与汉纳根两君均德国人。楚材晋用,远投中国。两君先后经傅相委在旅顺工程差次,平日臭味相投。汉君在旅顺多年,所办炮台工程均有成效。善君系今年七月始经傅相委往帮办坞澳者,其总办即袁子久观察也,此次从旅顺来商办要公。汉君参酌其间,善君谓干卿甚事。于是两不相下,几至互禀傅相。嗣经袁子久观察善为排解,始各嫌疑悉泯云。[①]

德国人汉纳根自光绪七年(1881)起受李鸿章委派参与旅顺口海防工程的设计与施工,而德国人善威受德璀琳举荐,得到李鸿章允诺,于是年(1885)方才到旅顺口筹划船坞工程。汉纳根与善威均受袁保龄差遣,但是袁保龄对此二位洋员行事风格、专业水准均有所质疑,又不便于直说。随着袁保龄对洋员了解的深入,态度亦发生转变。初到旅顺口之时,袁保龄认为善威"其人和而稳,读书较多,气质在汉纳根上"。[②] 只是善威对工程的难度理解偏于容易,在袁保龄提示之下,善威对工程的实施难度才有所认识。后来,"善威必欲乞三个半月假亲往买机器。此人在西员中竟算有德有守,而才不甚长"。[③] 这一评价仍然没有贬斥之意,但是和后期认为善威其人"才具太短"[④]形成了鲜明对比。汉纳根与善威二人之间存在的争执,工程实施中抵牾之处,均需要袁保龄在保证旅顺口海防工程施工质量与进度的前提下,斡旋调解,排除矛盾,以保证船坞工程进度。袁保龄虽身处要职,但是行事也屡屡受到时在北洋任职的洋员掣肘与非议,诸如德璀琳、汉纳根、善威等人。洋

① 《申报》,1885 年 12 月 14 日。
② 袁保龄:《阁学公集》书札卷四《致章晴笙同年》,第 6 页。
③ 袁保龄:《阁学公集》书札卷四《致津海关周观察》,第 24 页。
④ 袁保龄:《阁学公集》书札录遗《上李傅相》,第 17 页。

员多为李鸿章所举荐，因此袁保龄囿于李鸿章的职位与情面，不好当面斥责洋员，其两难境地，久不得舒，抑郁愤懑之情溢于言表。

旅顺口海防建设工程中，港口修建费用达到一百五十余万两白银，炮台、营垒、厂房及枪炮、鱼雷、水雷等配套设施和武器装备费用近五十万两，总体花费近二百万两白银。《阁学公集》公牍部分保存了大量与申请施工物资及与资金有关的禀报，对于巨额资金的使用问题，袁保龄始终是忧勤惕厉的。在写给周馥的书札中，他多次提到自己对工程款项的态度：

若我辈在此一日，终是抱定迂拙作法。举朝廷之帑项，百姓之脂膏，以填此辈难盈之蹊壑，而博悠悠之浮誉，义之所不敢出也。[①]

土工已是四万数千方，近来日夜打算统计土石各工，至少须四万余金，拟再将土方原估节省项下之数万金尽力搜剔撙节，涓滴不漏，再挤万金，亦须再请三万有奇之款乃能济事。不才所最怕开口者为添款，每念以饮冰茹蘖之操持，而大类河工积习之行径，此嫌此疑，又谁知之，而谁辨之？[②]

从中不难看出袁保龄在工程总办位置上的审慎态度。袁保龄始终在保证施工质量和工程进度的前提条件下，以撙节为基本原则，谨慎申请并使用款项，专款专用，随用随清，及时报销。对于款项的预算核算，精准到毫微丝忽。由于工程复杂浩大，需要军民配合。除了毅军、护军等军队协助施工抢先之外，仅就船坞一项，袁保龄在光绪九年(1883)春还安排专人从河北、河南、山东、安徽等

① 袁保龄：《阁学公集》书札卷一《致津海关周观察》，第19页。
② 袁保龄：《阁学公集》书札卷二《致周玉山观察》，第17页。

地招募夫工，多达两千五百余人，又在辽东、辽南地区利用农闲时节招募夫工前后达三千余人之多，累计招募夫工将近六千人，未曾亏欠夫工工钱。即便遣散之时，袁保龄事无巨细，妥善安排遣散夫工有序乘船离开旅顺口，安全送至山东海口，以免引起哗变。旅顺口海防工程款项汇总禀报最终在袁保龄发病之后，在王仁宝、李竟成两人协助之下，于光绪十三年(1887)汇集为《遵照造报经收澳坞坝岸土石各工禀附清折》《核结水雷营正杂各款禀》《陈报节省盈余款项并请另储备用禀》等三个汇总性质的报告上呈给李鸿章。

施工过程中的困难。《国史列传》中对初到旅顺口时期的袁保龄有比较简略的描述："时荒岛初辟，海声硠硠，内地宾僚率相视裹足，保龄昼督工作，夜草文书，恒以一身兼数任，其劳苦非常人所能耐"，[①]"工程极重，地方极苦"。[②] 袁保龄到任之前，在德璀琳的举荐之下，李鸿章聘请汉纳根负责修筑旅顺口黄金山炮台，光绪六年(1880)冬，派遣陆尔发协助汉纳根开展工程建设。光绪七年(1881)，又派遣道员黄瑞兰督建旅顺口海防初期工程，由于陆、黄二人未能令李鸿章满意，只能作罢论。袁保龄初期所接手的主要工程是为修建船坞而由黄瑞兰监工兴修的拦海坝，此坝根基不实，四处漏水，每逢大潮，则此坍彼塌，险象环生。袁保龄到任第一个月，即面临拦海坝的种种棘手险情危况，几乎无法应对。光绪八年十一月初八日(1882年12月17日)在写给李鸿章《抢救坝工及筹备坝澳事宜禀附估折》中详细介绍了此次抢险过程及补救危坝办法，在写给周馥的书札中更加具体地描述了当时险况：

---

① 袁保龄：《阁学公集》卷首《国史列传》，第9页。
② 袁保龄：《阁学公集》公牍卷一《调留裁撤各委员禀》，第37页。

二十九、初一，大雪盈尺，工作既停，甚无聊赖。而坝工告险，日甚一日，初五、初六两次夜潮，坝顶过水，新加秸土，蛰与水平，风雪助虐，人力不可施，最险是初六日，最苦亦是初六日。下走屹立雪中，狂飙忽来，严寒透骨，而各员弁之敝裘如纸，夫役之短褐不完，又复何论。吁！不知这般人前世欠黄佩老何等帐目，今日来替他了此冤孽公案。所喜上下一心，群情固结，挖山取土，来回数百丈，于风回雪舞之时，踊跃争先，欢呼用命，竟能抢护无虞，真非始愿所及。昨日又雪，今日乃晴，不分晴雨，急修赶做。目下看来比前略好，又虑半月后大潮信，拟明日先下最要紧处一两段埽，看能站住否。如果顺手，便急抢做埽，为坝作一外屏，以救燃眉之患。此后备坝垒石、东澳挖沟，分别从容为之。①

黄瑞兰所监造的拦海坝工程质量堪忧，主要原因在于其不懂施工原理，一味蛮干，并且由此而引发施工团队众怨，纷纷向新到任的袁保龄呈递状纸，达四十余份。为此袁保龄曾经在《交盘事宜禀》《黄道在旅众论禀》中有过情况汇报。兴建拦海坝是为了修造船坞做准备，其事起源于光绪六年(1880)，北洋所购进舰船数量达14艘。“铁舰、快船既陆续告成，每年船底积有海蠹或偶损坏，须随时就坞修洗。”②北洋舰船维修养护需要适合的船坞，因此寻找良港建造船坞之事成为当务之急。光绪八年(1882)李鸿章曾经饬周馥等人于旅顺口建造船坞，见于光绪九年三月十四日(1883年4月20日)袁保龄《开挖东澳拟办情形说略》：

① 袁保龄：《阁学公集》书札卷一《复津海关周观察》，第9、10页。
② 李鸿章著，顾廷龙、戴逸主编：《李鸿章全集》卷11《奏议十一·遵议海防事宜折》，第148页。

嗣于八年十二月,奉前北洋大臣阁爵督部堂李饬津关周道等改估,并会同美国水师官定议。移建船坞处于水师营旧官厅之东,两山之凹,视老水师营废船坞西移数十丈。缩澳工而短之,纵横各九十丈,为方池,以供铁舰回旋停泊之地。其北则坞可以修船,其西则为船出入之路,宽五十丈,长九十丈。共计改估澳工须银二十五万四千余两,视原估省土八万三千余方,省费不及七万两。[①]

这一宏阔设想随着中法战争的爆发而暂时搁置。"法越构衅,法人声言北犯。"[②]袁保龄认为"船坞工万无不缓之理"。[③] 因此,将施工的主要精力投入旅顺口诸炮台以及其他军事设施的营建之中。从光绪九年(1883)四月开始,袁保龄陆续上呈给李鸿章大量与兴修维护炮台、设置长途电报线路、兴建各种库房厂房、水陆各军驻扎等情况有关的禀牍,如光绪九年(1883)《陈报坝澳各工情形并请展缓库工禀》《亲视炮台及船坞扦试情形禀》《估办军库各工程禀》《拟估老驴嘴炮台禀附估单》《旅防请设电报禀》《海口进船炮台试炮禀》《会勘炮台地势公商办法禀附章程清折》《申送崂嵂炮台估册禀附估算清册》;光绪十年(1884)《建造两岸药库及老虎尾炮台工程禀附清折》《老虎尾炮台工竣请派员验收禀》《东西岸布置防御情形禀》《会报旅防分别布置情形禀》《陈报演炮情形并分赴金州烟威阅操禀》《验收黄金山炮台护土工程禀》《陈覆验收人字炮墙等工程禀》《修筑土炮台工程完竣禀》《修筑营墙药库禀》《筹办电报情形禀》《会覆烟旅联络防守情形禀》《转呈馒头山

① 袁保龄:《阁学公集》公牍卷一《开挖东澳拟办情形说略》,第51、52页。
② 袁保龄:《阁学公集》卷首《国史列传》,第9页。
③ 袁保龄:《阁学公集》书札卷三《致津海关道周》,第19页。

炮台图折禀附估折》《酌改安置田鸡炮地点陈请核示禀附原函暨说略》《陈报驻朝防军及旅顺防务情形禀》;光绪十一年(1885)《修建母猪礁炮台并请饬发禀》《陈报黄金山炮台石营墙等工竣及用款禀》《请筑母猪礁炮台禀》《申送西岸小土炮台工程清册图说禀》等。

旅顺口海防工程是兵民共建而成,既有内地数千夫工日夜施工,又有大量驻军士兵参与其间。王永胜所率护军兵勇负责修建黄金山、老虎尾两座炮台,工程并未如期完成,由宋庆率领庆军接续施工,最终完工。袁保龄在此期间往返天津、旅顺之间,向李鸿章禀明实情,与张佩纶纵论海防,替王永胜美言,为宋庆争取军饷。光绪十一年九月(1885 年 10 月),清廷设立总理海军事务衙门,“详慎规画,拟立章程,奏明次第兴办”。[①] 海军配置舰船,海防大兴又一次提上朝廷日程,旅顺口船坞工程复工在即。袁保龄在总理海军事务衙门设立之后,于光绪十二年三月二十二日(1886 年 4 月 24 日)公牍中禀道:

惟以旅工全局而论,所最重者惟船坞,所最急者亦惟船坞。亟应乘此长日晴霁及时修砌。[②]

船坞工程为旅顺口海防建设核心工程之一,施工难度高,可资借鉴的施工经验少,工程浩大,花费甚巨,且时间紧促,不容再为拖延。面对如此艰巨的施工任务,作为主其事的袁保龄事无巨细,凡

① 张侠等人合编:《清末海军史料》第一章《著醇亲王奕譞等办理海军事务衙门懿旨》,海洋出版社,1982 年,第 66 页。

② 袁保龄:《阁学公集》公牍卷十《陈报与法监工妥酌旅防全局情形禀》,第 3 页。

建坞工程中的一切施工规划、财务预算、添购机器、人事协调、监理施工、沟通外员、物料调拨均需要其精心考量,每事具禀,逐一落实。而且需要随时和位于天津的水师营务处、海防支应局、军械局、机器制造局、大沽船坞等衙门的主要官员汇报工程进度,协调人员配备,沟通器械有无,呈报禀牍,申请款项,核算报销,往来公牍不断,身为旅顺口营务处工程局总办的袁保龄所面临压力之大可想而知,“长柄悬匏,几无息肩之日,急思摆脱,非有趋避也”。[①]“所盼楼船奋武,横海宣威。焉得如李壮烈者数人而与之纵驰渤海乎?”[②]袁保龄不辞辛劳,苦苦支撑,拼力督办旅顺口海防工程中核心部分——船坞修造工程。袁保龄素以办事“得力”著称,谨慎敦厚,勤勉踏实,老成持重,辛苦异常,“公昼督工役,夜草文檄,恒身兼数任,勤苦自矢,清绝点尘。至礼贤恤下,如恐不及。卒之众感其诚,悉乐就焉”。[③] 从光绪九年(1883)至光绪十一年(1885),是袁保龄一生中的高光时刻,他几乎没有闲暇之时。这一期间,袁保龄主要事功是围绕着工程与布防展开。虽然多次和李鸿藻、张佩纶、章洪钧等人言及想要进京引见等事,也只能视为给李鸿章听的说辞而已。

1885 年 11 月 30 日《申报》有以下报道:

李傅相赴旅顺口,行程前经列报。查旅顺距大沽水程一百七十五咪,合中国五百七十八里。入口系两山环绕,中间一水分开,若八字。然西岸为威远炮台、鸡冠山、馒头山。东岸为黄金山、老

① 袁保龄:《阁学公集》书札卷四《致张筱石姊丈》,第 36 页。
② 袁保龄:《阁学公集》书札卷四《致内阁陈蔗生》,第 43 页。
③ 袁保龄:《阁学公集》卷首《行状》,第 17、18 页。

驴嘴、老母猪脚计六炮台。皆有重兵驻扎，宋军门部下毅军为数最多，其余统领统带各部不一。一切工程皆归袁子久观察总理，德人汉纳根、善威副之。其地到处皆山，现在开作坦途，俱借人力穿凿。善威欲告假四月回国购办机器。尚有一船坞开筑，其工程较大，海中则泊有挖泥船，拟将该口开阔以便停泊轮舟云。①

善威主张携带修造船坞的全部款项出洋采买，这一设想遭到袁保龄的反对，因工期紧迫，善威又迟迟未能罗列出施工总体规划，所需款项之巨为旅顺口诸工程之首，而且没有施工经验与专业施工技术人员和团队。在李鸿章决策下，经由当时天津海关税务司德璀琳推荐，委托英国怡和商行代购旅顺船坞所需物资。对此，1886 年 3 月 27 日《申报》做了以下报道：

怡和洋行揽卖军火之奥人满德，去冬曾禀傅相前往旅顺，晤袁子久观察。揽卖该处开山掘河一切机器，订定价银四十万零九千两。自签字之日起以十四礼拜为期，当从外洋运到，各件照原订合同不差累黍。现闻合同已与袁子久观察拟定，即携至天津，请津海关道周玉山观察画诺，不知观察尚有斟酌否。②

1886 年 3 月 30 日《申报》继续对旅顺口船坞所需物资代购合同有所报道：

旅顺口坞澳工程经总办袁子久观察向怡和洋行订立合同，购

① 《申报》,1885 年 11 月 30 日。
② 《申报》,1886 年 3 月 27 日。

定机器计银四十万九千两。经手人满德于冰泮后偕观察来津，请津海关道周玉山观察画诺。此皆前报所已述者也。兹悉此次所购系生铁模子及挖泥、运泥、气筒、浮标等物，并另购红毛泥二万两有奇。刻满德已附番舶赴申，行将出洋，照原定十四礼拜内购交旅顺云。①

与怡和洋行所签订的代购合同细则见于袁保龄于光绪十一年十二月初七日(1886年1月11日)向李鸿章奏禀的《拟具订购机器合同请饬核议禀》，中言“昔人有言，凡举大事，不惮挑驳，盖理愈阐则愈精。事前多一纠绳，即事后少一罅漏”。② 可见其思虑之缜密，行事之审慎。袁保龄不惟坐镇旅顺口海防工程局，也奔波于天津与旅顺之间，向李鸿章、周馥等人当面回禀，商议修造船坞之事。“镇海兵轮定于本月十七日开回旅顺，送傅相新委之税司的义遄往朝鲜。查是船于初五日由旅来津。袁子久观察及西人善威附之而至，现仍坐该船返旅云。”③《申报》的这则消息与上一则怡和洋行经手人满德赴上海，转而出洋采买物资的消息同日而发。袁保龄、善威二人于是年3月10日自旅顺乘坐“镇海”轮抵达天津，与怡和洋行代理人满德商谈，在向李鸿章禀复之后于22日返回旅顺驻防地，整个过程达12天之久。在船坞工程筹划初期，袁保龄对款项预算精打细算，反复核对，并不完全信任善威，又要合理评估善威所呈报的诸项预算，其擘划周详，百密而无一疏。“洋员善威约略估计以百三十万为率。”而经过袁保龄的精心核算，“估数

① 《申报》，1886年3月30日。

② 袁保龄：《阁学公集》公牍卷八《拟具订购机器合同请饬核议禀》，第30页。

③ 《申报》，1886年3月30日。

又再行删减至一百二十二万七千二百两”，工程款颇为巨大。袁保龄始终认为“旅顺大工，费巨事难。稽之成法，无可比例”，而且他也一直秉承“随时随事，力求节省”[①]的修建原则。在船坞工程款预算结束之后，袁保龄在光绪十二年三月三十日(1886 年 5 月 3 日)《转陈洋员筹计澳坞各工情形禀》中禀道：

窃职道于本年二月间在津面禀澳坞各工急宜赶速，拟筹定月日各缘由。奉宪谕饬，即于回工后向洋员善威考询明确，万不准迟误，三年告成之限等因。奉此，遵即照饬该洋员以何时应做何工，何月可以告成，即如船坞一项为最先至急之务。[②]

光绪十二年四月(1886 年 5 月)，对于北洋来说是一个重要的时间节点，北洋水师第一次校阅开始。前一年(1885)十月，自德国订购的“定远”“镇远”“济远”三艘铁甲舰入列北洋水师，北洋大臣李鸿章率领丁汝昌等人在旅顺口查验该舰。与此同时，旅顺口海防工程继续马不停蹄施工，袁保龄需要面对上司李鸿章、周馥等人的督促，需要与同僚宋庆、刘含芳、丁汝昌等人协调，需要与汉纳根、善威、宓克等洋员及洋行买办、送货洋商和船员水手周旋，事无巨细，奔走效力。光绪十二年四月十五日(1886 年 5 月 18 日)，总理海军事务王大臣醇亲王奕譞在“定远”“镇远”“济远”“扬威”“超勇”等北洋水师五舰，“开济”“南琛”“南瑞”等南洋水师三舰，共计八艘舰艇的护卫下，从天津抵达旅顺口，下榻于营务处公所。四月十七日(5 月 20 日)午后二时，醇亲王登上黄金山炮台观看由

① 袁保龄：《阁学公集》公牍卷十《奉饬核计坞工蒇事需款确数禀》，第 9 页。
② 袁保龄：《阁学公集》公牍卷十《转陈洋员筹计澳坞各工情形禀》，第 10 页。

南北洋舰队组成的联合舰队布阵与打靶射击演习。是日晚，仍然宿于营务处公所。四月十八日(5月21日)清晨卯刻，醇亲王偕李鸿章、善庆、袁保龄、洋员善威视察海防工程，午后方才离开旅顺口赴威海卫。水师大阅前后相当长的一段时间，袁保龄“日奔走尘土瓴甓间”，[①]催促旅顺口海防诸项工程进度，查验工程质量的工作状态并未改变。至于心境变化，袁保龄亦有描述：

弟海滨数载，枕戈中夜。槃敦告成，终不得一当强虏，可胜太息。铁舰为华所创，见将营此邦为水师修泊之所，不能不用洋匠、师西法，皆平日所未尝学问者，强心以智所不足，日夜惴惴，若将陨渊。[②]

袁保龄并不排斥西学，但是由于其身处时代与从学经历，对西学并没有系统了解，形成认知空白。揣摩洋员意图，分析审核施工方案，对于这位科举出身的官员来说无疑是困难重重。袁保龄一直秉承家风，公忠体国，兢兢业业。所面临压力愈大，其必成船坞修造之事的动力则愈大，身体承受力却逐渐向极限发展。“独下走实做顽钝两字，介立于群鬼间。病体支离，便血又犯。新霜点鬓，明镜凋颜。壮志已灰，乡心弥切。所迟迟未遽陈者，帅知未报。又当此工程棘手时，恐有识者笑我巧滑。倘得明夏坞有眉目，藉手以报成功，庶几归卧茅庵，神明可不内疚。出处进退，愿爱我者早为我熟计之也。”[③]可视之为袁保龄内心真实写照。在醇亲王对北洋

① 袁保龄：《阁学公集》书札卷四《致水师学堂吕庭芷观察》，第42页。
② 袁保龄：《阁学公集》书札卷四《致李宪之方伯》，第42页。
③ 袁保龄：《阁学公集》书札卷四《致津海关周观察》，第44页。

校阅之后，旅顺口船坞建造工程需要克服重重困难快速推进，困难中有主客观之分，主观困难是袁保龄的知识结构与身体健康状况均显吃力，客观困难则是包括善威等人在内的洋员懈怠掣肘。在李鸿章授意之下，光绪十二年十月(1886年9月)开始，周馥、袁保龄、刘含芳等人着手和法国承包商德威尼进行旅顺口船坞工程谈判。也就是在此谈判过程中，袁保龄积劳成疾，突然发病。

袁保龄任职旅顺口海防营务处工程局期间所监修各项工程及炮台情况详见表一与表二。

表一 旅顺口海防工程表①

序号	工程名称	位置	施工时间	工程内容	费用(白银)
1	海门工程	黄金山与老虎尾之间	光绪八年(1882)十月至光绪九年(1883)七月	施工机械为挖泥船，初期4艘，后期11艘	20 000余两
2	库房工程	白玉山西麓、黄金山北麓、龙河河畔等地	光绪九年(1883)九月至光绪十年(1884)十二月	军械库、陆军药库、水师药库、子弹库、煤库、官员住房、厂房、兵房、粮库等(不包含各炮台所属库房工程)	约22 000两

① 本表根据袁保龄《阁学公集》绘制而成。并参考王家俭《李鸿章与北洋舰队》，第243—250页；岳水文《旅顺港史1880—1955》，海军旅顺基地后勤部军港处编，1995年，第27—60页相关资料。王子平、祝扬先生审核了表格内容。

（续表）

序号	工程名称	位置	施工时间	工程内容	费用（白银）
3	电报局	船坞之东北	光绪十年（1884）八月至十月	分局报房、栈房	约 3 000 两
4	鱼雷营	西鸡冠山东麓	光绪十年（1884）	鱼雷库、机器库、住房、子药库、煤场、泊岸、雷桥、艇坞	水雷营、鱼雷营共计约 56 000 两
5	水雷营	黄金山西北麓	光绪十年（1884）	料库、住房、水雷学堂	
6	水陆弁兵医院	白玉山东麓	光绪十年（1884）至光绪十一年（1885）		4 100 余两
7	炮台工程	旅顺口诸要塞	光绪九年（1883）至光绪十一年（1885）	计炮台 10 余座，大小火炮 60 余尊	320 000 余两
8	澳坞坝岸工程	东西澳	光绪八年（1882）十月至光绪十六年（1890）	筑石岸石坝、坝岸加固、挑挖澳身、筑拦水坝、引水河、挑拦水埝、开挖船池船坞等	约 1 500 000 两

表二　旅顺口炮台表①

序号	名称	位置	火炮数量	火炮种类	完工时间	费用（白银）
1	黄金山炮台	东岸	18	24生后膛大炮3尊、12生后膛长钢炮5尊、12磅前膛铜炮8尊、8生新式炮2尊	光绪九年(1883)完工，光绪十年(1884)至十二年(1886)递修	约210 000两
2	崂嵂嘴炮台	东岸	12	24生巨炮4尊、12生炮4尊、8生新式炮4尊(北山火炮台待竣工后设12生炮2尊)	光绪十一年(1885)	约35 000两
3	老虎尾炮台	西岸	4	15生长炮2尊、8生新式炮2尊	光绪十年(1884)2月动工，5月竣工	约7 000两
4	威远炮台	西岸	4	15生长炮2尊、8生新式炮2尊	光绪十年(1884)八月	约5 000两
5	蛮子营炮台	西岸	4	15生新式田鸡炮4尊	光绪十年(1884)至十一年(1885)	约6 300两
6	母猪礁炮台	东岸	8	21生长炮2尊、15生长炮2尊、8生新式炮4尊	光绪十一年(1885)	约20 000两
7	馒头山炮台	西岸	9	24生炮2尊、24生25口径炮1尊、12生炮4尊、8生新式炮2尊	光绪十年(1884)七月兴建，完工时间不详	约33 000两

① 本表根据袁保龄《阁学公集》绘制而成。并参考王家俭《李鸿章与北洋舰队》，第243—250页；岳水文《旅顺港史1880—1955》，第27—60页相关资料。王子平、祝扬先生审核了表格内容。

（续表）

序号	名称	位置	火炮数量	火炮种类	完工时间	费用（白银）
8	田鸡炮台	东岸	6	15生田鸡炮6尊	光绪十一年(1885)一月	1 750余两
9	团山土炮台	西岸			光绪十年(1884)闰五月	
10	田家屯土炮台	西岸			光绪十年(1884)闰五月	

（二）因应中法危机和朝鲜壬午兵乱、甲申政变

袁保龄任职旅顺口期间正值中法危机，并且由此而引发朝鲜壬午兵乱、甲申政变等一系列突发政治事件。可以这样理解，袁保龄所监修的一切工程实质是为了战略防御，亦即御“敌”，这个“敌”并非是假想情况下的虚拟目标；从海防的角度而言，防御的目标近为日本，远为觊觎中国的西方列强。李鸿章强调：“我能自强，则彼族尚不致妄生觊觎。否则后患不可思议也。”[①]同时，李鸿章认为：“目前固须力保和局，即将来器精防固，亦不宜自我开衅。彼族或以万分无理相加，不得已一应之耳。”[②]由此不难看出李鸿章内心的矛盾焦灼与动荡不安。故此，在两次筹议海防过程中，李鸿章形成了“决胜海上不足臻以战为守之妙”[③]的战略观点，片面侧重于“海防”，以防为首，以战为次，强调以陆防为主导，海防为

① 李鸿章：《李文忠公全集·朋僚函稿》卷三，海南出版社，1997年，第2416页。
② 李鸿章：《李文忠公全集》奏稿卷二四，《近代中国史料丛刊》续编第七十辑，文海出版社，1980年，第828页。
③ 李鸿章：《李文忠公全集》奏稿卷三五，第1123页。

震慑的策略。袁保龄是这一战略主导思想的执行者之一。

章梫在《国史列传》中比较详尽地叙述了袁保龄如何因应中法危机和朝鲜壬午兵乱、甲申政变的过程：

法越构衅,法人声言北犯。旅顺口仅成黄金山炮台一座,保龄跋山涉海,测地鸠工,不数月而东西两岸七台成。又设备战土台无数,分置克虏伯大炮。添置防营,环营数十丈植梅花桩阱,沿岸伏旱雷,海口伏水雷,以防敌兵暗袭。其时,津沽陆路二千里未设电线,急请兴建,联络防军,节节布置,声势具壮。法舰遂未敢北窥。①

是年十一月,韩乱。党附日本者,乘沽口封冻,驻韩防军皆属北洋,电线未通,意欲断其接应,谋为不轨。韩逆首金玉均等戕害大臣,迫胁国王,伪请日兵入卫,举国震动。保龄从子世凯驻兵朝鲜,迎护韩王,驰报保龄,急电北洋,由旅顺分筹接应,立集水陆军,轰冰渡洋,驻马山口,以厚兵力。密禀力陈法氛图南,警报方恶,宜款法以纾兵力,调南北洋各舰合力救韩。规定久计,赦李昰应以坚韩民内向。韩刑政失当,中国力尽保藩之义,须越俎代谋,若虚与委蛇,终为越续。语极切挚。李鸿章据以入告,朝命吴大澂、续昌驰往查办乱党,由北洋设备接济。日使井上馨后我军三日始至,慑于声势,复与韩定约,实保龄在旅顺筹济策应之力。

日本鉴于壬午、甲申中国防军两次赴机迅速,诡议互相撤兵,遂有天津之约。朝鲜君臣亦坚请赦昰应,旋即释归。而外侮内患,逆党纷持,无兵力以镇之,卒未能悉如保龄初议。保龄以韩势日

① 袁保龄:《阁学公集》卷首《国史列传》,第9、10页。

危，乃请于边门置重防，西连旅顺，东接珲春，举张曜督治之，遥顾朝鲜。庶全旅防军首尾相应。请添汉城至边门电线，通军报，资控制。李鸿章皆用其策，陈奏施行。寻李鸿章奏派保龄从子世凯驻朝鲜，总理交涉通商事务。因言自古交邻，视乎强弱，兵事与使事相维持，未可专恃笔舌。日俄争先图韩，英德实阴忌之。宜联与国以拒敌，厚边备以图战。北洋兵轮时巡仁川、大同各口，弭患无形。韩王被闵妃党蛊惑，媚外甚力，非速清君侧实行改革，莫挽危局。李鸿章以为然，卒以牵于时势未行也。①

概括上述叙述，围绕时局突变所产生的矛盾焦点，袁保龄认为在预警法舰北上的大前提条件下，此时旅顺口暂时不以船坞修造为重点，并非停工，而是将主要精力转置于炮台修造，以解决旅顺口缺少炮台的现状，进而与威海卫、烟台、大沽、营口等炮台及北洋水师、各陆防驻军实施有效协同作战，预防法军舰船北上，侵扰天津，进而威胁京师。袁保龄直接向李鸿章进言，“面白肃毅，谓当急炮台而缓船坞。相意亦以为然”。② 围绕着因应法舰北上，一边协调中外，调度人力物资，抢工修筑炮台，铺设电报线路，操练炮台炮手，布置水雷，一边有序推进船坞工程，作为主其事者的袁保龄所承担的诸多压力不言而喻。另外，袁保龄在天津时期适逢朝鲜壬午兵乱，襄助李鸿章处理其事，至旅顺口之后又接续处理此事尾声部分，如光绪十一年八月二十三日（1885 年 9 月 19 日）向李鸿章呈报《陈报李昰应过旅开行禀》，其中涉及袁世凯、王永胜等人送大院君归国的路线、船只准备、兵员配备、着装等具体细节。当光

① 袁保龄：《阁学公集》卷首《国史列传》，第 11、12 页。
② 袁保龄：《阁学公集》书札卷二《致章晴笙太史》，第 6 页。

绪十年(1884)朝鲜甲申政变发生之时，袁保龄适在旅顺口，其在《致本局白君》信函中说："二十二日即闻朝鲜之变，迄今五十余日矣。龄未尝解衣睡，境况可想。"[①]"朝鲜之变"令袁保龄十分紧张忧虑。此前，袁保龄曾经致函钱应溥说："数旬以来，军书电信，转馈饷械，无一不以此地为枢纽，几无暇日。"[②]从信函中得知，在清廷处理"朝鲜之变"亦即"甲申政变"过程中，旅顺成为军事"枢纽"，作为旅顺口营务处工程局总办的袁保龄自然成为"枢纽"中的核心人物。朝鲜事发之初，吴兆友、袁世凯等人通过艇船多次往返于朝鲜马山与旅顺口之间投送禀牍，利用旅顺口电报局即时向李鸿章汇报情况，袁保龄对事件初期过程相当清楚，李鸿章对此番朝事却"总将信将疑，不肯大举动"，[③]直至醇亲王奕譞、张之万(1811—1897)等人过问之后方才有所举动，袁保龄随即开始在旅顺口展开一系列因应举措。

《阁学公集》中收录袁保龄在此期间数量众多的公牍，涉及防务布置、艇船调遣、炮台建设和维护、军火购置存储以及与朝鲜有关的信息情报等内容。诸如《通筹旅防全局工程禀》《拨船接递文报并派员在烟随事照料禀》《请饬拨轮船以便工程禀》《估办军库各工程禀》《回旅周视情形及请建住屋禀》《海口进船炮台试炮禀》《会勘炮台地势公商办法禀附章程清折》《库屋粗成请发军火存储禀》《具报水雷营到旅及分配各事禀》《请咨豫抚发给毅军炮弹禀》《雷营应用物件请分别拨购禀附清折》《布置旅防并请饬拨各件应用禀》《东西岸布置防御情形禀》《陈报演炮情形并分赴金州烟威

① 袁保龄：《阁学公集》书札卷三《致本局白君》，第51页。
② 袁保龄：《阁学公集》书札卷三《致吏部钱》，第51页。
③ 丁振铎编辑：《项城袁氏家集》之《袁氏家书》卷六《致凯侄》，第27页。

阅操禀》《布置炮台侦探敌情禀》《朝防军火不多请宽给枪子禀》《陈报驻朝防军及旅顺防务情形禀》《具报朝防未撤并请毅军驻扎地点禀》《报告朝鲜赍奏官过旅禀》《遵筹庆军移旅分扎情形禀》《陈报防军操练及工次工作情形禀》《具报庆军自朝移旅驻扎情形禀》《陈报李昰应过旅开行禀》《代呈袁丞禀件并朝民情形禀》《陈报回防后各项工作情形禀》《遵覆奉部驳查赴朝出力人员禀》等。在此期间,也有少数洋人到访旅顺,袁保龄均小心因应,以防生变。袁保龄热心于与海防工程、武器装备有关的西洋图书资料的搜集,与来访洋员或是驻工洋员就工程问题往还切磋。诸如《厂澳工程购料及外人游览禀》《陈报日民法领来旅观览禀》《呈送节译外国书籍清折禀》《转陈洋员筹计澳坞各工情形禀》《请将洋员舒尔次留工差遣禀》《陈报与洋商订购各器名目禀附清折》等公牍,均涉及以上内容。《阁学公集》书札部分也收录了袁保龄在此期间写给周馥、吴元炳、吴大澂、黄仕林、方正祥、吴兆友、丁汝昌、张光前、刘铭传、张謇、宋庆、章洪钧等人的书札,其中主要内容是围绕着如何因应中法危机与甲申政变展开的。

在处理朝鲜甲申政变过程中,袁保龄描述自己的状态为"数旬以来,军书电信,转馈饷械,无一不以此地为枢纽,几无暇日"。[①]如果将核心语汇的重点放置在"枢纽"一词的探讨上,袁保龄在此期间的经历对保障清廷顺利解决甲申政变起到相应作用。具体表现在以下两个方面:首先是协调驻朝鲜庆军的指挥调度问题。庆军三营回撤金州之后不久,吴长庆即病逝于金州防次。此时驻留在朝鲜的庆军尚有三营,由防营提督吴兆有、同知袁世凯、总兵张

① 袁保龄:《阁学公集》书札卷三《致吏部钱》,第51页。

光前等人指挥。清廷之所以能够快速平息甲申政变，赖于有庆军驻朝。在平息事件过程中，袁世凯的表现极为突出，其对局势判断准确，办事果断干练，处事冷静的风格为日后发展奠定了重要基础。袁世凯的表现可以追溯到袁保龄数年之间对其精心培养，从诸多方面打通关节，铺设捷径，《袁氏家书》中对此有着比较详尽的记录。在袁保龄看来，袁世凯留驻朝鲜利弊皆存，而谨小慎微是唯一可行之法。对外要结交朝鲜政要，密切留意朝鲜诸要臣动向问题，更要注意驻朝日军及日本外交使节的一举一动，“但恐他年终有一斗”。[①] 对内要处理好与驻朝鲜清军复杂多变的人际关系，尤其是要袁世凯回避与吴兆有之间的矛盾。袁保龄叮嘱袁世凯：“汝在津千万勿谭孝亭一字短处，此事关人福泽度量，非仅防是非也”，“不欲汝再与庆军有丝毫交涉，盖孝某闻汝出，唯恐汝夺其兵柄者”。[②] “孝某”是指吴兆有之字孝亭。其次是对北洋艇船的协调问题。袁保龄信函中有“旨饬各船随帅驶回，并非专出相意，前事自当悉化烟云，尤愿麾下一切慎之又慎，密之又密也”，[③]从字面上看，可以理解为北洋在朝鲜各艇船一并返回，一艘不留，都要“随帅驶回”。但是袁保龄并不同意这一做法，所以说“并非专出相意”。光绪十年九月初六日(1884 年 10 月 24 日)，李鸿章给丁汝昌发出电报：“本日奉旨，调南北洋快碰船会齐，进探台湾消息，务速带超武、扬威两船来津，面商一切，勿得迟误。旅顺暂可无事，告知宋、袁、刘、王诸君，照常备御。鸿。”[④]电文很清楚表达出李鸿章

① 丁振铎编辑：《项城袁氏家集》之《袁氏家书》卷六《致凯侄》，第 17 页。
② 丁振铎编辑：《项城袁氏家集》之《袁氏家书》卷六《致凯侄》，第 16、18 页。
③ 袁保龄：《阁学公集》书札卷三《致北洋水师丁统领》，第 52 页。
④ 李鸿章著，顾廷龙、戴逸主编：《李鸿章全集》卷 21《电报一·寄山海关叶镇飞递旅顺丁提督》，第 329 页。

的意见，实则调“超武、扬威两船来津”就是李鸿章的意见。李鸿章认为此时要全力以赴援救台湾，旅顺口暂时无警，但是需要宋庆、袁保龄、刘含芳、王永胜等人严密防守，以免措手不及。此时，袁保龄在给尚在朝鲜的袁世凯的信函中说：

韩事未定，超、扬自难遽离。禹廷到旅，谓已有函与汝，调两快船回，以免操务生疏，且冰排久伤，铁皮船薄，大非所宜各语。我答以韩事难料，此两船关系甚重。设同时调回，变生意外，咎将谁执？禹又说或更一船来亦可。我告以此大事须请帅作主，禹亦首肯。惟韩事究竟若何，此间难以悬揣，汝自行酌度。如果尚松，即速派快船以应禹廷号令，一面详细禀帅。两船只可轮换内渡，不能同时归来。如情事急，即详密上帅一禀，说明原委。请两船皆留亦未始不可。①

信中说丁汝昌曾经就奉旨调回超武、扬威两船事宜致函袁世凯，书札内容不见于《丁汝昌集》（孙建军整理校注，山东画报出版社，2017年），内中详细情况不得而知。而袁保龄所提出的理由也是充分的，所以在袁世凯方面只能从有利于驻朝鲜清军通联的角度出发，尽量保证船只的正常使用。袁保龄处理朝鲜甲申政变善后之事过程中，遇事反应迅速，考量周全，深谋远虑，以越法之事为前车之鉴，举全力协调军政、外交，调和人事关系与军事物资使用等问题，举重若轻，心思缜密。虽在旅顺口一隅，仍能得到李鸿章信任，参与处理军机要事。至于家事亦有所顾及，能够在军事、外

① 丁振铎编辑：《项城袁氏家集》之《袁氏家书》卷六《致凯侄》，第25页。

交、人事等大事之中历练从侄袁世凯，悉心调教，倾力相辅，使之稳健成长，逐渐掌控军权，营造内外声势，平稳走向历史前台。

上海图书馆历史文献研究所编《历史文献》第十二辑中收录有郑村声《朝鲜密电钞存甲申十月》一文。[①] 此文共收入与朝鲜甲申政变有关联的往来密电228通，按照密电发出时间排序。这批文献应为上海图书馆藏"盛宣怀档案"中的一部分，其中由袁保龄具名，与丁汝昌、宋庆、刘含芳等共同发给李鸿章的密电14通，这些密电均发自旅顺口，另外涉及旅顺口及袁保龄的密电尚有9通。《朝鲜密电钞存甲申十月》首次披露了袁保龄在朝鲜甲申政变期间于旅顺口所起到的"筹济策应之力"，诸多细节补充了《阁学公集》中公牍、书札以及《袁氏家书》中部分内容的相关信息。

光绪十年十月十七日(1884年12月4日)，朝鲜甲申政变发生，袁保龄时在旅顺口。5天之后，即十月二十二日(12月9日)，泰安轮自朝鲜马山返回，巳时抵达旅顺口，即在上午9点至11点之间。袁保龄与丁汝昌、刘含芳、宋庆等人第一时间得知此事，就此向天津发出第一通密电，随后接连发出多通密电，收件人均为李鸿章。

旅顺寄督中堂钧鉴：

[巳]刻泰安到旅。朝鲜有乱变，我兵亦与倭接仗，细情另电。汝昌、含芳、保龄禀。十月二十二日。

---

① 郑村声：《朝鲜密电钞存甲申十月》，上海图书馆历史文献研究所编：《历史文献》第十二辑，上海古籍出版社，2008年，第385—443页。

旅顺寄督中堂钧鉴：

廿二巳刻泰安来，得吴兆有、袁世凯、张光前上中堂禀云：十七盗刺闵泳翊未死，吴等分□□□□□□□□□朝王，于他处杀大苠、尹泰駿等六人，相臣又柄外署。□□□□□等欲入宫，朝人传王命力阻。日人即拥王回宫，各□□□□□□□动，吴等禀恳中堂调重兵(□)[东]渡。以上系龄拆阅原禀。(□□□□)[朝营委员茅]延年十九酉刻发函：传说率妃死，王未知存亡，朝兵□□□□□□，吴等知会日公使，入宫保护。吴、袁、张带队入宫，日兵先放枪接仗云。闻仁川日轮开行，恐是回渡兵。庆 、汝昌、含芳、保龄禀。

榆□□唤不应，报迟焦愤。庆等又禀。十月二十二日。①

十月二十二日(12 月 4 日)，袁保龄等连续向李鸿章发出两通密电。泰安轮所带回的密禀是吴兆有、袁世凯、张光前三人联署呈报给李鸿章的，由于事情紧急，袁保龄“拆阅原禀”，得知了朝鲜具体情况及日人动向，通过电报向李鸿章汇报，因山海关电报线路不明原因而暂时不通，令袁保龄、宋庆等人焦急不安。当天夜晚，泰安轮自旅顺口出发，携带吴、袁、张等人密禀赴天津。二十三日(5 日)，袁保龄向李鸿章发出第三通密电：

旅顺寄督中堂钧鉴：

昨呈(□)[养]电，昨夜遣泰安行，今晚□□□□。(□)[日]兵在朝不甚多，恐我将士激义愤，杀戮太过，他日□□□□□□。吴、

① 郑村声：《朝鲜密电钞存甲申十月》，上海图书馆历史文献研究所编：《历史文献》第十二辑，第 385、386 页。

袁等蓄威持重，现不得确音，可否用利运张商□□□□。保龄禀。十月二十三日。[1]

袁保龄顾虑所在是清军如果在朝开始杀戮，局势则容易失控，为方便信息往来，需要安排利运等轮船往返马山与旅顺口之间传送情报，然后由旅顺口通过电报迅速向天津通禀。袁保龄在二十三日(5日)写给庆军将领黄仕林的密札中涉及朝鲜突发政变之事：

昨早，泰安自马山浦开轮至旅，忽闻十七日闵泳翊被刺受伤，十八日倭人入朝王宫，十九日朝兵与倭兵相杀，孝亭军门及凯侄均带队入宫保护，倭兵先放枪，遂与我兵接仗各情节。当即商之禹廷、香林两兄，遣泰安赍原禀，闯冰入沽递送，今日当可到。究未知沽口尚能进否？孤军远戍，枝节横生，增人忧患。虑目下各处防务正紧，是以未敢即电台端，恐道路传闻，人心摇惑。特密函启知，尚乞秘弗遽宣为祝，海镜事具详两牍，同呈冰案。朝事急需派船前往，而海镜在登、烟未回，令人焦盼。禹廷兄昨会弟衔，禀留利运为梭织探信之用，尚未知帅意何如。普济必须待利运同行乃能赴沪也。密启飞布。[2]

在同一天中，袁保龄向李鸿章通禀朝鲜突发之事，与此同时，又向统领庆军的黄仕林告知此事，意在提高旅顺口防务的警戒程

① 郑村声：《朝鲜密电钞存甲申十月》，上海图书馆历史文献研究所编：《历史文献》第十二辑，第386页。
② 袁保龄：《阁学公集》书札卷三《致黄松亭统领》，第41页。

度，毕竟庆军曾经有过驻防朝鲜的经验。“遣泰安赍原禀，闯冰入沽递送，今日当可到。究未知沽口尚能进否?”可知泰安轮急行，其时大沽已经开始封冻，未知泰安轮能否冒险闯冰进口。就在袁保龄向黄仕林发出密札的同时，还向在朝鲜平壤的吴兆友发出了书札：

泰安船二十二午前到旅，披阅台端上中堂禀，知日高生衅各节。即时撮禀内大意，先行发电禀闻。二十二夜十点钟，遣泰安赴沽闯冰送进原禀，计至迟今日早间，各禀函当可到津。顷奉中堂二十三夜发电云，派利运往探十九接仗后情形若何？日兵既先入宫，我军应停住，勿与争斗，若彼挫折众多，恐难中止。已电属黎纯斋劝息，但日兵藉端寻衅，必续调队，望传谕吴、袁等坚壁自守，以待调停。拟调南北洋七船东驶，属禹廷整备前往。等因。龄窃窥中堂之意，大抵此时日兵在朝止数百人。麾下统三营百练劲旅，穷极兵力未尝不可将日兵大加惩创。第日人此次构难，谋定后动，不旬日内，渠必有大队续来。我今日战事太得意，则彼以水陆大军断我马山饷路，三营日久何以支持？必致成台湾坐困局面，此兵事之难也。法难未平，中华万无两处动兵之力，势必急法事而缓朝兵。倘令日与彼战争杀伤太多，他日必致两不相下。我增兵则不能，撤兵则不可，久留三营则不支，无论是战是和，无法结此场面，将贻朝廷忧患而累中堂为难著急，此大局之难也。龄手上禀请调大队七八船，合南、北洋全力，数日内到马山，与相意不谋适合。伏恳台端坚守营垒，以待大军，此数日内任凭日人如何欺凌，不再轻与战斗。所谓不战而屈人之兵，此为最要之著，并祈将连日战和情形飞速示复，交利运船带回，愈速愈妙，望眼欲穿矣。该船言定在马山浦止候四日，便须开回，不能再候。柳营粮饷、军火足用与否，即乞示知。舍侄世凯阅历尚浅，伏乞随事指教之。海镜候此函到，即遣东行。[①]

此通书札中有“二十二夜十点钟，遣泰安赴沽闯冰送进原禀，计至迟今日早间，各禀函当可到津”之语，在《朝鲜密电钞甲申十月》中收录有一通大沽炮台副将罗荣光(1833—1900)从大沽口发给李鸿章的电报，因“沽口虽尚未冻合，而满河大块游冰随潮流涌”，拟让泰安轮安排小舢板划进大沽口，另外则“拣派水勇穿大皮(义)[衣]由南滩踏冰设法迎取”[②]之后星夜递呈。袁保龄此通书札中还有“顷奉中堂二十三夜发电云，派利运往探”“已电属黎纯斋劝息”等语。二十三日(5日)，李鸿章在白天发往日本一通密电，入夜，则发往旅顺口一通密电。发往日本的密电是给时驻日本的黎庶昌(1837—1897)，李鸿章转述泰安轮传来的朝鲜消息之后，“此乱似由日人播弄并为主持。尊处所闻同否?”希望黎庶昌多方打探日方动向。入夜，李鸿章向旅顺口发出密电：

昨回电午后均到，利运即令往探。十九接仗后，若□□形、日兵既先入宫，我军应停住，勿与争斗，若彼挫衅，恐难中止。□已电属黎莼斋劝息，但日人借端寻衅，必续调队。望催谕吴、袁等坚垒自守，以待调停。拟奏调南、北洋七船东驶，属雨亭整备前(□)

---

① 袁保龄：《阁学公集》书札卷三《致吴孝亭军门》，第42页。

② 郑村声：《朝鲜密电钞存甲申十月》，上海图书馆历史文献研究所编：《历史文献》第十二辑，第386、387页。

［往］。鸿。廿三夜。[①]

李鸿章在是日夜发往旅顺口的这通密电实则是为清廷因应朝鲜突发事件定下了基调,减少与日方军队摩擦,不要将事件扩大化,以免枝节丛生而无法收拾。指示在旅顺口的袁保龄等人迅速传信给在朝鲜的吴兆友、袁世凯等人等待外交"调停",并嘱示丁汝昌做好率舰入朝驰援的准备,外交调停与派兵舰驰援并重,意在尽快解决朝鲜问题。自此,李鸿章坐镇天津,袁保龄等人在旅顺口为后援,部署水陆各军联防,调动泰安、海镜、利运等轮船往返旅顺口与马山之间传输情报,做好战事准备,清廷因应朝鲜事宜的大幕正式拉开。

袁保龄在十月二十六日(12月13日)单独向李鸿章发出了一通密电:

旅顺寄督中堂钧鉴:(尤)［宥］减 密

此次与壬午朝事迥殊,倭有成算,须稳慎进。马山距朝京百八十里,原扎兵已调助族原,一路皆空,步步荆棘。水师未可跬步离船,似宜请清帅带一两营,海镜、泰安足渡到后登岸,滚营而前,水陆乃通求。倘虑难速,或派金阪方正祥一营与丁偕行。方与吴、袁洽,人奋勇。顷来电云:整备愿前驱。气颇壮,似可用。若全无陆兵往,恐非宜。乞钧裁。烟添煤、粮事,遵会丁移方知,须密禀。误减为加,愧悉,今后更正。龄禀。十月二十六日。[②]

---

① 郑村声:《朝鲜密电钞存甲申十月》,上海图书馆历史文献研究所编:《历史文献》第十二辑,第387页。

② 郑村声:《朝鲜密电钞存甲申十月》,上海图书馆历史文献研究所编:《历史文献》第十二辑,第395页。

袁保龄从任职内阁时期即开始关注朝鲜，又两次经历朝鲜突发事件，其至交吴长庆率庆军远戍朝鲜，回防之后又驻兵于金州大连湾、南关岭、旅顺口等地，子侄辈中袁世凯、袁世廉、袁世勋等人也从军于朝，所以对朝事并不陌生，也积累有相应经验。袁保龄在此密电中将此次事件与两年前的壬午兵乱相提并论，提出"稳慎"的建议，并建言入朝使节吴大澂带一两营军队入朝，以防突变，这无疑是从多方面考量的。从朝鲜甲申政变开始，至光绪十一年(1885)三月事件落下帷幕，袁保龄从旅顺口所发出的密电为数不少，事关外交与战事，袁保龄不敢有任何造次与耽搁，每有来自朝鲜函牍，即刻向李鸿章转发，为枢府决策提供必要参考。又在深思熟虑之后，提出已见，对内协调庆军、毅军、护军等驻防陆军关系，做好布防与演练，同时还要筹备入朝驰援各军各舰船物资供应，特别是武器装备的供给问题，海防工程亦并未因此而停滞，相反却日夜施工，其焦灼紧张情况可想而知。在《袁氏家书》中收录了16通书札，均为写给彼时正在朝鲜的袁世凯，其中涉及不可为外人所道之事颇多，与袁保龄公牍、书札相对读，摭拾这些文献，庶几可以还原袁保龄在朝鲜甲申政变发生过程中的大量细节。

光绪十一年(1885)春，袁保龄致信张谐之(1836—1904)，在此书札中，袁保龄不无感慨地回顾了两年之中所经历的重要事件：

海氛变幻莫测，两年中丧师失地，我武不扬，当轴又举棋不定，铸错至今，可胜忾叹。旅顺一隅为北洋师船所萃，寇既凭陵马江，更欲合中国水师而尽歼之，其谋至狡且毒。龄世受重恩，义当以身许国。去春徂今，一年有余，居津上者，合计仅一两月耳。终岁在此联络各军，激扬忠义，誓当效死勿去，士气人心颇为感奋。旰衡时局,非不可为,第患本源未清,风气未变,中外文武、大小诸臣请托情面,苟且敷衍者多,实心实力不避嫌怨者少。中兴旧将大半年力日衰,志气日惰,黄金横带,无复远图,长此不改,而欲摧寇克敌、鞭箠四夷,是犹航绝港而蕲至海。嗟乎,岂可得哉!法遣巴德诺来津议约,合肥全权锡席卿、邓铁香来会议,现均至津,恐暗中不免吃亏处多。若此后尚能提振精神,君臣上下痛哭流涕,为勾践图吴之计,庶几十数年后,尚可策桑榆之效。倘因循下去,其患将不可思议。日本以蕞尔小邦,其兵舰、陆师均不出我上。客冬朝鲜变起,龄力请赦李昰应,从军往,以维朝民忠义之志。和法以后,悉集战舰,并力图倭。合肥颇嘉之,而内意重在橤敦,徒存绕朝之策,今则伊藤腾其辅颊,饱其欲壑,从此东藩非我有矣。凯侄在朝鲜提孤军,当强寇,差喜不玷家声,而倭奴衔其得朝民也,憾之刺骨,百计排陷之。家嫂方病,思子促归,已抵乡里。弟拟令杜门奉亲,读有用书,为他日计。而合肥极爱其才,必欲促之使出,行藏尚未甚定。弟于两年中晨夕经营,增炮台之旧者,厚蔽以土,又度地以建新者,计高低大小将近十台。今夏粗可成,浚淤筑澳,以为铁舰地步。海滨土松软,工作烦难万状。岁暮可希略成,而心力摧殚,须鬓有霜。法事既和,拟看合肥志力如何,果将大举图水师,计久大,则不敢不犯艰险以报知己。①

这通书札可视之为袁保龄在因应中法危机和朝鲜壬午兵乱、甲申政变过程中的内心独白,分析了国内政治状况,对"同光中兴"之后的人才、政事、外交等问题表现出担忧之情,又总结了处理

① 袁保龄:《阁学公集》书札卷四《复卢龙张公和大令》,第2、3页。

中法、中朝以及中日关系的关键所在,在信札中4次提及李鸿章,于公于私,李鸿章存在的意义无可替代。在此期间,旅顺口海防工程已经初具规模,十余处炮台渐次竣工投入使用,陆军驻防各营垒已经全部建成,将领士兵尚有声势,颇得李鸿章满意。“闰五月初一日驶抵金州之旅顺口,察勘新筑炮台营垒,全仿洋式,坚致曲折,颇据形胜。道员袁保龄督挖船澳船池,修建军械库屋,工程已及大半。操演水雷、旱雷均渐熟习。该处扼东、奉渤海之要冲,与登州及大沽口遥遥相对,现有提督宋庆等陆军与丁汝昌水师互相犄角,布置已稍就绪。设遇海上有事,冀可凭险固守,牵制敌船,使不遽深入。”①在一次一次危机发生之时,因为袁保龄的职业身份和所处的战略地理位置,责无旁贷地被卷入历史的漩涡之中,就袁保龄个人来说,其两年中所经历的无疑是宏大历史中的紧张时刻,从袁保龄的叙述角度来看,又是碎片化的,带有琐细微小的历史叙述特点,无论如何,袁保龄还是用自己的记录呈现出了并不完善的,也终究不可能完善的个人经历,此种呈现,可视为袁保龄留给后人足够广域的讨论空间。即便如此,袁保龄及其施工团队,包括为数众多的洋员在内的海防建设先行者们却开始隐入历史的幕后。这些筚路蓝缕、以启山林的规划者、建设者们,还有数以万计的夫工、士兵,这些曾经参与过旅顺口海防建设,并创造了那段被书写了的历史的人们,其所作所为,所思所感渐渐被忘却。袁保龄在一通家书中留下了一副若隐若现的自画像:“所历艰苦,实为四十年所未有,亦聊足忏除少年逸乐罪过。方来之始,万事瓦裂,今则公帑节省数万金,海防军容渐如荼火,差可自慰,而面黑肤瘦,形容憔悴,须发

① 李鸿章著,顾廷龙、戴逸主编:《李鸿章全集》卷10《奏议十 · 出海巡洋情形片》,第480页。

已渐渐白矣。”[①]袁保龄是善于用文字塑造自我形象的人，其在公牍、书札中并不惜墨如金，而是时常渲染，其个体形象愈加清晰，则隐没在其身后的旅顺口海防营务处工程局本身的历史愈加模糊，这两者本来不可分割，而由于袁保龄的有意突出自我，因此呈现出了略显脱节的特点，对营务处工程局的性质、机构组成、体制设置、运作机制和相应规章制度的研究尚是一片空白。袁保龄是一位“中等人物”[②]式的人物，具有显赫的家庭出身，却没有考中进士；能够独当一面，却未能成为一方都抚；游走于“清流派”门墙，却任职于“洋务派”系统之中；旧学有所积淀，思想却在新旧之间；掌管新式工程，却不通新学；做不成达官显贵，又与一介草民相去甚远，在袁保龄身上看到了各种顺风顺水的早年经历，也裹挟着后期无尽的遗憾。正是因为如此，袁保龄也有所悠游并自为得意，有所焦灼也展望中兴。在衰世之中，如履薄冰般的书写盛世文章。袁保龄在这张肖像画的背后，遗留下了一片和海防梦想有关联的冰冷建筑。从光绪八年(1882)开始的包括海门工程、库房工程、电报局、鱼雷营、水雷营、水陆弁兵医院、炮台工程、澳坞坝岸工程等数大项工程在内的旅顺口海防工程体系建设，总耗资将近200万两白银。仅炮台工程一项，包括了黄金山炮台、崂嵂嘴炮台、老虎尾炮台、威远炮台、蛮子营炮台、母猪礁炮台、馒头山炮台等13座炮台环绕在旅顺口周边高山之巅，70余门各口径大炮拱卫着李鸿章精心设计的北洋水师“老营”旅顺口，就累计花费白银30余万两。这所有的遗产带着袁保龄及其施工团队的梦想，风雨飘摇中，一场

① 袁保龄：《阁学公集》书札卷四《致张筱石姊丈》，第17页。
② 戴海斌：《流水集》，浙江古籍出版社，2021年，第218页。

帝国中兴的梦想，幻灭于光绪二十年(1894)甲午之役。

结语：风雨天涯梦

《阁学公集》书札卷二中收录有袁保龄《致绳盦》的一通书札，“绳盦”为张佩纶别署。

海防、事权归一乃克有济。公与合肥、高阳支危局，探本源在此一举。合肥欲会中外之通，亦老于世变之言。朝右以为何若？下走与参末议，辄就狂瞽为篇，已交卷而未誊录。敢将初稿秘呈，乞良友与吾师共教之，勿遣外人知。此间同心者章琴生、周玉山耳。他人颇河汉之，亦不值一哂。合肥志力未颓而夹辅亦赖众贤，倘得若章、周者数辈布满北洋，当可日起有功。①

书札中“合肥”为李鸿章，“高阳”为李鸿藻，“章琴生”为章洪钧，“周玉山”为周馥。书札“敢将初稿秘呈，乞良友与吾师共教之，勿遣外人知”之语中所说“初稿”，则是指袁保龄一生之中关键的一篇海防奏议《建海防衙门议》。此文是受李鸿章之命而起草的，时间约在1883年末至1884年初之间，其时，袁保龄正在旅顺口营务处工程局任总办。

晚清两次海防筹议的时间为同治十三年(1874)至光绪十一年(1885)之间的11年。袁保龄出任旅顺口营务处工程局总办的时间为光绪八年(1882)至光绪十五年(1889)之间的8年，后3年

---

① 袁保龄：《阁学公集》书札卷二《致绳盦》，第43页。

因病休养,不再问事。将两个时间段落相叠加,袁保龄作为北洋属吏直接参与了从光绪八年(1882)至光绪十一年(1885)之间的海防筹议与海防工程实践。自光绪十二年(1886)底,袁保龄因病不能任事,直至光绪十五年(1889)病逝,在近3年时间里,正是北洋旅顺口海防建设工程验收并投入使用之时,北洋水师亦在此时成军。由于袁保龄海防实践经历时间较短,很难将其海防思想与实践分期。事实上,袁保龄在旅顺口的海防实践正是在实验、调整、完善、总结的过程中同步完成的,具有明显的探索性和不完整性。例如在袁保龄的海防论述中很难提炼出具备体系性的战略目标、战术指导和训练章程等表述,当然这与袁保龄所处的时代与历史地位有着直接联系。《建海防衙门议》虽然是在论述组建海防衙门的必要性与重要意义,但其中明显可见袁保龄讲求实用的行事作风和务实、自强、能战的战略思想主张,依然可以视为晚清第二次海防筹议中的重要文献之一。需要指出的是,袁保龄与李鸿章之间既有身份地位的差别,又有眼光魄力的迥异。李鸿章具有海防战略前瞻性的同时,还需要掌控朝廷对海防优先的话语权,袁保龄则是以力行者的身份出现,既遵从于自己的上司李鸿章的行政命令,又要落实、拓展、补充李鸿章的海防战略思想,搭建起从海防设想到现实的桥梁。故此在《建海防衙门议》中的系列主张可以视为袁保龄海防思想的集中体现。

《建海防衙门议》中分列六条,包括重事权、定经制、建军府、简船械、筹用费、广储人才等内容。将此“海防六论”梳理之后,可以归纳为两部分:第一部分为集中海防管理之权,要解决谁来干的问题,包括“重事权,定经制,建军府”三论,即建立唯一有决策权的海防部门,海防权力高度统一,制定行之有效的海防章程。这一部分是从宏观角度而言海防。第二部分为兴办海防具体措施，要解决如何干的问题，包括“简船械，筹用费，广储人才”三论，即绝对保证国家财政对海防的充裕支出，重点培养海防人才，实现舰船枪炮器械国产化。这一部分则是从微观角度而言海防。袁保龄是晚清以来唯一一位将自己的海防思想与海防建设实践紧密结合在一起的官员。他既充当了海防战略规划者，又充当了海防工程建设者，其海防思想中的危机意识、责权意识、体系意识、预见意识仍然值得当代借鉴。袁保龄始终强调海陆并重、能战能守的海防战略思想，并以一座旅顺口军港实现了自己全部的海防战略构想。

光绪十二年(1886)的袁保龄是在焦虑愤懑中度过的，是年秋发病之后，袁保龄的心态再次发生改变，初期悲观叹息“几成枯桐半死”，[①]康复期则跃跃欲试“遂我壮志”。[②] 这些细微的心态变化中的不甘与期盼，也仅仅作为一种有限的表达，换而言之，作为曾经与祭顾祠之时的理想与追求，存在于袁保龄内心或者张佩纶、周馥、刘含芳等少数几位友朋之间，也多次呈现在写给从子袁世凯的家书之中。毕竟从光绪十二年(1886)初秋开始，袁保龄已逐渐淡出北洋海防体系建设的历史舞台。

袁保龄平生与周馥交谊颇深，彼此无话不谈，在书札中诸如“近日至津，每与玉山抵掌快谈”[③]之语，多处可见。袁周二人始终是同心同德效力北洋，配合默契，而且袁保龄对周馥一直给予高度评价，“周玉山观察之忠鲠精勤，最所心折”，[④]“北洋人才，惟周玉

---

① 袁保龄：《阁学公集》书札卷四《致钱军机》，第 50 页。
② 袁保龄：《阁学公集》书札卷四《复崔总戎》，第 47 页。
③ 袁保龄：《阁学公集》书札卷二《致章晴笙太史》，第 5 页。
④ 袁保龄：《阁学公集》书札卷二《致保定朱敏斋太守》，第 3 页。

山首屈一指”。[1]袁保龄去世之后，周馥在《感怀平生师友三十五律》中有《袁子久观察》一诗：

意气功名众所推，十年薇省惜良时。面如田字身应贵，腹带壬形寿亦宜。君相竟难回造化，簪缨何术卜兴衰。伤心伏榻沉吟日，犹费巫医颂祷词。[2]

周馥在诗中并未提及袁保龄平生功业，只是表达惋惜之情，从“意气功名”至“伏榻沉吟”，在周馥理解为天意使然，在袁保龄或许则是“风雨天涯梦”的最后终结。和周馥、刘含芳、丁汝昌等人一样，作为李鸿章北洋海防建设构想的执行者之一，袁保龄始终不渝地贯彻着将旅顺口一地建设成为北洋水师“老营”的设想。李鸿章先后八次赴旅顺口考察，对此一地的重要性有十分明确的认识：“窃维渤海大势，京师以天津为门户，天津以旅顺、烟台为锁钥。”[3]袁保龄对此认知是异常清晰并敏感的，其研究海防工程的施工细节，尽力使得旅顺口机械修配、军事配套设施尽快完善——一如天津大沽，审察内外形式，调拨更多的水陆防军，建立一系列的规章制度，规范管理军火库、机械库、水雷营、鱼雷营和驻军，筹备应对随时发生的战事，以期达到李鸿章的战略构想，并能迅捷投入实战。袁保龄始终强调水师、水雷、鱼雷、炮台、陆军协同作战，互收攻守之益，这一考量是在御敌于洋面与防守于陆地的多角度

---

① 袁保龄：《阁学公集》书札卷四《致吕庭芷观察》，第28页。

② 周馥：《周悫慎公诗集》卷四《感怀平生师友三十五律》，民国十一年(1922)孟春秋浦周氏校刊，第13页。

③ 李鸿章著，顾廷龙、戴逸主编：《李鸿章全集》卷10《奏议十·出洋巡阅折》，第468页。

设计,实际上当时旅顺口海防设施的完备程度与陆防驻军能力,尚不足以实现李鸿章、袁保龄的设想。自光绪八年(1882)开始,至光绪十三年(1887)结束,在此期间,从袁保龄遗留下的数量较多的公牍、书札、家书中,透过文字表面,看到的是一个踌躇满志的中层官员形象,一支历经艰难险阻的中外施工团队,还有用民生巨帑堆砌而成的恢宏壮阔的军事防御体系。光绪十一年(1885)冬,袁保龄在《旅工重要陈请奏派大员督办禀》中忧心忡忡地说:"窃自古非常之事,必待非常之人。夫所谓非常者,不仅以才智论也。大易之道,重时与位,无其时,无其位,虽百、管、晏不足济,况其下者乎?溯自同光以来,外患日棘。一时名公巨卿,争思奋起自强,于是有同文馆、机器局,置船购炮,创设船政各事。二十年间,粗有成效,而群议众谤,百计相挠,一时从事其间,身败名裂,横被萋斐者,亦不知凡几矣。"[①]当然,这只是袁保龄在洋务背景之下的一种担忧而已,这种集体焦虑逐渐蔓延开来,已经不是单纯的战争与外交所能化解的,以数百万帑银堆砌而成的旅顺口海防工程没有任何一条回头路可行,所谓对"非常之人"的期待,其实是袁保龄对自己的一种慰勉,实现李鸿章及其中外幕僚们精心设计的海防梦想才是袁保龄终极的目标。作为主体表达,这一近乎无法用语汇进行恰当描述的自我意识的萌发壮大、幻想的膨胀和根基的缺失,并不是此时北洋的主要论调,李鸿章的幕僚们及其政敌,也包括袁保龄在内的旅顺口营务处工程局团队所察知到的存在于北洋系统之外的各种表达,无疑堪作为真相的一部分进行景观的复原。

袁保龄身处的时代,始终贯穿着一条隐约可见的主线,这就是

① 袁保龄:《阁学公集》公牍卷八《旅工重要陈请奏派大员督办禀》,第39、40页。

如何自强以抵御外侮。与此有关的讨论、争辩以及著述如过江之鲫，却鲜有能补时局之衰颓者，往往在庙堂之争和江湖之辩的过程中，消耗了大量的人力与时间，依旧没有寻找出一条行之有效的思路，仅仅依赖于一二枢臣大员，或者数位能臣名将，绝难以恢复死灰般的帝国沉沦，办理洋务者与守旧派之间不能相容，咸同之际汉人官僚体系飞速崛起并且完善，遭遇到了必然的猜忌与打压，一味依靠祖宗典章挽救衰败却只能作为空谈。此时，袁保龄在自觉或者不自觉中，纠缠于各种复杂多变的局面之中，并不能真实寻找出究竟如何自强的道路，其只能在旅顺口一隅，按照既定的海防设想，用白银堆砌朝廷上下一时间的意气风发。袁保龄从朝廷中枢所在的内阁，再到偏远地方所在的旅顺口，从文化地理的角度来看，是一个与中央渐行渐远的过程。与之相反，在旅顺口的袁保龄却距离世界更近，其眼界呈现出了渐次拓宽之势，从旅顺口一地出发，放眼包括朝鲜、日本、俄国在内的东北亚地区，更为辽阔的认知是在新式武器引进过程中，洋员和洋商频繁交往中的间接远望和想象。作为边疆的旅顺口和世界——全球化的旅顺口，成为袁保龄的一种自觉行为，从其文字中的自我想象出发，逐渐扩大至周边，例如朝鲜、日本、俄国，或者更为遥远的法国、德国，然后是面对现实世界的复杂多变格局。在衰世之中，也在变局之中，从内心深处而言，袁保龄自我从政的历史，包括其海防施工过程在内的历史叙述和书写，这些仅仅是其个人的表达。由此，或者扩大这一表达范围，包括与袁保龄有相似经历及视野的人们，是在无尽哀伤惨痛中重建一种属于清帝国的尊严。袁保龄或许是在重新检视已然失去了的那个辉煌帝国的幻影记忆，是遗憾，也是自信，或者说是补救，以及成仁取义的价值观追求。这一点对袁保龄而言，即便是虚无缥缈的，无功而返的，也是很有人生意义的高尚举措。袁保龄一直在尝试一种可能——来自国家的诉求，来自袁甲三、袁保恒家族荣光的延续和期许。这种尝试是其所未曾经历过的，或者视为袁保龄自我想象中的某种可能性。在憧憬中实现蓝图，而又顾及现实中的各种无奈、不解乃至残酷，袁保龄及其团队的施工的时空过程如果作为画面展示，就会成为具有启迪性的预言。袁保龄的个人命运，施工团队的群体诉求，在帝国巨大背景之下的向死而生的表达，这三者之间的微妙关系缠绕在一起。袁保龄用文字记录的是表现层面的，作为呈现层面的还原过程却需要更多的讨论。从呈现层面分析，袁保龄的人生经历集中体现在了旅顺口一地，其施工伦理，因应态度，是在李鸿章等人驾驭之下的具体实施过程，可视之为一个被操纵和压制的“中等人物”形象。在这一形象中，仰视袁保龄的上司，平视袁保龄的左右同僚，俯视袁保龄僚属及众多无名劳作者们，庶几可重现并重建其生存的历史环境。身处于中法危机、中朝危机之中的梦想者们清醒地意识到危机的存在，如何长久因应，并未作为一个问题被提出，而仅作为解决眼前问题的堵塞或者疏通方案而已。大局观下的担当作为一种表态被颂扬，或者成为公牍、书札中的自我表白，以留待后世臧否，更多的则是观望或者堕落性的虚与委蛇，例如官场的推诿、绿营习气的存在等现象。“同光中兴”的光环之下，是四处危机的浮现，从某种意义上说，中兴是危机的梦想结局，危机则是中兴的噩梦开端。当危机在不久之后如期到来之时，例如光绪二十年(1894)及其以后的纷繁复杂事件，如一场早已预料到的狂风暴雨席卷倾泻而来，王朝的梦想者们再一次开始设想，在拒绝改变自我立场的前提下，围绕着某一利益而形成的派系集团，掌控着暂时胜利者的优先话语权，重复以往图以自强的经验与既得利益,期待"中兴"之梦往复不绝。但是,这正如同袁保龄在写给钱应溥的书札中所说:"时政极有振刷气象,第恐文法太密,吏议太苛,庸庸者得以周旋无过,而豪杰之士终不获一有展布。天下事阽危至此,若非得奇才异能相与共治,吾恐十余年后,老臣宿将志气益衰,专靠一般精妙绝伦之小楷试帖未足当此四方强敌也"。[①] 反思袁保龄在同治末年至光绪初年这一时期的事功,建设海防之雄心壮志与畏忌朝野参劾之胆战心惊间存在着无法调和的矛盾,袁保龄很清楚终究会有一战,这一战只是时间早晚,换言之只是朝廷在面对持久以来的外来寻衅者的时候如何抉择,故此,袁保龄在与钱应溥书札中的表述不无忧愤之情,其平生功业的历史意义或许正在于此。

袁保龄《阁学公集》作为《项城袁氏家集》中的一种,分类清晰,按照时间为序进行排列,校刊比较精良,错讹较少,且在《母德录》一书之后附有勘误表,校改了二十余处错字。近年以来,学界使用的《阁学公集》版本为台北文海出版社《袁世凯史料丛刊》影印本,其中偶有缺页之处。除此版本之外,袁保龄《阁学公集》未有整理本,此次承蒙复旦大学戴海斌教授俯允,将《阁学公集》公牍部分以《袁保龄公牍》之名收入"近代中外交涉史料丛刊"。在整理过程中得到了戴海斌教授、王艺朝博士的大力帮助,并且得到袁晓林、姜鸣、祝扬、王振良、吉辰、段志强、徐家宁、王鑫磊、黄政等先生的支持,还要感谢我的同事王子平、王瑜老师的帮助,亦感谢责任编辑张靖伟老师的辛苦付出。由于整理者水平所限,本书在整理过程中存在讹误之处,尚请方家不吝指教。

---

① 袁保龄:《阁学公集》书札卷二《致葆慎斋》,第3页。

卷　一

请派员会办旅工禀　光绪八年九月十九日

窃职道于本月十八日，奉宪台札开，现办旅顺口工程黄道瑞兰应调回津，另行差委。所有旅顺口炮台、筑坝、挖淤、建造库房各工应派营务处直隶候补道袁保龄前往，认真督筹妥办等因。奉此，伏念旅顺为前代筹边重地，负山面海，形胜天成。在今日布置海防允为当务之急，鸠工庀材，至为繁赜。事皆创办，考成轨则鲜可依循；地隔遐陬，请钧命则有须时日。职道赋质驽下，于工作尤未阅历，若畏难诿卸，既乖驰驱感激之心；倘卤莽直前，殊昧陈力就列之义。闻命之下，早夜彷徨，罔知所措。查现办军械所刘道含芳，综核精密，于修库制械靡不殚心考究，中外各员闻声推服，职道深愧弗如。现在旅顺新建各库，可否仰恳宪台俯念工程重大，特派该道会同筹办，即不能常川驻工，而一切派员购料，随时往复函商，诸事较有把握。是否可行，伏乞训示遵行。

暂借小轮应用并请饬坞赶造禀　光绪八年十月初一日

窃职道等于九月二十八日叩辞，敬聆钧训后，于二十九日带同在事员弁并邀同汉随员纳根等乘丰顺轮船，三十日卯刻开行。仰蒙宪台福庇，波平浪静，驶抵烟台。现经换坐超勇快船，定于初二日卯刻开行赴旅，一切情形容俟到旅后续禀。伏思旅顺工程以开挖海口为第一急务。职道等濒行时，与海关周道馥、马道建忠及招商局黄牧建筦再四商催。据黄牧面称，利达轮船急须进坞修理，必须月余蒇事。查有该局海顺小火轮船马力比利达小一半，而拖带装泥各船足可敷用。若赶工修拭机器，十月望前可以修竣，但有大船拖带，即可赴旅备用等语。职道等已嘱令该牧与驳货公司议定后，即于数日内会同马道径禀宪鉴。可否仰恳宪台饬令该局赶紧添匠将船修竣，饬镇海轮船于朝鲜回津后，于初十日以前为之拖带，迅赴旅顺，以便挖浅，早日施工，庶免天寒地冻，停工坐待之虞。冬日做工已经有限，若不趁早，则耽误更多。至船坞均仿照利达式，新造之船似应马力足用，船身不甚笨重，总期机器力量绰有余裕，则拖带泥船方可得力。马道前禀所购机器封河前可以到津，伏乞宪台行知该坞赶紧修造，期于开河到旅，盖海顺为驳货公司须用之船，此时封河借用，究属暂局，开冻后必须送还，彼时尤盼新船早到，方有接替。管窥所及，是否有当，伏候宪台核夺施行。

察看坝套及库基公所大概情形禀

光绪八年十月初五日〔附估折〕

窃职道等于本月初一日在烟台曾肃一禀，由转运局递呈，计蒙钧鉴。职道于初二日早卯刻开行，申初刻抵旅顺口外。初三早进口，与黄道瑞兰及宋军门接晤，知坝工业已合龙。一面催促黄道料理交代，定于初六日由职道等接收，一面周历坝套内外及黄金山、白玉山前后，量度地势。本拟先至海口踏勘，因初三晚至今，三日大风不息，挖泥船形方笨，遇风浪稍大，不敢逼近口门，日内风定，当带同陶千总良材及大沽带来水勇前往详细察看。询之土人，据防御穆安理及水手蒋果幹声称，海口乱石大者不过数尺一块，并非天生石壁，每遇春日天晴水澈，可以俯见石根。连日与随员汉纳根再四斟酌，据云，冬令气寒且多风雪耽阁，一时难以见功，只好尽力而挖，不敢计其功效。若春令冻解，加夫昼夜赶作，三个月可以告竣，惟急须添备装泥船八只，方足资辘轳转运之用。谨将所拟估单附呈宪鉴，伏乞饬下大沽船坞赶办装泥船八只，并每船随备大锤，陆续运旅，务于开冻前运齐，庶明春趱力加功，可以克期蒇事。该船未到以前，俟海顺小轮船到旅，仍当饬陶千总尽现有船力开挖，以收得尺得寸之效。至土坝虽勉强合龙，而两头时有渗漏，北头秸石之交尤甚。昨日未刻，饬陶千总量坝内积水，深者六尺二寸。今日巳刻，仍就原处量，系五尺四寸。两日来并未戽水，而潮来潮退，相悬八寸，恐系坝根过水。现饬原带文坝土夫之王令鹤龄赶趁退潮时用车戽水，日内另当拨夫翻水东注，必须看见坝根何处渗漏，方可下手。日来与王县丞仁宝沿坝套上下相度，坝身收坡太小，即目下补苴罅漏，而明春潮水盛涨，岌岌可危，坝外必须做埽，坝内尤应宽为加培。且闻九月初十日大潮，坝顶不免过水。日内合龙处更形坐蛰，必须一律加高数尺兼为培厚。惟南头胶泥塘宽长约四五十丈，颇难著手，须俟戽干积水再定。海套南北逼近山根，每面余地仅一二十丈，不能堆土。计海套长一百八十丈，深二丈四五尺，共土四十万方。自极西至极东，出土约在二里以外，每土一挑，来回约四里余，计每日每人不过挖土十余挑，愈深愈难估计，更恐其中有胶泥、泉眼，是以土方价值办法尚难预料。若每逢雨雪，沿套南北自应筑埝开沟，引山水归海，以防灌注。所最吃紧者，套东马家屯为山水汇注之区，询之居民谓常年夏雨时行，春雪融化，奔腾下注，颇形汹涌，均以此套为巨壑，必须另筑坚实土坝截断来源，别开泄水引河,令山水南流入海,方保套内无虞,亦可永免淤垫之患。惟此坝及引河均为黄道初议所无,容俟详勘形势,如何兴办,另行专禀。此察看坝套之大概情形也。黄金山后新垫库基新土堆积二丈左右,基址无从建立,须三五年后土性蛰紧,再看其地果不受坞水冲刷或可有用,现拟仍勘白玉山后。照职道等六月间所禀,兴办其马家屯公所房屋,砌墙钉椽者二十三间,已打灰土脚而未立架者十间,开挖地槽未打灰土者十余间。初三日申刻,职道等察看至此,即饬打灰土匠一律停止,以免虚糜物料。该处偏僻下湿,丁提督曾向职道等论及,亦谓水师公所断不能设此处,非但各管驾停轮禀事往返稽迟,尤恐统将居此于临敌调度全局皆形隔碍,且距坝套、船坞、军库无一处就近,此时办公委员居之尚恐贻误。职道等查此屋已成未成前后共计两院,后院五正十二间,正屋连廊深二丈,厢房连廊深一丈六尺,间架虽不甚宏,拟为封砌前檐,添开窗户,改作粮仓之用。此间水陆数千人,军行必以粮储为重,目下毅军无处存粮,颇多不便。其前院已成之六厢及未成之正屋十间,拟仍促其兴造,为明年收储老驴嘴炮台物料之用,尚称近便。即如新购塞们德土五千桶必须收堆屋内,庶免受雨损坏又蹈从前覆辙。惟须用之瓦未齐,来春方能竣事,应俟黄道交清后,查明物料,统行酌办。另定公所地基在白玉山前,尚未甚定,并容勘定,续禀专案估报。此库基、公所大概情形也。毅军学习炮兵二百名与袁哨官雨春所带亲兵一哨同住黄金山炮台上,现因安炮未竣,逐日教练手法脚步,彼此颇极融洽。炮台外面培土工程数日后亦可告竣,步队四营筑垒建屋将次告成,距海口均止数里。宋军门拟十一月赴营口料理一切,明正上旬先来旅顺,马步队伍除留助营口炮台工程之七百人外,余均陆续移扎。知关宪廑,合肃禀陈。

计附呈估单清折一扣。计开：

一，黄金山、鸡冠山之中口门宽五十丈，潮落尽有水一丈一尺，浅处沙石长三十丈。应挖船路一条，计长三十丈，宽十丈。深一丈四尺。共计应挖四千二百方。

一，挖泥船一只每天做活十点钟，至少算可挖沙石七方。一船施工要六百天，四船施工要一百五十天。若果用人两班日夜施工，每天做二十点钟工夫，则七十五天可完。再添上擦机器、休息各工十五天，共合九十天为三个月可完。所挖之处深一丈四尺，宽十丈，到第三个月后，无论何种铁甲皆可进口，再加两月工夫添挖水下两边坡势，以期经久。一船用煤每日十点钟用半吨，加夜工十点钟半吨，四船用煤每日四吨，九十天三百六十吨至四百吨。要用好煤，不要碎煤。

一，每船管大车一人，十五两至二十两；大副一人，十二两五钱；更夫一名，饭夫一名，舢板一名，共九两；生火一人，七两；水手四名，每〔名〕四两五钱，共十八两。共约六十六两五钱，两班人百三十三两。四船通共每月五百三十二两。外应用洋匠一人，木匠一人，铁匠一人，舢板一人，更夫一人，煤半吨。

一，拖泥船应用十二只，现只有四只，仍少八只。每船用水手头一人，每月口粮银六两。长夫三人，九两。共十五两。日夜两班人，三十两。十二船通共每月三百六十两。除洋匠一人，木匠、铁匠、舢板、更夫之外，统计挖河机器四只，接泥船十二只，每月共银八百九十二两。小轮船用款在外，修理挖河机器、船只工料在外。

筹办坝澳引河各情形禀 光绪八年十月十二日

窃职道等于初三日到旅顺后，曾肃禀驰呈，当已仰蒙钧鉴。职道等来旅旬日，于海口、套坞、山势、地基周览遍步，所最要者，海门挖浅，套内挖底，土性石根最为讨论之先著。前禀据汉纳根所开海门退潮丈尺及应挖处所不甚确实。嗣令陶千总良材复量，相殊甚远，盖汉弁只论一段，陶弁则穷源竟委，似以陶说为长。究竟方船挖浅不甚相宜，初四日于虎尾沙边挖浅，偶起风浪，将船抬上虎尾沙，船底阁通，碎石压入，虽已即时修补，然其不便已显而易见。今日镇中等船来，日内职道等拟再亲往量测，以求其实，俟职道含芳回津之时再行面禀一切。东套老船坞两处已令王县丞仁宝带夫深挖二丈五尺以验下底土性之实在，现未及半，而上面黑泥渐下渐坚，俟挖到底再看情形，果能渐次坚实，则施工较易。合龙之坝现尚漏水，强事补苴，此堵彼漏，坝内三、四、五、六尺不等，俟车干后，再行取土培补坝根。其中间合龙之处已蛰下三尺有余，督饬侯副将得胜日日加土。此坝病根在下面沮洳烂泥数丈，勉强生根，恐来岁春融，终属可危，必须在东面添筑后坝，方有把握。统俟估计梗概，再行禀陈。马家屯全山之水消泄之法，已看定黄金山东北之南对面沟山凹开一引河，最高之处不及二丈，长一百零九丈。昨已约同宋军门步往察看，商定派兵试挖，使来源之水南注于海。惟下面多成块沙石，费用铁器，而一劳永逸之计，不敢畏难惜费。毅军现有四营，兵房尚未竣工，明春方能大举兴作。至于白玉山后库工及庙东公所之工，其地皆系石根，大半无须打用灰脚，工程甚易，省费亦多。此旬日以来大略情形，先肃禀陈，用纾宪廑。职道含芳，津局封河以后之事更多，当此小雪之期，未便久羁于此，倘黄道之交料各事未完，当俟量海口、挖套挖坞见底之后，即先行赶回，更有旅工在津应办各事，亦不可不早为之计。职道保龄初膺重任，惟有督同王县丞仁宝、牛倅昶昞等分投料理，勤慎将事。除俟各项事宜粗定及黄道交盘事竣，另行专案详报。

请派提调禀 光绪八年十月十七日

窃职道等于本月十一日，奉宪台批开，同知郑焕等八员均准带往旅顺，察看委用，俟派定执事，禀报查核等因。奉此，查旅顺全局工程以坝澳为最急，亦以坝澳为最难，必须有深明河务，为守兼优之员为之提纲振领，再得熟练河工者数员同心共济，庶望早奏成功。职道含芳既未能常川驻旅，职道保龄仰蒙委任，惟当殚心竭力，艰苦劳怨，皆不敢辞。然于河工修守机宜，则丝毫未曾阅历，不敢师心妄作，致误要工。伏见王县丞仁宝，果敢明决，心地朴诚，才具开展。到工旬日，出入风霜之下，奔走泥淖之间，晨出暮归，不辞劳瘁。各夫役知其久历河工，亦乐为效用。可否仰恳宪恩，特札派充坝澳工程提调，所有前在坝澳大小文武员弁均听该县丞指挥节制，盖该员官秩过卑，必须临以钧命，事权较重，呼应乃灵。其月给薪水并恳恩施破格，以昭优异。又，军库、公所工程固未能即时兴举，而先期办料鸠工均应及早下手。查牛倅昶昞前在行营制造〔局〕时阅十年，于建库储械均能用心讲求，勤慎趋公，和平稳练，拟恳宪恩，特札派充军库工程提调。该员前在制造局月支薪水银三十六两。职道等自津濒行时，王道德均曾向论及，谓该员在局年久，本拟请加薪水等语。旅顺事任繁重，食用昂贵，皆非津沽之比。惟此时东澳试挖长沟尚未见底，一切库屋大工皆不敢大兴土木，拟俟长沟告成，澳工无意外变迁，各工大举之时，再行禀请宪台加给薪水，出自恩施。此外各委员、司事、差弁所拟执事薪水，除陶千总良材薪水已奉批定，职道等所带天津营务处差弁四名仍照向章由原局支领外，谨缮清折附呈，伏候宪示核夺施行。至黄道瑞兰旧用各员弁、司事，职道等谨遵钧谕，随时察看，其中惟侯副将得胜，人颇廉勤朴直，虽性情不无倔强，究属得力之员。此外各员去留皆未甚定，又与职道等共事日浅，未敢遽决贤否，拟俟稍迟时日，分别考查，另禀续陈。再，天津后路采办各事甚多，拟随时商派妥员随同职道含芳等办理，合并声明。

通筹旅防全局工程禀 光绪八年十月十八日

窃职道等于本月十二日，禀陈接收黄道银钱数目及筹办坝澳引河各情形，交泰安轮船送至烟台，由转运文报局驰呈，计蒙钧鉴在案。连日职道等早作夜思，遍览川原，询考土性，与在事各员悉心筹度。伏思旅顺各项工程均属必当兴办，而综览大局，当以海门挖浅，使潮落之后可进铁舰；口内东西两澳开作船池，西澳虽大，但须先去鸡心滩；东澳开作船池，必须掘土见底，为全题命脉所系，盖海口所患在沙石横亘之处，但非天生巨石，人力终有可施。至挑挖东澳须深至二丈五尺，其下为沙、为石、为水，无凭测度，如遇地泉及随时雨雪积水，但得吸水机器应手，尚可施工，设有流沙蛰陷或巨石层叠，无论费重工多，直恐无从著手。若非通筹全局，稳慎进步，万一事与愿违，中途阻辍，而他项工程均已大举兴作，势将数百万金钱尽成虚掷。作事谋始，固不容不深思熟虑也。计澳内自现筑之坝量起，迤东二百六十丈，其地有石，名北对面沟，本系水师旧坞，可为轮船新船坞根基。拟在坝内先留余地二十丈以为坝脚培坡之地，倘须添筑备坝，即于其地兴筑。再于其东开宽三十丈，长六十丈之河身以为各轮船出入之路。再东则为长一百八十丈，宽九十丈，深二丈五尺之澳，便可接连拟建船坞之处。目下拟先将澳身正中抽挖面宽二十丈，长一百八十丈之长沟一道，挖至二丈五尺深为止，以期先验土性。现动手试挖一处，已深至一丈有余，碎石纵横，兼有地泉，去水去石颇觉吃力，然决不敢存畏难退阻之念。计现有人夫七八百名，尚须分班车水，兼在坝内外加培坡陀或以护坝脚，即用海泥培护，盖澳内海泥性颇黏韧，以御潮水冲刷，胜于干土。惟坝内积水未去，坝根时形漏水，必须相机堵塞。运泥培坝，相距甚远，每日所挖无多，拟招募本地民夫分段认挖，并力赶作，必期将此长沟先行作成，果无拦澳石壁，又无大段流沙，则全澳工程可有几分把握，方敢请动巨款，招募夫众，放手作去，以收一气呵成之效。彼时无论远近夫头，既无疑虑，势不能居奇昂价，不致上下相蒙，庶几磬控在手，左右逢原。且澳中先有一沟，全澳水有泄注之地，可省许多拦水小埝，亦免吸水机器时常移动劳费。而出土之难，送土之远，皆有措办之法，又无所用其长虑却顾也。船坞处所现亦试挖，一丈以下已见石壁，拟四围向下宽搜，即或全石无难，用石匠钻凿，果能深至三丈仍是大石，则将来船坞坐于石上，以视在土上加桩筑灰土，其工费之省，任重之得力，较为远胜，实属全工一大幸事。其南对面沟开挖小引河一道已由毅军多拨勇丁赶作，冬月可望告成。其地沙石凝成巨块，工作甚难，已由职道等为制鹰嘴钢锄，赶办发给。该军多皖豫间人，刚勇好胜，趋事颇为踊跃，惟究与民夫不同，不甚知土方算法，且挖琢巨石又与挖土迥异。拟随时与宋军门商酌，俟引河告竣时，拟定赏款若干，再当禀请宪示遵行。将来计算如较民夫价省，则加筑澳东长坝及澳内工段，明春再令划定分作，统容体察情形，另行禀报。海口以内浅处尺寸，职道等带同陶千总良材、水手蒋果幹等亲往测量，与陶千总所报相符。计日海顺小轮船即到，已令将人夫添雇，机器整备，先从汉纳根所量之处，即系第三段挖起。惟通筹挖浅事宜，恐非现有之四号小船所能奏效，若及早添购自行挖泥运卸之轮船，似较得力，或先购一只试用,如果得力,将来两只亦不为多,并乞宪台核定。其现有各船修理机器最为要事。昨与丁提督面商,拟在澳南择地安设小机器厂一处,所需匠役、器具均由机器、制造两局,大沽船坞分拨,于明春次第来旅,以备水师各船及挖泥等船随时修整机器之用。统候职道含芳回津面禀,恭候宪示祗遵。至坝澳、军库、公所各项工程均须先期估计,已饬王县丞仁宝、牛倅昶昞分别切实勘估,再由职道等覆核确实,缮具清册,续行禀呈。职局支付各项银钱款目,此后拟每月底将出入数目分列四柱简明清单,恭呈宪鉴。惟本月现届开局伊始,条款初立,交接未完,头绪繁杂,拟展归十月底汇报。自本年十二月起,即按月底算结开单,于下月初旬禀呈,以免日久轇轕。所有在坝之工匠人夫因目前既未大兴工作,坐食徒滋耗费,职道等开局任事后,即于初七日将在坝长夫点验,酌留八十名为昼则车水,夜则守坝之用。此外三百余名,除应发口粮外,宽给五日口粮,一律裁撤。日内又将各工匠无事者逐渐遣归,盖必须挖澳见底,事有端倪,果将大兴土木,此辈皆无难招致,亦断不敢惜费误工,此时无益工程,虚糜帑项,良为可惜。是日点验时,因长夫年岁籍贯讹舛百出,当将曾得六品军功之夫头张喜春摘顶并追缴功牌,以惩玩劣。职道等仰蒙钧委,但求于公事少有裨益,嫌怨非所敢辞。此外,闻各号艇船因管带官不甚得力,诸事颇形懈弛,拟与丁提督商定一切,另禀上陈。再,黄道瑞兰交盘事宜,除收到银钱已详前禀外,其应交木料砖石、大小米等物及零星事件,现饬各经管委员查询明确,逐一点收,俟清结后,再行分别详禀。

坝工危险拟加筑备坝禀　光绪八年十月二十七日

窃职道等于本月十七日,奉宪台批开,坝工现虽合龙,两头尚有渗漏,自应督饬坝夫趁潮水退落,赶速戽干见底,察看何处渗漏,再行酌办。坝身收坡太小,亦应加埽培厚,加高以资保固等因。奉此,伏查目前全坝情形,病在渗漏,其患小;病在坐蛰,其患大。惟下有渗漏,斯上见坐蛰,害本相因,然渗漏则尚可填补,坐蛰则立形决裂。职道等叩辞时,奉宪台面谕,谆谆以两面堆坡加高培厚为急务。职道等到旅后,目击情形,与在工各员熟商,亦谓舍此别无办法。是以十余日来,专以取泥加坝为事。乃坝之南北两头均属旧工,尚无变动,而合龙处十五丈旋加旋蛰,比视全坝,惟此段形若仰盂,正在极力加培,讵意十九日大潮以后,坐蛰愈甚。推原其故,此下胶泥深四五丈,无论如何施工,亦难坚固,又闻合龙时系土秸层叠,一气压合,非由两头步步进占,下面土既松浮,兼有未尽之水,上愈加重,下愈蛰陷,勉强堆坡,亦属无济。日来离水面仅三尺许,岌岌可危,尚幸天晴潮小,人力易施,现先选用金州水师所交四丈余之桎木桩赶速下钉,将坝收紧,以防溃裂。一面遣人四出多购秸料,扎把堆向外面,以防潮大过水。因秸料质轻,庶免愈重愈蛰之患。所苦胶泥太深,勉强钉桩,如插筋于稠粥之中,终难历久不动。现惟督率委员、司事、夫役,昼则修理,夜则看守,能否一无疏失,尚无把握,焦灼万分,倘下桩得力,不再下蛰,或可敷衍目前。容再专禀驰陈。至此后办法,职道保龄与王县丞仁宝终日在工审察至再,并询考前在工次之员弁夫役,乃知南北两坝均系旋蛰旋添,不知次数,今日始稍能踏实。黄道所以用帑一万数千金,其故实由于此,确非别有侵蚀。天下事非身在局中尝其艰苦,固不能知其底蕴也。若仍在此十五丈力求坚实,再将通坝加高培厚,微特经费至重,倘仍前蛰陷,桩浮料散,土沉海底,将巨帑付诸东流,职道与在工各员均难辞此重咎。即使幸保目前无虑,而积土下压,胶泥迸出,今日多加一担之土,他日必多挖两担之泥。地当船行要路,又非深通不可,必致重增劳费,又不能不深思长虑也。反覆筹维,惟有在坝东添筑备坝之一法。近日车水有效,澳内剩水无多。踏勘坝东二十余丈地方,胶泥不过二三尺深,拟在其地筑一石墙,约长一百三十丈,顶宽三尺,底宽一丈八尺,高下连泥内均算一丈二三尺,两面陂陀,均用石灰灌浆,约共用石一千数百方。中间留空一段,此时先实以素土,加夯坚筑,即为异日建闸开门地步。其内外均用澳泥,随取随培,两面成坡,东面约堆十余丈远,西面直堆至旧坝后面,亦可为澳内出土一大销路。除澳泥不计外,约计石料、工价、石灰、山土等项当在五千金上下,日内督同王县丞核实,撙节估计,开单另禀驰陈,恭候宪台核定。惟查目下坝工危险已极,通筹全局,补救旧坝与加筑备坝均有刻不容缓之势,必须兼营并举,数日内先其所急,专顾旧坝,以后仍须尽力培补,冀与备坝表里为用。其备坝之功,现已召匠购石,次第整备,伏乞宪台迅赐批示,指授机宜,俾无失坠。职道保龄仰蒙委任,忝督全工,是非功罪,均当任之一身,决不敢以旧坝修自他人,视同膜外,蹈宦场诿卸恶习,惟综览全局,不敢轻率以糜巨帑,亦不取拘泥以误要工。是否有当?披沥直陈,无任迫切待命之至。再,侯副将得胜前在坝工颇称得力,现因事请假,在津未回。可否并乞宪恩,传饬该副将迅速回工,以便令其仍管培补旧坝,腾出王县丞专办备坝,工程可无顾此失彼之虑,合并附陈。

募夫添器各事宜禀 光绪八年十月二十七日

窃职道等于十月十七日,缕呈一禀,计蒙钧鉴。日来挑挖东澳长沟,正在施功,因坝工危险,拨夫抢护、打桩、扎把各事并分班车水，尚未能挖至深处，亟欲召募本地人夫就此农隙为之辅助，而本地人不甚谙土方算法。又因黄道前募文霸长夫虽系订明上下扯合每方津钱一千六百文，合银五钱之谱，而其中别有轇轕。各夫头久存彼此朦混之意，今见事事顶真，又知王县丞仁宝久在河工，非前此各委员可比，恐鬼蜮伎俩终不能售，渐次吐露实情，技穷辞遁，肺肝已见，本地人夫亦因此顿怀观望。职道明察暗访，揣量情事，与王县丞通盘计算，大抵事求可，功求成，若博节省之名而终不能蹈节省之实，既乖事上之义，亦非用众之方，即如黄道前办坝工原估若干与办成用数悬绝，可为殷鉴。彼时纵蒙宪恩不深督过，而返躬亦何以自处？是固不如谋定后动，据实先陈之为正格也。此工大患在送土太远，每人除来往搬运外，一日挖土工夫即长天亦不甚多，小民终日苦作，不能于饱食外略有盈余，谁乐为此？情所不甘，即势所不可，无论如何刑驱威迫，亦终成纷纷逃窜之局，若邵连元前事而后已，遑论招徕？此又不能不深虑也。目前，于天津所募文霸人夫仍执前说为之钳制，未遽放松；于本地人夫略示羁縻，每方允为增银数分，而问者颇多，来者甚少，现才集得一二百人，此后能否踊跃从事，殊难逆料。容俟随时体察情形，再行禀陈。其前禀坝澳各工估单，日内坝工抢护略定，亦当督饬王县丞撙节估就，统行禀呈。至亟须赶办备坝一节，业经另禀专陈。此则无论东澳土性能成船池与否，而船坞所在外边必须有坚坝遮护，且挖澳人至数千，深至二丈以下，若非坝无疏失，澳工直不敢下手，其势固不能缓也。水车现有二十余张，非不得力，而以视吸水机器，其为用灵蠢、程功、迟速，判若天壤。澳工开深后，时时必有泉水，非水车所能奏效，伏恳宪台定见，电促外洋将吸水机器之大者与挖泥大船均早行购办，以期早济工用。海顺轮船所运大沽船坞遵拨各器具已饬黄县丞建藩、陶千总良材点收，即在陶千总所居近处择屋收存，饬由该弁妥慎存储，撙节动用，每月将用数实报。一号挖泥船大齿轮亦由船坞加铜套送到，由该员弁同往验试，颇为得力。惟海顺小轮船自到后，轮套已坏，加紧修理，尚未竣工。今早又经职道派弁守催，据称今晚可竣，明日一律开工。以现有齿兜之两船泊口门近处专营挖石，以无齿兜不能挖石之两船泊附近西澳之鸡心滩专为挖泥，俟新购齿兜到齐，统移口门挖石。其接泥各船旧用艇船兵丁不甚合宜，亦饬陶千总一律招齐水手，以资得力，并饬其赶造名册，容再转呈。该弁前呈职道等清折二件，谨为照录，附呈钧鉴。所禀应用钤记拟由职局刊给，其文曰"管理旅顺海口挖泥四船钤记"。至添调机器匠、铁、木匠共三人确系待用甚急，拟恳俯如所请，饬令早来。从九品方文灿、副工头梁成文应请饬于开河来旅，以备明春大举，庶免年内人多事少、坐食之虑。其请添调器具一折，除洋磅价值甚重，职局新由烟台购到一架尽可通用，无庸另购外，其余各件据称皆属急用，拟请饬下大沽船坞查核应否照发，禀候宪台核夺。其开工后，日作工程拟如所禀，年内十日一报，来春大举，一日一报。可否之处，统乞钧裁。又，旅顺前用已坏之东海关小火轮船，职道派黄县丞建藩往查，据称，船壳甚好，惟汤锅机器均在大沽船坞，此间无从查计，并恳宪台饬下船坞酌定应修与否，禀候示遵。毅军所挖南对面沟引河工程约有十之六七，各勇丁趋事甚猛，通计土方或较民夫略省，惟风气刚劲，若与民夫群萃操作，驾驭亦颇不易。驻守炮台之勇并袁雨春所带亲兵居黄金山顶，朔风高寒，职道等仰体宪台仁惠，已饬为一律造炕支炉，日内工竣，并拟恳宪恩，准在现存煤斤内按月发给烧煤，以示体恤，俟春暖后停支，伏候批示遵行。再，黄道交盘物料大致均与册报符合，惟中有文霸人夫领款不符一节,现饬经手之王令鹤龄声覆,尚未核结,容结清后,汇齐禀报,合并声明。

拨船接递文报并派员在烟随事照料禀

光绪八年十一月初八日

窃职道于本月初五日,奉宪台札开,案据烟台文报转运局、东海关方道等禀复,封河后,文报投递已与安税司商定,俟封河后,朝鲜文报到烟即交其附递津海关好税司处,转送文报局查收。至天津寄朝鲜及旅顺口文报应请饬知文报局汇封,送交津海关税务司附递烟台。等情前来。除分饬遵照外,合行札饬,札到,该道即便遵照等因。奉此,查职局孤悬辽海,陆路距津千数百里,值此工程吃紧之时,尤以随时请命为急。前蒙札饬湄云轮船在烟、旅一带守冻,当即与丁提督酌定,俟湄云由朝鲜旋后,即令往来烟、旅之间,每月开行二三次,以为接递文报之用。惟闻湄云前月自烟赴朝,开行未远,即留威海卫守风,回旅迟早尚未可知。现与丁提督商议,如二十日外,湄云未来,即于六镇船中随时抽拨一船先往烟台接送文报,此后倘有紧急文报亦随时抽拨该船赴烟台一行。湄云到后,仍以湄云任之,待春融冻解,湄云回营口时,另行拟定禀报。惟旅顺际封冻,以后船只与津沽不能往来,本地百物既缺且贵,事事须取办于烟台,幸赖东海关方道汝翼、转运局刘丞笃庆均能仰体宪台经营海防之意,力顾大局,不分畛域,事无大小,尽力代谋。又,查有管带烟台练军直隶候补都司王益山,熟悉烟台情形,人颇明干。黄道瑞兰前办旅工时,曾饬该都司随办各事。职道等拟咨明方道,仍饬该都司在烟遇事随同照料。可否之处,伏候钧裁批示祗遵。再,该都司现带练军,不另开支薪水,合并声明。

海口挖浅接收木料并请设义学兴蚕桑禀

光绪八年十一月初八日

窃职道于本月初五日，由烟台文报局顺便船奉到十月二十、二十四等日发下钧批二件。仰蒙宪台俯策驽庸，奖励交至，莫名感悚。所有坝澳近日情形及烟、旅文报一节均经另禀专陈。查海口挖浅自十月二十八日开工后，近日雨雪交加，工作不无耽阁。第二号船从口门第三段施功，第一号船齿轮修齐，先从口门最浅处施功，即土人所谓门槛也。职道通盘计算，惟此处最为吃紧，已切饬陶千总良材带同本地水手认准此处，连挖旬日，看究是何等情形，再行禀报。第二号船所挖之处距此不远，均系瓣沙碎石。目下各船水手一律全齐。又，洋匠勒威用夫二名，陶千总用夫二名，海顺船用舢板一名，职道体察情形，实不可少，均随时准其雇用，约计共船八只，各项水手夫役每月约用银三百二十五两有零，俟名册造齐，另再禀报。按名计算，比汉纳根所定及黄道前用之数每名减去数钱或一两不等，均系年力精壮并非老弱充数。其各船包修汽锅等项零星费用，查系要工，亦均准其据实开报，派员查验，确无浮冒，方允发给。职道日在坝次，相距不远，作工与否，一望可知，无从遮饰。计刻下每日每船挖泥十方，接泥船出口门来回须两点钟，不无停待之虑。据陶千总声称，若有接泥船八只回环不息，每日每船出泥可十四方，三、四月天长，每船可赶作至二十一方。现查大沽船坞派匠三十一名，运木在旅排造接泥船七只，询据该匠头声称，年内可成二只，开年可成五只。合之旅顺现有之四只，共十一只，足供挖泥四船之用。至奉询津河二号挖泥船能否得用一节，顷据陶千总面称，该船止能在一丈五六尺深地方开挖，若移来旅顺，恐不甚得力。现计定购新式大船，总须时日，惟有恪遵训示，督饬该弁等尽力程功。查陶千总人颇明干，志气亦甚奋发。旅顺海口际此隆冬，各该船四无障蔽，植立当风，终日不懈，实非内地可比。职道又督查甚紧，非真遇狂风雨雪，不准私自停工。拟俟开工月余，果能实力勤事，再为随时禀请宪恩，加赏办公银两，以示鼓励。其司事、匠役、水手人等，拟俟年终查看，分别略加赏犒，容再禀陈。丁提督已于初七日乘轮至烟台、威海一带巡阅，即赴朝鲜。所有金州水师营裁撤应交木料、银两已准丁提督于收后移交，职局当派牛提调昶昞逐件点查妥存，均与原单无异，谨照录清单，附呈宪鉴。其中止木桅各件可备异日安设鱼雷桥等用，桱木桩适当坝工抢险之时，亦颇济急。房屋虽皆茅顶碎石墙，而现值公所未成，堆储物料，分住弁兵，亦尚有用。至篷索、船板、橹柁等件大半皆朽敝不堪，盖该旗营废弛已久，视公事为具文。此番交物因职道等与丁提督先期定见，防范甚密，势不能私自运回，非其本意。业由丁提督禀恳宪恩，加赏银两，倘荷俯如所请，庶有以慰其穷苦无聊之心志。至此款银本无多，除发赏外，所余无几，旅顺海防工程视此若九牛一毛，固不屑以为轻重。且职道到此月余，采访舆论，大抵从前汉纳根与黄道蹊径迥不相同，而各用私人，未曾福及良善则一，遂致无知氓庶视工程、海防均同疣赘，格格不相入，事颇可忧。伏思养民教民之举固王政之本图，市惠市义之为亦霸术所不废，将欲举旅顺而金汤之，亦必举旅顺之民诗书之而衽席之。职道愚昧之见，拟恳宪台将此项用余银两饬交职局，另款储存，专为有益地方之用。倘荷俯允，拟在马家屯粮仓之旁，就现有地基修造一院，设为义学，招旗民子弟秀髦，延请本地端正之士课读其中。又，查此地以椿树养山蚕取丝织绸，类河南鲁山所产，苦于民太贫窘，种植无多，拟于明年春夏在各官山添种数百株，数年后便可大兴纺织之利。凡此两端，皆拟支动此款先行试办，如果有效，续由职道设法捐募，推行尽利，决不敢动及工程正款。可否之处，伏候钧裁批示祗遵。至水师营旧有水手百名，除旗籍外，尚有民籍二三十人，职道等与丁提督酌商，现已告知该协、佐挑送，由丁提督择补练船水手，俾免失业。其本营旗兵六百名，生计甚绌，职道亦告知该协领设法鼓舞振兴，如有枪箭出众，精强可用者，拟为随时存记，以备他日分守老驴嘴各炮台之用，此则教练可观与炮台成功，均在一两年以后，又非目前所能遽定也。宋军门于初四日启行回营口，濒行时言，明年二月，营口开冻后，除留助修炮台之七百人外，其余马、步不足四营，悉行开拔来旅，仍于正月中旬先驰至旅顺预备一切，嘱为代禀，拟恳宪台早日咨照盛京将军、金州副都统，传饬经过各地方官，以免军行过境，闾里惊扰。其该军所挖南对面沟引河作工已属不少，惟山势太高，尚须挖深一丈四五尺方能引水，且计方虽已过半，而大石崚嶒，愈下愈难著手，现因雨雪停工，年内恐难再作，来岁春融后一气赶办，告成当在仲春。查此项工程约估需二千两有奇，可否仰恳宪恩，先行赏犒银八百两，庶令该营士卒咸戴仁施，益臻鼓舞，如荷垂允，即于职局由估单数内给发，统候批示遵行。

抢救坝工及筹备坝澳事宜禀

光绪八年十一月初八日〔附估折〕

窃职道等于十月二十七日，禀陈坝工坐蛰须添备坝情形，于二十八日，专操江轮船至烟台交局驰呈，计蒙钧鉴。二十九日，此间大雪，至初一日，雪积盈尺。初三少晴，即一面饬匠运石为修备坝之用，一面照前加秸培高旧坝。乃初四、五、六等日，时雨时雪，各夫不能工作。初五日丑刻，坝中段陡蛰下四五尺，新加秸土已与水平，风狂浪涌，坝顶漫水，止得于雨雪抢做，至晚始息。初六日寅刻，中段三十余丈竟一律蛰下，浪头迅急，西北风助之，坝顶顷刻已成沟渠，澳内水添近尺。职道睹此情形，塌陷决裂，指顾堪虞，愤懑焦急，不可名状。是日自早至午，雪虐风饕，坝上夹水夹雪已成一片烂泥，举步皆难，澳泥不能再用，民夫冒雪做工，艰苦殊甚，不得已重赏人夫，放钱买取山土。前定秫秸皆因阻雨，运送愆期，又因前此买物付价不足取信于民，趑趄观望，到者无多，分派员弁四路加价购买。幸未刻以后雪止，北风大作，滴水成冰，坝上冻结，稍易行走。王提调仁宝、王令鹤龄等督率夫役扎把堆土，往来于严寒烈风之中，泥深没踝，冰坚在须，赶工修作堆积，临水一面新加秸土高四五尺，屹立如墙，漫水处所冲之沟均用山土填平。夜间派夫加赏分班看守，并加派差弁梭查。是夜，潮水为新加秸把所御，幸未再行漫过。初七早天晴，赶紧添做，拟于秸把后面铺秸压土一律加高，约四五日可齐。但买秸甚不容易，现正四出购求，总期极力保护，而能否不至疏失，尚不敢必。此日来抢救坝工，幸获平稳之实在情形也。总之，冬令水涸，此坝或可冀幸无事，交春以后，必更危险迭出，坝不足恃，澳工即不敢放手，尤属相须为用。日昨，奉到宪批内开，应添后坝，即赶速兴筑，以免春水泛涨之虞等因。奉此，仰见钧虑周详深远，莫名敬佩。日来再三审度，有石墙为备坝，所以固全坝后面根基，且积土前后相连，可收重关叠隘之效。然顶冲迎溜吃紧处究在前面，旧坝实万不可废，拟于五日内专力随时抢护，一面多购秸料木桩，因无处可办苇缆，拟以水师营所交废旧棕绳改用。但得物料粗足，便在坝前做南北一百丈长埽，此一百丈中仍拟先行试做二三十丈，再行相机进止，因下面胶泥太深，成否尚难逆料。埽工果成,潮水不能直冲坝底虚处,旧坝不再坐蛰,或可暂作支持。若不遇雨雪连阴,石坝工料齐备,亦拟年内正初赶修完竣,以为明春大举挖澳之地。一切如何情形,能否应手,容再随时禀报。至土方价值大概,前已禀达钧聪。日来雨雪交加,民夫更不肯向前。所有坝澳等工估单由王县丞仁宝悉心拟核,职道保龄又与讨论删减,力求撙节,业经三易其稿。极知黄道前有三钱五钱之议,无如彼时并未举办,画饼不可以充饥,此时株守前说,终归无济,胶柱鼓瑟,徒误要工,谨将原拟估折附呈,伏恳宪台特派熟习河工之大员按单秉公切实覆估,禀候钧裁酌定后,并乞早赐批示,俾有遵依。此地曾蒙旌节亲临,山川形势及出土远近,比之内地办工招夫情形难易,均在宪台洞鉴之中,无俟哓哓仰渎。惟通计全局,东澳可挖与否,固以先抽挖之长沟为断。然目前旧坝做埽,备坝垒石,均属必不可缓,势不能专力长沟,且本地土夫是一群无知乡农,飘然而来,忽然而去,不甚知土方工作为何事,未敢专任,必须由内地雇募,而直隶境内自连年整顿水利,几无岁不有工作,果内地鼛鼓一兴,必将舍此趋彼,又非年内先遣得力夫头回津预定不为功。窃计东澳长沟正、二月当可及半,大局即有定准。内地人夫分起来旅,正、二月亦恰当其时。此地距津过远,封河期内,禀牍由烟陆递,比及仰奉批谕,来往已届数旬,早奉命一日,即早定一日之局。至此中操纵机宜仍当随时审慎,万不敢于东澳毫无把握之先,轻用巨帑,广集人夫,但必俟明年正、二月再行请示定局,则夫头心志涣散,年内不能定议,招夫亦种种为难,一蹉跎间,坐误数月,恐有缓不及事之虑。此事用帑甚巨,非寻常工程可比,职道等未奉钧命,万不敢擅定方价,而迟速得失之间,不敢不通盘计算,据实沥陈,伏候裁定。其军库、公所各工程,另饬牛提调昶昞撙节分晰估计,容再禀陈。再,旧坝前面做长埽工程因近日坝工过险,甫经计及,又以各员终日在坝,未遑估定列入此折,合并声明。

计呈估折一扣。计陈:

一,估原坝连北码头。工长一百七十丈,加宽外帮。在坝东顶宽二十六丈,底宽二十四丈五尺,与拟做石坝相连,均高一丈。每丈土二百五十二方五尺,共估土四万二千九百二十五方,此系取澳泥,不计方价。惟原坝漏水,必须层土层硪,每方估硪工并做细工银五分。核银二千一百四十六两二钱五分。

一,估原坝连北码头。工长一百七十丈,加宽内帮。在坝西工长一百二十丈,顶宽一丈,底宽二丈,均高一丈。每丈土十五方,共估土一千八百方,此项土方专用黄金山黄土,一挑来回三百余丈,每方连硪工估银八钱。核银一千四百四十两。

一,估原坝背后估筑石坝一道。工长一百四十丈。拟用黄石,灰砌,挖槽三尺,中间灌浆。今筑顶宽三尺,底宽二丈三尺,均宽一丈三尺,连挖槽均高一丈三尺。每丈用高一尺一(丈)〔寸〕见方黄石十六方九尺,共估黄石二千三百六十六方。每方石价银一两二钱,砌工银八钱,核银四千七百三十二两。每丈用白灰二千斤,共估白灰二十八万斤,每百斤银三钱,核银八百四十两。每丈用黄土三方,共估黄土四百二十方,每方银六钱,核银二百五十二两。石坝三共估银五千八百二十四两。

一,石坝背后戗堤。工长一百四十丈,内除中间留开闸门宽三十丈不培土,计长一百一十丈,顶宽十丈,底宽十四丈,均高一丈。每丈土一百二十方,共估土一万三千二百方,此项取用澳泥,不计方价,每方估硪工并做细工银四分。核银五百二十八两。

一,海澳自坝根起,至船坞东止。工长二百六十丈,除石坝以西原坝背后二十六丈归入建闸开门工内挑挖外,净工长二百三十四丈。今估西头第一段,即澳西船路。工长五十四丈,挑口宽三十丈,底宽十丈,均宽二十丈,照全澳东头挖深二丈五尺,西头挖深二丈,可以取底平。今估挑本段西头深二丈,东头深二丈二尺,均深二丈一尺。每丈土四百二十方,共土二万二千六百八十方,此段工程出土在五六十丈至百丈以外。每方估银六钱。然须将积水戽干,察看以下胶泥不深,再无山石,方可敷用。核银一万三千六百零八两。第二段工长六十丈,即澳身之西段。挑口宽九十丈,底宽六十五丈,均宽七十七丈五尺,西头深二丈二尺,东头深二丈五尺。每丈土一千八百二十一方二尺五寸,共土十万零九千二百七十五方,此段土方尽两旁并两头凹出土,来回约三百余丈。每方估银八钱五分。核银九万二千八百八十三两七钱五分。第三段工长五十丈,即澳身之中段。挑口宽九十丈,底宽六十五丈,均宽七十七丈五尺,深二丈五尺。每丈土一千九百三十七方五尺,共土九万六千八百七十五方,此段土方尽两头山凹出土,来回约四百余丈。每方估银九钱。核银八万七千一百八十七两五钱。第四段工长七十丈,即澳身之东段。挑口宽九十丈,底宽六十五丈,均宽七十七丈五尺,深二丈五尺。每丈土一千九百三十七方五尺,共土十三万五千六百二十五方,此段土方两旁间有出土之处,须留为前一百二十丈工程出土之用,本段废土须出至东头,来回约四百余丈。每方估银九钱六分。核银十三万零二百两。海澳四段共估土三十六万四千四百五十五方,每方均扯,合银八钱八分八厘有零。共核银三十二万三千八百七十九两二钱五分。窃查向来直隶河工宽处不过二十丈,每丈废土至多二百余方。此项澳工宽至九十丈,废土每丈将及二千方,出土之处又异常窄小,所估方价必须天时人力,事事凑手,方可敷用。全澳二百三十四丈,至多用夫六七千名,再多恐不能容。均扯每天每夫挖土二尺，业已竭力。以六千人计之，每天不过出土一千二百方，其中尚有阴雨大风，均须耽阁。如自明年二月挖起，非年底不能完工，合并声明。

一，海澳迤东估筑拦截山水大坝一道。工长一百二十丈。今估挑顶宽五丈，底宽十一丈，均高一丈。每丈土八十方，共土九千六百方，此项取用澳泥，不计方价。每方估硪工并做细工银四分。核银三百八十四两。

一，拦水坝迤东南对面沟开挖引水河一道。工长一百一十丈。第一段工长四十丈，自北而南挖上口宽一丈四尺，下口宽二丈二尺，底宽一丈，均宽一丈四尺，上高二尺，中高四尺，下高六尺，均高四尺。每丈土五方六尺，共土二百二十四方。第二段工长五十丈。挖上口宽二丈二尺，下口宽七丈，底宽一丈，均宽二丈八尺。上高六尺，中高一丈五尺，下高三丈，均高一丈七尺。每丈土四十七方六尺，共土二千三百八十方。第三段工长二十丈。挖上口宽七丈，下口宽一丈四尺，底宽一丈，均宽二丈六尺。上高三丈，中高一丈三尺，下高二尺，均高一丈五尺。每丈土三十九方，共土七百八十方。引水河三共估土三千三百八十四方，每方估银六钱。核银二千零三十两零四钱。此项工程上系沙石凝结，中层以下纯是片石，颇难施工，现归毅军挑挖。工竣察看情形，或与原估稍有出入，另再专案报明。

一，海澳两边拟挑拦水埝。工长五百丈。挑顶宽一丈，底宽三丈，高五尺。每丈土十方，共土五千方。此埝取用澳泥，不计方价。每方估硪工并做细工银四分。核银二百两。

一，船坞。挖口长五十丈，底长四十丈，均长四十五丈。口宽十五丈，底宽三丈，均宽九丈，深三丈。每丈土二百七十方，共土一万二千一百五十方，此项工程出土虽近，较海澳深五尺。每方估银一两。查该处距山脚甚近，如遇大石，方价必不敷用。尚须另行设法，合并声明。

核银一万二千一百五十两。

以上坝、澳、拦水埝、船坞等工，统共估钱三十四万八千五百八十一两九钱。

一，建闸开门各工须俟全澳挖竣，随同筑建船坞做法，连旧坝开门二十六丈之土，均另案估计，不在此数，合并声明。

交盘事宜禀 光绪八年十一月十九日

窃职道等于十一月初五日，奉宪台批开，所有黄道经手一切工程用款报销及应领应补等事，应令黄道自行与支应局清算造报，已成之工亦应由黄道禀请派员验收，其未成各项工程用存料物，灰砖、煤米、器具等件，催令迅速移交点收，核作收款，归以后工程报销，以清起讫等因。奉此，查黄道此次交盘，款目繁巨，头绪纷如。除已作之工，已用之银钱料物应由该道恪遵宪札自行与支应局清算造报外，其现交之银钱及木石砖瓦各料物，事关起讫，遵由职局截清界限，收查清楚，据实禀报，以为他日各专责成之地。职道等固非敢见好同僚，尤不愿有心苛刻。因兼旬以来坝工告险，焦心苦思，力图抢救，早夜不遑他顾，是以延阁多日，甫能料理就绪。通论全局，实无亏短，谨将所有事宜开具简明清折，并另具一折一册，敬呈宪鉴，伏乞钧裁批示施行。再，职道等自津叩辞时，奉宪台面谕，职局换用关防后，其前敌营务处关防一颗仍准留备黄道交盘借用。刻下事已清结，谨将所有关防一颗附行呈缴，合并声明。

做埽挖浅情形并请发各物禀 光绪八年十一月二十四日

窃职道于十月二十八日、十一月初九日两次发禀，计蒙钧鉴。

封冻以后,陆递稽迟,久未奉到批谕,无所遵循,弥虞陨越。查旅顺坝工几于无可着手。十余日来,竭力做埽,每抢做数段后,中间停顿三四日,因下面沮洳太甚,埽工能否不至走失沉陷,究难逆料,不敢卤莽从事,是以切督在事诸员且做且看,相机进止。十八日,将遮护龙口之埽共计十段一律做成。十九夜,潮势极大,汹涌冲撞,而各埽屹立不动,潮满时,去埽顶不及二尺。二十夜,天阴月黑,东南风起,潮声振撼如雷,此十段仍未少动,黎明时将龙口迤北无埽处所坝工土秸刷淘成洞,深五六尺,长近二十丈。幸人夫秸土,事事凑手,赶即加土换秸,抢修坚固。职道以埽既未动,北坝工程较之龙口,彼善于此,而其不足深恃则一。爰亲督王提调仁宝等将埽之南北赶速加工做埽,现计通共赶成十四段,约计五十余丈。仍分派各弁四出添购秸苇,拟将南北展长,照前禀一百余丈之数,约共做成二十五段。职道每日亲自察度,即以初做最先之第一段计之,现已入水十余日,至今并未大见蛰动,似当不至走作。倘能仰蒙福庇,埽工通身稳固,拟分用山土、澳泥培其前后,以顾坝身,再将埽工、坝工一律加高,期于潮枯时出水面有一丈三四尺高乃可放心,此则尽年内工力,只能如此,果无意外变迁,来春再随时培补。此地土夫全不解做埽为何事,先经职道函商津海关周道在津招募埽夫二十二名,又添调永定河工外委唐佩、巡检潘煜、目兵牛顺等五名陆续到工,均能动中窾要,极称得力,统以另禀请留工次之用。其应筑石备坝现已逐渐收买黄石,拟年内暂不兴工,盖龙口以外南北坝分段形势孰坚孰否,此时土性冻结,未可执为定论,必俟来春三月以后乃能底蕴毕露。若至彼时埽、坝均能坚实,澳泥逐渐培厚,坝后渐有遮护,便拟将石备坝工程禀请缓修,以节经费。其已买黄石,亦尚可挪为他项工程之用,须俟届时体察情形,再行禀定。

溯自本月初间抢险后,除取用澳泥及所用桱木桩、棕绳不计外,以埽工二十五段计之,因秸料过贵,措置极为棘手,约计用款当在一千八百余两之谱,而加坝之秸把、山土及下桩、扎把各工,抢险、防夜加赏,又以前帮工、车水之短夫等项,均不在内,皆非事前估定之款,拟俟埽工二十五段完成后,逐款核实,开列清单,仰恳宪台准其据实另销。职道现已督同王提调仁宝随时随事详细登记,决不任在事各员弁稍有侵冒。可否之处,伏候钧裁批示祇遵。澳内长沟因雨雪不时,本地人夫倏来忽去,现仅集至六百余人,合以文霸民夫所作不过出土一万方,未足全工五分之一,殊深焦灼,亦惟有力催趱作,容再随时禀报。侯副将得胜现已回旅,仍令管带在坝长夫五十名,遵归王提调节制。其刘游击学礼原带之长夫三十名,职道近日在坝不时查察,其中多系就近雇觅,未便久令滥竽,且职局澳工、库工各处搬运杂物,盘点各料,遇事须雇短夫,动滋糜费,现已将此项长夫三十名遴选分布,期于一转移间,事举而费不增。职道非不知工繁事重,原不在此区区,而生性迂拙,以为得省即省,怨谤所不敢避也。挖浅情形,工作近颇踊跃,其中有从前夫匠狃于昔随汉纳根之价重事轻,今日不无觖望,绳以重法,许以岁终择勤加赏,亦均渐就范围。其门槛处所屡经挖有大石,日昨,并挖得数百斤之大废铁锚,十余人牵挽出之。现将水手蒋果幹暂给工食,留船带同认准其地并无天生石壁,已属可信,间有大石,非齿兜所能攫取者,拟来春饬暂行留用之大沽水勇二名带同本地挖海参之人下水设法捞运,论船给价,相辅以行。职道通盘计算,无论挖泥大船何日能来,此时就事论事,每月薪粮、用煤、零星修补杂费已不下数百金,来春再添接泥船,薪粮更多,惟有早竣一日之功,方能早省一日之费,巧迟不如拙速。日前,切饬陶千总良材预先估计究竟何日可完，兹将该弁两次来禀录呈宪鉴。其添设小机器厂一节，前禀曾经陈及，系与水师各船均属急需，拟恳宪台饬下机器、制造两局，会同职道含芳将应拨器物、匠役年内即行筹定，开河便可早来。另购挖石齿兜，并恳饬即电催外洋，与所购全澳急需之大吸水机器均于二月前到旅，以济要工。又据该千总禀称，须用浮鼓以记所挖船路方向，又，安设浮鼓之锚链，又，口门两船屡被大风浪冲激，拟多备船上所用锚链，以期稳固，谨照单录呈，伏乞饬下大沽船坞查核酌发。又，各该船四无障蔽，据该千总禀称，须用雨衣等件，虽为费不少，亦可免春夏多雨时夫匠借口停工之患，谨将原禀一并录呈，可否赏给之处，出自恩施。上海机器局代购车床现已运存烟台转运局，因湄云舟小难载，拟俟开河设法运旅，容收到后，再将尺寸及价力详细禀报。黄金山炮台各兵现均照常操演，据袁哨官雨春遵呈九月、十月分日记，除另咨宋军门备查外，谨将两月日记并该哨官查开二十四生的等各炮械细单，又，汉纳根移交该弁之铁道轮轴等单，计共清折五件转呈宪鉴。该哨现驻山巅，运水甚难，前经职道等在津面禀，蒙谕准其添用运水长夫四名，拟自十二月分起遵令添雇，以纾兵力。据该哨官禀称，加派各差之什长、炮目、亲兵等，乞为禀恳增加口粮。该营向例，什长月支薪粮四两八钱，炮目四两三钱，亲兵四两二钱，除该哨官拟调书记另由职道等与该营官商办外，谨将原禀照录附呈。查该哨官勤慎耐劳，尽心教导，宋军门颇极推赞。该哨官月领薪水除米外，实止八两一钱。可否仰恳宪恩俯念旅顺百物昂贵，各弁兵教练认真，将该哨官薪水及所禀什长、炮目、亲兵等口粮均行酌加，以示鼓励之处，伏乞批示施行。再，湄云轮船现由朝鲜回旅，此后烟、旅往来文报即由该船接送，合并声明。

调留裁撤各委员禀 光绪八年十一月二十四日

窃职道于十一月初五日，奉宪台批开，发去牛倅、王县丞委札二件，转给遵领。其黄道旧用各委员、司事，除侯副将得胜尚属得力外，其余各员弁务即认真考核，酌定去留，勿稍徇滥等因。奉此，仰见钧慈广被，器使群才，莫名敬感。职道遵于即日亲赍宪札分交王提调仁宝、牛提调昶昞，谨领祗遵。伏查王县丞勤干耐苦，廉介自持，临大事颇有当担，牛倅守洁才优，遇事从容不迫而凡百就理，其处寮宷谦退敛抑，绝不矜才使气，兹蒙恩遇非常，各怀感奋。不特职道等目下办工得资指臂，即该提调等渥荷裁成，他日均可为循良之选。此外各委员、司事等遵已分别饬知，所有各员均系随职道等于九月三十日离津，十月初三日到旅，今蒙恩给薪水，拟均自十月分起支，现际封冻，暂由职局垫发，俟开河后，移知海防支应局请领归垫。至黄道旧用各委员、司事，其中除张是彝等一十三员均已回津，应毋庸再行来旅。及侯副将得胜，人尚得力，前已禀明留用。守备刘忠选及所带亲兵五名系职道等自津濒行时，禀奉宪台面谕，准留旅顺差遣。又，管带艇船之洪游击锦双不甚得力，业经裁撤，已由职道等会同水师统领丁提督禀请，以刘游击学礼接带艇船，兼顾坝工，另俟奉批祗遵外，其现留旅顺工次当差者为王令鹤龄等五员，谨就职道查看所及，分注考语，并将旧领薪水数目分别注写，连业经离旅各员衔名，逐一开明，另缮清单附呈。可否仰乞宪恩，准将王令鹤龄等五员仍留职局差遣，并准各照前数接支薪水之处，伏乞钧裁批示施行。此后仍当留心查看，如不得力，即行禀请撤换，决不敢以禀留在先，稍存回护。再，旅顺工程极重，地方极苦。在职道等时怀求才共济之心，在各委员等非真有志建树，鲜不废然思返，且地气湿寒，山高风劲，水土不服，易生疾病。尤宜多方延揽，冀收拔十得五之效。查有直隶候补典史朱同保，在永定河多年，熟谙修守机宜。丁忧前候补巡检潘煜，精明勤练，晓畅工务，查潘巡检煜系丁忧人员，已由职道函致来工，试看月余，颇耐劳苦，有志向上。可否仰恳宪恩，准将该巡检与朱典史同保一并赏交职道等工次差遣，俾随王提调仁宝同办坝澳大工，于公事不无裨益。朱典史同保拟月给薪水三十两，潘巡检煜拟月给薪水二十四两。是否可行？伏候批示祗遵。又，查有候选知县李竟成，守正不阿，朴诚廉介；直隶候补知县裴敏中，精明沉稳，体用兼备，均属不可多得之员。候补布政司经历关敏道，精晓案牍；候选州同白曾烜；候补从九品张葆纶，人均勤谨耐劳。以上五员拟恳赏准职道等调至旅顺，分别差遣，俾资臂助。倘蒙恩允，其分派何项差使及月拟薪水若干，容俟各该员到工时，再行禀明。伏念近日各省各局类多裁减冗员，其无因至前辄来投效者，无非辗转请托，其人皆庸劣不堪。旅顺虽远在海澨，亦复未能尽绝，又往往滞留不去，此地界属邻疆，尤恐若辈滋生事端。当此度支空匮之际，职道等宁可取怨友生，不敢轻糜帑项。所有职局委员、司事经此次禀定以后，各项差委足可敷用，除俟随时有应撤换者另行办理外，拟恳宪台特札饬下职局无论文武员弁，凡来投效工次者，一概不准收录。其有敢无故逗留，迹涉招摇者，并准职局按律惩办，似于网罗豪杰之中，兼存澄汰佥壬之义。是否有当？伏乞训示遵行。又，侯副将得胜旧支薪水每月二十四两，该员朴勇勤奋。可否仰乞恩施，每月赏加银六两，以示鼓励，并候谕遵。再，已蒙札派提调之王县丞仁宝与职道等现拟禀请之裴令敏中、朱典史同保，均系直隶人员，倘奉允如所请，可否恳乞宪台俯赐咨明署直隶总督部堂张暨札行藩司、永定河道知照，除王县丞本系实缺外，其裴令敏中、朱典史同保并准按班序资，照常补署之处，出自恩施。

黄道在旅众论禀 光绪八年十一月二十四日

窃职道保龄居旅数旬，参稽众论，考查前事，黄道病在偏执，不能虚己求贤，所用各员弁又罔识大体，一味务求刻薄，以与夫匠为难，细民至今衔恨，此诚不能为之讳。然原其初心，实非敢自外裁成，亦并无簠簋不饬。至该道与洋员汉纳根牴牾，其意尚属为公，盖洋人性情虚㤭之气太盛，尤不解爱惜帑项，自非恣所欲为，鲜不凶终隙末。一则以掊克敛怨，一则以挥霍要誉，虽俗情之爱憎不同，而平心衡断，厥咎惟均，日久自难逃公论。该道人尚爽直，投闲亦殊可惜，极知进退用舍。钧裁自有权衡，非属吏所敢妄赞一词。惟职道在旅闻见所及，不敢不据实密陈，敬备采择。

旧坝做埽并续调人员禀 光绪八年十二月十七日

窃职道自抵旅顺，瞬将三月，因坝工时虞溃决，莫可上慰荩廑，是以久未肃禀。前月，由文报局奉到十月十一日钧谕，仰蒙宫保宪台俯策驽下，奖勉谆挚。敬诵之余，莫名愧悚。冬寒特甚，宪体珍卫攸加，想可早占勿药，仰副宸衷。时局艰危，九重眷笃。东山松菊，似非其时。职道行能无状，辱在陶甄，惟恐颠覆，以负宪台知人之明。受事以来，夙夜兢惕。坝工大患是下面一片沮洳，胶泥深处逾五丈，合龙处又非步步进占，系秸土乱叠，勉强凑泊而成。十月十九日以后，日见坐蛰，极力添土加秸，随加随蛰，昼夜抢护。十一月初五、初六等日，大潮涌激，坝顶过水，其时目睹情形，指顾即形决裂。职道生平不解诿卸，况蒙委任，知遇非常，尤不敢以此坝修自前人,视同膜外。所幸随带来工之王县丞仁宝,廉明朴实,力任艰苦。职道晨夕在工督促各委员于严寒风雪之中合力修筑,分班驻守。仲冬望后,渐保无虞。初意拟舍去旧坝,退后二十丈在胶泥最浅地方另修石坝,当即一面收买黄石,召匠估工,一面据实禀明钦宪,现已奉批准修。惟当仲冬最吃紧时,再四计算,石坝须费五千余金,用帑太巨,若在旧坝外先行做埽,费不逾两千金。是以决计用河工成法,添调永定河弁兵夫役熟谙埽务者,分段钉桩下埽,于十一月杪赶成二十三段,约长八十余丈,将合龙处所全行遮护,本月朔望两次大潮竟未能撼动。其埽工未满之两头略加碎石陂陀为之外护,两旬以来,坝仍不免蛰,而埽皆未动。坝上加秸加土,现计潮枯时,出水约一丈三尺强,但得此后坝无甚蛰,即不至走,埽出水已高,亦无虑其漫顶。若春融冻解,竟不变迁,拟即缓修石坝,借以少节经费。其已收黄石可备他项工程之用,亦不至虚耗款项。惟必须俟春深土融乃能定局,以此时含冻,究竟何段坝工良楛,无从得其底蕴也。挖澳土方因送土太远,舌敝唇焦,方价万难着手。本地民夫向不习土功,"驱市人而战之",缓急恐误大事,必须仍雇内地各夫,通计土方牵算约在八钱以上,已估拟上陈,尚未奉钦宪批示。毅军四营分扎近口左右数里,其原留营口各队,明正陆续开拔至旅,军库各工尚未估定。老驴嘴炮台拟极力节省为之,但尚未得其人,汉纳根之挥金如土与黄道之予智自雄,虽用心不同,而其偾事则一。职道于一切工作,纤芥未曾阅历,惟时存一不敢自用自利之心,而坚守至迂至拙之素,每念府库度支所积皆自生民膏血而来,计此三月间,以次汰遣兵夫匠役之冗食者近四百人,月可节帑千余金,苟利公家,怨谤奚恤。黄道交代银钱无亏,物料亦大致相符。职局所用各员以现充坝澳提调之江苏人王县丞仁宝;现充库工提调之河南人牛倅昶昞;现管银钱处之江苏人袁倅以蕙最为得力。现又禀明钦宪拟调数员,尚未奉批。此邦寒苦荒寂,不敌内地一大村落,自非艰苦卓绝,志存建树者,多望望然去之。又,气候与内地迥殊,身体稍弱,易生疾病,是以人才既少,久住尤为难得,容俟续调各员到齐后,谨当缕晰开单,恭呈宪台核定。

培坝雇夫挖浅各情形禀 光绪八年十二月二十四日

窃职道于十一月初八、二十四等日两次发禀,均专船送烟台,由陆递驰呈。十二月初五日,禀陈邵连元欠户发款完竣事,专差由山海关一路赴津投呈。十二月十二日,湄云船由烟回旅,奉到十一月二十一日钧批二件,另奉宪札三件,敬谨祗遵。伏查旅顺坝工情形,当十月下旬岌岌欲溃之时,不得不作舍此他图,另修石坝之策本属万不得已,终以经费太巨,庀料虽有端倪,未敢遽尔兴筑。迨新埽做过二十段后,时逾仲冬既望,屡经大潮震撼,埽未少动,始觉埽渐可恃,石坝更可缓修,至通坝土工坚瘫,必须春融乃定,石坝之或修或否,亦待彼时方能作准,前禀已缕陈在案。本月潮信以十六夜为最大,比十一月初五、六日尤甚,潮头与南坝平,幸埽工二十三段早已屹立如山,潮枯时,去水面一丈三尺余,即遇此大潮,亦尚差数尺。是夜,各人夫守视通宵,坝埽均未告险。十七早,赶将南坝上用澳泥添作短埝,半日抢成。此后潮亦渐小,数日极形稳妥。惟北坝仍时有坐蛰,随时加土添秸,幸无大碍。计原拟埽工二十五段,因坝上用秸已多,且察看南北两尽头处,尚可缓做。职道与王提调仁宝详细商酌,除已成之二十三段外,拟留现存坝头之秸万余斤,尚有订定未到之秸三万斤,又购存山土百余方,分堆坝顶,专备惊蛰前后,土性渐融,坝埽缓急之用。所差埽工两段须作与否,亦俟二月底再定。其埽工尽头空处,除将北码头展长砌成以利行人兼可挑溜外,又另抛碎石陂陀以护坝根及埽而止,所费均尚无多。前调永定河做埽夫二十余名,虽颇得力,而埽段既成,人多终觉糜费,已于月初裁撤一半,选留十一名专司守埽修埽之役,俟明年三、四月后,应撤与否,再行禀定。其外委唐佩、目兵牛顺等,择其最得力者选留六名,均随王提调仁宝督夫挖澳,颇为勤奋,拟恳宪恩,准留澳工差遣,以资熟手。澳内长沟东头深至二丈二三尺,西头亦过二丈以外,间有砂砾泉眼,绝无天生石壁,大段流沙,土色亦渐转黄,盖澳内皆海潮上拥,多年淤垫,是以挖出之泥腥秽难近,类京师二、三月淘沟泥色,至土作黄色,则客土尽而山麓之本土见,土性已可知大概矣。本地土夫万不可恃,前禀方价情形,仰蒙宪台指示周详,允令体察妥办,莫名敬感。惟两月来,随时体察,大抵冬月本是农隙,其志皆在敷衍目前,借免家食。二月后,悉趋东作,即重价亦未可久羁。此一难也。力作乡农不解土方算法,其充夫头者又百计朘削之,伎俩皆类邵连元,理谕势禁,舌敝唇焦。刻下职局自提调下及弁役皆能懔遵法度,清绝点尘,而夫头之于土夫则竟防不胜防,势不至俱困不已。此二难也。凡能带夫二百名以上者,必先支钱,支钱必先取保,此到处土工皆然,而统计此邦百里之内无巨绅,无富贾,其所取保皆非的实可恃,帑项终虞拖欠。此三难也。仔细筹思,惟有仍恃内地雇夫之一法,现已分遣夫头赴津订定,函饬朱典史同保经理其事,并加函津海关周道代为切实照料,均尚未得覆信。拟正月二十内外,留王提调仁宝在工督催兴作,职道保龄自行搭轮驶至津沽,敬聆钧训。就近督令朱同保带第一起内地夫迅速航海而东,以后陆续东发。二月底,人夫毕集。三月初,大兴工作。庶无坐荒岁月之虞,以冀早作早成,上纾荩廑。澳内地出之泉,雨雪之水,均属人事所必有,现已先行堆筑澳东大坝,逼马家屯陂水归新引河,正初即分挑划水沟及南北长埝,以防黄金、白玉两山下注之水。所亟盼者,吸水大机器早到,方能消泄澳内之水,必须二月间到,庶遇雨雪时不误要工。倘外洋新定者,迟至夏月方来,可否仰恳宪台饬下制造局王道德均与职道含芳在津速筹,如能由沪先买小者一架,总期二月运来,或不至临时束手,实与全澳工程大有裨益。至海口挖浅情形,本月照常开挖,因海顺船机器须修,现于二十三日停工,各挖泥船亦趁此整拭机器,定于正月初八日开工。统计两月于今,挖沙石及挖泥约做工一千二百余方。先是汉纳根以为冬令直无挖理,遂至洋匠勒威首主此说,百计宕延,各船夫匠群怀观望。职道每以此勖陶千总良材,谓当努力争强,勿为外人轻量,竟能日起有功,其勤可录,其志尤可嘉。除海顺轮船俟明春将回津时另赏,又,洋匠及挖泥接泥各船人夫匠役拟共赏钱百余千以示鼓励外,查管带官陶千总良材月支薪水银二十四两,该船司事吴树勋月支薪水银八两,拟自本年十二月分起,仰恳宪恩将陶良材薪水每月赏加银六两,吴树勋薪水每月赏加银四两,俾昭激劝,而资办公。可否之处,伏候钧裁批示施行。其该千总仰蒙允发钤记,现因此地无从置办,拟明春刻成,随时遵发。又据该千总送到各船人夫花名册,敬为转呈宪鉴。大沽船坞遣匠新造接泥船已成一只,现编为第五号。因前造各船系灌松香,动多渗漏,饬改油舱,拟令干透,于正初推试下水,再行招募水手。惟现用煤斤渐将大块用尽,炸末万不适用。前月已派人往看松木岛各煤,每吨价约五两有零,尚未甚定,拟俟丁提督回旅公同计议,必须添购好煤,搭半搀兑,庶期化无用为有用,容再随时禀陈。职道保龄濒行时面奉宪谕,饬速构屋,俾资栖止。现于丁提督寓所西偏修屋十三间,职道率同各委员于十一月三十日移入。虽人多屋少,一时不敷分住,而以视居住艇船已觉判若霄壤。又,此地苦无钱铺,金州市价百般居奇勒价。职道等初至旅时,宋军门亦深以此事为不便,爰公商津海关周道,由招商局黄牧建筦招得粤人谭姓愿来开设钱铺,另为起造屋宇十余间,拟分年计租,归还官本,容俟明正该商到旅议定,再行详禀。职局十月、十一月银钱出入数目,谨分缮两单,附呈宪鉴。此单系照底帐全录,敬守事上不欺之义,惟其中或不尽公款所用,尚应厘剔;或非例准开销,必须核减;或系暂借即还,于存帑无甚干涉,将来工竣,请销之册势不能与此单一一符合,盖今日按月呈单,贵在著实,他日由支应局核销,贵在合例,其义固各有当也。黄金山炮台驻守弁勇仰蒙宪恩赏给冬煤,拟于二月内停支,以后每岁冬、春酌量发给,至多以四个月为限。该弁勇等现已停操,定于正月初四日开操。哨官袁雨春送到十□月分日记,除已遵咨宋军门外,谨为转呈钧鉴。再,日本人町田实一刻下尚未游历到旅,合并声明。

旅工计款集事禀　光绪八年十二月二十七日

窃职道于本月二十四日肃呈一禀,未及申发。二十五日,丁提督回旅,由烟台转运局奉到十一月二十九日宪台批开,所拟加培原坝,另筑石坝,挖海澳、船坞,挑筑三面拦水坝埝,开挖引水河各项工程土方工价共估需银三十四万八千余两之多。仰候札饬津海关周道与刘道妥商,切实覆估,并会商支应局有无巨款可筹。倘船坞土性不宜,工程浩大,经费为难,仅能专备多泊兵船之处,如何节缩收小,变通办法,通盘筹议具覆,再行饬遵等因。奉此,仰见钧虑周详,握图终慎始之全规,宏量入为出之远虑,曷胜敬佩。职道保龄居旅三月,相度地形,咨询物价,早作夜思,熟筹默计,撮其大略,厥有两端而通维全局,总以财力之盈虚为断。敢即所见,敬详陈之。一曰用重资以竟全功。大抵坝、澳、坞底各项土工约三十余万,船坞约须二十余万,三处石炮台约需二三十万,军库、公所、军械、水雷及挖泥大船、吸水机器之属约二十余万,加以经营大连湾、南关岭各要隘之与旅顺相表里者,又须数万,统计至少当以百数十万为率。此一说也。一曰分次第以急先务。目前最急莫先于浚澳,以铁舰尺寸约略计之,若于旧说而节缩变通,改为九十丈宽,九十丈长之澳身,亦未始不可容两铁舰之回旋,则节省在十万以外。昨日,琅威理来局,职道执此九十丈见方之说与之反覆译问,该洋将不甚谓然,而亦谓两铁船转湾尚容得下,允为回船详思再报。职道现与丁提督及王县丞仁宝连日思维,拟改为宽九十丈,长一百二十丈之澳身,除两船回旋占去地步外,总可余出三四十丈为别项船只排连停泊之用,若就此办法而约计之,当可节省七万两。又,船坞工费不资,得人尤难,稍一不慎,辄将巨帑尽掷东流,补救滋费,追悔莫及,职道每以此事为惴惴。闻广东黄(浦)〔埔〕石坞极坚极大,铁船尽可修理。若将船坞暂从缓修,则坞底土工此刻亦无须先挖。计职道前呈估单约三十四万八千有奇,若改小澳身,减去七万;停挖坞底,减去一万二千有奇,约止须二十六万六千余两即可敷用。此外则三处炮台,或再熟审形势,减去一处,其两处改石为土,约似大沽式样,每座七万两当可竣事,两台约十四万两。军库、军械、水雷及挖泥大船、吸水机器之属二十余万两,则无可再节。其大连湾、南关岭各处不能不多资勇力,少用民夫。约统计全局,其费以六十余万计之,于海防应举各事,亦已灿然备列,并非但顾目前,不过分开缓急,俟度支略有余力,处处求为可继。此又一说也。由前之说,用款浩繁,工程重大,告成必须六七年;由后之说,论者皆谓,期以三四年可成。职道则以为尽此财力,能于三年内了之,最为得计,盖此局介处海滨,地方既苦,经费节核,员弁兵夫薪粮又不能不略从宽大,多设一年,则所耗在万金以外,此在庸俗吏顾恋差使则甚得,而非公家之利。巧迟不如拙速,其消息在无形之中,亦不能不豫为筹度也。查此事就公牍体例而论,职道系承办之员,初估之人,应静候议定遵办,不宜再有论列,顾念事关大局,非一人一事之私,且仰蒙宪台知遇,迥越寻常,若缄默坐观,引文法为藏身之固,则是古人所谓众人事之,而非"国士报之"之义,尤非职道之所敢出。是用不揣冒昧,陈其一得,土壤细流,敬备采择。是否有当,伏候钧裁训示施行。

请饬招商局派轮运夫禀　光绪九年二月初九日

窃旅顺澳工重大,本地人夫难用,必须在内地招募情形,前经职道等迭次禀蒙宪鉴在案。职道保龄旋津后,知所招内地民夫先由职道含芳会同津海关道周道督饬朱典史同保自八年十一月起,募集一千六百余人,日内即可陆续到津。惟由津赴旅,若由民船渡夫,所费亦甚不资,而在途风色不顺,往往淹滞经旬,耗费滋多,公私交病,去秋运去之夫已有前鉴。现经职道等与津海关周道公同商酌,刻值开河伊始,招商局轮船南北畅行之,会运粮之船甚多,回轮必有轻载,若由该局酌派大轮船两只分起顺便渡夫赴旅,绕驶无多,似最便捷。其每名应付船价拟照寻常搭客酌减,或每名给银一两以为贴补之费,或认给两日煤火及全船薪工。仰恳宪恩,训示批定,并饬下招商局施行,并恳饬下海防支应局准照黄道瑞兰前次招夫由公款付给船价成案,其所用银两先由职局垫发,俟事竣后,开明实用数目,移向支应局领回归垫。是否可行,伏候钧裁批示祗遵。

试炮挖海禀 光绪九年二月十三日

窃旅顺黄金山炮台经随员汉纳根将二十四生脱、十二生脱各炮运送上山,尚未安设齐楚,亟应及早安置,试演操习,以免存久锈损。查各国章程,凡新修一台,必将炮位安齐后,由原修之员逐一试放,以辨台之坚窳。职道等公同商酌,拟恳宪台檄饬随员汉纳根前赴旅顺,将黄金山炮台上大炮二尊、边炮五尊一律置齐后,即由该随员督同官兵试放,大炮、边炮每炮各演放五度,考核子及何处,以重巨工而全要务,并由职道等会同宋军门眼同试验,据实具报。其安炮须用款项、料物拟由该随员开单在职局拨用,俟用过后,由职道等禀明数目,向支应局领回归垫。至于布置库存,规法全台章程,亦俟试炮之后,由该随员逐一开单口译,由职道等禀请宪台核定立案,俾弁兵有所遵循。又,挖海口门工程关系极重,据该随员去冬估计,有加做夜工,倍用夫匠,三个月即可一律深通,无论何项铁舰皆可进口之说,曾经职道等禀呈宪鉴在案。近数月来,陶千总良材督同洋匠勒威及各工匠等尽力开挖,稍有成效,若再依该随员所请从事,当可收群才共济之功。可否并恳宪台饬派该随员汉纳根依照前议专司督挖,此三个月内,凡挖泥船、接泥船夫匠薪粮及募补开革统归该随员一手经理,以一事权而期实效,其挖口门做法及昼夜趱功如何赶做之处,均由该随员主持办理。陶千总良材此三个月内帮同照料,俟其三个月挖竣后,如该随员另办他事,届时仍交陶千总接管再挖西澳。所有挖海口之工应于开工之日,由职道等照例申报,俟三个月期满,能否深通,由职道等会同宋军门、丁提督暨该随员带同在旅师船管驾俟潮涸后,妥细测量,认真查勘,会同禀报。该随员勇于任事,其志可嘉。是否可行?伏候钧裁批示饬遵。再,现驻黄金山炮台教练之哨官袁雨春及该哨什长、炮目、亲兵等请加薪粮,前蒙宪批,饬即秉公拟定。职道等拟请将哨官袁雨春于原领薪水八两一钱外,酌加三两九钱,改为每月十二两;帮操什长一名,原领月粮四两八钱,拟酌加一两;司库炮目二名,每名原领月粮四两三钱,拟每名酌加八钱;喊口令亲兵十名,每名原领月粮四两二钱,拟每名酌加六钱。可否之处,伏候钧示核定施行。倘蒙恩允,拟俟奉宪批后,由职局移知该营官自向银钱所具领,俟差竣回津之日一律住支,以昭核实。

开挖东澳拟办情形说略 光绪九年三月十四日

谨将旅顺口开挖东澳拟办情形,敬陈梗概,恭呈宪鉴。伏查旅顺有东西二澳,自新修大坝以东南尽黄金山麓,北接天后宫前,东逾老水师营废船坞者,曰东澳;自白玉山前迤西绕折而南,直抵鸡冠山北者,曰西澳。西澳较宽广,工作较东澳尤繁巨,是以论者多注意东澳。其土工以南北宽九十丈,东西长一百八十丈,深二丈五尺为准,以宽处计之,每丈废土将及二千方,逼近山麓,无处堆积。有送土至四百余丈外者,勉强估计,工费奇重,集事大难。嗣于八年十二月,奉前北洋大臣阁爵督部堂李饬津关周道等改估,并会同美国水师官定议,移建船坞处于水师营旧官厅之东两山之凹,视老水师营废船坞西移数十丈,缩澳工而短之,纵横各九十丈为方池,以供铁舰回旋停泊之地,其北则坞可以修船,其西则为船出入之路,宽五十丈,长九十丈。共计改估澳工须银二十五万四千余两,视原估省土八万三千余方,省费不及七万两,集事则当较原估少易,方价或可因之而节省。东澳之东接诸村屯处,地形污下,山泉汇积,遇雨雪尤甚,设群流西注,则澳工束手,即目前无事,而日后尤虞淤垫,爰议开引河以泄之。其地名南对面沟,土冈戴石,不啻凿山通道,施工最难,土夫趑趄不前,用石匠锥凿则工大费重。不得已专请毅军任之,又为制锄镢之极利者,勇士挥斤,石片乃下,矻矻数月,工始及半。此河成则众水东南注海,无虞泛溢为船池患,又于其内叠坝,南北尽山麓以障之,西面水可无复虑。南北亦叠埝,埝外为划水沟,东极于大坝,开闸以泄之。夏日猛雨,冬令积雪,南北山下注之水,或可抵御。计此等土工由覆估改定,须银六千二百两有奇,其中惟引河一工尚未敢悬定,或相去当不甚远也。至修建船坞,开坝通船及另镶埽工,均未列入此数。其疏浚海口,建造军库,添筑炮台,又皆各为一事,兹未之及。谨略。

鱼雷桥埠工程各节禀 光绪九年四月初二日

窃职道自二月下旬叩送宪旌,倏已逾月,仰溯钧晖,莫名依结。职道在海晏舟次奉宪台面谕鱼雷桥埠工程各节,是日回津即传告津海关周道、军械所刘道等详细商酌,旋值鱼雷教习官哈孙克赖乏至津,晤商数次。该教习与刘道三月初起行,遍历旅顺、威海各处,测量水势,于三月二十七日回津,谓仍以威海为合用,所需材木拟将旅顺做成库房各料用海船运往,先其所急。查鱼雷事体重要,教习限期急迫,职道等每一念及,均深焦灼。威、旅隔海相望,一切鸠工庀材,悉当移缓就急,通融匀济,并拟令牛倅昶昞往来威、旅两处,随同兴作,决不敢少分畛域。其桥埠未成,以先经刘道与哈教习商定暂用艇船替代,尤可不误操习,现亦由旅顺前存各艇分别修整派拨。计四月望后,刘道再赴威海,当可逐渐施功矣。旅顺澳工迭据王县丞仁宝等来禀及刘道回津详述各情形,计内地新旧民夫合之旅顺就近招集各夫数逾五千人,每日可出土一千方,颇见起色,倘本地人夫不至尽趋穑事,天气不逢阴雨,尽力赶办,冬杪或可望告成。刘道面称,掘澳深处至二丈五尺,一律黄沙土,尚无石块。东、南、北三面拦水坝埝均可御水,惟旧坝北头又形闪裂。经刘道面嘱王县丞添砌石块外坡数段,而伏秋盛涨,能否无虞,尚未可必。南对面沟引河,毅军趋功颇猛,而土工非其素习,不甚如法。统俟职道还工后,另酌办法。及试挖船坞基底,石性是何情形,再行随时禀报。目前工作大兴,需款繁巨,王县丞来禀,屡以为言。职道于三月十四日,在支应局领过一万五千两,日内再请领五万五千两,仍符前禀第一次领款七万两之数。李令竟成到工后专管银钱,刘道回津询悉,其综核不苟,颇为得力。至挖泥工程稽之陶千总良材旬报,与年内大致无殊。汉纳根随同哈教习等赴威一行,计此时到旅不过数日,该随员谓海顺船不济大用,必须俟利达式新轮到旅,方可如前说起限。职道迭次函促罗都司丰禄,据称月半可成,所有该船管驾人等均由大沽船坞招定。惟据陶千总良材禀称,存煤整块太少,势难迁就,必须随时添购佳煤搭配,方可不至误工。毅军在营口者,以今年北地太寒,二月间,辽河几至再冻,薪米未齐,尚未开拔,计交夏后,可次第至旅。职道本拟三月中旬东发,因待刘道、哈教习回津,鱼雷事有定向,多停旬日,今乃启行。拟俟季夏工作略有眉目,彼时宪节旋津,再当遄归面禀一切。

卷　二

接管船艇并分拨兵弁各情形禀　光绪九年四月初三日

窃旅顺原收黄道瑞兰所交，及丁提督迭次由大沽船坞调来登荣水师广艇先后共计八号。去冬，水师统领丁提督为操练水勇，拣去大者两号，并已随时修整，下剩六号失修已久。现在鱼雷教习指调丁提督所领之两大船以替雷厂之用，又拨旅存之第八号为替雷桥之用，则丁提督操练水勇之船无著，自应由旅顺将所存五号之中拣提两只稍大者送至烟台抵还，应由丁提督舱修充用。所须之款再行会报。此外，旅顺尚存三号，拟并第八号均泛来天津，由职道含芳会同制造局王道、亲兵水师郑镇一并修舱加油，配齐篷索锚缆，再将三号内分拨一只交大沽协罗副将，自配兵丁，于登州、庙岛一带运装沙石，为两岸营中修道之用，其石之大者一尺以上之块可提存堆于营外要地，备作地雷。拟请月给小修灯油费十二两。每月出海次数，所运沙石若干方，填修营中之路若干丈，存块石若干方，均由罗副将按季汇报。此外两号归旅顺工程局应用，兼备毅军借装物件。如蒙俯允，职道保龄回旅后，即将拟修艇船四号陆续配兵驶回天津，所需之费应俟船到后，再由职道含芳会同郑镇、王道核实勘估，禀请饬行海防支应局给领，购料兴修。再，旅顺去冬接管登荣水师弁兵，除丁提督挑归屯船练习外，实存各船正兵七十名。此次各船修竣分拨之时,除大沽所拨一船不计外,其哈教习所用三只,拟先将此项弁兵抽派五十名,驾驶三船赴威海卫,俟到口后,再由职道含芳酌留三十名,以二十名归还旅顺。如或旅顺别有商拨借用,威海有所需用,日后再行覆拨。总之,两口公事皆属北洋,职道等荷蒙委任,凡属公事自当和衷相度,妥商办理,并无丝毫畛域之分。惟旅顺本无护局之勇,此后大工既兴,五方杂处,弹压防范,在在均关吃紧,拟由职道保龄体察情形,随时商同宋军门,妥酌章程,再行禀报。所有旅顺接管艇船应须修理并分拨艇船、弁兵各情形,是否有当,理合肃禀,虔请训示批饬祗遵。

请饬拨轮船以便工程禀 光绪九年四月初三日

窃职道等去冬禀请前署北洋大臣李咨商福建船政衙门,派海镜轮船装载台湾所存铁路北来,以备旅顺工程之用,并由水师统领丁提督禀请,以该船留于北洋差遣。旋奉前署北洋大臣李札开,准船政衙门覆称,开河以后,即令该船载路北来。查此项铁路件数繁多,旅顺库屋未成,堆储无所,恐致损坏。职道等详细商酌,似以先运津沽为便。现值北洋需船差遣之际,拟请宪台咨催该船速来,先抵津沽卸载后,再行赴旅。去冬,职道保龄在旅顺工次与丁提督面商,旅顺僻处海隅,绝无轮船往来,消息隔阂,购买物料、日用之需诸多不便。从前水师六镇兵轮船皆泊于此,尚可随时借用。日后有教习专操该船,须归大队操演,不能再行抽派。丁提督之意拟派泰安轮船每月两次来往于津、烟、旅顺之间,以通有无,而速文报。本年春间,丁提督又因驻扎朝鲜统领庆军吴军门须用轮船,故将泰安配以登瀛洲归该军差遣,旅顺仍无船只,往来诸多不便。现在威海卫工程将作,又有外洋教习，每月必须有船往来，兵船既不能抽派，海镜北来之后，可否仰恳宪台行知水师统领，即以该船每月两次往来于烟台、威、旅之间，倘该船或有别项用处，应请水师统领筹画一船专任此事，于工程各事皆便，计三处相距海程非远，每月两次所需煤价无多，而暗中所省实不止煤价之数也。职道等因工程防务实事求是起见，是否有当，伏乞钧裁训示饬遵。

请加工程提调薪水禀 光绪九年四月初四日

窃职局委员候选通判牛昶昞向在行营制造局月支薪水银三十六两。于光绪八年十月，经职道等调赴工次，禀蒙前北洋大臣李批，准派为旅顺口库屋工程提调，仍照章月给薪水银三十六两，俟工程大举再行禀请酌加等因。奉此，该倅操守廉正，心地笃谨。在工数月，设厂购料诸事颇能综核，并与澳工提调王县丞仁宝遇事和衷，深资得力。现值威海卫建造库厂、雷桥、岸埠各工，须人分任，旅顺房屋、库所各工亦须次第兴作。职道等公同计议，该倅实为旅顺工程必不可少之员，而鱼雷期限急迫，各工营造方亟，自应通筹大局，未敢过分畛域。拟令该倅随时往来威、旅之间，妥慎兼顾，必期两无旷误。查澳工提调王县丞仁宝曾蒙前北洋大臣李批定月给薪水银五十两。牛倅昶昞身任两地要工，往来航海，昕夕勤劳，与王县丞仁宝情事无殊。可否仰恳宪台逾格恩施，准将该倅薪水每月改为五十两，以资鼓励，倘蒙钧允，拟自四月分起支。可否之处，伏候批示祇遵。再，有职道等禀调之候选州同白曾烜、直隶试用从九品张葆纶，蒙前北洋大臣李批准每员每月支薪水银十五两，仍俟到差之日分别报明起支。查该二员均于二月到差，薪水即自二月分遵照起支，合并声明。

购定德国挖河船请饬汇寄船价详

光绪九年四月初四日

为详请事。窃照职道等于上年十月间,奉前署北洋大臣李面谕,函请出使德国大臣李定购自驶挖河船挖浚旅顺海口。又于十二月二十五日致李大臣电云,十月底去信托办挖河船,其价若干?能否速成?望电。本年正月十七日准李大臣来电云,挖泥船深四十尺,厂价五十四万马克,候电定。冬前可发。是日,又去电云,挖深至三十尺,价较廉否?秋前须成。望再商电知。于正月二十四日接来电云,挖海船三十尺者不能用,现定稍廉之价五十三万五千马克,加到华之费六万马克,可于冬季前动身。德国挖海船之力量可加英国者半倍而价稍贱。望电覆。又于二月初七日接来电云,正月二十三日英文电覆,挖船之事再迟,今冬不能竣。请速示。职道保龄自旅顺回津面陈情形,必须购定。复于二月初九日奉前署北洋大臣李面谕,去电云,挖河船照购来华。是驶是载?望电。运费须省。又于十三日接来电云,挖船驶抵旅顺,至多六万马克等因,各在案。现接准李大臣于二月十四日自柏林寄来第一百二十五号函开,挖河船已遵初九日傅相电示订定。月内可以开齐合同,付定银六分之一。拟于舰款下挪付,请陆续票汇以济本款为盼等因。准此,查前项挖河船厂价五十三万五千马克,又驶运等费六万马克,当此外洋待付之时,拟请宪台行知海防支应局照数陆续买镑汇寄德国柏林,交李大臣收付赶办,俾冀冬季以前交船,开驶来华。是否有当?理合具文详请宪台鉴核批饬祗遵。为此备由具详,伏乞照详施行,须至详者。

陈报坝澳各工情形并请展缓库工禀

光绪九年四月二十日

窃职道保龄初四日叩辞后，以内河水浅，初六日始至大沽，是日奉到宪札二件。十二日，由烟台文报局又奉钧批三件，并以职道等禀拟威、旅各事，仰荷垂褒，敬读祇遵，倍滋感悚。职道于初七晨乘镇海开出大洋。初八平明抵旅顺口，接晤宋军门，职道即时传述宪台关念，特派镇海送赴营口等因。宋军门极为感激，即夕登舟遄发。毅军新移旅顺两营已于十八日到齐，现扎马家屯迤东迤南，正在修屋筑垒，与工次夫匠人等均属相安。坝埽情形，询据提调及在工员弁，均称两月来加土加秸，坝顶又堆叠层埝。本月初，大潮未致漫顶，然视职道正月离工时丈尺并不见过高，则以胶泥外走，坝身下蛰之故。幸坝埽之外堆积碎石作坡，虽无灰灌土压，竟能屹立不动，自坝外遥视，但见石块层累，埽工几掩其半。目前，专恃此石坡甚觉得力，埽工未至再蛰。月望大潮后，又逢十七八等日连阴，昼夜巡护，未曾出险，此后或稍有把握。澳内做工，今年新招内地夫千五百余人最为得力，合之去年八月所招内地夫及本地人夫约共五千有奇，惟本地人夫际此农忙，去来无定。约计全澳工程已有十分之三，见底后，间有小石块，尚不妨事，所愿天气晴多雨少，不至耽阁，或可渐次有效。前在津买之小吸水机器及水车、铁管等，均嫌去水太迟。汉纳根经手另买之大吸水机器，据称，五月初可至津，届时如能早运至旅，俾免积水误工之患，尤于全工大有裨益。船坞基址未必即是全石，当能石多于土。现与汉纳根商议，饬匠赶造铁扦，数日即成，拟将该处逐一扦过，约略石之浅深广狭，似较穿井试看节省甚多。南对面沟引河，毅军未谙工作，用力多而不甚得法,现已商该军队伍专精操练,仍由职局自行雇夫接办,惟向来接办之工,夫头倍觉居奇,容俟稍有端倪及该军收工后计工发赏,数目由职道函商宋军门拟议后,再行逐细禀陈,敬候宪台核定。东大埝堆叠甚高,毅军出力颇多,即引河未成以前,马家屯陂水亦不至西流灌澳,南北小埝均已叠成,山水涨发,可资抵御。此坝澳各工之近日情形也。库屋各工亟应兴办,职道保龄通计全局,此时鱼雷各工吃紧之际,自职道含芳及牛倅昶昞下逮司事工匠,(极)〔及〕之木料砖瓦,若合力并济,尚易程功,倘两地同兴,必形竭蹶,拟除已修未成零星工作及另禀请修之汉纳根现用厂房工程外,所有库屋大工概行展缓数月,待威海工程略有眉目,再行并力营建。其应购木石仍尽此数月内置办,以期届时应手。刻下工次柴薪最缺,砖窑待用尤殷,已由职道饬派刘守备忠选带同窑户赴东沟一路购办,并具牍加函请奉天东边陈道照军需定章免税。如此项木柴早到,砖瓦亦可无缺乏。前经出使德国李大臣经购之塞门德土五千余桶于四月初八日到旅,因来文有与该船订定起卸限期之说,十日以来,将在口艇船尽数起驳,由码头觅车雇夫运至马家屯库屋,繁费甚多,偏值数日阴雨,能否不至逾限,尚未敢定,容俟事竣,再行核计各项驳力费用及该夹板船遵照来文借用款项,专禀上陈。至此项库屋工程可否展缓数月之处,伏候钧裁批示施行。

遵饬筹办安炮挖海禀 光绪九年四月二十一日

窃职道等于本年二月间,奉前署北洋大臣李批开,黄金山炮台炮位亟应及早安设,应饬随员汉纳根前往旅顺核实妥办,所需用款、料物由工程局查明,暂为垫发,随后由支应局照数拨还。至挖海口门工程,去冬,汉纳根有加作夜工,倍用夫匠,三个月可以一律深通，无论何项铁甲皆可进口之说。现在挖海紧要，并如所请，准照汉纳根前议，即派该随员专司督挖，主持一切，并令陶良材帮同照料等因。奉此，查该随员于三月初九日随同职道含芳及哈教习等自津启行至威、旅、烟台各处。四月初二日，由烟回旅，即至炮台内居住，并接管挖海口各船事宜。职道保龄旋旅工后，昕夕接见，谆切劝勉，以安炮、挖海两事均关系极重，用人必须精选，用款务期节省。旬日以来，凡义所不可，必与之断断固争，该随员颇能听受，似较从前虚浮气习渐为敛戢，果能长此不变，则其任事之勇，趋事之勤，固亦大可造就。挖海一事现照向章办理，与陶千总良材前做工程无甚悬殊。海顺马力既小，机器亦旧，本属无济大用，该随员坚请俟利顺新船到旅，方能照前说起限，并据送到拟添工役及挖泥船应添司事工役一单，职道详加审度，其中如舢板、水手向系每名三两，自应改归划一，该随员亦颇乐从，此外尚无甚浮冒，且约计均不过两三月安炮事竣，挖海期满，彼时即可一律裁撤，谨将来单照录转呈。可否准其添用之处，伏候宪台批示祗遵。倘蒙钧允，其单内各工役有现已到工者，有尚未到工者，拟由职道查明到工先后，核实报明起支，以免虚耗。该随员狃于西国成法，所用司事工匠向不扣建，职道告以全工员弁兵夫领薪粮者数百人，从无不扣建之说，万不能不归一律，该随员现亦勉从。旋又恳切缄商，谓所用文案、管事等不过数人，均极得力，乞免扣建。职道查所称文案、管事等不过数人，均极得力，乞免扣建。职道查所称文案、管事等系属接支，与目前新招另起者微有差别。可否仰恳宪恩，准如所请，以资鼓励，伏候训示施行。又据该随员屡次面称，每日遍赴各船查看，必须造舢板一只以资乘坐，计所费约一百数十金。尚系实在情形，现已将镇海轮船之舢板一只暂行借用，拟恳饬下大沽船坞照式成造舢板一只，抵还镇海，俾资应用。挖泥机器时有损坏，木、铁各工兴作及堆储各船用物均无房屋。该随员拟在虎尾沙地方起造厂屋四间，约估工料当不过用银五百余两，亦系必不可少之工。可否仰恳宪恩，准与兴造。其所需工料仍由职道督同牛倅昶昞核实，造报请销。至各船机器均恃煤力运动，黄道瑞兰购存碎煤必须搀兑极好煤块方可不误要工，陶千总良材前屡言及，职道亦据情禀明前署北洋大臣李在案。汉纳根接管以来，言之尤力。职道于去年冬，饬陶千总派人往看圆台子窑商孙应达块煤，订明每吨价银湘平五两。二月运到，由牛倅等验收，谓其搀和炸末颇多，未便照前价付给。职道回工后，现传该商挑换块煤，抑或再行减价，尚未甚定，容再禀陈。其炮台修理马道、子药库各工及一切安炮费用，该随员均尚知撙节。现由职局先行借垫湘平银三百两，以后陆续垫发，事竣再当遵报。惟炮台培土工程据汉纳根面称，试炮后一经震动，必将坍卸，不如及早改修。昨又据袁哨官雨春禀，连日大雨，有已经坍卸者。职道详细筹思，此时若无端改作，既无以服黄道之心，且悬揣之辞亦难确信，似不如暂缓改修，俟试炮后，再过暑雨，看是如何情形，深秋后，再行勘办。其有偶坍三数丈，费不甚多者，能否即修，随时酌定。是否可行，统候宪台谕示祗遵。再，毅军之在黄金山炮台者，已悉移山下，现据袁哨官雨春遵照向章造具正、二、三三个月分日记二件，附呈宪鉴。

陈报收到塞门德土禀　光绪九年五月初二日

窃职道于本年四月初八日，据随员汉纳根交到出使德国李大臣照会一件，内开，准前北洋大臣李电示采购塞门德土五千余桶，现雇船主盖富克所管之英噶帆船运至旅顺交卸。议明船到时，由局自备驳船接收,无论风雨,统限二十日内一概驳清。如逾二十日外,每日应给该船守候费英钱十镑。俟收到后,由局书立英文或德文收单交船主收执,又须垫付该船主在口用费,须给以就地通行之钱或银。所垫若干须按当日市价核作英镑,令该船主出具洋文收单,由局送军械所转寄,以便与船行划算。如该船卸清后均无舛误,由局给付赏犒费规银五十两交该船主,取具洋文收据送军械所备查。等因前来。查此项新购塞门德土,职局前准天津军械所咨送转准李大臣咨交提货单,系属塞门德土五千六百桶,砂样五包。今既雇船运送到旅,当即饬派提调牛倅昶昞总司驳运收储各事,多方觅车雇夫,必期于十余日内一律起卸全完,免致赔给该船守候重费,兼以趋事不力,贻笑远人。始因该船载重吃水深,不能进口,初八、九两日,经艇船弁兵驶赴口外起驳数百桶。初十日,该夹板船驶入口内,经牛倅督同各员弁、司事、兵夫人等分起押同搬运。每桶约重四百磅有奇,抬至马家屯新屋,往还数里,两壮夫舁之,每日不过数次,愈久愈形疲累。加以十七、十八两日之雨,无论人、车行经澳边软泥,跬步皆难。计自初八日起,其中除遇雨两日、礼拜一日,至二十四日实计十四天,将所有塞门德土五千六百桶,砂样五小桶一律起驳全完,尚未贻误。已饬分存马家屯、南坝两处屋内,用松板庋置,派令黄从九积祜、张巡检葆纶妥慎照料。其所用运力,除催押之艇船、弁兵等不计外,据库工司事龚县丞树梓单开:计雇用车价、夫力共合用湘平银三百一十五两九钱六分六毫八丝,以运土五千六百桶计之,每桶约合银五分六厘四毫二丝一忽五微五尘,即由职局一律垫发清讫。又据该船主盖富克转经汉随员手借在口食用各费湘平宝银五十两,及照来文付给赏犒规平银五十两,合湘平宝银四十七两二钱八分,均由汉随员经手送交该船主盖富克,取有洋文收据二纸。职道保龄即饬局员黄县丞建藩译明数目无误,均由职局咨送军械所转寄柏林,以备查考,并于四月二十五日,由职局写具华文加钤收土数目单交汉随员转送盖富克赍回。计所用运力及该船主借款、犒款三共合用湘平宝银四百一十三两二钱四分六毫八丝,拟恳宪台饬下海防支应局如数拨还职局归垫,以清款目。可否之处,伏候钧裁批示祇遵。所有收到塞门德土各缘由,理合禀陈宪鉴。

请领挖泥用件及垫用煤价禀 光绪九年五月十四日

窃旅顺百物皆缺,挖泥机器各船须用物件历经职道等据陶千总良材开单,禀蒙前署北洋大臣李饬由大沽船坞按单给发在案。本月十二日,据现管挖泥事宜随员汉纳根面称,前由船坞领用各件存剩无多。不日利顺船来旅,昼夜赶作,需用尤繁,谨将急须添购物件开单呈送前来,职道保龄查单开各物件,除木柴、豆油、麻绳等据称旅顺可买,应饬该随员核实经购,即由职局垫付银价,以免周折外,所有单开之煤油、象皮等件,谨将原单照录转呈,恳宪台饬下大沽船坞照数拨给,即交利顺船迅速带旅,以济要工,俟各物件到后,仍由职道照章饬挖泥船委员、司事等妥慎经管,撙节动用。每月底,将存销物件数目报局备查。是否可行,伏候钧裁批示祇遵。至各船需用煤斤,于四月二十九日饬派司事鲍真儒乘艇船赴烟台,在招商局购运前经牛倅昶昞订定之东洋块煤六十吨。五月初十日,装运回旅,职道饬由汉随员较试,据称价廉物好,比旧用各煤均胜数倍。据烟台招商局单开:每吨运扛驳力合湘平银五两六钱,计东洋煤六十吨,共合湘平银三百三十六两。除由职局随时垫付该局外,拟恳宪台饬下海防支应局知照,仍由职局照数咨领归垫,以清款目。再,旅顺澳工以近日天气晴爽,工作尚无耽阁,惟每逢碎石多处,泉源颇多,现值吸水大机器未到,水车及小机器皆形吃力。初三、四日潮水甚大,坝埽均尚平稳,日来又取澳泥在坝上叠层埝,并于埽顶加石以防伏汛大潮。宋军门于本月初七日到旅,现已移驻近口行营。又据袁哨官雨春呈黄金山炮台四月分日记、清折一件,谨为转呈宪鉴。

亲视炮台及船坞扦[①]试情形禀

光绪九年五月二十九日

窃职道于本月二十三日,由烟台文报局奉到初九日钧谕,仰蒙训诲周详,莫名敬感。伏查旅顺澳工自四月迄今,晴多雨少,无甚耽阁,尚称顺手。惟澳泥秽恶,炎日歊蒸,加以海滨地湿风高,一日之间,寒燠数易,土夫、防军颇多病者。职道去冬与宋军门、丁提督、刘道商酌,先期由津广办药材,在工次权设药局,并招医士二人,各处诊视。旬日来查看情形,或不至熏为疠疫。澳北面近山处所碎石颇多,其下或恐有块石,亦尚无难设法。黄金山炮台大炮二尊置设齐后,职道于月之十五日,同宋军门、王提调仁宝、李令竟成等亲至台顶周视,其地襟山带海,允为控扼形胜。若鸡冠山炮台早日建成,双峰对峙,门户天然,敌船虽极坚大,自无敢闯越其下。以视大连湾、威海卫、烟台各处口门不可同日而语。现饬袁哨官雨春赴津领解炮药各件,拟俟到后,尽六、七两月将炮式操演略熟,待新作灰工凝固,八月间,职道会同刘道等遵前奉宪札,督视汉纳根演放后,再行具禀。台外培土,详细考究,尚非一律全须改拆,至多不

① 扦,原作"阡",疑形近而误,据文意改。

过一半,容再随时查酌。应栽蟠根草草根并不甚贵,惟驼运上山须用牲畜及随时浇水,所费颇属不赀,现饬汉随员就袁哨官前禀数目复加核计,拟先试办百余方,再行禀陈。大抵炮台石夯宜小,培土宜宽,石外之土,土外之草,以柔克刚,法良意美。果能裨益全台,自亦未可惜费。船坞基址现与汉随员及职局委员黄县丞建藩连日就原拟处所逐加扦试,约至深者一丈二尺余即是石块,浅者不过八九尺而石见,用作坞基当可坚实,惟近山处大石颇多,非纯用土夫所能开挖。彼时雇募石匠,兼用药轰,费用稍重,然较之地软遍钉排桩之费则所省实多,俟日内扦完后另再缮单,上呈宪鉴。利达式新船前经职道禀蒙署北洋大臣张,名之曰"利顺",现已告成,于二十七日开驶至旅,所用官弁夫匠均由罗守备臻禄雇选。昨日,职道亲赴该船查验,船身尚为坚固,拟令暂由汉随员及陶千总良材协同照料,以收臂指相联之效。现饬汉随员将添募加作夜工之夫匠等一律招募,即于六月初一日起三个月之限。海镜轮船已运铁轨至津,前经职道会同刘道以威、旅接递文报,购买物料必须有船专任,禀蒙署北洋大臣张允行,数日或可至旅。此间应拨交鱼雷营用之艇船并行拨兵、舵人等已于月初送津。牛倅昶昞于本月中旬已至威海矣。黄金山炮台教习袁哨官缮递四月分日记、清折一件,谨为转呈宪鉴。

验收利顺轮船并请发给该船用物禀

光绪九年六月初五日

窃职道于五月二十七日,奉署北洋大臣张札开,以利顺轮船验收后,即饬开往旅顺遣用等因。奉此,是日,即据管带该船之郭把总荣兴至职局报到。二十八日,职道保龄亲赴该船勘验,船身尚为坚固，管带官郭荣兴于驶船、轮机等事亦尚明白。伏查此项利顺拖船，原以旅顺挖海工程关系重要，不惜巨款造成，必期用度节省，公事核实，作工迅速，方为尽善，现已饬知该船随同汉纳根及陶千总良材等逐日工作，尚称勤奋。职道谨就思虑所及，酌拟办法三条，另缮清单，恭呈宪鉴，伏候钧裁批示祗遵。至该船应备各物尚未齐全，职道现准津关周道等来咨，已经开单请发在案。细阅周道等单开，均系急需添制之件，拟恳宪台饬下大沽船坞按照周道等原单所列应购应制者，迅速趱工办成寄旅，以济要工，而免贻误。

请赏给方学正等津贴禀 光绪九年七月初四日

窃职道等奉宪台札开，以现准金州副都统恩咨称，札派水师营防御记名骁骑校方学正，并派水师营兵二名，金州兵二名随赴旅顺工次，听候应差等因。札饬将此项弁兵到差日期具报，并移支应局知照等因。奉此，伏查此项弁兵系本年二月间，由职道等禀请，专为弹压商民，搜讦奸宄之用。到工后，所有每月薪水口粮应酌给津贴若干，职道等酌拟禀陈，均禀蒙宪鉴在案。数月以来，兵勇、人夫合计将近万人，良莠不齐，时虞生事，职道等会同宋军门多派员弁，四路梭巡，幸赖宋军门纪律严明，于查拿应办各勇从不稍加宽庇，有犯必惩，宵小敛戢，地方得少绥靖。所有该防御方学正带同兵丁四名，系本年六月十六日到旅顺工次当差，拟令在工会同毅军及职局原派巡查各员认真昼夜梭巡，查禁赌博斗殴等事，倘有盗贼窃发，随时知照该处水师营及各防军一体缉捕，以靖地方。旅顺食用昂贵，可否仰恳宪恩，赏给该防御方学正每月津贴湘平银八两，其兵丁四名，每名每月给与津贴湘平银三两，倘蒙思允，拟自本年六月分起支，仍照向式，一律扣建，即由职局按月垫发，随时向支应局移领归垫。是否可行？伏候钧裁批示施行。

鱼雷营调去兵丁请由该管带领饷发给禀

光绪九年七月初九日

窃旅顺口所住山东艇船各兵,系由随员汉纳根、黄道瑞兰陆续禀调,共计弁二员,正兵一百十九名,又续添七号艇船之正兵六名,为兵一百二十五名。光绪八年十月,职道等接办旅工后,所有弁兵人数饷数均系循照向式,并无增减。是年十一月,由统领水师丁提督禀定,挑选千总许得胜一员,兵五十五名归入水师屯船操练。自十一月分起,所挑弁兵月饷即由水师请款发给,所余把总鞠承才一员,兵七十名及旧有文案一员,舵工四名仍留旅顺工次当差,月领薪饷仍由职局按月垫给。本年三月间,因威海操习鱼雷,又在此项兵丁内挑选三十名并挑舵工一名试用,应领月饷仍由旅顺工次垫发,现已发至六月底止。职道等公同酌议,以鱼雷事务经营方始,该兵、舵人等一时不能撤归旅顺,拟自七月分起,即将该兵等三十名编入鱼雷队内,舵工一名亦留威海当差,所有月饷应拨归鱼雷营,由管带具领,盖用“总办水雷事务关防”,按月赴支应局请领,以昭简易。职道保龄查该兵等不免绿营油滑之习,兼有齐俗迂缓之病,趋事赴工,本属不甚得力。惟久在艇船,尚知驰驶,于出洋载运料物各事差,视民船为胜。实计现留旅顺之弁一员,文案一员,兵四十名,拟仍令在旅照常当差,兼备他日学习水雷各事。是否有当,伏乞钧裁批示祇遵,并恳饬下海防支应局知照。至该艇船留旅舵工三名,职道等以其口粮太重,拟随时酌量裁改,略期节省,再行移明支应局备案,合并禀陈。

挖海工程加添夫匠及司事工役禀

光绪九年七月十九日

窃旅顺挖海口门工程，前经职道等以随员汉纳根有加作夜工，倍用夫匠，三个月可以一律深通之说，拟由该随员专司督挖，禀蒙宪台批准在案。伏查挖泥接泥各船旧有夫匠月支薪粮三百十二两零，加以利顺拖船夫匠月支薪粮二百三十五两零，若通加全班夫匠一倍，月须增添用款五百四十余两，糜费太多，殊觉不值。职道保龄于利顺拖船到口后，与汉随员屡次面议，旋又文移往来，反覆核减，共计商定加作夜工新添夫匠每月应支薪粮二百六十六两五钱。该随员近日颇知爱惜帑项，甚可嘉尚。据开拟定人数用款清单并移称，单内各夫匠均自六月初八日起支。谨将原单转呈钧鉴，伏乞宪台饬下海防支应局知照。此项夫匠拟俟挖海工程稍松，由职道随时查勘，应裁即裁，以节经费。再，该随员另添挖泥事宜应用司事工役及安炮事宜须用监工听差各项，共计两单，每月约用银一百三十二两零，于本年四月间由职道等据情禀蒙前署北洋大臣张批准。据该随员将花名、起支日期分别开列清单二件，谨为转呈，拟恳宪台一并饬知支应局备案。所有加添夫匠及司事工役等月薪银两自起支后，均由职局借垫，拟俟挖海、安炮及炮台零工完竣后一律裁撤住支，彼时再由职道等移明支应局请领归垫，以清款目。是否可行？伏乞钧裁批示祗遵。现据该随员移称，自六月初八日起，至七月初五日止，已将宽二十丈，长三十丈，深二丈四尺之口门工程挖竣。另由该随员禀请，拟再加挖宽阔，以期船行迅利。职道伏思水底施工，沙石斜坡最易坍卸，加以海口风浪冲激，尤易淤垫，倘可再将宽处加挖一二十丈，更有裨益。可否之处，并乞钧鉴核夺批示施行。职道保龄拟俟八月间天气晴干,炮盘坚固,挖海口门工竣后,遵照前奉宪批,会同宋军门、丁提督及职道含芳选带兵船善于测量之官弁、水手分别认真验收,再行禀陈。

估办军库各工程禀 光绪九年八月初一日

窃职道等于本年七月初五日,奉宪台札开,以统领水师丁提督禀请建药库、煤厂、住房、厂屋,修拨煤装水各船,饬即遵照妥速筹办具覆等因。奉此,伏查旅顺库工筹议已逾一载,前由黄道瑞兰经办木料,兴造砖瓦,自职道等接办全功后,始以澳工尚无把握,未敢率尔从事。今年春夏,又以威海鱼雷各工限期急迫,不得不将现成物料移缓就急,是以迭次禀请停缓,几成迁延之役。现际海防吃紧之时,旅顺为水师停泊,陆军扼守重地,丁提督所拟各节均系必不可缓之工,自应及时迅办。惟原禀水师药库三五间一座不敷存储之用,水师大炮药包大者至二百镑,最占库屋,且与子弹并存一处,甚不相宜,职道含芳前在烟台禀明在案,奉宪批后,遵即移知。六月二十一日,职道含芳到旅率同提调王县丞仁宝、随员汉纳根同往白玉山西相度,靠河汉山坡地势平坦,口门外难以窥测,隔澳高山层叠,不畏越炮飞击。拟于此处迤北建水师药库五间,高铺地板,专存炮药,凡别种自来火子弹以及他械一概不准搀入,以昭慎重。迤南建子弹库九间,以两间高铺地板,一存炮弹引信门火,造设吊架立架,便于收储;一装连珠各炮、后膛洋枪子弹;中间七间用灰土地面,专存大小炮子。两处库屋之外均须绕以围墙。每库之侧各建住房六间,共十二间,以备看守兵弁栖止之用。以上库屋十四间,每间约合银一百四十余两至一百五十余两不等;住屋十二间,每间约合银九十两零;水边添做块石路一条二十余丈,所费无多,俟工竣后，即以余石搭砌，以期撙节。又，前定白玉山后库基原拟建大库八座，以为多储军装器械之用，围墙一百六十丈，节经借拨澳款修砌，将近竣工。其中以东边地段三分之一先建大库两座，每座七间，进深三丈，以一座高铺地板，备存后膛枪子弹；一座用灰土地面，存陆军操演储备各炮子弹；附造住房一院，正房五间，厢房六间，门房三间，以为守库官员居守之用。此外尚有原拟建大库六座，似宜缓修，以节经费。另造陆军药库五间，与水师药库高宽丈尺做法相同，仍与各库均行隔绝，以备不虞。以上大库十四间，每间约合银四百十二两零；住房十四间，每间约合银九十四两零；陆军药库五间，每间约合银一百五十八两零；围墙一百六十丈，约共合银一千三百七十五两零。又，黄金山阴附近旧煤库之处应添设水雷库九间，进深二丈，造设吊架立架，收存精细雷电器具、引信等物，每间约合银一百四十八两零。又，水师煤厂四面围墙一百二十丈，约共合银九百二十八两零。看煤委员小住房三间，每间约合银五十二两零。以上各工总共工料估需湘平银一万四千八百九十五两八钱七厘二丝五忽。除前存木料约合银二千二百九十五两一钱三分六厘五毫应俟工竣列销，无须请发现银外，计现应实领工料银一万二千六百两六钱七分五毫二丝五忽，谨由职道等详细酌定办法，督同提调牛倅昶昞将丈尺做法、工料估需数目缮成清册，恭呈宪鉴，伏候钧裁核定批示祗遵。查从前库工集匠购料均未领有专款，所有随时用项均由澳工款内拨垫。此次赶造库屋各工款项较巨，拟恳宪台饬下海防支应局先行饬发库工专款湘平银九千两，俾资应用。是否有当，并候俯赐批示施行。旅顺地居滨海，料物非常昂贵，工匠又不易招徕，迥非津沽及直省地方可比。职道等仰蒙任使，惟有不避嫌怨，随事随物认真核实，但可节省，必当力求撙节，决不敢以估定在前，稍任浮滥。其地址做法，截长补短，临时不无迁变，尤恐工料稍不应手，拘泥成议，转延时日。所有此项估册，伏恳宪台暂缓咨部，俟九、十月间工作略有端倪，再由职道等禀陈办理。统计各工，惟水陆药库、子弹库之各项围墙须详勘地形高下广狭方能计算。又，旅顺全澳需用水雷约在七八十具，所用棉药约近三万磅，拟于口门左右择地做造小棉药库三间，以二丈进深，高铺地板，计之约亦不过数百金，因地址尚未甚定，是以未能列入，均拟随后一面禀陈，一面兴办。至所请拨煤运水之船六只，丁提督原议四船运煤，两船运水，旅顺、威海各分一半，其船之大小均以容煤、水二十五吨为度。职道含芳在旅时与汉纳根面商，用拆存金州营废船旧料开工试造一只。现既禀请煤船容装二十五吨，水船容装五十吨，职道保龄当再督商该随员将水船设法放大，以济军需。除水雷一项由军械所详蒙宪台另札饬遵，由职道保龄督同汉随员筹商另禀具覆外，所有估办军库各工缘由，理合具禀。

回旅周视情形及请建住屋禀　光绪九年八月十一日

窃职道保龄叩辞后，于初三日乘镇海船开轮。初四早，抵大沽，即往晤罗副将商酌派拨水雷头目二名，雷兵十名，惟水雷学生洪翼一名未能随往。其应拨雷电各物因电线斤两过重，镇海船装有旅工现领银五万六千余两及在津购办库屋须用之青灰、钉铁各物，已属不轻。据汪管驾思孝声称，势难再胜重载。仅将马的生雷壳及精细电钟表各件装船，尚有雷坠、电线、铁链拟俟镇海回津再行专运来旅。是日申正刻驶出大洋，仰叨钧庇，风平浪静。初五早，天气晴朗，午初刻驶进旅顺口。职道当即亲至坝澳各处周视，一切均尚平稳。本地人夫因忙秋获，散去不少，海南夫来者颇多，合之内地夫仍系五千数百人。全澳近北一面多黄土夹碎石,深处约近一丈,浅者亦二三尺,工作甚为吃力,然为将来石泊岸根脚则颇形坚实。大吸水机器以锅炉汽力吸水,上入木槽,递相灌注,别开小闸,流至坝外,颇称得力。数日内阴雨时多,倘得畅晴三日,便当一律吸干,此后但无连旬霖雨,有此机器不至有误工作。炮台外蟠根草经随员汉纳根购办,毅军协同栽种,均已布满。职道于进口之先在船遥望,佳气葱郁,顿觉改观,颇似天生岚嶂。南坝迤南水师煤厂围墙经龚司事树梓等催促工作,已十得其九。丁提督运到煤六百余吨,均已堆积在内水雷库及白玉山后大库地址。职道连日率同汉随员及库工各员亲加覆勘,即时分别开工,拟加匠赶修,尽两旬内先将水雷库抢成,以备存储雷电各物之用。其旁须添小住房三间,锅灶棚一间,略如煤厂委员小住房之式,前册未曾估及,伏恳宪恩,准与建造,俾资雷兵栖止。可否之处,伏候钧裁批示施行。现将雷壳暂存别屋,其精细电钟表各物均由汉随员带存炮台。雷兵头目等十二名亦暂住炮台兵房内,就近照管所有操习水雷各事宜。及碰雷、沉雷共须若干具之处,拟由汉随员酌定大概,再由职道等商定禀办。炮台工程,职道于初十日亲往查阅,东面护台脚之矮墙为有事时遮蔽枪队列守要地,本系邵连元昔时已估未办之工,此刻急须修筑。北面台下土脚亦须补缀整齐,则全台可称完备。据汉随员称,共估计三百余金。职道伏思台工凢仞一篑之时,未敢拘泥,已饬赶速修办。药库内墙面已用塞门德土满抹,以手扪之,不觉潮湿,其中制度,药皮架上,本不靠墙。拟俟明年春夏,如果墙面含润,再满钉松木寸板一层,所费亦属无几。是日,并饬亲兵营哨官袁雨春带亲兵十二名试操二十四生的大炮装药、装子弹之法。职道与汉随员在旁考校,每次约两分半钟工夫,尚属灵便。

坝南扼近口门之西法人字炮墙,连日与汉随员约略酌定,南自黄金山脚起,迤逦向北,至坝而止。其地取土不易,自远搬运所需实多,拟用澳泥已干者堆积后面,夯硪坚筑,而用细黄沙土为面。若以营勇任筑,募夫助其运土,据该随员称,约须费二三千金。容俟详细拟定,另禀上陈。旅顺天气早寒,比津沽约差两月,目前已披重棉,计护军营新队一到,若搭住席棚,恐南勇不惯,易生疾病,必须赶修住屋。现已饬办土坯三十万块,连木料、秫秸、苇草均于中旬可齐,足敷住屋百间之用。惟修建之处似须统将亲为规画,方免凌乱,倘一经修定,拆改迁移,烦费无等,且人字炮墙亦须于冻前赶办,尤为防务吃紧之事。可否仰恳宪台饬电催王提督早到旅防之处,并候钧裁。初六、七日连朝风雨。镇海于初八早驶送宋军门赴营口,十一日回旅,现又开赴威海调牛倅昶昞暂回旅工料理库厂各事,一俟到后,即令该船迅驶回津。袁哨官雨春交呈黄金山炮台六、七月分日记二件,谨为转呈宪鉴。再,正缮禀间,接准宋军门函称,营口炮台年内未能告竣,幸墙垒筑成,有事尚堪守御。合并禀陈。

拟估老驴嘴炮台禀 光绪九年八月十三日〔附估单〕

窃职道保龄在津时,面奉钧谕,以此后旅顺另建洋式炮台,必须认真核实,撙节估计,并须事前通盘筹画,不得于原估外再有续估,以重帑项,而杜流弊等因。奉此,职道回工后,于前修黄金山炮台之随员汉纳根来见时,遵即传谕知悉。本月十二日,据该随员送交拟估老驴嘴炮台需用工料银数单清折一扣,并据送到拟建炮台木样一具,职道详加审度其法,将兵房改照寻常屋式,以视黄金山炮台兵房之石券高耸,既免虚费,亦觉适用,比较前修炮台所省不少。除木样已由该随员自行赍呈外,理合将交呈估单谨为转呈钧鉴。是否可用?伏候宪台核定批示施行。该随员于十二日乘镇海赴烟台,顺搭商轮赴津,因拟估炮台事宜,亟欲面禀,敬候钧示,与职道商定一行,惟该随员经手黄金山炮台零星工程及挖泥船、水雷各事宜,头绪纷繁,势难久离,职道谆嘱其十日内外迅速回旅,伏乞宪台饬令即回旅工,以专责成。再,该随员估计扼近口门之人字炮垒,亦经另造木样,开具丈尺做法估单送交前来,职道拟存,俟王提督到防商定,再行禀陈。

谨将旅顺口老驴嘴拟造炮台需用工料核实细估数目,恭呈钧鉴。计开:

轰去、垫平地基共合,除折算外,应垫平二万三千方,每方工价银三钱六分,共银八千二百八十两。马道共二百五十五丈,每丈工价银四十五两,共银一万一千四百七十五两。石灰共八千七百二十担,每担银五钱,共银四千三百六十两。石条共五万三千五百五十块,每三块合银一两,共银一万七千八百五十两。碎砂共五百四十方,每方合银二两,共银一千零八十两。碎石共一千二百四十方,每方合银二两,共银二千四百八十两。瓦工细。共一千一百九十方,每方银三两五钱,共银四千[illegible]百六十五两。瓦工粗。共一千二百四十方,每方银三两,共银三千七百二十两。土工共一万六千七百五十方,每方合银七钱五分,共银一万二千五百六十二两五钱。兵房共二十八间,每间合银一百两,共银二千八百两。库门共十二副,每副合银十两,共银一百二十两。子药库气洞门五十四副,每副合银三两,共银一百六十二两。

以上统共湘平银陆万玖仟零伍拾肆两伍钱。

厂澳工程购料及外人游览禀 光绪九年九月初六日

窃职道于本月初五日，奉到钧批三件、宪札三件，敬聆祗遵。查统带护军营王前镇永胜于初三日乘镇海至旅，连日与职道保龄同登黄金山炮台，并踏勘口门人字炮垒地址及扎营处所。王镇欲在黄金山外山坡低处建筑土炮台，略仿大沽炮台之式，可与山巅高炮台收层叠依辅之效。日来会同妥商，拟俟随员汉纳根回防再与详细考订，以期集思广益，估算定后，另由王镇禀陈。所募新勇乘海镜船于本日未刻到防，前由职道禀明备办屋材，并为豫购军柴，均已齐备，一切可不至缺乏。目下天气尚未甚寒，而海滨风雨难定，各勇有所栖托，则工作、操练方可次第举行。两旬以来，晴爽时多，职局所办各库厂工程均经职道督同牛提督昶昞次第开工。水雷库现已盖瓦。电线、雷坠等物因王镇此次军装颇多，尚未运来，拟中旬另遣海镜船驶沽装运。现值急建兵房之时，料物仅可敷衍，惟木、瓦各工价高人少，处处均形竭蹶，亦只得酌量缓急，通融匀济。澳工极为顺遂，计日程功。拟十月初旬后，将内地招集之土夫一千数百名分起散遣，用海镜船运载内渡，以免冬令工少坐耗之弊。土功挖竣，加修船池、船路、全澳石泊岸为澳工必不可少之事，前经迭次面禀，仰蒙钧鉴。职道近日与牛提调昶昞、王提调仁宝等悉心筹度，拟每二尺许通压石条一层，灌以灰浆，扣以铁钉，庶期牢固。现饬王提调仁宝极力撙节估计，估定后再当呈单禀候宪台训示。计此工必须开冻兴作，为时亦尚从容。约估大概就此澳工估单项下土方节省之数万金，足可敷用，无须请款。惟石条购自石岛，黄石采自近山，均须赶冬令以前北风未大，易于驳运，现虽陆续采集，而工大石多，用款实繁，拟恳宪台饬下海防支应局仍在澳工估单项下发给职局湘平银二万五千两,以为石泊岸先期购料之用。可否之处,伏候钧裁批示施行。至此工必需塞门德土抹缝乃可不漏,前向汉随员询及,谓约略须用四千桶,尚未按方细核。计本年所收出使德国李大臣经购之五千六百桶,除炮台取用,威海工程取用,又现由职道含芳催取,即拟起运九百余桶外,所余亦止有四千一百余桶之谱,仅敷石泊岸之用,而开坝建闸处所须用者,尚不与焉。此后老驴嘴炮台究须若干,威海泊岸码头工程究须若干,尚须职道含芳与汉随员分别计算,职道保龄未能悬揣,拟恳宪台及早电致李大臣再行购定塞门德土六七千桶,以济旅、威两工之用,倘可即顺导海新船装带若干,似亦可省运力。旅工各库屋渐次有成,亦不至无地存储。可否,均候宪台核定。再,本月初二日巳刻,有英国茄士渡兵船来旅。进口时,职道适在坝催工,即派管驾利顺船之郭把总荣兴赴该船查询,据称向在牛庄坐港,现由牛庄来此,欲一谒见。下午,该船主、大副等同来职局,犒以茶酒,亦极欢欣,婉言愿至炮台一看。职道因既系该兵船四品官,未便过拂远人之意,即与订次日巳刻准其前往。届时由袁哨官雨春带同翻译学生等与之晤谈,亦颇恭顺。初三日酉初刻,起碇赴烟台而去。本日又有来为丁提督送存煤之英商船,随船前来之东海关洋人亦来请看炮台,职道未允所请。伏思旅顺为水师口岸,本非通商口岸可比,且炮台一切均未布置妥帖,拟请宪台饬下北洋三口各关道等知照各领事,凡各兵船愿来游历者,仿内地游历之式,给与执照文牍,以便有所考验。又闻,向来各国海防有事之时,无论何国兵船驶近海口,可由守口炮台挂旗令其停轮,以便遣询明确,再定进止,此项旗式未能详其形制。可否并恳饬下津海关周道、军械所张道等向在津各洋兵官考订明晰,即由军械所制就,早日发交旅顺炮台,由王镇督同守台员弁临时悬挂,似既可慎固封守,亦不至轻启衅端。职道于公法通例向少究心,愚虑所及,是否可行,伏候钧鉴采择。另据袁哨官雨春交呈八月分炮台日记一件,谨为转呈。

遵查海镜赴粤耽阁情形禀 光绪九年九月十三日

窃职道于本年九月初五日,奉宪台札开,以海镜承解军械赴粤,既于初八日起碇,何以迟至二十一日午刻始行到沪?实属任意迁延。饬查途中因何耽阁情形,据实申覆查核,不准稍有徇饰等因。奉此,查海镜轮船于初六日装载护军营新勇到旅,职道遵即照饬该船管驾柯都司国栋将途中因何耽阁情形据实申覆,以凭转禀,并令将自津开行之日起,至回旅之日止,每日行船若干迈及抛泊地方,逐日开具清折,毋许捏饰去后;初九日,据该管驾申送行船日期、迈数、停泊处所清折前来。并据面称,香港大风曾见《申报》,引以为证。此项《申报》职道亦曾寓目,闻粤洋每遇七、八月,常起台飓,固在意计之中。即以情理揆之,行海为天下第一险事,驶船者与乘船者无不盼早发早至,若晴天朗日而无故逗留于荒山大海之间,亦非人情,所禀阻风等事似尚可信。惟细阅所开清折,该船往返在烟在沪每处辄句留三四日,固为添装煤炭,究属不知缓急。伏思近来各轮船群趋逸乐,相习成风,即如旅顺荒岛,寂寞海隅,皆去之惟恐不速,而烟台、上海等处繁华靡丽之区,则鲜不趋之若(骛)〔鹜〕,甘之如饴,此固不独海镜一船为然。第海镜船系曾奉宪札归威、旅两工差遣,且自津赴粤之时,职道与津海关周道、军械所张道皆谆谆嘱令早回。北洋原为海防紧急,各事需船起见,乃竟听之藐藐,倘不略示薄惩,将此后告戒直同虚设。职道仰蒙恩遇,际此时艰,但求少裨公家,出位之愆,严苛之谤,均不敢避,谨将该管驾申送原折照录，恭呈钧鉴，拟恳宪台饬将该管驾记过一次，以为趋事不力者戒，仍由职道会同鱼雷营刘道在威、旅两处随时查看，倘竟不知奋勉，再行据实会详，若能勤慎当差，亦于一年后会禀，仰恳恩施。可否之处，伏候宪台查核批示施行。

点验护军营勇禀 光绪九年九月十七日

窃职道于本年九月初三日，准统带北洋护军营王前镇永胜到旅，传奉宪台面谕，所有该护军营勇到防后，饬由职道点名查验是否一律精壮，据实禀报等因。奉此，初八日，又准王镇咨同前因，并将该营勇夫花名清册移送到局。其时该营勇初到旅防，因在轮船数日，积受风热，病者甚多。幸工次先经设有官药局，并经职道选派司事中之精习医理者赶为加紧诊视，未及旬日，均已调治就愈。职道遵于十六日传齐各营哨弁勇，按照花名清册逐一认真点验。查各勇丁举止形状均有山乡朴野之风，绝无市井游惰之习。其来自田间，并非曾充营勇，一望而知，且面目黧黑而均无烟色，其实系一律年轻精壮，并无吸食洋烟之人，尤属可信。是日点名时，天气晴朗，土人观者如堵，旗帜器械整肃鲜明，颇有军容荼火之象，从此悉心教练，不难均成劲旅，谨据实禀陈，仰慰宪廑。惟淮军向系点名后起支口粮，该营勇均于八月二十八日，由镇江开拔登轮，九月初六日到防。远历重洋，风涛冲涉，似非内地就募可比，且到防后，因疾病急须诊理，迟延数日，势非得已，拟恳宪台准自九月初一日起支口粮，以昭体恤。可否之处，伏候钧裁核定施行。至该营人数，前奉宪札饬知，系另募一营。准王镇面称，在津曾奉钧谕，以应募人数已多，准其开为一营两哨。现由职道点验时，人数实有一营三哨之多。伏思旅顺地方关系重要，口门东、西、北三面港路纷歧，毅军六营专任策应游击之师，已觉地广兵单，即以防守炮台、口门而论，至少亦须两三营乃敷分布。当此度支匮绌，原不敢轻议增添，惟该勇丁既系精劲可用之材，又值海防吃紧之日，遽与裁减，殊觉可惜，可否仰恳宪恩，准其开为一营三哨之处，出自钧裁。除该营哨弁勇夫另由王镇造具花名清册禀呈宪鉴，其移送职局一分应即存局备查外，所有点验护军营勇缘由，理合肃禀。

遵查船坞办解挖泥船物件禀 光绪九年九月十九日

窃职道于本年七月初十日，奉宪台札开，以船坞代办旅顺挖泥船需用各件计价银四千余两之多，恐其不尽核实。饬将船坞运交前项物件数目是否相符，何项作何应用，价值有无浮冒，一并逐细查明，据实开折禀覆核夺，勿稍徇饰等因。奉此，当即移知海防支应局抄发原折，以便核办。旋准移送抄折到局，并咨称，原折开列各款均系笼统数目，并未将每磅、每尺、每件、每料计银若干分晰声叙，碍难核计，咨请查核办理等因。职道伏思此事以船坞之支款而言，则以价值有无浮冒为最要；以旅顺之用物而论，则以何项作何应用为最重，而尤以彼此交收数目是否相符为关键。遵即札饬挖泥船委员陶千总良材遵照详细确查禀覆去后；本月十四日，据陶千总申覆并开据清折前来，职道逐一查核，其何项作何应用一节，已据该千总于清折内逐款注明，亦与各该船按月申报职局存销物料之册均属符合，委无滥用捏饰之弊，谨将原折照录附呈，恭候宪台核定。其交收数目是否相符一节，据称，原折内开小轮船汽缸一个，挖泥船并未收有此件；麻子油二十斤，挖泥船共收有二千斤，系各船膏机器之用。其余各物件逐一查明数目，均相符合等语。职道覆查，除所有数目相符之件均据列入清折毋庸置议外，“麻子油”一项或系誊写笔误，自当以实收数目为准。至“小轮船汽缸一个”，原折内开用银五百两正。挖泥船既未收到，且自职道接办工程以来，各挖泥船亦并无请办汽缸之事。惟查旅顺旧有已坏之东海关小火轮船，曾于本年正月间，经职道派黄委员建藩会同陶千总赴该船查看，据禀，向在该船之大副李长洪声称，该船机器除汤锅、烟冲、大汽管等均于八年八月间运送大沽请修外，现在存船机器均系失修船壳，亦已损朽等语。四月十八日，准鱼雷营刘道函称，现操鱼雷须用小火轮船，请将该船所剩机器各件全数拣交镇海船管驾汪思孝载运天津等因。当由随员汉纳根督夫将各件全数拣齐，面交镇海汪管驾带津，并缮具清单送局，即于四月二十三日分咨天津军械所、大沽船坞，并黏单知照，各在案。此后，未准船坞移咨，是否即因鱼雷须用机器，将其汽缸取去，非职局所能悬揣，应请饬下大沽船坞另行禀覆。其价值有无浮冒一节，查抄送原折类系以两三项物件列为一款，诚如支应局所云碍难核计，即使逐款分清，而此等物价亦须于烟台、上海访询，乃能知其概梗。旅顺本非通商口岸，无从考订比照，惟其中间有该挖泥船于冻河时自行购买者，饬据陶千总申称，曾在烟台购用麻子油每磅价洋七分二厘，棉纱每磅价洋一角五分，在旅购用麻子油每斤价值津钱二百五十六文，牛油每斤价值津钱二百七十四文等语，谨据实附陈，以备参考。所有遵奉宪札饬查船坞办解挖泥船物件各缘由，理合禀覆。

引河竣工请给奖毅军丁勇禀 光绪九年九月二十九日

窃旅顺全澳之东马家屯一带地形低下，向为山水汇注之区。八年冬间，经职道等禀请，于全澳东南对面沟地方开挖引河，以期宣泄积水南下入海，不至西流注澳。商由宋军门派拨勇丁兴作，仰蒙宪台批准在案。查此工于全澳工程关系甚重要,其地皆大石嶙峋,不啻凿山通道。勇士挥斤,矻矻终日,所开不过尺许,以视各项工程均属难于措手,用力多而见功少。自八年十一月起,经宋军门派拨各队齐力赴工,该军分统宋、程两提督每日亲往督率,群情竞奋。自冬讫夏,践踏雨雪泥淖之中,奔走炎风烈日之下。职道每往查工,见勇丁不避艰苦,踊跃从公,极可嘉尚。本年四月后,工作已逾七成。彼时因海防吃紧,职道商请宋军门将队伍撤归各营操练,先其所急,另饬王提调仁宝、潘巡检煜雇觅民夫接办,六月初间一律告竣。夏秋以来,叠次大雨,均未至为全澳之患。除将职局派员雇夫接办用过银钱数目及此项引河高宽丈尺均俟全澳工程告成,详细开列,另在澳工估单项下请销外,所有毅军各营作工勇丁曾于八年十二月,仰蒙宪恩,先行赏银八百两,拟恳宪台逾格恩施加赏湘平银一千两,并将前由黄道经购之金州市斗小米四百石一并赏给该营勇丁,以示鼓励。可否之处,伏候钧裁核定批示祇遵。倘蒙恩允,其银两即由职局澳工款内动支,其米石现存金州城内,曾由职道札询原购此米之金州绅士候选部司务阎培昌,据禀并无亏短,届时即由职道遵咨该军自行领运。再,前项小米四百石,查黄道册报,原购每石用银三两八钱,计原价共用银一千五百二十两,合并声明。

南坝陡蛰抢护补救情形禀 光绪九年十月初七日

窃旅顺坝工自职道去冬接办后,加埽加石,百计图维。今年春夏以后,崇墉屹立,观者无不谓为可靠,而职道私心惴惴,终未敢恃以为固,则以去冬目击危险坐蛰情形,知此坝根基弗善,下面胶泥太深,恐数年后终归于塌卸而后已,亦未料其旦夕有变也。九月二

十八、九、三十等日，连朝风雨。十月初一日，雨势未已，西北风转甚，辰正刻，南坝极南陡蛰五尺许。职道闻信奔往，督同提调、员弁催促人夫层土层秸，赶加镶筑，无如旋添旋陷，风急浪涌。宋军门、王镇同时至坝，商定飞传两军集队以待。日过午后，形势略定。申正二刻，又陡落八尺有余，与水面平，人力已无可施计。全坝一百三十丈，惟自中迤北之六十丈仅外面埽石蛰下尺许，护石走动，堤面尚无开裂，差为可恃，其最南之蛰与水平处逾四十丈，近中段之二三十丈一律横裂大缝七八寸、尺许不等。彼时，看此段已无从抢护，赶即在中段斜向东南地方退筑小埝二道。宋军门、王镇各率所部全队与职局员弁、人夫分头尽力抢做，竭两三昼夜之力，均未离工次。所幸仰托宪台福庇，初二早，天气顿晴，风势既止，潮来甚少。初三日，抢做两埝告成。初四以后，加添土夫接做加高培厚，一面分拨人夫仍镶高塌陷四十余丈之处，就旧址添土秸层叠而上。三日来，竟未再蛰。其地已内外皆水，用浮桥、破船支搭而过，不能容多人。计再过七八日，当可镶至缺口，再图设法封闭合龙。就目下情形而论，倘无疾风怒潮，当不至再有意外决裂。是役也，职道与在工提调、员弁、人夫日夜抢筑，均属分所应为。惟宋军门、王镇两军将士出力甚多，毅军六营分班番上，极称奋勇；护军营一营三哨之众亦并力趋功，均可嘉尚，拟恳宪恩，赏给毅军抢险赏犒银五百两，护军营抢险赏犒银二百两，即由职局工程项下拨发，以旌勤奋而劝将来。可否之处，伏候批示祇遵。至此坝两次陷下，计合丈四尺余，均不过一二分钟工夫，与去冬北坝情形迥不相同，在工数千人无不诧为奇异。推求其故，实以此坝下面全仗胶泥托底，其处距口门太近，口门现已深逾二丈，仍复日日加挖，砂石既去，胶泥外走，坝势悬空，风潮刷根，顷刻遂有此变。当此全澳工程十得八九之际,费帑金已近二十万,倘竟功败垂成,日后从何补救?每一念及,焦灼万分。虽帑项所关,必思节省,而要工所系,不厌精详。初六日起,另在大坝背后斜添大坝二十余丈,约十日可竣,比较初二以后所筑两埝,地势较稳,工段亦较高大。约计筑成后,连抢险秸土等用款当在三千余金,拟恳宪台恩准其据实开报,另案请销。惟此事之难,不难于目前之抢救,而难于经久之远图。屈计全澳石泊岸修成约在明年秋间,尚须支撑一年,无使外水灌澳,且船路尽处必须依坝开门,以通出入。坝既如此开门,直无从著手,若听其漫水横流,毫无收束,则不过一半年间,费巨帑开成修就之船澳即归于淤垫废弃,尚复成何事体?此职道所为日夜愁急,不能或释者也。现与王提调仁宝悉心酌议,计惟有仍退三四十丈,向东拦筑石墙为坝之一法,惟工大费重,约须三万余金,与从前议修石备坝时异势殊,拟俟旬日后,约略估算梗概,再行禀候钧裁核定。海镜轮船前奉宪札饬赴朝鲜,另奉批允职道所请,准为十月内渡土夫之用。刻下计算澳工方夫,必须十月二十前工作乃有眉目。现先就督催赶功已完及有病不能作工者四百余人,派弁押由海镜船内渡,原拟中旬、下旬再送两三次,现值朝鲜需船紧急之时,万不敢胶执前议。惟此次大工全恃直省土夫,最为得力,趋事极速,人情亦极鼓舞。若以千人留滞辽东,则此后无以示信,将人人视为畏途,于旅顺全工大有妨碍。且留工之坐食,旱路之资遣,公家必须三四千金之耗费,其弊尤难枚举。伏恳宪恩,赐如前议,仍准职局暂用二十日,计十月底必可至津交船,听候钧谕饬赴朝鲜于役,似于庆军之待船,登瀛洲之南还,均无甚碍,而旅工借省数千金之大费,亦以鼓后日内地人夫之气。其该船配炮一节,职道现与军械所张道商定,以沽口水浅,年内本难措手,止可缓俟来春办理。是该船倘于十月二十五、六抵沽，封河前准可赴朝，别无耽阁。敬乞钧慈俯念隔海招夫，事属创办，垂允所请，俾免棘手，职道幸甚，全工幸甚。护军营新勇已于九月十四日在炮台学习开操，职道谆切告诫袁哨官雨春，务令悉心教练，以期早成劲旅。查去冬曾由职道禀陈，以黄金山炮台朔风高寒，仰蒙宪恩，赏给亲兵营各弁勇及毅军驻守炮台之兵勇烧炉小煤三个月在案。此时护军营至炮台接防事同一律，可否仰恳宪恩，准照前案，赏发亲兵营及护军营守台弁勇冬春三个月小煤，俾资御寒之处，出自钧裁。库厂各工赶办均尚顺手，其水陆两军药库原估石墙终恐潮湿，现与牛提调昶昞商酌仿照西沽药库夹墙之法加筑砖墙一道。又，职道含芳在威来函，以引信须添小库，与职道保龄所见深合。凡此两层，均属原估所无，未便过形拘泥，现令相地添造两处，一在水师子弹库之侧，一在陆军大库之侧，每处各三间，形式不大，须款无多，拟归入定准估册，再行造报。军械所张道、制造局王道于初四辰刻乘镇海至旅，连日与宋军门、王镇、汉随员及职道等赴崂嵂嘴踏勘地势，拟数日内另行禀陈。

陈报日民法领来旅观览禀 光绪九年九月二十九日

九月十一日，有日本人东靖民、木村九郎二名，由营口陆行至旅，执领事班迪诺发给游历护照，盖有山海关道印信。即日赴各处观览后，次日赴金州。去讫。本日辰刻，据利顺船郭把总荣兴来报，有法国大兵船一只抛泊黄金山下。职道即遣镇海船管驾汪思孝前赴该船询查，并告以未便驶入港内。据探称，船名的利夏，方署领事官法兰亭乘坐，由烟台来此。未初刻，法领事与船主白姓带兵官二人来职局会晤。法兰亭欲至黄金山炮台一看，职道婉言阻止，而渠意甚坚，再四陈说不已。职道思此时尚未定明规条，若遽有参差，徒多形迹，不如示以宽大，一面飞告王镇率汉随员、袁哨官等将炮台妥为布置。未正刻，该领事、船主等四人至山周历，阅看四面形势。彼时，职道先行通知毅军及护军营各垒遍挂旗帜，尚称齐整。该领事等邀请赴伊船阅看，职道与制造局王道、军械所张道、护军营王镇及牛倅昶昞等于申正刻前往。该船升炮十三响，即饬镇海船以十三炮答礼。周视该船大炮、鱼雷皆系旧式，首尾二十七丈，吃水二丈一尺，置炮三层，大小十四尊，兵三百六十人。据称明早开赴山海关海面一游，即回烟台。附此禀报。

旅防请设电报禀 光绪九年十月初九日

窃旅顺扼渤海咽喉，西接津沽，北固辽沈，为北洋第一重紧要门户，得大军驻此，水陆相依，出入巡徼，敌帆不敢轻窥沽上，倘有疏虞，则津沽不能安枕，所谓我得之为利，寇得之为害也。惟陆路距津二千余里，即轮舟开驶，亦必须二十三四点钟乃能至大沽。现值海防吃紧之际，军情敌势瞬息万变，设有缓急，无由禀承钧命。过刚则轻启衅端，过柔则易招敌侮，权衡轻重，进退皆难。职道等再四商酌，拟恳宪台俯念防务紧急，迅赐奏明，于由津过山海关、营口一路直达旅顺，速为设立电报以通消息，庶防务交际之间，得以随时仰承训诲，于大局裨益，实非浅鲜。即如昨岁朝鲜之役，若非消息灵通，得以相机因应，岂能悬军深入，所向有功？古之圣贤，师于万物，果其实为我利，岂能尽以出自西人而废之？此事在今日沿海筹防允为当务之急。是否可行？伏候钧裁核定。惟由津至营口尚有商贾，若旅顺则大海荒山，官报以外，恐无过而问者，默计全局，恐须添筹公帑为之补助乃能有成。倘蒙钧允，拟请饬下津海关道与电报公司妥细筹议，若得早见施行，大局幸甚。再，此件因事属机密,职道等公商定稿后,即由职局缮呈,未向各营会加钤封,以免漏泄,理合声明。

海口进船炮台试炮禀 光绪九年十月初十日

窃丁提督于本月初八日抵旅,传奉钧谕,敬聆祗遵。查口门开挖工程,现经超勇快船于初九日辰正刻开驶进口,巳初刻,仍复驶出海口,即由汉纳根所挖船路设置浮鼓之处行走。职道保龄与丁提督同立岸边阅视,实属毫无阻滞。惟据总查琅威理面称,黄金山下靠西尚有小沙嘴,倘再加挖干净,转掉益形灵便。已饬汉随员照办,一两旬间可以蒇事。初十日巳刻,职道与宋军门、丁提督、王镇、王道、张道均至黄金山炮台阅看试炮,随员汉纳根、教习瑞乃尔[①]及袁哨官雨春等带领各兵分炮演放。二十四生的大炮二尊,每尊试放四出,十二生的边炮,每尊试放三出。先在海面设置浮靶,距炮台约有三千密达,袁哨官亲自瞄准,一炮正中浮靶,中外各员均极欢忭。此外,试远试近皆能如式。大炮退力不甚大,惟中国药声猛力近,不逮外国药远甚。炮架盘台均无纤芥走动,堪以仰慰宪廑。伏查袁哨官雨春在旅一年,尽心教习,此次炮中浮靶,尤见平日技艺精熟,有志上进,甚可嘉尚。将来倘令职司各炮,帮守全台,必能收克敌致果之效。除炮目、兵丁等已由职道酌给赏犒外,其袁雨春一员,职道等公同商酌,拟恳宪恩,准予记功一次,以资鼓励。可否之处,伏候钧裁。连日风平潮小,坝工旧址加高,尚未再埝,后面斜坝亦正在赶做。各库厂均由琅威理偕丁提督往看,据该总查以为,均

① 瑞乃尔,底本皆作“端乃尔”。按:瑞乃尔(Schnell, Theodore H., 1847—1897),德国人,1870 年被克虏伯厂派来华推销军火,不久被李鸿章聘为陆军教官,甲午战争时曾由天津调往威海卫协助北洋水师作战。据改。下径改。

甚合用，惟堆煤之厂恐日久露积不宜，现与丁提督商酌，仿照威海办法，添造厂棚，容俟丁提督拟定丈尺做法，移咨到局，再行禀陈。

会勘炮台地势公商办法禀

光绪九年十月十四日〔附章程清折〕

窃职道等前将随员汉纳根覆估旅顺口崂嵂嘴炮台工料用款清折会禀，呈请宪核，当奉批示，据禀，随员汉纳根所估旅顺口老驴嘴拟造炮台木样，系仿德国新式云云。仰将估料、查工、用人、领款各章程即日会商妥议，禀明备核等因。奉此，职道席珍遵于本月初四日驰抵旅顺，职道保龄正在坝工督饬抢险，相与晤商。于初六日会同汉随员、王前镇并邀宋军门与王道德均同至崂嵂嘴一带覆勘地势。据勘，该山为旅澳东面外围，自白玉山后，峰势起伏蜿蜒，奔赴海滨，其到海近处，两峰直峙，前高后低，前峰临海一面石壁峭立，下临洪涛，上有烟墩遗址，峰巅放平，周围约五十余丈，其为天然生成，抑系旧时海防削平以便驻师，不可深考。职道等与汉随员商酌，即就此处筑台，其高距海面水平计三十七丈有奇，筑炮台于上，东顾峰左海湾，防敌船由此登岸，袭我后路；西顾黄金山脚，兼及口门，相离约十里以外，十二生的以上之后膛炮即可合用。海上有事，分兵于左右低山，置炮设卡，联络声势，旅澳东面临海一路可保无虞。以汉随员呈鉴木样较之，其处尚须轰去土石一丈有余，填平峰西低处，方敷布置。据汉随员面称，建筑此台用机器铁道运料上下。照其覆估清折，工料用款五万七千六百余两可以集事。职道等公同商酌，拟照议兴办，而以洋员专管监工、布置、调度做工匠役，华员专管办料、经理、支发各款。分设工厂、料厂，各专责任，互资考校，汇其总于工程局。用款统由职局查照估册分起禀领转发，作为炮台工程专款核实报销。连日督饬旅顺库工提调牛倅昶昞、军械所委员张州判广生查照木样并图,面询汉随员做法,将全台应做之工,应用之料,通盘核实确估,赶造清册,以免续估添款各弊。惟时值严冬,风寒晷短,非兴办大工之时,拟将估册算缮清确,另行禀呈宪鉴备案。彼时再由职局具禀请款,采办物料。开春日暖天长,各料具备,即照会汉随员动工筑台,妥慎办理,免致稽时糜款。既据汉随员称,用机器铁道运料可以节省经费。拟请准照办理,即于旅顺禀调闽厂运存天津铁道项下酌拨一英里,运旅济用。所需机器,查旅顺四号挖泥船内,其第一号船身已旧,挖泥不甚得力,拟请即将该船机器调归炮台应用,已经汉随员考校其汽力,足敷运料上山。应领煤油、薪工各项,即照该船原领之数给发,于炮台款内列销。除俟明春二月间开工时再将办理情形报查外,所有覆勘炮台地势会商办法各缘由,理合据实禀覆,并遵批拟定用人、估料、查工、领款简明章程,缮折附呈。是否有当?伏候鉴核批饬祇遵。再,旅顺海口诸山,除黄金、白玉、鸡冠、老铁诸山各有定名外,其他均系土人随意指称,本无定字。此次议办老驴嘴炮台工程,职道等会商以后,公件均改写“崂嵂”二字,合并呈明。

计附呈章程清折一扣。

谨将崂嵂嘴炮台用人、估料、查工、领款章程拟具清折,恭呈宪鉴。

一,用人。此次炮台工程用人应分办公、办料。就崂嵂嘴山上设立工厂,任汉随员调度,专管布置做工。准用委员一人兼司书记,支发、监工、司事共三四人,均由汉随员遴荐,送由职道等验看,于炮台领款项下禀定薪水。果能办事结实,工竣后,由余款内分别奖赏,若浮伪不能得力,一经查出,知照汉随员立即斥退另换,不准护纵。匠役人等工价须与库澳各工画一，不得滥加分文，致糜公帑。在芹菜礁一带便于卸料之处设料厂，由职局派员经管，辅以委员、司事数人管理巡查，稽核帐房收发等事，薪水用项均在炮台款内列销。工厂做工各事为汉随员专责，料厂专属之办料委员随时应禀应咨，文卷公事仍由职局分宗汇办，无庸添员，以节糜费。

一，估料。炮台需用料物，查汉随员此次估折内开，除轰山火药、运道、机器、铁条、塞门德土各项应分别由职局所领用者，未经核价列折，此外需用之料，以石条、石灰、土方三项为大宗。土方就附近山冈择色黄质净之处，由料厂委员会同汉随员勘明，雇夫包运到工，计里验方给价。石条、石灰，工程局有办价可考，责成料厂委员照办给领。至砂石、木、铁各料均照市核价列册，由汉随员自办，不准任意放价。揽户运到，赴料厂委员处请验，工厂收到后，予以凭单，料厂验单发价。如查有浮冒各弊，即严惩揽户，分别赔罚。如汉随员不愿自办，均由料厂办齐给领，应查照册内花色数目，不准稽延缺乏，有误应用。料厂、工厂须各立收发底簿，收工时呈验比对，以昭核实。

一，查工。炮台应做工程均按图开于册内，详载做法。除职道随时亲往工次督察考核，每三五日由局另派廉干员弁一二人赴工厂考究一次，查其现做何工，所用何料，或匠役偷惰有不坚实如法之处，禀明知照汉随员改做结实，不得阳奉阴违。每十日清查料厂一次，料物是否均备不缺应用。全台工程先须轰山平基，修筑马道，方能兴办。开工时应定明何时应成几分工程，方准领款若干，设有迟逾，当由职道等会同严切催查，据实禀陈，以重要工，而免迟误。

一，领款。炮台用款即以汉随员覆估五万七千余两作为范围，不准续估添款。造册定后,应先准办料委员请款办料,预备春暖开工。炮台全款统由职局分起禀明,向支应局请领,分别转发。除料物价值均由办料专员在局具领外,其工厂薪工各项应归汉随员随时由局具领发给。运料上山所用机器,系由一号挖泥船上调用,所需煤油、薪工各费,即仍照该船原领之数给领,归于炮台款内列销,以清款目。

申送崂嵂炮台估册禀

光绪九年十月十七日〔附估算清册〕

窃职道等前将会勘崂嵂嘴地势,并拟具章程清折于十月十四日禀呈宪鉴在案。查牛倅昶昞、张州判广生会同汉随员遵办估册,系于十月十三、四等日约齐面商该委员等,逐条指问,该随员即时登答。于十五日经该委员等缮折,呈由职道等公同阅看。其中惟轰山垫基及修马道两项,据汉随员声称,药力轰裂山石或过或不及,未能尽随人意。轰讫后,方能定垫数之多少,事前实难作定。修马道亦须临时相度,或有更改,未能先期作准,是以两项无从细估等语。此外,各项土石工程尚属丝丝入扣,具见该随员实求节省,颇为可嘉。应遵前奉宪札照该随员覆估需银五万七千六百余两之数作为范围,将来做成,断不准有逾此数,谨将该委员等估算清折照缮一册,恭呈钧鉴,伏乞宪台核定批示祗遵。再,此项炮台工程估册拟照威海、旅顺前办库厂各工之例,恳乞钧裁,暂缓咨部,俟明年夏秋台工诸事就绪,再行细造清册,呈候宪核,以备咨部之用。可否之处,伏候钧谕批定施行。

谨将牛倅、张州判会同汉随员估算崂嵂嘴炮台并兵库等房丈尺、工料、应需银数照录缮成清册,恭呈宪鉴。计开:崂嵂嘴炮台一座,内建库房。

石条项下:

库房六间,每间长三丈,宽一丈五尺,高一丈二尺。内砌墙厚三尺,高六尺,镟洞高六尺,前后檐墙共长七丈二〔尺〕。过道长共八十七丈八尺。内二面有檐墙,计三十一丈;一面有檐墙,计四十六丈;无檐墙仅有镟洞,计十丈零八〔尺〕。过道檐墙,厚二尺,高六尺。镟洞高二尺,厚二尺。二面檐墙,每丈合二方四十尺。一面檐墙,每丈合一方二十尺。镟洞每丈合二方零五尺。二面檐墙并镟洞每丈合四方四十五尺,共合一百三十七方九十五尺。一面檐墙并镟洞每丈合三方二十五尺,共合一百四十九方五十尺。镟洞每丈合二方零五尺,共合二十二方十四尺。夹衖计长十五丈二尺,宽二尺,高七尺。檐墙高六尺,镟洞高一尺。一面有檐墙合一方八十尺。镟洞合四十尺。每丈合二方二十尺。统共三十三方四十四尺。

根房十间,每间长一丈,宽一丈,高八尺。墙厚三尺,高一丈,镟洞高四尺。一面檐墙合三方。一面山墙合四方八尺。镟洞合六方六尺。根房每间合十三方八十六尺。以十间计,共一百三十八方六十尺。

子药炮房八间。每间长一丈六尺,宽七尺,高七尺。前檐墙厚二尺,高一丈。后檐墙厚三尺,高四尺五寸,镟洞高二尺五寸。山墙高一丈,厚二尺。前檐墙合四方,后檐墙合二方七尺,二面山墙合二方八尺,镟洞合八方二十九尺。炮房每间合十七方七十九尺。以八间计,共一百四十二方三十二尺。

大门一道,计长一丈五尺,宽一丈,高一丈。墙厚四尺,高六尺,镟洞高四尺,厚三尺。八字墙二道,计长二丈,高一丈三尺,厚四尺。大门二面檐墙合七方二十尺,二面八字墙合十方四十尺,镟洞合八方五十一尺。共合二十六方十一尺。中间过道门一座,计长一丈三尺,宽一丈,高一丈。墙厚四尺,高六尺,镟洞高四尺,厚三尺。中门二面檐墙合六方二十四尺,二面八字墙合七方八十尺,镟洞合七方三十七尺。共合二十一方四十一尺。过道左右门二道,计长一丈三尺,宽一丈,高一丈。墙厚三尺,高六尺。八字墙,计长一丈,宽三尺,高一丈三尺。镟洞,计高四尺,厚三尺。二面檐墙合四方六十八尺,一面八字墙合一方五十尺,镟洞合七方三十七尺。每座合十三方五十五尺,二座共合二十七方十尺。根墙,共长一百七十二丈,厚四尺,高一丈。内三尺用石条,七尺用碎石。每丈合石条九尺。应用细瓦工一百五十四方八十尺。统共合石条一千一百九十二方二十三尺。

碎石项下:

子药库六座、大门四座,共十座地脚,计长三丈三尺,宽二丈,深三尺。每座合十九方二十尺。以十座计,共一百九十二方。根房十座,计长一丈,宽一丈,深四尺。每座合四方。根房护墙,计长一丈,厚三尺,高四尺。合一方二十尺。每座合五方二十尺。以十间计,共五十二方。过道计八十七丈八尺。夹衖计十五丈二尺。共合一百零三丈。每丈地基宽一丈四尺,深三尺。合四丈二十尺。护墙宽三尺,高三尺。合九十尺。每丈共合五十一方。以一百零三丈计,共五百二十五方三十尺。根墙,计高七尺,厚四尺。每丈合二十八方。以一百七十二丈计,共四百八十一方六十尺。统共合碎石一千一百五十方零九十尺。

素土项下:

炮台土墙,计长一百三十五丈,前面墙厚三丈五尺,后面墙土厚二丈。前面墙高二丈五尺,〔后〕面墙〔高〕一丈五尺。走马墙,计四面。土高一丈八尺,收坡一尺。共合一万三千七百四十九方七十五尺。上墙马道两座,计长九丈,高一丈八尺,宽二丈。两旁一尺收坡。合一百三十三方六十六尺。兵房护墙,计长二十九丈,高二丈,宽一尺。收坡五寸。合九百十方零五十尺。炮台心,计宽二丈,长一丈,高一丈八尺。每座合三十六方。以五座计,共一百八十方。外墙,计高七尺五寸,宽二丈,长共一百四十七尺。合一千一百零二方五十尺。统共合素土工料一万六千七十六方四十一尺。营官住房两座,每座四间,共八间。计长二丈五尺,宽二丈,高八尺。蒙古顶做法。用碎石砌墙,芦苇房顶,上用瓦顶。隔墙四道。兵房二座,每座五间,共十间。计长二丈,宽一丈三尺,高八尺。一坡水做法。用碎石砌墙,芦苇房顶,上盖瓦顶。隔墙八道。差、厨役房二座,每座十间,共二十间。计长一丈,宽一丈,高八尺。一坡水做法。芦苇房顶,上盖瓦顶。隔墙十八道。以上各房房料均用松木。

不用铁道价值:

石条,每方用四十五块,共五万三千五百五十块,每三块合银一两,共银一万七千八百五十两。碎石共一千二百四十方,每方银二两,共银二千四百八十两。细瓦工共一千一百九十方,每方工价银三两五钱,共银四千一百六十五两。粗瓦工共一千二百四十方,每方工价银三两,共银三千七百二十两。素土共一万六千七百五十方,每方工料银七钱五分,共银一万二千五百六十二两五钱。石灰,每方用灰四百斤,共八千七百二十担,每担银五钱,共银四千三百六十两。碎砂,和塞门德土用,共五百四十方,每方银二两,共银一千八十两。兵房共二十八间,每间工料银一百两,共银二千八百两。库门共十二副,每副工料银十两,共银一百二十两。子、药库气洞门共五十四副,每副工料银三两,共银一百六十二两。

以上统共湘平银四万九千二百九十九两。

另加塞门土一千桶,轰药二千磅。轰、垫地基,每方工价银三钱六分,共二万三千方,合银八千二百八十两。马道,宽一丈五尺,共二百五十五丈。每丈价银四十五两,合银一万一千四百七十五两。以上二款据汉随员面称,未能先定尺寸,未便核实。理合声明。

用铁道价值:

石条,每块长二尺,宽、厚均一尺。共五万三千五百五十块,每块银二钱五分,计银一万三千三百八十七两五钱。碎石共一千二百四十方,每方银一两五钱,计银一千八百六十两。细瓦工共一千一百九十方,每方工价银三两五钱,计银四千一百六十五两。粗瓦工共一千二百四十方,每方工价银三两,计银三千七百二十两。土工共一万六千七百五十方,每方银七钱,计银一万一千七百二十五两。白灰共八千七百二十担,每担银四钱,计银三千四百八十八两。碎砂,和塞门土用,共五百四十方,每方银二两,计银一千八十两。兵房共二十八间,每间工料银一百两,计银二千八百两。库门共十二副,每副工料银十两,计银一百二十两。子、药库气洞门共五十四副,每副工料银三两,计银一百六十二两。

统共湘平银四万二千五百零七两五钱。

平地基价,每方工价银三钱六分,共二万三千方,合银八千二百八十两。马道,宽一丈二尺。计一百九十丈,每丈银三十六两,合银六千八百四十〔两〕。以上二款据汉随员面称,未能先定尺寸,未便核实。理合声明。外用机器、铁道、车子、人工、煤炭各杂费一概在外。另领塞门土一千桶,轰药二千磅。

卷　三

请领垫发各款禀　光绪九年十月十七日

窃职局垫发各款，头绪繁多，亟应及早清理，以免日久轇轕。现值澳工十得八九之时，结算方夫帐目，找清内地人夫，领款待用甚为急迫。兹饬专管银钱委员李令竟成将应行领回归垫各款自八年十月初六日，职道等接办工程开局之日起，截至本年九月初五止，分为六款：一，局员、司事、差弁、书吏等薪水津贴，计银五千九百七十八两零。一，坝埽长夫口粮，计三千八百九十两零。一，挖泥船员薪、夫粮及该船杂用，计七千二十二两零。一，艇船员薪、兵饷及该船小修杂用，计三千九百八十九两零。一，利顺轮船员薪、夫粮，计一千一百三十六两零。一，随员汉纳根经手领款，计五千九百二十四两零。合为一册，共计垫过湘平银二万七千九百四十一两二钱二分四厘七毫一丝。除汉随员领款应由该员自造细册两分，一存职局备查，一送支应局备核请销外，其余五款均系职局历次禀咨有案。现经逐款详细开列，造具清册，移咨支应局备核。惟计封河在即，若俟支应局详细核定拨发，恐非旬日内所能立办，而职局待款紧迫，又实难缓至来春，拟恳宪台饬下海防支应局于职局前项册内应行领回归垫之湘平银二万七千九百四十一两零数内，先行拨发湘平银二万两，俾济急需，而免误工。其下余应找发之七千九百四十一两零，即俟该局核定后，移咨到日，再由职局具领。至此后，随时垫发，随时领还，拟每届三个月归结一次。除在此六款之外续行查出，或另案新事由职局垫发者仍由职道禀办外，凡此次由支应局核定有轨辙可循者，拟由职局径行移咨领回，以昭简易，亦可免垫款过多，积压日久，正款不敷周转之虑。可否之处，伏候钧裁核定批示祗遵。

旧坝塌卸堵闭合龙禀 光绪九年十月二十日

窃本日午初刻，职局委员李令竟成乘海镜轮船回旅，奉到钧批七件，敬聆祗遵。查旅工旧坝塌卸低蛰之四十余丈，自初四日派员会同守坝之侯副将得胜督率人夫层土层秸，赶紧镶高，步步前进。初十以后，坝势渐高。十一日，昼夜狂风震撼，拔木破屋，为职道至旅以来所见最大之风，当饬员弁人夫分投守护，日夜巡视。幸是西北风，潮水不甚大，工段均未走动。十七、八、九等日，潮水甚大，与新筑头埝及坝工新段一律均平，幸未漫过。职道目击情形，十分焦灼，与王提调仁宝筹议，于十九夜晚，将人夫、秸把一律齐备。二十日寅正刻，加夫六百余名，职道与王提调、侯副将及朱典史同保、白州同曾垣、王令鹤龄等严切督催，进土压秸，不许片刻迟留。巳初刻，将未经赶成镶高之低处五丈及缺口三丈余宽地方南北两头进合，一气封压，断流闭气，现仍赶速添土培高。以全局而论，此口不合则潮水愈向内刷，胶泥愈向外走，里面退步，另筑石坝愈难措手，幸得堵闭合龙，可多此一层外障，自可收层关叠隘之效。惟回思月朔塌陷情形，一丈四尺之高顷刻变为平地，则此下胶泥之深不可测，直属毫无把握。总之，此坝塌坏之速，及两旬之中竟得封闭缺口，屹然复峙，皆非意想所能料及。至在工提调、员弁、司事等自初一至今，昼夜奔忙，面目黧黑，冲寒冒雪，不避艰险，均属实心任事，始终勤奋。查侯副将得胜原系经修此坝之员，坝塌以后，该副将焦愤异常。职道勉以速图补救，此次督夫工作，厥功最多，幸得合龙复旧，拟恳钧慈，免其置议，仍责成该副将带领长夫认真守护。此外，提调、员弁人等均属职分应为，且职道硁硁之固，不欲因人过以为己功。况此坝合龙尚非甚难，此后之可恃与否，更难逆料，拟俟石备坝、全澳竣工之时，再由职道据实汇陈，仰恳恩施，以昭激劝。其退修石备坝地段，旬日以来，逐段扦试，软泥太长，硬底颇少。本日敬读批示用塞门德土作底。前两日，正与汉随员商榷，亦舍此别无良法。惟统计用石加灰打桩，再用塞门德土，縻费甚巨，未敢遽决。容俟日内坝事培高稍定，遵谕督同王提调切实撙节估计上陈，禀候宪核。再，口门外前禀加挖小沙嘴之处系琅威理建议。职道目击超勇、康济均是吃水十五尺之船，出入均无隔碍，拟目前暂缓加挖，俟正、二月间，坝事可靠，再行举办，盖南坝一段工程距口门甚为逼近，从前恃沙石以拦胶泥，恃胶泥以托坝底，是以年余稳固。此次沙石尽去，胶泥外走，致有此变。是口门加挖与否，实与坝工关系甚重。可否之处，伏候钧裁批示祇遵。

雇夫遣归请给轮船水脚禀 光绪九年十一月初七日

窃职道迭准津海关周道、军械所张道函称，以现奉宪台钧谕，饬派招商局普济轮船来旅接渡直省土夫等因。奉此，伏查职局经办船澳大工，约计挖土二十余万方。八年冬间，因辽地人夫不解工作，必须派员至直省雇夫，屡经禀明宪鉴在案。计陆续招集到工之直省人夫共一千六百余名，除随时因病因事遣撤百余名，及十月初七日由海镜船搭渡六百名,二十三日由湄云船搭渡八十五名外,尚留工次八百余名,所办土工已逾九成。天寒地冱,海滨又鲜室庐栖止,陆路距津二千里,岁暮思乡,群情惶急。二十七日,普济轮船至旅,经职道即时传示各土夫,以现蒙钧慈浩荡,俾得悉数西还,该人夫等感激同声,欢呼匝地。职道以人数众多,恐至津或虞滋事,多派员弁妥为弹压。于二十八日申时登轮,三十日午刻抵津。下船后,即时分投散归乡里,均极静谧。兹准招商局函开:计土夫七百九十八名,职局员弁、亲兵等三十六名,共八百三十四名。拟恳宪台逾格恩施,准照职局本年二月间渡夫赴旅每名轮船水脚银一两五钱成案,饬由支应局发给招商局普济船水脚津平银一千二百五十一两,俾资津贴。再,准招商局称,随员汉纳根及水雷教习满宜士均附搭该船来津。应付该船火食费用等洋十二元,按七钱折合津平银八两四钱。职道查该洋员等均系因公来津,既与该土夫等同船,似未便独令向隅,拟恳宪恩,饬支应局一并发交招商局承领。此后洋员搭船往来不得援以为例。倘蒙恩允,拟俟奉钧批后,即由职道移咨招商局,径赴海防支应局照数具领,以清款目。可否之处,伏候宪裁核定批示祗遵。

估修水师煤厂等工程并领款禀

光绪九年十一月二十日〔附清单〕

窃职道于十月间,准统领水师丁提督咨称,旅顺口建设水师药库、屯煤厂屋、看煤司事人等住房并各船储存物件之屋,又,煤船四只、水船两只,均禀由旅顺工程筹办在案。兹查水师备用煤吨陆续运到,厂基四面墙垣已筑砌完备。惟存煤现尚露积厂地,未有厂屋,一经雨雪浸淋,堆储日久,恐不合用。应就厂地坐南向北搭盖厂棚一所,计进深五丈,长十丈八尺,俾日后与工程存煤一并分屯在内。又,就厂地坐东向西搭盖厂屋一所,计进深二丈五尺,长十丈八尺,内铺地板,并作木栅分做三间,以备各船存放帆缆绳索暨一切船上备用物料,并水师现拟存储米粮等件。此外,又须添盖空心子弹装药房两间,请即一并兴办,以应要需等因。准此,职道等查前经丁提督禀,由职局估计建造,仰奉宪台批允之水师药库、子弹库、煤厂围墙、看煤司事人等住房与军械大库、陆军药库、水雷库及各项住屋,自九月间次第开工兴造,统计工程现已十得八九。十月初九日,经丁提督与水师总查琅威理亲至旅顺查勘,均称合用。其随员汉纳根经修之煤船两只,工料均已齐全,费用不赀,而琅威理以为板料太薄,甚不合用。经职道与丁提督面商,改由牛倅昶昞经办,仍候琅威理等绘样照造。其已造之煤船两只,拟油舱坚固,改为装水之用,以免虚縻。兹准咨开,堆煤厂棚、绳篷、米粮库及装药房各工均系水师必不可缓之需。际此海防吃紧之际,旅顺为水师屯泊重地,似应及早兴建。谨由职道保龄督饬提调牛倅昶昞撙节估计,据缮清单,约共需用湘平银四千二百八十两五钱,照录恭呈宪鉴。倘蒙钧允,准其建造,拟俟库厂各工悉数告竣,一并汇造清册两分上呈,以备宪核及咨部之用。再,职局库工前经估定,实应领湘平银一万二千六百两六钱七分五毫二丝五忽,禀请先发湘平银九千两,仰蒙宪台批准,遵于本年十月由海防支应局具领在案。其估定未请发之款尚有湘平银三千六百两六钱七分五毫二丝五忽,合之此次估单湘平银四千二百八十两五钱,共计湘平银七千八百八十一两一钱七分五毫二丝五忽,拟恳宪台准其再行汇领湘平银七千两,俾资应用。是否可行,伏候钧裁核定批示祗遵。再,前项工程,现值冬令冻冱,拟先行造办木架,□□□□均于明年二月开冻后赶速修建,合并陈明。

谨将提调牛倅昶昞估修水师煤厂棚、绳篷、米粮库、装药房等工程约需银两清单照录,恭呈宪鉴。计开:

一,煤厂棚一座九间。照基挖槽,夯硪灰土。檐高一丈二尺,进深五丈,开间一丈二尺。八柁二十九檩,前后插枋。按蒙古顶做法,上用方椽仰板,外垫苇把,上插灰泥二次,铺盖双瓦。四面无墙。约估需用湘平银二千二百八十三两,每间合银二百五十三两六钱六分六厘六毫六丝六忽。

一,绳篷、米粮库一座九间。檐高一丈三尺,进深二丈五尺,台高三尺。满外开间长十一丈三尺,进深三丈,四面共长二十八丈六尺。八柁十三檩。按蒙古顶做法,上用方椽仰板,外垫苇把,上插灰泥二次,铺盖双瓦。房心筑素土三步,满铺地板。隔间木栅栏三道。四面装檐石墙,搀灰灌浆料,半砖封檐,墙下筑灰土三步。前面开砌窗户八道。内门外雨搭板,发镟大门一道,下砌斜坡石级。约估需用湘平银一千五百七两五钱,每间合银一百六十七两五钱。

一,装药房一座二间。台高三尺,檐高一丈二尺,开间一丈二尺,进深二丈。满外开间二丈九尺,进深二丈五尺,四面共长十丈八尺。三柁十一檩。清水脊做法,顶用方椽仰板,外铺苇把,上插灰泥二次,铺盖双瓦。房心满筑素土二步,灰土一步,四面均砌搀灰石墙,墙下筑灰土三步,□□□□料,半砖封檐。前后檐开砌窗户四道,装镶横竖铁楞。内门外木雨〔搭〕板,两山开砌发镟大门二道,下垒斜坡石级。约估需用湘平银四百九十两,每间合银二百四十五两。

以上三项工程,总共估需湘平银四千二百八十两五钱。

夫头支借款项分别扣免禀 光绪九年十一月二十日

窃职道于光绪八年十月，接收前办旅顺工程黄道瑞兰交代项内有夫头刘曜、王玉山、王凤鸣等支借各项。计分三款：一为刘曜等借领方价愿归澳工方价扣算之湘平银三千二百八十六两六钱三分；一为刘曜等借领大小米、器具应行扣价，据称领数不符之湘平银四百二十八两一钱四分；一为刘曜等坚称已做有工，不肯认扣之湘平银六百四两五钱八分三厘。曾经职道于接收交代禀内开折陈明。又于本年二月十七日，禀奉宪台批开，天津夫不肯认扣方价银六百四两零一款，迭经严诘，该夫头仍坚持不肯具结，自应暂缓议办。又，夫头领器具不符银四百二十八两零，亦如所议，俟各夫头全数到工再行询办等因。奉此，职道查十月后，津夫工作有成，渐次遣撤，亟应将前项各款目逐一清厘，以免轇轕，当即檄饬澳工提调王县丞仁宝逐款清结禀报。旋据该提调禀称，夫头刘曜等借领方价湘平银三千二百八十六两零一款，业经该夫头等认扣，当于方价帐目扣清，如数归款。其大小米、器具等项不符之四百二十八两零一款，现经剀切开导，该夫头等情愿照数认扣。至该夫头等八年秋间初到旅顺所领方价六百四两零一款，实因请领此项银两时，正当坝工吃紧，众夫工作之际，随时分发各夫作为食用之需。拖欠在夫，并非夫头等私自挪用，恳为转禀求免。等情前来。伏查该夫头刘曜等支借三款，除业经认扣之两款应饬王提调仁宝督同坐扣清结，另禀具报外，其该夫头等坚执不肯认扣，现求免缴之湘平银六百四两零一款，本年正月，曾经黄道禀请作为赏犒，奉宪札饬，再细核具覆。又经职道禀请暂缓议结，俟大工告成后察看，禀陈在案。此项银两屡经职道查访，委系土夫作工领款，尚非该夫头等挟诈捏饰，势难再行追缴，且该土夫等航海赴辽，时经一载，居荒山穷海之间，历暑雨祁寒之久，工作勤奋，始终罔懈，迥非内地工程可比。可否仰恳宪台逾格恩施，准将前项湘平银六百四两五钱八分三厘作为赏犒，免其追缴，以示体恤之处，伏候钧裁核定批示祇遵。所有清结夫头等借款各缘由，理合肃禀。

调员管理水雷营事务禀 光绪十年正月初八日

窃现值海防吃紧之时，旅顺海口必须布置周密。查水雷、旱雷均属设防要需，而水雷起落安放理法更为精细，非专门久习，未易穷其窔奥。上年二月间，曾经职道等禀请，以在旅之艇勇四十名学习水雷，并另由大沽水雷营借拨头目二名、雷兵十名赴旅教习。刻下库已修成，各雷渐次运往，亟宜料简成营，认真操练，事属经始，规模草创，尤必须精通雷电事理，志力明干者派为管带，以收提纲挈领之效。查有现充大沽水雷营帮带九品顶戴方凤鸣，本系闽厂学生，在大沽雷营五年，于雷电事理颇为熟悉，人亦精干，有志向上。职道与军械所张道、大沽协罗副将迭次面商，意见相同，拟恳宪恩，准将方凤鸣调赴旅顺，派令暂管水雷营事务，仍由职道认真查看，如果奋勉图功，操练日有起色，再行禀明派为水雷营管带，倘不得力，即行撤换。可否之处，伏候钧裁核定批示祇遵。再，职道于雷电各事向鲜阅历，未敢强不知以为知。查张道席珍、牛倅昶昞均系职局会办，皆于雷电理法谙习，实胜职道数倍，拟此后凡有雷电各事宜，除妥商宋军门、丁提督、王镇外，仍与张道、牛倅详酌会禀，以期妥洽。至水雷营规制，事关久远，职道拟与张道参酌大沽、北塘、威海各处成法，酌拟条目，另行禀陈，合并声明。

请领各炮炮费详 光绪十年正月□日〔附清折〕

为详请事。窃查旅顺口黄金山炮台工程完竣,应设德国克鹿卜厂造十二生的后膛长钢炮五尊、二十四生的后膛钢炮两尊,历经职军械所遵饬拨给,交由汉随员会同千总袁雨春验收置设。据报于九年五月间,一律置设妥当。十月间,职局所会同查勘试放,台、炮均属稳固,当经禀明宪鉴在案。伏查此项后膛炮位器精价昂,置设台上须备炮棚、炮衣妥为护惜。平日操演,其擦炮之洋油脂纱及修整零件等项,在在需款,准王前镇函商请领前来。惟查二十四生的后膛大炮炮费,前此拟议章程,其时北洋尚无此种炮位,是以未经议定。职道等公同会商,拟暂照大沽二十一生的后膛大炮炮费章程,每尊每月议给炮费湘平银八两,其十二生的后膛炮即照前议定章,每尊每月请领炮费湘平银六两,俾管炮各官稍资修理津贴,即以专保护之责成。如蒙俯允,拟请宪台饬知海防支应局,所有前项炮费可否即照职道等拟议数目于十年正月一律起支,由统领护军营王前镇分季汇领,作为炮台炮位公费按月转发管炮各官,撙节动用,据实报销,以重利器,而昭核实。又,该处炮台根房内领设护墙十二磅前膛铜炮八尊,亦应照章自本年正月起,每尊每月由海防支应局请领炮费湘平银二两八钱。惟后膛炮位零件繁赜,设机逗笱,处处皆须入细,即平日拆卸擦洗,分别储存,均当运以精心,定为常课。若以素未娴习之兵弁卤莽灭裂,贸焉从事,临敌稍不应手,势将贻误全局。自九年十月试炮后,职道等与王前镇公商,所有台存大小各炮件均仍归驻旅教习之亲兵营哨官袁雨春暂行管理。现准王前镇函商,俟职道等请定炮费奉准后,仍按月转发袁哨官雨春应用。职道等查护军营驻台弁勇到防未久,于炮理尚未精熟。王前镇所商办法系为慎重巨炮起见,拟如所议办理,俟护军营操习娴熟后,再由职道等会商王前镇,禀由该营驻台兵弁接管。至旅防拟建炮台不止一处,每台必设数炮,积则见多。际此帑项维艰,必用之需固属不能靳惜,常年之款亦须严杜漏卮,拟由职道等会同王前镇认真考核所有管炮官月领炮费如何动用之处,按月造册,分报王前镇及职局所备查。果能实心撙节,事无废坠,费有盈余者,其每月节省若干,准暂归该管炮官收存,以备不时公用,倘敢任意滥支或物价不符,即行从严禀请究办,总期立一核实规模以为后来各炮程式。可否之处,均候宪核批示施行。除俟奉到钧批再行分咨查照外,所有职局所拟请起支旅顺口黄金山炮台克鹿卜后膛二十四、十二生的及前膛十二磅各炮炮费银两缘由,是否有当,理合缮折具文详请宪台鉴核批示饬遵。为此备由具呈,伏乞照详施行,须至详者。

谨将拟定旅顺口黄金山炮台所设各项前后膛炮位月支费用银两数目缮折,呈请宪核。

一,克鹿卜二十四生的后膛钢炮二尊,每尊每月拟给炮费湘平银八两。

一,克鹿卜十二生的轮架后膛长钢炮五尊,每尊每月拟照章给炮费湘平银六两。

一,十二磅轮架前膛铜炮八尊,每尊每月拟照章给炮费湘平银二两八钱。

以上黄金山炮台所设各项炮位,每月应领炮费共湘平银六十八两四钱。拟自本年正月起,由护军营统领王前镇在支应局按季汇领作为炮台炮位公费,按月转发该管炮官弁,撙节动用,核实具报。查该军住守旅顺炮台所有饷项均归淮饷列销,惟炮台各炮位系为守护海口而设,此次请给炮费如蒙允准,应饬由海防支应局拨发,以便造报。再,该军现办旅顺口人字炮墙工程,所领各项前、后膛炮位亦应核给炮费,现未准王前镇具报竣工安设妥当,应俟工竣报到开操日期,再行另案详办,合并声明。

请领水雷营应用物料禀 光绪十年二月□日〔附清折〕

为详请事。窃照旅顺口为北洋锁钥,现以海防吃紧,经职道保龄禀奉宪台批准,由大沽调拨头目、雷兵,并调派大沽水雷营帮带九品顶戴方凤鸣暂管水雷事务,俾练成营,以资防御在案。职道保龄即饬方凤鸣将应需雷电各项及一切器具,除上年由大沽拨去及学生洪翼领去者,尚须何物应用,饬其缮折呈阅,以便分别请领借领。其须添造之件亦应速即筹备赶造,以期早为运往应用。兹据该管带开具应领应造各项清折前来,复经职军械所细核增减,理合缮呈清折,仰乞宪台俯念海防紧要,水雷成营之始,各项料物必须充裕方足以资练习,饬行天津机器、行营制造两局,大沽协罗副将及水师船坞分别借领赶造,以应要需。除俟奉到批示,再由职道等分别咨行外,理合具文详请宪台鉴核批饬祇遵。为此备由具详,伏乞照详施行,须至详者。

计呈清折一扣。

哈乞开司枪十杆。枪子配一年。印度胶包皮小电线二十英里。铁(钯)〔靶〕一个。铁架全,八寸见方。洋号二支。洋鼓二面。时辰钟一座。铜锅八口。以上拟请由军械总局领给。

电瓶三百个。白火药二磅。勒格兰舍电箱十六口。电瓶内松泥罐改用羊毛毡做口袋代之可也。生铁地雷二百个。要满教习请造之式。包皮电线二英里。以上拟请由制造局领给。

西丽瓦敦式五百磅沉雷二十个。连大小象皮圈,各种起子全。湿电表两个。干电表两个。白金丝信子模三个。羊毛毡二十张。一丈二长,六尺宽。不必过细。洋小刀八十把。雷兵随身用的。墨油二十瓶。电报上用。墨水五瓶。电报纸一百磅。包绒小铜丝十磅。棉花三十磅。九分径四尺长铁棍一条。二寸、二寸五、三寸、三寸五樫木棍各一条。火钳子四把。洋广漆二十磅。硬木一块。要一尺见方,二寸厚。樟脑水二十磅。小油绳一百磅。硬木狼头四把。大、小两号连柄。红铜皮五十磅。楢木板三丈。要一尺宽,一寸厚。做电线头盒用。硬木斜坡板四块。要五尺长,一尺二寸宽。一头四寸厚,一头二寸厚。漆油一百磅。白漆十五筒。黑漆六筒。绿漆三筒。红丹粉一百磅。砂布一百张。细砂纸一百张。西毛头纸三千张。白铅五十磅。棉纱五十磅。柏油二百五十磅。大、小洋漆刷一打。计十二把。砂砖一打。计十二块。三头电门二个。七头电门三个。胰子二十磅。硬木塞子五百个。照大沽所领之样。松香八十磅。大剪子三把。小剪子三把。木锯大、小二把。洋斧子二十把。雷兵随身用的。小钢锯二把。大铁勺二把。小铁勺三把。洋铁片二箱。焊锡四十磅。玻璃粉十五磅。包印度胶小电线半盘。二十号小铜丝十五磅。硫磺四十磅。黄蜡八十磅。红铜回电片十五块。计一百二十磅。竹管三千个。四十号白金丝二钱。沙达末泥二百磅。水银四十磅。无名异八十磅。炭精板三百八十块。照勒格兰舍电瓶内尺寸,有公母螺丝的。黑铅五十磅。火酒三十磅。洋干漆四十磅。飞药面十磅。细洋药二十磅。银硃三十包。干棉花药二磅。炭火炉三个。洋剪钳八十把。雷兵随身用的。炭精碎八十磅。曲尺二把。武钻二把。活口镊子二把。大小铜扁烙铁四把。连柄的。大小铁烙铁四把。连柄的。大小铁狼头四把。连柄。羊眼钉五百个。鱼眼钉三百个。里口二寸一分蟹爪六角镊子二把。七、二分钢凿各二把。一分半至五分径黄铜条各一丈。楢木空电箱二十个。硬木亦可。牛皮带二十五丈。一寸三分宽。洋纸五十打。钢笔头六盒。里口七分镊子二把。三分至六分铜螺丝钉各一包。一分至一寸五分铁螺丝钉各一包。一寸径黄铜条一丈。半分厚红铜片三磅。六分钢条二丈。一分口径细铁条二丈。铁皮二块。厚半分,宽一尺,长五尺。半分厚白铅片三十磅。七分径白麻绳三百磅。三分径白麻绳三百磅。一分至五分象皮布各一丈。见方。铅笔五打。石笔三盒。石版六块。木螺丝钻大、小三把。德国碰雷六具。器具全。三分至五分起螺丝钉起子各二把。电线头盒上用洋锁二把。一分半分至五分起螺丝钉起子各二把。白铅筒三百八十个。照勒格兰舍电瓶内尺寸。盐强水十磅。磺强水二十磅。瓶套木箱以灰保护之。墨水罐六个。洋笔杆二十支。木架铁墩一个。风箱一个。洋磅秤一架。洋篷布十丈。电报电箱十五口。以上拟请由机器局给领。

直镜一架。连单电门。试电台一架。直测镜上用单电门一个。前拨直测镜上所短的。沉雷总接头盒一个。斜(侧)〔测〕镜一架。连三头电门全。丁字接头盒。连信子铡二个。碰雷总接头盒一个。以上拟请由大沽或于北塘存款内借给。

一百五十磅铁水雷各五十个。照老样。雷内再添配一铁皮胆或洋铁胆最好。七头电线架两个。并用铁轴子二根。四头电线架一个。并用铁轴二根。单头电线架两个。并用铁轴二根。铁铲四十把。连柄,照洋式,埋旱雷用。压气桶一具。连铜假盖并大小象皮圈、象皮管全。铜假盖要二个,一配碰雷口上,一配沉雷口上。五百磅沉雷上各种大小起子各配二套。木皮浮雷上各种大小起子各配二套。小铁坠二十个。照德国样。碰雷上铁链一百丈。沉雷总接头盒二个。大沽有样。二、三、五、七十磅杆子雷各二十个。碰雷铁扣五十个。以上均请由东局添造。

十四桨舢板二只。杆子、雷架连杆并船上零件及龙旗全。杆子、雷架,大沽雷营舢板上有样。以上请由大沽水师船坞造。

狮子头五十个。即杆上所钉之阻电瓶。电报电线二英里。细铁丝四十丈。紧线辘轳二架。若无,即小老虎钳亦可。电报电钟三个。电报电匙三个。卷电线纸架三个。电报用干电表三个。电报书籍十五本。电报机器四架。地钻三把。盘六寸大,柄五尺长。以上请由电报总局给领。

挑募雷兵水勇禀 光绪十年二月十一日〔附清折〕

窃维海防守口以水雷为利器,旅顺扼渤海要冲,前经职道保龄禀奉宪台批准,调大沽水雷营帮带九品顶戴方凤鸣暂管旅顺水雷事务,并仿照大沽、北塘、威海各处雷营办法,赶练成营,以资防御,由职道保龄、席珍、卑职袒晒等会商妥办,各在案。职道等当与职军械所往复熟商。旅顺海口水深澜阔,照洋教习满宜士所拟布置全图,口内外安雷三排,需用沉雷、碰雷八十余具之多,设营专操雷兵数目必计能敷分拨,方期得力。现参酌大沽、北塘两处水雷营所设兵勇额数,拟募挑雷兵两队,设水雷队长二名,每队五排,每排雷兵五名,另选头目一名,计共队长二名,雷兵五十名,头目十名。又水勇一队,设水勇队长一名,分为四排,每排水勇五名,另选头目一名,计共队长一名,水勇二十名,头目四名。雷兵、水勇每队用伙夫二名。全营设管带一员,帮带二员,书记一名,号令二名,管库学生一名,管库头目一名,管带用伙夫二名,共伙夫八名,全营核共一百三员名。所有拟定官弁兵勇月支薪饷及公费银两数目，谨另缮清折。并仿照大沽水雷营成法，酌拟营制、功课各章程，缮折并呈鉴核。查旅顺水雷、旱雷应设之处甚多，与大沽不相上下，惟现际帑项艰难，未敢遽从恢廓，且立营方始，习练未成，人数过多亦属徒糜无益。所有兵勇人数均照大沽酌减一半，惟帮带二员与大沽同。则以水雷创举，求才极难，拟多磨练人才，以储他日分拨之用，仍将薪数核减。至雷兵进退，必须与守口防军相辅而行，拟俟查看三五月后，该营习练略有门径，即就近知照护军营王前镇选择胆壮心细之勇数十名，随水雷营一体学习，以收呼吸贯通之效。又，大沽、北塘水雷营弁兵均由本标防营挑选编排。旅顺设防，前经职道保龄禀请，以艇勇四十名操习水雷，此次应以艇勇改编，惟目前防务紧要，职工程局为银钱总汇之地，职道保龄任司营务，应与在防将领会筹布置，在在须人差遣，禀奉宪台面谕，准将前项艇勇留作护局亲兵。除酌拟办法另禀请办外，所有新设水雷兵应须另募。职道等遵饬暂充管带方凤鸣与拟派该营帮带吴迺成于大沽挑募雷兵、水勇七十四名。本月初七日，由职道等点验后，严加考核，计挑定雷兵四十三名，水勇十三名，已于初九日由镇海船载送前赴旅顺。其不足额数拟俟到旅募补土著居民，以期熟习地势。新招人数较多，不能不酌给招募口粮，拟自职道等点验之日起，每人日给大钱一百文，以赡口食，到旅成营后，所有招募各费再由职道保龄核实开报。其全营正饷拟于在旅成营之日起支。再，查大沽水雷营弁勇尚有每人日给柴草银四厘五毫，此项亦须到旅之后就地酌定，禀候核夺。该管带官应办事宜甚多，拟请宪台饬刊“管带旅顺口水雷营关防”一颗，发由职道保龄转发，暂充管带方凤鸣祗领开用，以昭信守。除俟到旅成营，查明应办各事及应添工作、兵勇住屋照章次第办理外，所有挑募雷兵、水勇各缘由，是否有当，理合肃禀，伏候宪台鉴核批饬遵行。

计呈清折二扣。

谨将旅顺口设立水雷营管带、帮带、雷兵、水勇、书记、号令、伙夫人等仿照大沽雷营饷制，月领薪粮银两数目缮折，恭呈宪鉴。计开：

管带一员，每月薪水湘平银五十两。帮带二员，每员每月薪水湘平银二十两，共四十两。书记一名，每月薪水湘平银十二两。管库学生一名，每月薪水湘平银十八两。管库头目一名，每月薪水湘平银十二两。号令二名，每名每月薪粮湘平银六两，共十二两。水雷队长二名，每名每月薪粮湘平银十二两，共二十四两。水雷头目十名，每名每月薪粮湘平银八两，共八十两。雷兵五十名，每名每月薪粮湘平银三两八钱，共一百九十两。水勇队长一名，每月薪粮湘平银十二两。水勇头目四名，每名每月薪粮湘平银八两，共三十二两。水勇二十名，每名每月薪粮湘平银六两，共一百二十两。伙夫八名，每名每月薪粮湘平银二两八钱，共二十二两四钱。每月公费湘平银二十两。以上水雷一营共计一百三员名。大建共领薪粮湘平银六百四十四两四钱，小建共领薪粮湘平银六百二十二两九钱一分九厘九毫九丝。

谨将旅顺水雷营营制章程仿照大沽办法分晰拟定，缮具清折，恭呈宪鉴。

弁兵营制：

一，挑兵丁以年十六岁以外，三十岁以内者，方准入选。雷兵五十名，分为二队，每队二十五名。另设队长一名，共二名。每兵五名，另立头目一名，共头目十名。设管带官一名，帮带官二员，号手二名,管库学生一名,头目一名。每队用伙夫二名,共伙夫四名。管带官用书记一名,伙夫二名。又水勇二十名,另立队长一名,头目四名,伙夫二名,共二十七名。通共一百三员名。雷兵、水勇各听队长、头目约束指示,统受管带官号令训练。

一,旗帜、号衣。雷兵每队应制用号旗,准其一年更换一次,水勇一队亦然。其号衣每队应制棉夏粗布窄袖紧身袄裤各一套,冬给头巾一条,青布靴一双;夏给小式草笠一顶,青布靴一双;雨天给雨帽一顶,雨衣一套,为平时操演穿用。每名另制羽毛窄袖紧身袄裤一套,为大操排队时穿用。每月按十四、二十九两日责成各头目查察一次,呈报队长,队长呈报管带。如有损坏遗失,由管带随时饬令赔补。其棉夏粗布袄裤、头巾、草笠、靴均准其一年更换一次。羽毛袄裤非大操不穿,应两年一换,如尚可用,三年亦可。倘有因操演损坏,亦准随时添补,若系收管不妥以致损坏遗失,归各人自赔。

一,每雷兵一队应共住一处,俾队长易于管束。或酌调分住小轮船及艇船,俾习驾驶各艺。又,全营应备水龙一架,水桶五十个,水挽约备竹梯四架,长矛二十五条,小轮机器具一副,砧、炉、螺、板、虎钳、锤、夹均全。各兵习学铜铁各技,遇有物件小损,即在营中收拾。

一,头目雷兵领用洋枪九十杆,配齐佩带。各队长、头目、雷兵随身应带洋剪刀一把,洋小刀一把。每雷兵五名应备螺丝剪钳家伙,钢锉一副,土铲一把,斧一把,为随时操作之用。管带官、帮带、队长应各给手枪一杆,以资防卫。水勇一队一律照给。

操雷营规:

一,各兵每日黎明饱食,齐集点名,听候号令操演。无论港内港外,均以上半日四点钟,下半日四点钟为准。其在岸在营者均照一律。不准先后不齐,藉端迟误,并禁带自来火及一切引火之物。凡操演之时,步伐必须十分整肃,不准托故请假,接耳交谈,喧哗跛倚,饮食解便之类,致误要宜。每晚至二炮点名后,各归本队,不准私行出营及留亲友在营住宿。违者重责。

一,凡遇演放水雷,示明日期后,队长、头目均须先期查明水雷应用一切器具及火药、棉药应用各物齐备,听候调用。如有器具未备,须于闻令之时先期禀明,以便斟酌改期,不得临时推诿。其搬运各物务要格外小心,在岸则勿许闲人相近,在港则远离民船,以昭慎重。及至操毕,立刻查明用存各件,交总管库房验收存储,并将某物操用若干,各自报明,由管带官给单,库房记帐,以凭汇报而归核实。违者责罚。

一,营内库存电缆、水雷、电池、器具、火药等项,派学生队长专司收拾,如有损坏,随时禀请修理。在操场应听管带官号令,在库房则听总库官节制,不得任意取用。倘头目、兵丁有擅自取用者,由该库官、队长即行禀请,从重究办。如有偷盗窃卖等情,无论物件大小,即以军法从事。队长与头目各兵通同舞弊以及徇私不言,一经查出,罪与兵同。

一,雷兵出海置放水雷及在岸操演攻守等法,随身所带军械概与出队交仗相同,不得遗漏短少。如查出随身应带物件不全,即应罚该兵多操二刻。倘操演时或为军器误伤,终身不能操作者,应另禀请恤赏,或设法予以能作之事,俾资养赡。

一,雷兵在营练习安放布置各事,不准告知外人。如将来各艺俱优,当听候酌派各船、各海口差遣。自入营起,以二十年为期,不得半途藉词告退,别图渔利,违者关回,按罪重轻,或永远监禁,或军法从事。如扬言于人泄露要事者一律治以重罪。

一,营中存储水雷器械之处及兵勇出入地方,每日夜按二十四小时派人持枪看守。各兵轮流,周而复始。身上不准带烟具洋火之类,违者重责。每月逢三八之期,管带官派令各队长率领各头目轮流派兵收拾库房,擦抹各件,不准改期延宕推诿。如有违误,惟队长是问。倘有大修之件,送局修理,小修之件归于器厂雷兵自修。

一,各兵在营不准吸洋烟、饮酒、赌博,尤不准三五成群聚众出外生事,违者究办,并将队长、头目予以记过处分。每逢停操时辰,私事出入应立时辰签,归队长执管,在队长处将腰牌换领时辰签,告知何事,几小时回营,不准有误。操时由队长记于各人日记名下,回营后,仍于队长处缴签领牌,由队长销号。所用时辰签每队每时辰做两根,写明字号,交队长执管。如遇疾病告假者,当由头目禀明队长,验非托故,方准转禀管带给假几日,如期回营,或尚不(愈)〔与〕准,其续假不得漫无限制。一月之内,凡初二、十六,初九、二十四等四日,队长、头目率领各兵操练水龙二点钟,以备打仗之时救卫邻近之患,余时许各兵休息,以养其气。凡操水龙之时,准作正操时刻少操两点钟之雷电。

一,各兵按月当小考一次,五个月呈请中堂派员大考之。每年以三、五、七、九等月之朔,禀请中堂派员考验,分别等次,加饷给赏。此外每月小考由职局会办,督同管带考验存记。于大考之时,管带官、队长将每日登记之考勤、考验各簿一并呈阅,分别月课之勤惰,技艺之精疏,汇归赏罚之数,作为升降底案,用示鼓励。

功课程式:

一,管带、帮带各立日记一本,专记全营操作、训练、讲习之事。

队长各立日记一本，专记头目、兵丁作事、告假时刻等事。雷兵应先学习洋枪、行队并操练舢板之法。凡置放水雷之后，或攻或守，各雷兵俱有专司。习洋枪所以卫身，亦以御敌，且用作暗号，以通信岸上也。置雷之时，布置处所不拘湍流平急，按图置放，方得准的。或遇夜间布置，近于敌船寄锚之区，必须无行桨声音，使敌人不知消息，此舢板先宜操练也。将来小轮船稍暇，即以雷兵分习驾驶及水手、舵工、机器、铁柜等艺。平时习惯风涛，临事方可应敌。

一，学认悉雷电各物名目。凡雷电名目，种类繁多，或译音于外洋，或命名于中国，音义不同，恐多舛误。况水雷器具配合之法，工夫尤为细密，倘或分辨不清，配合稍错，非独施放不灵，而误发之患更险。应由管带官以及帮带督同队长、头目等一一训讲，使各兵皆知物名物性，用法理法，俾临事不致舛误。管带官、帮带务将一切名目于平日闲时画图，确定名目，分报职局、所，以归一律，而昭慎重。

一，学物质物性。夫电学之理甚微，有能引电者，有能止电者。迎战之时，倘置雷未妥，遇有引电之物相接电池，雷恐误发，抑或止电之物缠腻阴电、阳电原头，以阻其一周之电力，即使雷能得位而电不能应，或不发火，或偶发不灵，不能中敌。所以雷兵必须讲求其理，西国于此道日求精进，拟请购买英美两国雷电新报几分，由管带官、帮带择要翻译，每逢初二、十六，初九、二十四等日下午，讲与队长、头目、雷兵共听，以两点钟为止，细讲理法，再由队长复讲一遍，退归各棚，头目讲还队长，雷兵讲还头目，始终无怠，讲完之时，准其各自休息，以示体恤。管带官、帮带应将译出讲过之书汇齐成帙，每月呈送职局，至大阅之时，与日记一并交呈委员核阅，呈报存案。

一，学配制各种电池。查大沽向章，电池倘有损坏，雷兵即当自行修理应用，且旅顺尚未设有机器局、水雷学堂，尤虞临事束手，故必须学配，更须学速以及旁通急救之法。

一，学电火通行理法。水雷安于水底，有一条姆线者，有数条姆线者，一条姆线其开枝处有数个水雷者，有十余个水雷者，纷纷不等，而摄电与水雷参用者，最忌电缆相缠，故雷兵不得不熟习此法。

一，学接电缆。大小电缆断者当如何接法，敌人电钱当如何割断，及如何防敌人偷割，盖接连电缆，最为要事，宜坚固缜密，更宜快捷。割断敌人电线则当割其分枝总线之头，倘雷兵、水勇未经讲求操练娴熟，断不能下水当此责任也。

一，学装药上胆，装配帽钉，验试雷壳并雷件、电缆，载船出口置放暨测看向盘，置放雷电准绳以及搬取收存雷件各法。

一，学认识旗号、火号等事。凡操练水雷，原无口令，概以旗号、火号为令，日中则用旗号，夜间则用火号。所以雷兵须当训练娴熟，方不致临时贻误戎机。

一，学量水绳、穿皮衣，以及船中帆缆、桅杆当如何移置作兵船保卫之用。查泰西各国水雷兵勇原与水手无别，水手中经过水雷练船之后，即能分派各船专司水雷事件，是以操练帆缆、放炮等技皆不得不兼为练习也。

一，学用攻雷出海迎战，如何用法，用守雷在口自守，如何关防。应由管带官妥商教习，于五个月后循序讲求。每操熟一艺，报呈职局阅看，更于大阅之时复看，呈报存案。

一，凡风雨晦夜，潮长涛来之时，正敌人乘机之候，此等时候必须防其攻我无备，应于操熟之后，作进一层工夫练习。即如前年

《新报》所载英国波斯漫海口夜操情形,乃以攻为守,以守御攻之计。将来海口设立电灯,皆应分人学习。风雨晦夜,潮来工夫,庶有事之时,敌无可乘之隙而守自固。

一,水勇课程均照雷兵一体练习,缘雷兵操作向在水面,至用水勇每当危急仓卒之时,命其深入水中。故凡雷电理法,合拢雷件,较诸雷兵尤当谙练。

薪粮之制:

一,队长薪水每月暂照十二两开支,俟学成考较水雷各项技艺娴熟,再行按考禀请递加,每取五钱,递升至十六两为止。头目薪水每月暂照八两开支,俟学成考较后,按考禀请递加,每取五钱,递升至十二两为止。如考有工夫未到者,不准升加。三次考验工夫不全者,按其本领递降调换,由头目中拔选队长,雷兵中拔选头目,以昭核实,而示赏罚。号手每名每月口粮银六两。伙夫每名每月口粮银二两八钱。管带官准用书记一名,每月薪水银十二两。管库学生一名,每月薪水银十八两。管库头目一名,每月薪水银十二两。全营油烛纸张各项,每月公费银二十两。

一,挑选雷兵。查大沽以大沽协标为主,北塘以通永镇标为主,如外营有真正可造之才亦准入选。此次旅顺立营,事属创始。凡雷兵初挑入队,每名按月支给雷兵口粮,俟五个月后,考验洋枪行队、操练舢板、雷电理法、安放水雷、旗号火号、向盘水绳等技列一等者,每取加银二钱,准递加至八两为止。各项技艺如有一项不精,不准列入一等。宁缺毋滥,以昭核实。列二等者,每取加银一钱,准递加至六两为止。列三等者,与限十日或二十日,如工夫能进,仍宜学习,以俟再考,如不堪造就,应即斥革另募,盖泰西各国水雷兵勇薪粮比在船之水手粮饷较多者,缘其于水师桅帆绳索一切俱谙，而又能安放水雷及知攻守诸法也。若果雷兵能将雷电各艺精通之后，再于水师桅帆绳索、驾驶各艺并能兼通，亦准禀请酌量升加，以冀选拔真材。故薪粮一节不得不从优也。

一，雷兵出港外操习攻守破法各技，至五个月考验后，每年自开河起，至封河止，除三、五、七、九四个月由职局转禀中堂阅考，或派大员前往代考，此外每月小考皆归职局自考，以分等次。以三年为期，列一等者备充轮船教雷之职，优给奖赏，或分派各船专司水雷事务。列二等者亦给奖记名，以备充补雷兵头目之职。列三等者无赏，如平时头等考列二、三等者，不但无赏，更须递降口粮。二、三等考列头等者，如前项工夫全备，亦即按等照升。倘仅有出港之等第而无前项工夫者，只能给赏，不能迁升，以期核实。以上各节均于考后由考官会同职局详请立案。

一，水勇初募口粮，每名照大沽营三等水勇例，每名给银六两。如有当加薪粮以及应行酌赏，均照雷兵等第考升，以昭公允，而资鼓励。凡水勇习成雷兵技艺，其薪粮又应加雷兵一等，以雷电理法、布置、用法为主，其未全娴熟者，仍归水勇之例，以期核实而杜浮冒。总之，雷兵、水勇各艺果能素日优长，则升薪粮，一日偶长，只堪给赏。

以上营制四条，营规八条，功课十二条，薪粮四条，凡二十八条。大沽雷营前此议定之时，曾经译成英文，交洋教习满宜士阅看，旋据复称，均为有用，日后再行变通。此次应仍仿照办理。其由该教习添议四条，并所议学堂节略，旅顺未设内学堂，亦应附开于后，使官弁兵勇分别浅深，择宜学习，合并声明。

计开：

一，水雷局学堂生徒总教习在局应责成功课，在营应责成水雷营弁兵操练事宜。

一,总教习职分欲使水雷学堂及水雷营均有成效可观,所立课程如有不能尽善之处,准随时商量,妥为变通。

一,总教习在营宜将各项要诀先行传授管带官,即将总教〔习〕所教弁兵功课翻译转授学生,以为捷径。

一,总教习拟将学堂应习课程及手钞秘本诸法一律传授。

以上满教习议增四条。

学生逐日功课必须谙练读书,私习雷记。其应读应练目录,如电学、电报、水雷所需用之船艺、水雷攻守二法、旗号、数学、测量地势港势、操练大炮洋枪以及布阵诸妙法,《武备志》《万国军法》是也。

电学电报功课项下:

一,学常用电火条目。一,学各种电池何者重用以及解说各种电池安置成效理法。一,学何者通电引理法。一,学电气行走量算力量以及各种电表等件。一,学量算电气力质助质以及电表机用法。一,学嗡铁嗡力质。一,学嗡铁嗡电机详论。一,学阴阳二物相磨出电以及磨电机器。一,学水雷配电以及各种电力合度理法。一,学制造寻常帽钉以及名种五金何者最好,堪为帽钉之横桥接其阴阳线两条用也。

水雷攻守二法项下:

一,学打绳格,接绳索,用辘斬横杆、人字脚吊杆,并舢板中安置制度,操演舢板、量水绳以及锚碇等物。一,学杆雷造法。一,学装药。一,学焊口造法。一,学电绳电线造法。一,学接杆扎杆。一,学接连电缆。一,学包护电缆勿使漏电。一,学帽钉上大水雷发放理法。一,学张罩小轮船以载杆雷。一,学兵船上用杆雷出攻理法。一,学《杆雷略记》。一,学船头船旁杆雷用处优劣。一,学兵船上用哈飞拖雷造法用法。一,学《别种拖雷略记》。一,学撞雷理法。一,学鱼雷以及鱼雷机关理法。一,学手雷理法。一,学水雷用药功效。一,学水雷船布置理法。一,学用攻雷迎战者如何布置,用守雷自守者如何防范。一,学安放水雷,起动水雷理法。一,学埋伏水雷深浅功效以及用药多少,两雷相距几何理法。一,学攻雷项所用电机理法。一,学寻常坐雷造法。一,学布置坐雷电缆,设立发雷机器于港内海口如何妙用。一,学坐雷破法。一,学《攻守水雷略记》。一,学发火见效理法 。一,学各种发火料件合成帽钉料粉理法。一,学配制发火料件。一,学火药制法。一,学硝强药制法以及发火力量。一,学黄药制法以及发火力量。一,学黄药、硝强药相较之力量。一,学棉花药制法以及发火力量。一,学格理筈药制法以及发火力量。一,学水银粉制法以及发火力量。一,学各种发火药料相较之力量以配水雷用法。

旗号项下:

一,学各种旗号以为攻守操练用法。

洋枪项下:

一,学打靶。

以上兵弁应学。

数学项下:

一,学代数、几何、平面三角等法。

测量地势港势项下:

一,学《守岸军法》。一,学《炮台学》。一,学测量港势。一,学造桥。一,学测量地势。一,学绳具用处。

操练大炮项下:

一,学炮子造法。一,学《炮学》。一,学装炮。一,学放炮。一,学验炮。一,学选炮理法。一,学火箭。一,学打靶。一,学开花炮用法。一,学安配炮架。

以上官弁应学。

以上大沽水雷学堂功课。

请发历次煤价禀 光绪十年二月十四日

窃旅顺疏浚口门及开挖西澳工程,所有拖带之利顺轮船及各挖泥机器船需用煤斤甚多,加以澳工吸水机器所需,亦在此项煤斤内拨给,历经随时购办,禀报领款在案。兹查上年七月,由海镜轮船管驾柯都司国栋经手,在烟台招商局购买东洋煤五十吨,每吨连扛驳力在内湘平银五两六钱,核湘平银二百八十两。又,购买圆台太和恒窑商孙应达烟煤,每吨价银四两,扛驳在内。共煤二百九十四吨零一千一百七十六斤,核湘平银一千一百七十八两七钱九分。以上两项计共用煤价湘平银一千四百五十八两七钱九分,均由职局暂行借垫,拟恳宪台饬下海防支应局准将前项煤价湘平银一千四百五十八两七钱九分发交职局承领归垫,以清款目。其烟台招商局发单及窑商孙应达领字,即由职道径行咨送支应局备案。又,查上年九月以后,因所购煤斤悉数用尽,艇船修理未竣,难向烟台采购。旅顺近处之煤究嫌质碎力微,不能合用。其时,统领水师丁提督汝昌购存水师备用泰格西煤在旅,当即商明暂借。其煤价不甚昂而质高力足,随员汉纳根及各船弁勇夫匠均极称其佳。惟际此海防吃紧之时,旅顺为水师屯泊重地,此煤宜多存而不宜轻用,未便顾此失彼,致误大局。经职道与丁提督往返函商,拟另行购买泰格西煤一千六百吨,专归工程局用。所有前借煤斤于购齐后照数拨还,以期不误水师储积之需。禀奉宪台面谕准行。据职局提调牛倅昶昞等禀称,十二月间,业经运到六百吨。旋于本年正、二月准丁提督在沪迭次电称,代买泰格西煤,前后在合顺行共买一千六百吨。现价骤涨,已与该行婉商,其价仍湘平〔银〕五两二钱等因。查与水师前购煤价均符,计每吨价脚驳力在内通共湘平银五两二钱,所用实不为多。共买泰格西煤一千六百吨,核湘平银八千三百二十两,拟恳宪台核准,将前项银两饬由海防支应局照数一并发交职局承领,以便与丁提督结算,归垫清款。其合顺行发单另由职局咨商丁提督催取,再行移送支应局备案。可否之处,伏候钧裁核夺批示施行。除将各项用过煤斤统行汇齐列册,随时咨送支应局备核外,所有请发历次煤价各缘由,理合肃禀。

请将裁撤艇船饷项移设旅局亲兵禀

光绪十年二月十五日

窃职道于九年七月,禀请将艇船留旅弁兵照常当差,兼备学习水雷,并陈明该兵不甚得力各缘由,奉宪台批,饬随时认真查察整顿,如不得力,即禀请酌量裁汰,以免虚糜等因。奉此,伏查该艇船弁滑兵疲,绿营习染甚深,以视淮军之整齐严肃,豫军之发扬蹈厉,均迥不相同。近值水雷立营之始,职道与张道席珍悉心筹度,深恐该兵旧习未除,转坏雷营风气,业将另募雷兵、水勇情形禀陈宪鉴在案。所有该艇船官弁,把总鞠承才一员,兵四十名,舵工三名,拟即一律全行裁撤。惟职局为工程银钱总汇之地,旅顺滨临大海,地面荒凉,必须量设护局兵勇以资弹压。职道任兼营务,际此海防孔亟,尤应与在防将领会商布置,在在须人差遣。顾念度支艰窘,但可撙节,决不敢稍事铺张,致糜帑项。查艇船官弁鞠承才一员,月支廉饷库平申合湘平银四两八钱七分六毫，又月支津贴银六两；文案一员，月支薪水银八两；兵四十名，每名月支饷银四两；舵工三名，每名月支工食银十两，统共每大建月支湘平银二百八两八钱七分六毫。拟即尽此项银数，改照淮军哨队饷章，参以雷营规制，将人数略为变通，设为旅顺营务处亲兵一哨八队，计哨官一员，护勇四名，伙勇四名。每队队长一名，亲兵五名，计八队，共队长八名，亲兵四十名，共计全哨弁兵五十七名。以淮军饷数计之，每大建月共应支湘平银二百七两六钱，谨将酌拟人数饷数详细开具清折，恭呈钧鉴，拟恳宪恩，准将艇船官弁、文案、兵、舵全行裁撤，即以此饷改设职局亲兵，核计银数有盈无绌，每月饷银仍由职局移咨海防支应局具领，其多余饷银一两二钱七分六毫，即由支应局注销。是否可行，伏候钧裁核定批示祇遵。再，此项亲兵系属就饷核计，极力节省，并未请领公费。其创设之初，拟略仿雷兵衣靴式样，而专用粗布，一变绿营褒衣博带之习，加以略添旗帜，约用银至少亦须二百余两。此款实无从出，拟由职道据实开报请领，并拟在天津军械所领前膛枪二十杆，腰刀二十把，连配带子药、铁靶等物，俾于应差之余分班操习，兼备巡更查夜之用。其留旅工艇船二只，拟于修竣后将船只篷索等件均归并水雷营，责成该管带官经理，列入雷营存册。雷兵、水勇本应操练帆索，即可留备随时学习。倘遇防军及职局须用艇船出洋载运粮物，应另行雇募水手舵工，以期不误雷兵正操。可否之处，均候宪裁核示施行。

会商防务布置办法禀 光绪十年二月二十六日〔附清折〕

窃职道禀辞后，乘镇海船于二十二日午刻回抵旅工。连日与周道会同宋军门、王镇细审东西两岸形势，筹商防务布置办法，谨就思虑所及,缕晰陈之。查旅顺全岛东、南、西三面临海,周环几二百里。自东北之南关岭迄西南之老铁山,处处皆据形胜,分军控扎,需营甚多。此时尽兵力布置,自以紧扼口门内东西两岸,多设得力炮位,使水陆相依,俾敌船不能驶进为第一要义。惟王镇所统护军营兵力本单,萃一营三哨之全力,专精壹志于东岸黄金山下炮台、人字墙两处,策新兵以当强敌,已属竭力支持,若再分顾西岸,诚非兵家所宜。职道前在津时迭次敬聆宪谕,以王镇兵力应专顾东岸。目下公同商酌,恪遵妥办,拟由宋军门先派勇队二百人,即日渡过西岸老虎尾一带,择要立营,复派胡营官永清带三百人扎白玉山迤东,以备有警渡(河)〔海〕策应。惟水宽八十余丈,若用浮桥船须在百只左右,工费太巨,且系兵船入西澳要路,亦恐阻碍不便,拟排造大渡船二只,每只可容八十余人,约共须费五六百两。如蒙宪台批准,拟即日募匠购料,兴工赶做。毅军后膛炮极少,老虎尾形势紧拦口门,非得重大炮位不足收一夫当关之用。现将上年奉拨护军营之十二生的克鹿卜后膛钢炮六尊内先拨三尊暂交毅军置设老虎尾,俾资教练。第东岸护军营人字墙内只余三尊,仍嫌不敷布置,拟恳宪台饬下天津军械所迅速再拨十二生的或十五生的克鹿卜后膛钢炮数尊及随炮子弹,以补东岸护军营及添西岸老虎尾设守之用。至口门外,西有鸡冠山与东黄金山对峙,现虽议修鸡冠山炮台,然非一年以后未易成功。现值海防吃紧,自应先行另筹。上年,随员汉纳根屡有请修老虎尾低炮台之议。老虎尾系由西岸环折而北,斜对口门,此处若建低炮台一座,仿西人行营炮台之式,与黄金山高炮台上下依辅,最为得势。毅军分二百人扎此,只能筑营,不能做台。现饬汉随员绘具图式,估计大概,另开清折,约须银四千两,谨将原折转呈钧鉴,并嘱该随员赴津面禀一切。倘蒙宪核允办,拟将此项低炮台饬由该随员一手经理,速即开工,限于两个月内造成,不得延误。其台上应设之炮,即以上海地亚士洋行所存之二十四生的克鹿卜后膛钢炮二尊暂行运来设用,俟鸡冠山炮台修成时将此炮移置山上,另以十五生的钢炮常设此台,各归各用,并拟由周道及汉随员在津雇定招商局轮船速行自沪运旅,以期早日到防。凡此以上布置并非暂济权宜,多添耗费,即为永远设防之计,亦属不可少之工,伏候钧裁核定批示祗遵。抑职道更有请者,海防关系重要,分地扼守,必须早定地段,各专责成,庶无临事推诿之虞。所有旅顺口门、东西两岸应如何分守之处,宪衷早有权衡,拟恳钧裁,分檄宋军门、王镇敬谨遵行,以重军令。职道管窥蠡测,是否有当?均候采择施行,肃此具禀。

计转呈清折一件。计开:此项炮台地盘用碎石筑成,子药各库用木料、秫秸砌墙,另用铁道盖顶,外面用净土加筑土墙。

炮台地盘,(去)〔长〕三十三美达八十生的密达,计一百十六尺五寸。宽八美达四十生的密达,计二十六尺五寸。深二美达七十五生的密达,计八尺七寸五分。共合二百七十六方十四尺。

应用各项工料:

碎石计二百七十六方十四尺,每方连运力合银一两一钱,共银三百三两七钱五分四厘。石灰,每方三担,计八百二十三担四十二斤,每担连运力合银四钱,共银二百五十两五钱六分八厘。砂子,计三十二方六十尺,每方合银二两,共银六十五两二钱。塞门德土计一百八十四桶,价不计。瓦工计二百七十六方十四尺,每方银三两,共银八百二十八两四钱二分。以上地盘共合湘平银一千四百四十七两九钱四分二厘。所用塞门德土一百八十四桶,价在外。

子药库四座,每座长四美达八十生的密达,计十五尺一寸二分。宽三美达八十生的密达,计十二尺二寸七分。高二美达七十五生的密达,计八尺六寸六分。炮房四座,每座长三美达,计九尺四寸五分。宽三美达,计九尺四寸五分。高二美达七十五生的密达,计八尺六寸六分。前项子药库每座应用柱十八根,每根长一丈,厚五寸。计库四座,共七十二根。檩子五根,每根长一丈四尺,厚四寸。计库四座,共二十根。横木三十六根,每根长一丈四尺,厚四寸。计库四座,共一百四十四根。木板七十二块,合三十六料,每块长七尺五寸,厚二寸五分。计库四座,共用一百四十四料。秫秸三十六捆,计库四座,共用一千四百四十捆。五寸铁钉二桶,计库四座,共用八桶。黑松油四桶,计库四座,共用十六桶。铁道四十一条,计库四座,共用一百六十四条。前项炮台房每座应用柱十二根,丈尺同前。计库四座,共用柱四十八根。檩子三根,丈尺同前。计库四座,共十二根。横木二十四根,丈尺同前。计库四座,共用九十六根。木板四十五块,合二十二料半,丈尺同前。计库四座,共用九十料。秫秸二百二十五捆,计库四座,共用九百捆。五寸铁钉一桶半,计库四座,共用六桶。铁道二十三条,计库四座,共用九十二条。黑松油四桶,计库四座,共用八桶。

子药库并炮房工料价值:

柱子共一百二十根,每根连木工在内,合银一两一钱五分五厘,共银一百三十八两六钱。檩子共三十二根,每根连木工在内,合银一两一钱五分五厘,共银三十六两九钱六分。横木共二百四十根,每根连木工在内,合银一两二钱九分,共银三百九两六钱。木板共二百三十四料,每料连锯工在内,合银八钱六分五厘,共银二百二两四钱一分。秫秸共二千三百四十捆,每捆银二分,共银四十六两八钱。五寸铁钉共十四桶,每桶合银九两,共银一百二十六两。黑松油共二十四桶，每桶合银二两三钱，共银五十五两二钱。以上子药库并炮房工料共合湘平银九百十五两五钱七分。所用铁道二百五十六根，价在外。

根墙，长前面二十六美达二十生的密达，左右每面二十一美达八十生的密达。三共六十九美达八十生的密达，计二百二十八尺。宽十七美达五十生的密达，计五十五尺。高一美达二十五生的密达，计四尺。外面二尺收坡，里面一尺收坡。共合五百五十六方三十二尺。子墙，长六十九美达八十生的密达，计二百二十八尺。宽八美达，计二十五尺。高一美达八十生的密达，计五尺五寸。外面二尺收坡，里面直。共合二百八十二方四十七尺。以上根墙、子墙共土工九百三十八方七十九尺，每方合银二两零二分，共合湘平银一千八百九十六两三钱五分六厘。

统共湘平银四千二百五十九两八钱六分八厘。

查勘船澳拟修石岸石坝各办法禀

光绪十年二月二十六日

窃旅顺船澳拟修石岸及澳口拟修石坝工程，连日职道与周道率王提调仁宝等周历履勘，全澳俱系黑色稀淤，惟澳北一面近底二三尺稍见黄土，澳东、澳南挑成六收大坦仍岌岌有坍卸之势。二月初，船路南边坍下软泥三十余丈，直铺到北面岸脚，船路几为闭塞。就全局形势而论，若不修石岸，任其自然，一则收坡太坦，船难靠岸，工作俱多不便，一则潮汐汕刷，坦坡必坍，数年后不免淤浅，以巨帑挑浚之工，不久变为弃物，不适于用，彼时即蒙宪台不加深责，职道及在事各员问心何以自安？细询洋人，凡外国船池皆系大石陡岸，以备靠船，并无坦坡之式，是石岸不能不修也。至澳外拦水旧坝情形,详加审察,万不足恃以为固。澳口迤北二丈以下尚见黄土,然二丈以上之淤泥不能保其不坍,以阻进船之路。自澳南口起,讫黄金山脚百余丈远,均系极稀极软之泥,并无黄土根脚。倘开门放水以后旧坝塌卸,洪涛巨浪直逼澳口左右,则南北未挑一百数十丈之土日向西坍,仍属不可收拾。既不能多费帑金全挑净尽,势不能毫无关拦,听其送淤,石坝亦不能不修也。再四筹思,两项工程均有不能停缓之势,又无代替迁就之法。职道极知帑项支绌,得省即省,在事工员均以需款愈多,责成更重,无不望而却步,相顾焦急。惟念职道仰荷宪恩,委兹重任,固不敢卤莽从事,轻掷虚糜,亦不敢畏难避嫌,终无成就。日来职道等公同酌定,于万难措手之中,力求经久而又节省之法,拟将船池四面石岸工程仍用条石、块石分层间做之法,收坡一分,内外取其陡直,便于靠船。船路两旁拟用块石坦坡三收做法,取其行船无碍,可求节省。其澳外向西石坝拟用六收块石大坦坡做法,取其易杀潮势,兼减稀土膨胀之力。凡根脚皆杂用塞门德土作托,其最稀软之澳南六七十丈仍须添用松竿下桩。惟现挑船池土坡太坦,若就此坡砌脚取直,叠石兴工,则一经措手,岸土必致全坍澳内,拟将北岸根脚稍硬之处再向北开宽五丈,以期脚硬易做。其东、南两岸淤泥无底,只就现在坡脚陡砌,另用黄土垫筑于石岸背后,以期收坡较小,日后停船较便。其澳外西面石坝工程拟止做澳口以北三十四丈,澳口以南四十丈,缘三十四丈以北已近山脚,可以不做;四十丈以南,西有沙嘴遮护,似可省做。即或南头稀泥下卸,铺至四十丈之远,亦不过与现在之澳外海底水深二丈五尺者相平,不能再淤再远,万一数年后稍有淤浅,可用导海船一浚。此连日公同商酌,反复推求所拟办法,虽不敢谓将来必能顺手,一气做成,而舍此别无再省之法,或临时斟酌变通，小有增损，亦未可定。现在约估大概，除塞门德土价未列入外，所有石岸、石坝两工工料并计需银十二万三千余两。职局澳工土方节省项下约存银五万，再添款七万余两可以集事。但船池原估口宽见方九十丈，底七十五丈，现将一律开足。若照此办法改土坦坡，砌石陡岸，须外切坡脚，内还背土，修成后约计船池东西仍足九十丈，南口宽止剩八十五丈，惟澳底则见方宽有八十丈之谱，较原估尚多五丈，似于停船较为便当。若必欲归足口宽九十丈，必再耗款万数千金，且无处堆存废土，似觉不值。此事系水师船所用，职道未敢擅断，已属周道到津与水师统领丁镇商定，面禀宪台核示饬遵，谨将职道等连日勘拟坝、岸两工大概办法情形先行禀陈。是否可行？伏候钧裁核定示遵。职道仍催督各员赶紧购料运石，并督同王提调仁宝估计详细清单，另行续禀。

请派镇海湄云接送文报运载军储禀

光绪十年二月二十六日

窃据镇海管驾官汪思孝面称，此次回津，将运大炮七尊赴山海关。惟大炮力重，摆在舱面诚恐上重下轻，遇风不稳，拟分次运往等因。职道查湄云往来烟、旅已逾一冬，现在急欲往营口一行领运子药。若镇海再往山海关，则旅顺消息间阻，且汉纳根拟筑之老虎尾低炮台亟应克日兴工，深盼镇海载该随员及大炮零件、炮台所用物料即日东渡。仰恳宪恩俯念旅顺工程紧要，准将原派镇海承运山海关大炮七尊饬军械所另雇招商局轮船赶作一次运去，以免镇海转折。抑职道再有恳者，北洋三关兵船泰安往来朝鲜，已属不暇他顾，惟恃此镇海、湄云往来天津、烟台、旅顺、营口、威海实属不敷。闻操江锅炉尚可修理，可否速饬船坞一面认真小修，一面另买铁板，赶造新锅炉一具，以便更换，伏乞宪恩，饬丁统领与大沽船坞妥议办理，并饬津、海二关仍照去秋丁统领等禀奉宪批时派镇海、湄云往来威海、旅顺、营口等处，以通文报，借运军储，实为公便，肃此具禀。

遵报点验毅军并起支正饷日期禀

光绪十年三月初三日

职道与分统毅左军姜桂题在津时同奉宪台面谕，以该军新勇四营到旅顺防次后，饬由职道点验禀报等因。奉此，查该营勇于二月二十二、二十八等日自津乘拱北、普济、日新等船由姜提督及各营官等分带，先后到防。职道遵即商明宋军门，于三月初二日传集毅左军前、后、左、右四营弁勇，按照花名清册由职道逐一点验，均系一律年轻精壮，既无吸烟气色，亦无游惰形状。其人皆籍隶皖豫间，朴直猛鸷，见于眉宇。从此悉心教练，勤求洋械致用之方而精习之，不难皆成劲旅，洵于辽防大有裨益。除将原册存职局备查，并由宋军门另造四营弁勇全册上呈钧鉴外，用敢据实禀陈，仰纾宪廑。再，准宋军门面称，豫中从前招队均以统将报明成军之日起支正饷等因。职道查此次毅左军新勇四营系姜提督在豫于本年正月十二日募齐成军，该提督曾经申报宪鉴在案。可否仰恳钧慈，准其仍照豫省旧式，自成军之日起支，倘蒙恩允，拟恳宪台俯赐咨明户、兵两部，河南巡抚部院备案。是否有当，伏候钧裁核夺批示祇遵。

遵谕划分毅军月饷留购军械禀

光绪十年三月初五日

窃职道在津时奉宪台面谕，毅军新募勇队四营月饷内，应以若干留备购办军火之用，饬于到旅后与宋军门询商明确，禀候核夺等因。奉此，职道遵即转询梗概，准宋军门面称，以豫军饷数核算，自营官薪水公费及哨队勇粮，每营月需银二千三百余两，再加运费及分统公费，每年春秋两季双布帐房摊算，共每营月需银二千六百余两。若以每营三千两计之，除用，约每月可存三百余两等因。职道现与商酌，拟恳宪台饬下海防支应局于毅军月领部饷一万二千两内，按每营月存三百五十两之数，每月四营共截存银一千四百两，以备该军购办外洋军械及月操军火之用。其每月正饷银一万六百两，由宋军门具领到营，如何开支动用，仍归河南报销。可否之处，伏候宪核批示施行。

请将空房给予毅军储粮禀 光绪十年三月十五日

窃职道等于光绪八年十月间禀请，以黄道前修马家屯未成房屋由职局接修完竣后，将前后两院分别作为水陆各军粮仓及堆储塞门德土各物件之用，奉宪台批准在案。两年以来，因塞门德土已将后院各屋堆满，前院各屋甫将大小米各器具陆续发放，又以王镇及所带各员弁到旅无处栖止，暂行借用。刻下新购塞门德土通计六千余桶，不日次第可到，即王镇另移他处后，各屋一时尚不能空闲。水师米仓已经职局遵造，而毅军数千人际此防务紧急，必须多储米面，为未雨绸缪之计。查有职局另造房屋大小十余间，本因旅顺换钱为难，招商承租之用，八年十二月间，职道等曾经禀陈宪鉴在案。旋经津海关周道、招商局黄牧建筦招得粤人谭姓、马姓等于九年春间来旅开设集义生钱铺，租住一年，又因地不近市，别徙后城买卖街，房业经收回。可否仰恳宪恩，准将此项瓦房、草房共十七间赏给毅军作为粮仓之处，伏候钧裁核定批示。

库屋粗成请发军火存储禀　光绪十年三月十五日

窃职道保龄回工后，叠次查验库屋各工，计白玉山军械总库两座十四间，均已一律完竣。应铺地板，应筑灰土及门窗，并外护钉、铁皮、雨搭板均齐。其委员、司事办公处所住房、库兵住屋、厨房共十六间，或已全完，或已成十分之九，指日便可竣事。际此海防吃紧之时，若待各项房屋工程一体造竣，列册请验后，再行运存军械，未免拘泥延误。日来与宋军门、王镇悉心筹度，目前以多储火药、枪弹、炮子为一要义，火药兼备水、旱各雷之用，尤非多存不可。通核旅顺现有火药，自炮台及防营及水雷〔营〕不过共存五六万磅。此敌迥非内地寇盗可比，军事之胜负，半视军火之赢缩为衡，倘子药少不应手，虽贲育莫能为役，谨公同商酌，缮拟清折，伏乞宪台饬下天津军械所迅速分交便轮及另雇民船运交旅顺军械库储存，专为留备缓急非常之用。其月操各军火仍由各该军自行赴津请领，俟一半年后，海防静谧，应如何出陈易新之法，再由职道等商明天津军械所拟定禀办。惟收发典守军火，事繁责重，必须有明白可靠、熟习此事之员方能胜任，拟恳宪台并饬天津军械所选派得力委员二员，一管军械总库，一管陆军药库；司事二员，随同军械总库委员办事，即于此次新拨储备军火之便，分起押解来旅，以期事有专司。可否之处，伏候钧裁批示祗遵。至陆军药库已成十分之七，随库住屋等约月底可齐。新拨火药到后，拟在水师药库内暂行借存，俟一月后，工竣屋干，潮湿气退，即可各归各库。其水师药库系用夹墙，内外满铺地板，随库之住屋、厨房均齐。职道亲至库屋周视，墙壁毫无潮湿，系上年十二月告成时，牛倅昶昞用火烤干。本年正月，丁提督已派员住守，所有水师船子药均存在内。水师子弹库已成,装修木栅、隔间板等计日即完。两处近水石码头已成。引信库、装药房亦俟前项各工竣事,腾出工匠即可赶修。南岸之煤厂棚、米仓、帆索库各工,月底亦可粗成济用。通计水师所用,自药库以迄各项库厂房屋均拟于逐渐修成后,由丁提督照现办药库、煤厂之例,自行派员分别典守。职道并当随时督察,如不得力,亦即咨明撤换。惟工次上年随时在旅顺购添木料,本属无多,现已派弁往东沟购运澳工木桩时,购添松木五百,倘可应手运回,或不至停工待料。所最难者,上年秋冬至今,此地勇营添至数人,柴价昂至三四倍,砖瓦成本太重,块石又以各处需用日繁,愈买愈贵,加以库屋均在山顶水涯,运力尤极繁费,拟俟通盘造屋事竣,体察情形,再行据实禀陈。除一面督饬牛倅赶办各工做法、工料银两清册,上呈钧鉴,并俟工竣,随时另行禀请宪台派员验收外,所有库屋粗成,请发军火各缘由,理合肃禀。

近代中外交涉史料丛刊

袁保龄 撰
孙海鹏 整理

卷　四

遵饬拟筹防务禀　光绪十年三月二十二日

窃职道于本月十五日，衹奉宪札五件，钧批三件，谕饬，以操练工作各事照檄，随时会商宋军门、王前镇，督率袁雨春、瑞乃尔等分投妥办具报，勿稍率忽等因。奉此，查王前镇修筑黄金山下人字炮墙，自二月杪迄今，工作极为加紧，每日人夫甚多，职道不时亲往会查，现已将人字炮墙及子墙修竣，炮位亦皆置设。二十日，职道偕汉随员又往同看，其置炮处，墙甚宽阔，旁有余地数丈，临事可以足用。质之该随员，据云，均与原绘图式相符，惟南段子墙尚窄，倘他日换置十五生脱炮恐致震塌，若此时用别项炮位尚可无虞等语。是日，并饬各弁勇试放所设正对口门十二生脱克鹿卜钢炮三出，设在南段斜对鸡冠山脚之十二磅铁开花炮一出，墙势均不形震动。惟口令、手法尚须饬瑞乃尔勤加教练，俾期精熟。其所短之子药库各工现正赶做，需用塞门德土亦即照数拨发。并于初五、初七等日，由职局两次共借垫湘平银三千两，交王前镇以应雇夫急需，拟俟一律工竣后，照土方核计工料，究竟实用银若干两，再行恪遵宪札核报，由海防支应局随时领还，以清职局垫款。黄金山炮台，职道于十二月会同王前镇往查，所有瑞乃尔教习之炮队试演二十四生脱大炮装放各法，每次四五分钟工夫不等，该教习仍力求精速，颇属有志向上。其枪队试演身手步法亦颇灵便,但教成人数未多,急须推广,该教习自愿教练三百人,以炮队、枪队各百人,教成后常川驻台。另教枪队百人,成后即可转授各营哨自相仿效,免致台上枪队百人再行掣动,与职道所见甚合,拟俟该教习自津回旅,与王前镇商定禀办,职道遵当随时考验,速课成功。其台内大致规法自当以遵守上年奉钧定发下之汉随员酌拟章程为准。此外应办各事,如修整汲饮水池,添制池盖,添设栅门、更房床桌器具各条,均于台务极有关系,所费尚不甚多,拟由职局与王镇妥商举办,必期合用,须款若干,统再据实开报。大约黄金山上下照此办理一月后,事有条理,便可计日程功。倘目前果有警信,而有台有墙有炮,亦已足资战守。此遵筹东岸布置大概情形也。西岸现由毅军先行拨驻之二百人营垒,因其地无淡水、无黄土,上年,职局在彼修建勒威住屋等工,即深悉此苦。两旬以来,宋军门添雇民夫,重价购运黄土,日夜趱作,目下营墙已成十之八九,崇墉屹立。惟奉拨之十二生脱钢炮三尊必须添筑宽广土台三座,现已动工,约计四月初十前后可以一律告竣。其地段在鸡冠山以北,老虎尾之极南,炮路所及,恰埽黄金山脚,可破敌来猛攻夺台之计,若有得力格林炮数尊连环施放,届时当更得力。老虎尾低炮台已由职道督饬汉随员于十九日开工,其图式、估单已会同牛倅遵办。鸡冠估折因该随员连日监工,实无暇时,请展缓旬日禀呈。须用款项业据该随员两次领用湘平银一千五百两,拟即在职局前领存之崂嵂嘴炮台款内动用,俟工竣日,由该随员详开做法清册,送由职局分别存转请销。现值防务吃紧,职道与之谆切约定,必须于四旬内外报竣,不可拘定两月之期,该随员亦极奋勉从事。其存沪之二十四生脱克鹿卜后膛钢炮二尊,叠准津海关道、军械所、招商局函称,遵奉宪谕,饬由利运商船运来。已于十八日到旅,现正扎架提卸,并据招商局黄牧建筦由津加派司事带领人夫、木绳等件随船到旅,帮同起卸。该牧力顾大局,不分畛域,良可嘉尚。职道现派牛提调昶昞、黄委员建藩帮同汉随员照料,另饬袁哨官雨春连前由镇海装运之炮上零件一律点齐,妥慎看管,俟据报起完点清后,即当禀陈。其利运解炮用款拟照招商局定章重大物件另议之说,与该局拟议数目,再行禀请钧核。至此项低炮台原估本无兵房,袁雨(亭)〔春〕所带亲兵四十名现司西岸教习,必须有屋栖止,即令照料巨炮。十八日,职道会同宋军门及汉随员、牛倅昶昞等详看酌定,拟在炮台迤西起造兵房十间,石墙灰顶,约共须银二百余两,即饬牛倅经手赶办,以期早日济用。将来造成时,另造清册附入老虎尾炮台一案列销。袁雨(亭)〔春〕俟此屋修成,即可移至西岸教演毅军用炮之法。其二十四生脱巨炮二尊、十二生脱炮三尊所有炮位及零件,宋军门与职道商定,均暂由袁雨春照料,以资熟手。俟炮位次第设置,即照上年职道会同军械所详定黄金山炮费章程,由袁雨春经领,每月列册核实分报,用专责成。此遵筹西岸之大概情形也。职道仰荷恩知,任司营务,当此时艰孔亟,常切殷忧,凡心力所能及,必当与各统将虚衷商榷,决不敢少避嫌怨。所有拟筹防务各缘由,是否有当,伏候钧裁核定批示施行。

申送办公住房估折禀　光绪十年三月二十二日

窃职道等于本年正月初九日,奉宪台批开,据禀随员汉纳根拟在旅顺建办公住房二十余间。将来崂嵂嘴台工告竣,即将此屋由该局接收,以为炮台兵队存储军器各事之用。惟一切工料做法只取结实,勿得过求精美,约在原禀一千两以内,不准有逾此数。仰俟该随员改呈银数估折，录送查核等因。奉此，遵即恭录照饬该随员去后；旋据该随员移送估计工料价值改核银数清折二分前来，除存留职局一分备查，并抄咨海防支应局外，理合将送到清折代为转呈钧鉴。其估需湘平银九百九十七两四钱八分，系九年十月二十七日在职局借领湘平银四百两，前经禀明在案。现于本年二月二十八日，又经汉随员具领湘平银五百九十七两四钱八分，此项应领银款均已给发清讫。查此屋将来须归崂嵂嘴炮台兵队之用，自应附入该处炮台工程案内列销。职局前领存崂嵂嘴炮台专款湘平银一万五千两，除经汉随员手购置台工须用钢缆由职道等于九年十一月在津公同面禀，蒙宪谕准发，动用过湘平银五百两外，所有前项房屋工料价值湘平银九百九十七两四钱八分，拟并由此项存款内动支，免由澳工款下拨垫，以期各归各款。可否之处，伏候钧核批示祇遵，并乞饬下海防支应局备案。其所造房屋尚未竣工，应俟报竣后，由职道等公同查验是否悉与原估做法相符，再行禀报。

具报水雷营到旅及分配各事禀

光绪十年三月二十四日

窃旅顺水雷营弁兵、水勇、号手等于本年二月初十日自津乘镇海开行，途次遭风，甚为危险。十六日，始行到旅。因尚无兵房，均借住库房附近，并支搭帐棚暂住。职道保龄回工后，叠往查看，并将奉发钤记一颗发交方凤鸣祇领，据报业于二月二十六日开用。二十九日，职道等公同将新募全营人数逐一点验，计暂行管带官九品顶戴方凤鸣一员，帮带官游击吴迺成一员，管库学生洪翼一员，水雷队长二名，水雷头目十名，雷兵五十名，水勇头目二名，水勇十四名，号手二名，伙夫八名，书识一名，管库头目一名。查验兵勇尚无游惰吸烟气习,其队长头目皆以大沽上年派来雷兵拔补,拟恳宪恩,准自三月初一日成营之日一律起支正饷。又募金州一带捞海参之人八名,于三月初九日下水试验,挑选水勇四名,拟于初十日起支正饷。统核水雷兵队已照原额募齐,惟尚缺帮带一员。又,水〔雷〕队内尚缺队长一员,头目二名,水勇两名,应俟募到收补之日再行报明起支。其全营弁兵年岁籍贯花名清册拟于募齐足额后,饬令该管带分晰注明起支日期,详细造册,再为转呈。又,大沽雷营向章,每日人给柴草银四厘五毫,前经禀明在案。旅顺柴价非常腾贵,若照银数改用小煤炊爨,极力撙节,尚可敷用,拟恳宪恩,准令旅顺弁兵、头目、书识、学生、号手等全营人数均照大沽章程领发柴价,其起支日期均随同正饷日期扣算,以昭核实。可否之处,伏候钧裁核定批示祇遵,并恳饬下海防支应局备案。该营雷兵技艺,职道不时往查,洋枪步法进退渐觉整齐,尚须急加演练。每次试放自造装药数磅之洋铁水雷、旱雷,发电安线,起下口门水雷,各处均尚灵便,即风浪大作之时,亦尚顺手。目前试其自制引信,均能应手过电。伏查雷营薪饷既优,法令宜严。职道每次到营,即传集弁目,谆切告诫无事不许出营一步,倘有违误偷惰,必按以军律。每遇放饷日期,并派弁前往查验。方弁凤鸣电理本熟,到旅后,职道细加查看,趋公颇属勤奋,全营士卒亦颇孚洽。吴弁迺成电学甚浅,职道以其昔随天津郑镇力战多年,胆气甚壮,冀于缓急之际,奏铅刀一割之用,是以派充帮带,仍饬其力求精熟雷电理法,并由职道随时考察,决不敢稍为回护。学生洪翼通晓雷电,本不在方凤鸣之下,前以身体荏弱恐非任重致远之器,上年十二月到旅后,卑职昶昞每月督其带领大沽雷兵率作兴事,及教习前由职道禀留之学生刘景霖等三名电报理法,颇能不辞劳瘁。职道叠次考验该学生等，分别发接中西电报，均无讹误，实由洪翼教导之力。果能从此精勤不懈，未始非有用之才，现已饬令洪翼兼充该营帮带，以方凤鸣臂助，俟察验数月，能否胜任，再行据实禀陈。其学习电报之学生刘景霖、郑成梁、蔡庆春三名系九年九月间，由职道禀明留旅，随同汉纳根学习画图、水雷各事，奉宪台批开，自八月份起，每名月给银三两。如果得力，学有进益，再请酌加等因。奉此在案。目前电报粗有可观，拟令随同方凤鸣、洪翼等讲求雷事，果可造就，随时禀办。其该营应用雷电各器具，前经禀蒙饬下各局、所照拨照造之件，现核较原单数目不过领十之三四，此间既无处可借，亦无处可买，平日操练，已嗟束手，设有战事，贻误匪轻。职道保龄材质驽下，谬膺重任，夙夜忧惶。回忆两年在旅，随时函商及照料在津应办各事，实赖军械所刘道匡扶之力最多。刘道现有威海要差，查军械所顾丞才长心细，笃实精敏，于雷电均探其窔奥。可否仰恳宪恩，饬令顾丞在津会同职道等办理旅顺水雷营事宜。此后遇有雷营应办事件，由职道随时函商顾丞酌定，凡应分别详咨之件，即由军械所会同职局核办，以期迅速，而免延误。职道幸甚。再，大沽水雷营教习满宜士上年在旅旬日布置水雷，职道曾与约定本年成营后，请其再来商榷，该教习颇为欣愿。闻其年满在即，拟恳宪台准将教习满宜士再留一年，以半年驻旅顺，半年来往大沽、北塘，似于各处雷营均有裨益。倘蒙钧允，拟请饬下大沽协罗副将转告该教习迅即来旅一行，与职道商定应办各事次第措施。不过旬日，即可返沽。职道为雷营重要，襄助需人起见，是否有当，均候宪裁核示施行。

请咨豫抚发给毅军炮弹禀 光绪十年四月初八日

窃查毅军驻防旅顺，凡炮台各处器械皆系北洋发给，惟驻扎陆路各营行仗之炮，北洋库存支发各省已经发完，而毅军现领后膛过山炮两尊不敷应敌之用。昨闻河南抚院派员前赴上海采办后膛过山炮□尊、格林炮□尊，原拟解往粤西，近又解回津门。查毅军本豫省之营，现在驻守陪京根本重地，军中利器不敷，正在筹虑。可否仰恳宪台咨商河南抚部院鹿，即将所购后膛过山炮、格林炮两种，并子弹各件全数发给毅军应用，在河南抚部院俯济本省征军，保全辽沈要地与接济粤西同属力全大局，似无不允。是否有当，理合肃禀，伏候钧裁核示施行。

雷营应用物件请分别拨购禀

光绪十年四月初八日〔附清折〕

窃查旅顺海口禀设水雷，上年经水雷教习满宜士绘拟图说，约共用雷八十余具，现已领到碰雷、沉雷仅有六十余具，又多漏水之雷，未能一一合用，其应用零件所少甚多，职道含芳到旅顺与职道保龄逐件检点。通盘筹计，大沽库存素不充裕，未便令其舍已从人，致京畿门户用雷缺乏。惟旅顺所需甚急，此时极力赶办，已属临渴掘井，若再迟延，恐滋贻误，谨将前次禀请已奉宪台批准，未经各局发下，而为紧要急需万难再缓者摘具一单，拟恳饬催各局查照原案，迅速如数拨济。其前次漏请之要件另开一单，并恳宪台饬行机器局或造或买，速为赶办，此间之雷非此不可以济用。职道等另已函商海关周道，因镇海轮船补炉又需旬日耽阁，即借海镜船将此批物件速送旅顺，以济眉急。更有请者，旅顺口门水深溜急，与大沽水性迥殊，布置设雷非棉药不能得力，需用甚多，待用甚切。机器局造棉药之器曾否置设齐楚，何时可造棉药，每礼拜能出若干，伏乞宪台一并行知机器局拟复，俾各口深水之雷有所指望。是否有当,理合肃禀,虔请训示批饬祇遵。

计呈清折二件。

谨将奉准未发并已发未全雷电器具内,摘其紧要必需各件开折,呈请宪鉴。计开:

白铅筒三百八十个。照勒格兰舍瓶内尺寸。洋篷布十丈。要麻布,照原来宽。羊毛毡二十张。不必过细,一丈二尺长,六尺宽。炭精板三百八十块。照勒格兰舍电瓶内尺寸,有公母螺丝者。炭精碎八十磅。无名(味)〔异〕八十磅。木架铁墩一个。外国式样。牛皮带二十五丈。一寸三分宽。干电表二个。湿电表二个。干棉花药二磅。包绒小铜丝十磅。三头电门二个。一分至五分象皮布各十丈。见方。洋斧子二十把。里口七分镊子七把。蟹爪式六角歪柄。里口二寸一分蟹爪六角镊子二把。一分口径细铁条二丈。小钢锯二把。一寸、一寸五铁螺丝钉各一包。木螺丝钻大小三把。五分、一寸、三分径各一把。三分至五分起螺丝钉起子各二把。一分半至五分起螺丝起子各二把。电报纸一百磅。已领二十磅,尚欠八十磅。洋广漆二十磅。已领十二磅,尚欠八磅。小油绳一百磅。已领二十磅,尚欠八十磅。柏油二百五十磅。已领五十磅,尚欠二百磅。小铁勺三把。已领二把,尚欠一把。七头电门三个。已领一个,尚欠二个。黄蜡八十磅。已领四十磅,尚欠四十磅。竹管三千个。已领二千个,尚欠一千个。三厘厚红铜回电片十五块计百二十磅。已领六十六磅计十块,尚欠五十四磅计五块。白金丝二钱。已领一钱四分,尚欠六分。洋干漆四十磅。已领十磅,尚欠三十磅。活口钳子二把。已领一把,尚欠一把。沙达摩泥二百磅。已领五十磅,尚欠一百五十磅。电报箱十五口。已领八口,尚欠七口。沉雷总接头盒二个。大沽有样。半分厚白铅片三十磅。已领二十四磅,尚欠六磅。硬木塞子五百个。照大沽所领之式。

已领二百个,尚欠三百个。一百、五十铁沉雷各五十个。照老样。雷内再添配一铁片胆或洋铁胆者最好。压气桶一具。连铜假盖并大小象皮管全。铜假盖要两个,一配碰雷口上,一配沉雷口上。大沽雷营有样,合并声明。铁铲四十把。连柄,照洋式。埋旱雷用。七头电线架两个。并用铁轴子二根。单头电线架两个。小铁坠二十个。照德国样。碰雷上铁链一百丈。五百磅沉雷上各种大小起子各配二套。木皮浮雷上各种大小起子各配二套。碰雷铁扣五十个。二十、三十、五十、七十磅杆子雷各二十个。铜皮者,大沽有样。以上奉准由天津机器局制造发给。

铁靶一个。要一尺见方。以上奉准由天津军械总局发给。

雷瓶三百个。尺寸照勒格兰舍电瓶样。包皮电线。二英里。勒格兰舍电箱十六口。电瓶内松泥罐改用洋毛毡做口袋代之可也。电瓶全。以上奉准由天津行营制造局发给。

十四桨舢板二只。杆子雷架连杆并船上零件及龙旗全。杆子雷架大沽雷营舢板上有样,合并声明。以上奉准由大沽船坞造给。

谨将查看旅顺雷库所短器具及漏请要件,应配齐各项数目开折,恭呈宪鉴。计开:

直测镜二架。连单电门。斜镜一架。三头雷门全。试电台一架。另外湿电表二个,试信子用。单头电线七英里。四头电线六英里。沉雷总接头盒三个。碰雷总接头盒二个。丁字铁接头盒十个。内信子铡全。一字铁接头盒三个。接七头电线用。一字铁接头盒五个。接单头电线用。印度胶一百磅。印度带一百磅。公母螺丝板一套。分半至六分共十副。一寸至二寸共五副。钢绳二百丈。七分径。以上请由机器局迅速代购。

一千磅沉雷十个。一百五十磅铁皮碰雷十个。碰雷上铁扣一百二十个。浮子上铁链二百丈。木皮碰雷上橡皮圈大小共四十个。五百磅沉雷信子头二十个。补领上年十一月由大沽拨来所短者。五百磅沉雷上橡皮圈大小共一百个。六十磅碰雷小铁坠子十个。铁皮碰雷上铁链六副。铁皮碰雷上橡皮圈大小共二十四个。木皮碰雷信子头十个。油筒水雷三十个。小铜接头二十个。长一寸五分,径二分。橡皮管三丈。四分口径。白火药一磅。樟脑水五十磅。磺(强)〔镪〕水二十磅。要原封。里、外口卡尺,三、五、八寸各一把。钢绳铁鼻六十个。外面有瓦拢者,与德国碰雷铁鼻式样同。二、三号浮子共四十个。三尺长,一尺半腰宽,两头径四寸二十个。二尺长,一尺腰宽,两头径三寸二十个。大洋铁盒十个。一尺口径,一尺三寸长。带盖。装洋干漆用。小洋铁盒一百个。二寸口径,一寸高。带盖。装印度胶带用。雷兵随身用。螺丝起子二把。蟹夹式,一头一寸三分口径,一头七分,一尺二寸长一把;榔头式,活口开至三寸口〔径〕,一尺二寸长一把。二分铜板五磅。板刷二打。三楞钢锉二把。一尺长。圆扁小锉二把。七寸长。一半分至三分细圆铜条各四尺。半分至三寸圆铁条各五尺。半分至一分圆铜条各五尺。一分至一寸大小外国钻头八个。麻子油六十磅。化银碗十个。约化四磅铅者。大铜漏子三个。漏管二寸五分,漏口九寸二分。大火钳五把。带柄。窝、平锤各一把。铜荷叶六十个。长二寸三分,宽一寸二分。带螺丝。电箱上用。小铜漏子二个。上口十寸径,下口一寸五分径。蜗牛钻二个。一五分,一一寸。英铁尺一把。化铜砂罐十个。约化磅铜者。大小锉五把。粗的三把,细的二把。老鼠尾尖木锉五把。平木锉二把。铜漏子二个。上口一尺径,下口三寸四分径。外国摇钻一套。木螺丝钻五把。半、四、八、二、一分各一把。以上请由机器局发给。

建造两岸药库及老虎尾炮台工程禀

光绪十年四月十八日〔附清折〕

窃职道于本年四月十四日，恭奉宪札三件，钧批九件。前禀旅顺口门东西岸布置情形，仰蒙宪台优加奖勉，敬聆之下，悚感莫名。查两岸工程，墙垒均已完竣，炮位均已置设。惟两处随炮药库为临敌全局得失所系，最关紧要，既非营勇所能办，亦非此地夫匠所能知。职道另饬牛倅昶昞选派善筑灰土之匠略仿大沽做法，纯用三合土夯硪坚结，上下加板，四壁加抹塞门德土以袪潮湿，屋顶厚铺素土以避开花子弹。现趱做东岸，指日全竣，即接做西岸之库。已商明王前镇将东岸药库工料用款仍归所做人字墙全工造报。其西岸药库工料用款及炮盘须用板片、塞门德土各项拟俟办竣后，由职局据实核计，汇案造报。袁雨春所带亲兵因西岸炮位须人照料，且黄金山炮台正在整顿之际，急需腾出房屋以为护军营勇驻台应操之地，新造兵房地址现尚堆积台用各物料，须俟台工全竣乃能起造，经职道先为另借民房，俾该亲兵四棚居住，业已悉数移扎西岸。十三日，宋军门以十二生脱钢炮三尊上台垫板置设齐楚，督视该亲兵等用开花弹对准黄金山下海岸石嘴，演放四出，计中三炮，台势均无震动。其老虎尾炮台经随员汉纳根率同守备刘忠选昼夜督率，加工赶作，于十四、十六等日将大炮两尊一律设置稳妥，炮盘及子药各库均已竣工十分之七，但得铁道运齐，趱速盖顶，便可告成，据该随员送到图式估折，谨为转呈宪鉴。其应支银款通计由该随员手陆续领过湘平银四千两，均在炮台专款动支。至教习瑞乃尔回防后，经职道商催王前镇赶紧恪遵宪批，拨勇交该教习训练，现正拨派上山驻台。所有与台务有关各事饬由瑞乃尔开单，由职道与王前镇会商覆核。除需费太多,事非甚急者,应行缓办以节经费外,其须用料物,须购置物件由职局任之,须派照料员弁及应用夫匠由王前镇任之,俟办齐后,会同核实具报。窃计两岸及黄金山炮台应办工程均已就绪,此后但期将士同心,专精操练,事有程课,日就月将,则凭此坚垒,用此利器,纵敌人船坚炮利,亦正非全无把握,或可不负宪台经营海防之至意。再,东岸人字墙工程准王前镇历次在职局咨借过湘平银三千九百两,职局需款浩繁之际,已与约定不能再借,拟恳宪台饬下海防支应局准由职道移明领还,早清垫款,庶免顾此失彼。可否之处,伏候钧裁批示祗遵。

计开:

炮台做法,地盘概用碎石砌成;子药各库用木料秫秸筑成;另用铁道盖顶,外面用净土筑土墙。

地盘,长三十三美达八十生的密达,计一百十六尺五寸;宽八美达四十生的密达,计二十六尺五寸;深二美达七十五生的密达,计八尺七寸五分。共合二百七十六方十四尺。

地盘应用工料:

碎石计二百七十六方十四尺,每方连运力合银一两一钱,共银三百三两七钱五分四厘。石灰,每方三担,计八百二十八担四十二斤,每担连运力合银四钱,共银三百三十一两三钱六分八厘。砂子计三十二方六十尺,每方银二两,共银六十五两二钱。瓦工计二百七十六方十四尺,每方工价银三两,共银八百二十八两四钱二分。塞门德土计一百八十四桶,价不计。前项地盘工料除塞门德土不计价外,共银一千五百二十八两七钱四分二厘。

子药库四座,每座长四美达八十生的密达,计十五尺一寸二分;宽三美达八十生的密达,计十二尺二寸七分;高二美达七十五生的密达，计八尺六寸六分。前项子药库四座，每座应用柱十八根，每根长一丈，厚五寸。计库四座，共七十二根。檩子五根，每根长一丈四尺，厚四寸。计库四座，共用二十根。横木三十六根，每根长一丈四尺，厚四寸。计库四座，共一百四十四根。木板七十二块合三十六料，每块长七尺五寸，厚二寸五分。计库四座，共一百四十四料。秫秸三百六十捆，计库四座，一千四百四十四捆。五寸铁钉二桶，计库四座，共用八桶。黑松油四桶，计库四座，共用十六桶。铁道四十一条，计库四座，共用一百六十四条。炮房四座，每座长三美达，计九尺四寸五分；宽三美达，计九尺四寸五分；高二美达七十五生的密达，计八尺六寸六分。前项炮房四座，每座应用柱十二根，长厚同前。计库四座，共用四十八根。檩子三根，长厚同前。计库四座，共用十二根。横木二十四根，长厚同前。计库四座，共九十六根。木板四十五块合二十二料半，长厚同前。计库四座，共用九十料。秫秸二百二十五捆，计库四座，共用九百捆。五寸铁钉一桶半，计库四座，共用六桶。黑松油二桶，计库四座，共用八桶。铁道二十三条，计库四座，共用九十二条。

子药库及炮房应用工料价值：

柱子共一百二十根，每根连木工合银一两一钱五分五厘，计银一百三十八两六钱。檩子共三十二根，每根连木工合银一两一钱五分五厘，计银三十六两九钱六分。横木共二百四十根，每根连木工合银一两二钱九分，计银三百九两六钱。木板共二百三十四料，每料连锯工合银八钱六分五厘，计银二百二两四钱一分。秫秸共二千三百四十捆，每捆银二分，计银四十六两八钱。五寸铁钉共十四桶，每桶银九两，计银一百二十六两。黑松油共二十四桶，每桶银二两三钱，计银五十五两二钱。铁道共二百五十六根，价不计。

前项子药库及炮房工料，除铁道不计价外，共银九百十五两五钱七分。

根墙，前面长二十六美达二十生的密达。左右两面每面长二十一美达八十生的密达。三共六十九美达八十生的密达，计二百二十八尺。宽十七美达五十生的密达，计五十五尺。高一美达二十五生的密达，计四尺。外面二尺收坡，里面一尺收坡。计算应五百五十六方三十二尺。子墙，长六十九美达八十生的密达，计二百二十八尺；宽八美达计二十五尺；高一美达八十生的密达，计五尺五寸。外面二尺收坡，里面直。计算应三百八十二方四十七尺。前项根墙、子墙共合土工九百三十八方七十九尺，每方连运脚打工一概在内，合银二两二分。共银一千八百九十六两三钱五分六厘。

以上各项统共湘平银四千三百四十两六钱六分八厘。另外，塞门德土一百八十四桶，铁道二百五拾六根。

老虎尾炮台工竣请派员验收禀　光绪十年五月十八日

窃职道于本月十三日，据随员汉纳根移称，老虎尾低炮台于三月十九日开工，严饬夫匠赶修，一面起卸炮位，于五月初八日将各工一律修竣，炮位亦设置妥善，计为时四十余日，尚在宪限之内。除将炮台经费银两另行造册报销外，合将工竣日期移请查验转报。等情前来。职道即于是日下午，率王提调仁宝、李委员竟成等亲至老虎尾周历看视，所筑低炮台及置设二十四生脱巨炮二尊均合法度，其地对准口门，极为得势。该随员昼夜赶工，勤劳率作，依限告成，颇可嘉尚。伏查炮台全工以炮盘坚固为第一义，必须将巨炮连环施放，方能定台工之得失。询据该随员面称，再隔两三礼拜之久，地盘块石、石灰、塞门德土、石子凝结一片，试炮当更得力。职道拟恳宪台，饬于六月初旬派员按照图式收验前项炮台土石工程，并于其时将两巨炮照上年黄金山炮台试炮办法，每炮各放三出，以定地盘坚窳。可否之处，伏候钧裁核定批示祗遵。其原估修台经费湘平银四千三百四十两六钱六分八厘，经该随员叠次在职局支领，业由崂嵂嘴炮台专款内如数拨给清讫，并经职道谆切劝勉，以现值帑项支绌，倘于清结各项工料时少有节省，仍当缴还，以昭核实。该随员亦极乐从，容俟果能节省，缴存后，再当据实禀陈，并催饬造册呈报。其台后兵房，职道前禀请修十间，原为仓卒应敌之计，若常川驻守，实不敷用，拟再添修十间，共修兵房二十间，约共须银四百余两，仍由牛提调昶昞饬匠赶速兴造，以备亲兵营各教习及毅军学炮兵勇分驻之用。又据汉随员面商，以此台无周环围墙，既恐炮件易于损失，亦虑营规难于整肃，拟在台后三面添修石墙一道，环至现筑码头之处建立营门，约计用银三百余两。职道以所言颇属中理，现饬该随员赶速估计工料用款清单，再当转呈。可否一并准照所拟兴修之处，均候宪鉴批示施行。

请发起卸大炮垫给各款禀

光绪十年五月十八日〔附清折〕

窃旅顺尚无起重码头，此次由沪运致巨炮未到之先，经汉随员与职道面商，以此项炮到时，轮船不能靠岸，远泊中流，起卸匪易，拟将挖泥工程所用损旧接泥船一只添以厚板改做起重船，以期能胜大炮，并于老虎尾低炮台后面近处赶建碎石码头一座，即可由轮船起驳至起重船，由起重船靠近码头，用铁道运送至台边，庶为稳妥。彼时海防万分吃紧，职道反覆筹思，舍此亦别无良法，即先行催饬该随员带匠日夜分投赶办。炮到之际，除利运船人夫专管扎架提卸外,其自起重船以至送炮近台,添雇人夫,添置用物,均饬由该随员一手经理,幸无贻误。据该随员移送前项各用款清折,计修改起重船计用工料银二百二十七两三钱一分九厘;建筑码头计用工料银五百四十一两八厘;起卸大炮计用工料银一百九十九两三钱九分五厘,三共湘平银九百六十七两七钱二分二厘。移请将清折存转,并给发款项。等情前来。职道查各用款折数尚无浮滥。此次起卸大炮颇为得力,谨将原送清折转呈宪鉴,拟恳钧核,准令照数支领,即由职局垫发,以清该随员经手款目,并拟将码头一款汇入老虎尾炮台全案造销,仍在崂嵂嘴炮台款内动支,其起重船卸炮两款由职局照数向支应局移领归垫,以期各归各款。所有起重船一只即责成该随员与陶千总良材等照料,附入挖泥工程应用。可否之处,伏候钧裁批示施行。

计开:

码头做法,两面用碎石砌墙,中用小石砂土填实;前面用碎石加塞门德土筑驳岸并砌石梯,再于上面两边加筑矮墙。码头丈尺,码头长十一丈一尺,宽二丈六尺,高扯八尺,合二百三十方零八十八尺;前面驳岸长一丈六尺,宽二丈六尺,高八尺,合三十三方二十八尺;驳岸傍石梯长一丈八尺,宽二尺,高八尺应折半,合一方四十四尺;两边矮墙每面长十一丈一尺,宽二尺,高二尺,合八方八十八尺。共合二百七十四方四十八尺。

工料项下:

一,两面石墙,每面长十一丈一尺,宽三尺,高八尺。计用碎石五十三方二十八尺,每方价银一两二钱,共银六十三两九钱三分六厘。又,用粗瓦工五十三方二十八尺,每方工价一两二钱,共银六十三两九钱三分六厘。一,填平中间道路,长十一丈一尺,宽二丈,高八尺。计用小碎石八十八方八十尺,每方价银一两二钱,共银一百六两五钱六分。又,用砂土八十八方八十尺,此土即由土工于近处掘用,不另给价。又,用土工一百七十七方六十尺,每方工价银七钱,共银一百二十四两三钱二分。一,前面驳岸,长一丈六尺,宽二丈六尺,高八尺。计用碎石三十三方二十八尺,每方价银一两二钱,共银三十九两九钱三分六厘。又,用细瓦工十六方六十四尺,每方工价银三两,共银四十九两九钱二分。此项细瓦工以二尺厚作一方。一,驳岸傍石梯,长一丈八尺,宽二尺,高八尺。计用碎石一方四十四尺,每方价银一两二钱,共银一两七钱二分八厘。又,用细瓦工七十二尺,每方价银三两,共银二两一钱六分。一,两边矮墙,每面长十一丈一尺,宽二尺,高二尺。计用碎石八方八十八尺,每方价银一两二钱,共银十两六钱五分六厘。又,用细瓦工四方四十四尺,每方工价银三两,共银十三两三钱二分。一,码头总用石灰一万二千三百八十四斤,每百斤连运合银四钱,共银四十九两五钱三分六厘。一,码头总用砂子五方,每方运价银三两,共银十五两。以上共用工料湘平银五百四十一两八厘。另在工程局领用塞门德土四十三桶正,系前面驳岸用。

计开:

一,二丈四尺长松木杆六根,每根合银一两五钱,共银九两。一,松木一百八十二料一尺三寸三分,每料合银五钱,共银九十一两六分六厘五毫。一,细木工计三百工,每工合银一钱四分,共银四十二两。一,粗木工计三百九十七工,每工合银一钱三分五厘,共银五十三两五钱九分五厘。一,舱工计二百三十四工半,每工合银一钱三分五厘,共银三十一两六钱五分七厘五毫。以上共合湘平银二百二十七两三钱一分九厘。一,另在挖泥船库房拨用五寸长铁钉二十九斤。五寸半长白铅钉八斤。五分方铁二十斤。桐油二百二十二斤。油麻丝二百斤。石灰四百斤。黑漆油四十八斤。查前项在挖泥船库房拨用各物应作销料,兹不列价,合并声明。

计开:

一,由利运轮船卸在起重船计用小工三百四十一工,每工银一钱二分,共银四十两九钱二分。一,拉炮上岸运铁道二百零四根,由黄金山运至老虎尾,每根运力银三分,共银六两一钱二分。一,购垫铁道横木计一百二十根,每根价银三钱二分五厘,共银三十九两。一,安铁道木工计七十九工,每工银一钱三分五厘,共银十两六钱六分五厘。一,购拉炮用棕绳计一百十四斤,每斤价银二钱二分五厘,共银二十五两六钱五分,用后存挖泥船库房。一,拉炮小工计用六百四十二工,每工一钱二分,共银七十七两四分。以上统共湘平银一百九十九两三钱九分五厘。

遵饬验收起重大架并送拟建码头图式禀

光绪十年五月十九日〔附清折〕

窃职道于本年三月十八日,奉宪台札饬,以税务司德璀琳经购起重大架,如果零件齐全,即便查照转饬汉纳根择地置设备用,不必定俟南码头工竣再办等因。奉此,职道遵即照饬汉随员查明已运到旅之大桅两根是何木植,围径长短若干,并零件果否齐全,即行详细开单移送,以便择地置设。据该随员覆称,此项起重大架各项零件一律齐全。开单移送前来。又经职道照饬该随员以各件既一律齐全,应饬人妥为看守,无任稍有损失,其置设之法,即行通筹妥酌迅覆去后;旋据该随员覆称,起重大架不修码头断难置设。其应建码头之处曾经详细查勘,惟有坝南水势较深,轮船可以靠泊起卸。至码头本有木、石两项,旅顺海口系属咸水,且风浪甚大,恐木码头难以经久,总以用石码头为可靠。绘具木式、石式图样各一纸移送前来。其时,适鱼〔雷〕营刘道因公来旅,职道与之反覆熟筹,就该随员所绘两图详加斟酌,木者不能耐久,自可无庸置议;石者样式极佳,照式修成,亦必坚固。惟所绘均是条石丁字砌法,虽未据估计用款银数,而按其丈尺约略核算工费颇属不赀,际此帑项艰难之日,似可暂从缓办,谨将原绘图式二纸,并将开送起重大架件数照录清折,恭呈宪鉴。应否从缓修建码头之处,伏候钧裁核定批示祇遵。

计开:

松木大桅两根,计长八丈,头径一尺五寸,尾径二尺。松木横梁一根。木桅根盘两架。粗铁丝绳两根。铁锚二具。铁链大小五根。四饼軨档两个。一饼軨档一个。大立绳一根。磨关壹盘,绞棍全。大桅应用铁件及螺丝等一概齐全。

申送旅局哨弁亲兵清册禀

光绪十年五月二十一日〔附清折〕

窃职道于本年二月间,禀陈裁撤艇船弁兵,就饷另招亲兵随局差遣各缘由,奉宪台批开,均准。照议分别办理。仍将亲兵募齐,起支口粮及领办军装情形,随时报明查核等因。奉此,遵于三月间,饬派天津营务处差弁宁津汛、把总刘殿甲前赴津南各处招募朴实可靠之人,凡游惰吸烟及曾充营勇者,一概不准滥收。兹于五月初四日,据该弁自津附坐镇海轮船带领新募亲兵二十一名到旅,并据面禀,现值海防紧要,各处纷纷募勇添队,一时不易招集情形。各艇船旧兵又以到直数年,久与原营声气隔绝,情愿改领现定饷数，照旧当差，环乞留用。职道查募勇事本极难，际此海疆有事之时，若必勉强凑集，转恐滥募游勇，更坏军规，即于五月初十日，传齐新旧各兵，严加挑选，计共挑定护勇队长、亲兵、伙勇等五十六名。把总刘殿甲昔随天津吴故道毓兰在天津营务处当差有年，安详勤慎，在旅两年，颇称得力，拟即派为哨官，以专责成。所有全哨弁兵拟照禀定饷数均自五月十一日起支正饷，仍由职局按月垫发，移向支应局领回归垫。其艇船官弁把总鞠承才一员，文案一员，兵丁四十名，舵工三名应支薪饷津贴银两均于五月十一日住支。将遣撤之文案、兵、舵等筹给川资，饬鞠把总承才于二十日自旅顺带领渡海赴山东原籍遣散，谨将改设旅顺营务处亲兵一哨弁勇花名年籍开缮清折，恭呈钧鉴，伏候宪核批示祗遵。俟奉准后，再由职道督饬该哨官造具弁兵全册咨送海防支应局备案。至前禀置办该兵等衣靴均已办就，旗帜尚未置齐，约计不过用银二百四十余两，俟办齐后，再行开折造销。惟新募各兵自在津募齐，支给小口粮及轮船火食各费约另需银十余两。可否准其一并汇附列销之处，出自宪恩。再，前禀请领前膛洋枪、腰刀、子药、铁耙等件，均准海防军械所如数拨齐，业经饬发该弁兵等分班演习，兼顾差操，合并禀明。

计开：哨官一员，队长八名，护勇四名，亲兵四十名，伙勇四名。

估计石岸石坝工程请派员覆核禀

光绪十年五月二十一日〔附清册〕

窃职道于本年二月间，禀奉宪台札饬，以旅顺口石岸、石坝两工估需银十二万三千余两，澳工土方尚节存银五万两，再添银七万两可以集事。应准照拟，撙节核实妥办，务求坚固经久。仰即督同各员赶紧购料兴工，并将详细估计清单呈送查核等因。奉此，伏查旅顺东澳本系大海潮汐灌注之区，蛎壳、稀淤层递间积，本色黄土不过百分之一二。不修石工，则止能敷衍，目前尽修石工，则际此时艰帑绌，又岂能如西人所修船澳动以数千百万为言？老于工作者均知节费省工决难万全无弊，不惟视若畏途，几致目为坎窨。所赖津海关周道今春同来查勘，为之通盘计画，择要措施。仰奉钧允，如所请行。三月于今，正值海防孔棘之时，职道材力本极驽下，兼营并骛，倍忧覆餗。幸得提调王县丞仁宝鸠工庀材，事事躬亲，在事各员均能不辞劳瘁，现已赶将扼近澳口之南北石坝各十余丈一气抢成，其石坝做法与船池泊岸相同，因土性太软，不能照前禀挑成六收大坦，是以酌行改办，此次估单即照现做之式(沽)〔估〕计。船路南、北面泊岸均正赶做，其开宽土工均尚顺手，未再坍卸。惟因吸水机器锅炉损坏，送由大(估)〔沽〕船坞修理，现甫修竣送回。另与津海关周道、军械所张道商托洋商自津电购外洋新式吸器，约需银二千数百两，尚未运到。须看吸器得力，澳底积水数尺消除净尽，方能清底，先做塞门德土搀和石子之底托，即西人所谓驳塘以为泊岸根基，倘得天时多晴少雨，工作无甚变迁，秋冬之交或略有头绪。所最难者，石坝必先开沟槽乃能修砌，而土性软不可言，随挑随卸。澳北距口稍远沟槽工段减深改浅，其下尚有硬底。澳南愈南愈软，几至无从着手。大抵两工皆难，而石坝尤甚。现据王提调仁宝将土石工料估需银两数目开缮成册，职道与之再三覆核，数易其稿，实已无可再节，谨将清册上呈钧鉴，伏恳宪台饬派熟习河工大员按册覆核，禀候钧裁批示祇遵。惟此项工程万分棘手，止能尽此册开银数作为范围，总期有减无增。职道与在工各员上年承办土工略有节省，此时倘可随时撙节，决不敢初终异辙，自蹈愆尤。而工段做法须相度形势，择善图全，又未便胶柱鼓瑟，必求与此册一一符合，俟届时如何更改，仍当随时禀明，并俟土石各工全竣后，连同上年估定兴办之挖澳土方、修筑拦水各坝等工通作一案，详细造册，以便达部之用，庶于工程例法两全无碍。是否有当？伏候钧核训示施行，并乞饬下海防支应局知照立案。再，上年挖澳土工因须俟澳底水去，开足尺寸，方能详细稽核，是以此时止能约略定为节省银五万两之数，无从清结。又，此项工程约略需用塞门德土五千余桶，此时尚难定准，拟俟工竣，从实开报，是以未列册内，其土价亦不在估数，合并禀明。

计附呈清册一本。计开：

北面船池口长一百零三丈，底长八十八丈，均长九十五丈五尺。今估开宽七丈五尺，深二丈五尺。每丈工一百八十七方五尺，共土一万七千九百零六方二尺五寸，每方银五钱，核湘平银一万二千五百三十四两三钱七分五厘。又，北面船池口长一百零三丈，底长八十八丈，均长九十五丈五尺，深二丈五尺。原估三收坡，今估开宽，归一收坡，口宽无底。宽五丈，均宽二丈五尺。每丈土六十二方五尺，共土五千九百六十八方七尺五寸，澳深坡小，出土甚难。每方约估银八钱，核湘平银四千七百七十五两。又，东北面船池下截工长二百一十丈，全行漏水。估用塞门德土、碎石、沙子灌垫二尺。今估深二丈五尺，以下又挖深二尺，宽一丈。每丈土二方，共土四百二十方，每方银七钱，核湘平银二百九十四两。

南面船池口长一百零五丈，底长九十丈，均长九十七丈五尺，现挑六收坡，今估用黄黑土挑垫，归一收坡。垫口宽十二丈五尺，底宽一丈，均宽六丈七尺五寸。内靠泊岸一面用黄土垫，宽一丈五尺,深二丈五尺,每丈土三十七方五尺,共黄土三千六百五十六方二尺五寸,每方银八钱,核湘平银二千九百二十五两。黄土用后,用黑土垫,宽五丈二尺五寸,深二丈五尺。每丈土一百三十一方二尺五寸,共黑土一万二千七百九十六方八尺七寸五分,每方银三钱,核湘平银三千八百三十九两零六分二厘五毫。

东面船池南北口长八十五丈,底长八十丈,均长八十二丈五尺,现挑六收坡。今估用黄黑土挑垫,归一收坡。口宽十二丈五尺,底宽无,均宽六丈二尺五寸。内靠泊岸一面用黄土垫,宽一丈,深二丈五尺。每丈土二十五方,共黄土二千零六十二方五尺,每方银八钱,核湘平银一千六百五十两。黄土后,用黑土垫,宽五丈二尺五寸,深二丈五尺。每丈土一百三十一方二尺五寸,共黑土一万零八百二十八方一尺二寸五分,每方银三钱,核湘平银三千二百四十八两四钱三分七厘五毫。又,东南面船池一百六十丈,到底稀泥。估用塞门德土、沙子灌垫厚三尺。今估深二丈五尺,以下挖深三尺,宽一丈。每丈土三方,共土四百八十方,每方银七钱,核湘平银三百三十六两。

以上船池开宽挑垫共估湘平银二万九千六百零一两八钱七分五厘。内南面船池均长九十七丈五尺,八年十二月覆估奉准,系三收坡,因泥软坡小,不能站住,现挑六收坡。自应仍将前项应挑去之三收坡共土九千一百四十方零六尺二寸五分,每方银七钱,抵扣,以符原案。计应扣除湘平银六千三百九十八两四钱三分七厘五毫,除扣,实共估湘平银二万三千二百零三两四钱三分七厘五毫。

船池原估东西口长九十丈,底长七十五丈。现挑口长一百零四丈,底长八十九丈。挑垫归一收坡后,实净土工应收口长九十一丈五尺,底长八十九丈。原估南北口宽九十丈,底宽七十五丈,现挑口宽九十丈,底宽六十七丈五尺。南面挑垫,北面开宽,归一收坡后,实净土工应收口宽八十五丈,底宽八十丈,深照原估二丈五尺。

船路南面工长五十八丈五尺,坡长九丈。今估砌顶宽四尺,底宽八尺,均宽六尺。每丈需一、二、五方黄石四十三方二尺,共黄石二千五百二十七方二尺。船池南面工长九十一丈五尺,坡长三丈。今估砌顶宽四尺,底宽八尺,均宽六尺。每丈需一、二、五方黄石十四方四尺,共黄石一千三百十七方六尺。

船路北面工长七十六丈五尺,坡宽九丈。今估砌顶宽四尺,底宽六尺,均宽五尺。每丈需一、二、五方黄石三十六方,共黄石二千七百五十四方。船池北面工长九十一丈五尺,坡宽三丈。今估砌顶宽三尺,底宽五尺,均宽四尺。每丈需一、二、五方黄石九方六尺,共黄石八百七十八方四尺。

船池东面工长八十二丈五尺,坡宽三丈。今估砌顶宽四尺,底宽八尺,均宽六尺。每丈需一、二、五方黄石十四方四尺,共黄石一千一百八十八方。

以上工长四百丈零零五尺。共估黄石八千六百六十五方二尺。内间层估用宽一尺,厚六寸条石十七层。一顺一丁。每层估需条石六百四十丈零八尺,共需条石一万零八百九十三丈六尺。核一、二、五方黄石五百二十二方八尺九寸,刨除条石外,实共估黄石八千一百四十二方三尺一寸。

船池口门底宽二十四丈。今估砌条石四路,每路需条石二十四丈,共条石九十六丈。船路船池口长四百零三丈。盖面用丁字式条石,宽四尺。每丈需条石四丈,共条石一千六百十二丈。以上共估条石一万二千六百零一丈六尺,每丈运到码头银一两一钱。由码头运到澳内,远近均拉银一钱。二共每丈核银一两二钱,核湘平银一万五千一百二十一两九钱二分。共估黄石八千一百四十二方三尺一寸,每方银一两三钱,核湘平银一万零五百八十五两零零三厘。

每砌黄石一方,灌浆工一名,砌工二名,构缝工一名,抬石工三名,挑水工三名,筛土拌灰工二名,共十二名,大工四名,小工八名。共估大工三万二千五百六十九工,每工银一钱五分,核湘平银四千八百八十五两三钱五分;共估小工六万五千一百三十八工,每工银一钱三分,核湘平银八千四百六十七两九钱四分。每砌黄石一方估需白灰三百斤,共估白灰二百四十四万二千六百九十三斤,每百斤银二钱八分,核湘平银六千八百三十九两五钱四分。每砌黄石一方估需黄土一尺,共估黄土八百十四方二尺三寸,每方银七钱,核湘平银五百六十九两九钱六分一厘。每砌泊岸一丈估需构缝沙子一尺五寸,共估沙子六十方零零七寸五分,每方银一两五钱,核湘平银九十两零一钱一分二厘五毫。每砌泊岸一丈估需麻刀十斤,共估麻刀四千斤,每百斤银二两五钱,核湘平银一百两。每砌条石一丈估安砌抬工一名大小工各半,共估大工六千三百工,每工银一钱五分,核湘平银九百四十五两,共估小工六千三百工,每工银一钱三分,核湘平银八百十九两。船池东南面工长一百六十丈,稀泥无底。今估原深二丈五尺,以下用碎石、塞门德土垫深三尺,宽一丈。每丈需一、二、五方碎石二方四尺,共碎石三百八十四方。船池东北面工长二百一十丈,澳帮下截全行渗漏。今估原深二丈,以下用碎石、塞门德土垫深二尺,宽一丈。每丈需一、二、五方碎石一方六尺,共碎石三百三十六方,二共估碎石七百二十方,每方银八钱，核湘平银五百七十六两。每砌碎石一方估需大工一名、小工八名，共估大工七百二十工，每工(钱)〔银〕一钱五分，核湘平银一百零八两；共估小工五千七百六十工，每工银一钱三分，核湘平银七百四十八两八钱。每砌碎石一方估需白灰三百斤，共估白灰二十一万六千斤，每百斤银二钱八分，核湘平银六百零四两八钱。每砌碎石一方估需沙子二尺，共估沙子一百四十四方，每方银一两五钱，核湘平银二百十六两。船路船池估需铁锭一万个，每个重十斤，共估铁锭十万斤，每斤银二分五厘，核湘平银二千五百两。

以上泊岸石工共估湘平银五万三千一百七十七两四钱二分六厘五毫。泊岸土石各工两共估需湘平银七万六千三百八十两零八钱六分四厘。

挑挖石坝沟槽：

南面石坝顶长四十丈，底长五十八丈，均长四十九丈。今估挑顶宽三十六丈一尺，底宽二丈五尺，均深二丈八尺。每丈土五百四十方零四尺，共估土二万六千四百七十九方六尺，每方银七钱，核湘平银一万八千五百三十五两七钱二分。北面石坝顶长二十九丈，底长三十九丈，均长三十四丈。今估挑口宽三十六丈，底宽二丈四尺，均深二丈八尺。每丈土五百三十七方六尺，共估土一万八千二百七十八方四尺，每方银五钱，核湘平银九千一百三十九两二钱。

以上挑挖石坝沟槽共估湘平银二万七千六百七十四两九钱二分。

南面石坝顶长四十丈，底长五十八丈，均长四十九丈。今估砌顶宽五尺，底宽二丈一尺，中高三丈六尺，北高三丈八尺，南高二丈二尺。均高三丈二尺。每丈需一、二、五方黄石三十三方二尺八寸,共黄石一千六百三十方零七尺二寸。北面石坝顶长二十九丈,底长二十九丈,均长三十四丈。今估砌顶宽五尺,底宽二丈,中高三丈四尺,南高三丈八尺,北高一丈八尺。均高三丈。每丈需一、二、五方黄石三十方,共黄石一千零二十方。二共估黄石二千六百五十方零七尺二寸。

南北石坝两头靠口门处,海潮涌猛,间层镶砌条石恐不坚固。拟估每坝头全用条石,一丁一顺,镶砌长十丈,两头凑长二十丈。计条石五十层。每层需条石三十二丈,估需条石一千六百丈。以后两边凑长六十三丈。间层砌条石十七层,一丁一顺,每层需条石一百丈零零八尺,估需条石一千七百十三丈六尺。二共估条石三千三百十三丈六尺。核一、二、五方黄石一百五十九方零五寸二分。刨除条石外,实共估黄石二千四百九十一方六尺六寸八分,每方银一两三钱,核湘平银三千二百三十九两一钱六分八厘四毫。共估条石三千三百十三丈六尺,每丈银一两二钱,核湘平银三千九百七十六两三钱二分。

每砌黄石一方估白灰三百斤,共估白灰七十四万七千五百斤,每百斤银二钱八分,核湘平银二千零九十三两。每砌黄石一方估黄土一尺,共估黄土二百四十九方一尺六寸六分,每方银七钱,核湘平银一百七十四两四钱一分六厘二毫。每砌黄石一方估大工四名、小工八名,共估大工九千九百六十六工半,每工银一钱五分,核湘平银一千四百九十四两九钱七分五厘,共估小工一万九千九百三十三工,每工银一钱三分,核湘平银二千五百九十一两二钱九分。每砌石坝一丈构缝估沙子一尺五寸,共估沙子十二方四尺五寸,每方银一两五钱,核湘平银十八两六钱七分五厘。每砌石坝一丈构缝估麻刀十斤,共估麻刀八百三十斤,每百斤银二两五钱,核湘平银二十四两零七钱五分。每砌条石一丈，抬石安砌工一名，大、小工各半，共估大工一千六百五十六工半，每工银一钱五分，核湘平银二百四十八两四钱七分五厘，共估小工一千六百五十六工半，核湘平银二百一十五两三钱四分五厘。

南面石坝内有工长三十丈，稀泥无底，估用桩木托底。每丈需九十八棵，共估桩木二千九百四十棵，每棵银八钱，核湘平银二千三百五十二两。桩孔桩面用碎石、塞门德土灌垫厚三尺，宽二丈五尺。每丈估需一、二、五方碎石六方，共估碎石一百八十方，每方银九钱，核湘平银一百六十二两。每砌碎石一方估白灰三百斤，共估白灰五万四千斤，每百斤银二钱八分，核湘平银一百五十一两二钱。每砌碎石一方估沙子二尺，共估沙子三十六方，每方银一两五钱，核湘平银五十四两。每砌碎石一方估大、小工一、八名，共估大工一百八十工，每工银一钱五分，核湘平银二十七两，共估小工一千四百四十工，每工银一钱三分，核湘平银一百八十七两二钱。每签桩一棵估需桩夫五名，共桩夫一万四千七百工，每工银一钱五分，核湘平银二千二百零五两。

以上石坝工程共估湘平银一万九千二百十两零八钱一分四厘六毫。

石坝土石各工两共估湘平银四万六千八百八十五两七钱三分四厘六毫。

通册共估土方核湘平银五万零八百七十八两三钱五分七厘五毫。

石条一万五千九百十五丈二尺，核湘平银一万九千零九十八两二钱四分。黄石一万零六百三十三方九尺七寸八分，核湘平银一万三千八百二十四两一钱七分一厘四毫。碎石九百方，核湘平银七百三十八两。白灰三百四十六万零一百九十三斤,核湘平银九千六百八十八两五钱四分。沙子二百五十二方五尺二寸五分,核湘平银三百七十八两七钱八分七厘五毫。黄土一千零六十三方三尺九寸六分,核湘平银七百四十四两三钱七分七厘二毫。桩木二千九百四十棵,核湘平银二千三百五十二两。铁锭十万斤,核湘平银二千五百两。麻刀四千八百三十斤,核湘平银一百二十两零七钱五分。大工五万一千三百九十二工,核湘平银七千七百零八两八钱。小工十万零零二百二十七工半,核湘平银一万三千零二十九两五钱七分五厘。桩夫一万四千七百工,核湘平银二千二百零五两。

泊岸石坝土石工程统共估湘平银十二万三千二百六十六两五钱九分八厘六毫。

电禀防务请照各局官报成式禀

光绪十年闰五月十七日

窃旅顺孤悬海表,陆路距津几三千里,平时文报往来皆用轮船递送,尚称迅捷。目下防务万分紧要,深恐事机迁变,未可专恃海程。若由陆递报,则道路阻修,虽经宋军门将马勇分段设拨,而地广人稀,实不敷用,排单文报由旅至津,极速亦须十二三日,深恐贻误。上年冬间,职道与宋军门、丁镇悉心筹议,必须早设电报,禀蒙宪鉴在案。徒以路长费重,未即举行。查由津至山海关电报现已办成。职道昨与津海关周道、电报局朱道再四筹商,拟恳宪台饬下电报局立案,以后遇有紧要事宜,除事非因公应仍归入商报,由寄报之人向该局委员付给报费外,其军情防务要件,由职道及宋军门、丁镇、王前镇等电禀及电移各局、所者,自旅顺办就,加钤驰送山海关电报局,即时发电上呈。一切均照各局官报成式,以期消息灵通,于防务大局,所裨良非浅鲜。可否之处,伏候钧裁核定批示祇遵。

请调拨马队以资任使禀 光绪十年闰五月十七日

窃旅顺营务处新设亲兵皆系步卒,现值海防吃紧,职道任司营务,时时须与各将领函牍筹商,而各营垒相距辽阔,必须有马勇以资任使,庶临事不至濡滞。查者提督贵所统淮军马队现驻保定,闻其人骑器械均极精良,拟恳宪恩,饬下者提督将该营淮军马队拨派十六名暂赴旅顺听候职局差遣,即由保定星速兼程,自山海关、营口一路前往。所有每月应领饷数及鞍屉、洋枪、器械数目均由者提督移咨职道备查。其到旅顺后,距该军过远,拟由职局与该营截清起讫日期后,仍照原支饷数由职局垫发饷银,随时移明银钱所领还。其有趋事奋勇及不能得力者,并拟暂由职道主持赏罚,以收臂指相使之效。是否有当?伏候钧裁批示,并恳饬下淮军行营银钱所立案。

布置旅防并请饬拨各件应用禀

光绪十年闰五月二十五日

窃职道等叩辞后,于二十四日午刻抵旅顺口。两日中与宋军门、丁镇、王前镇及各洋员察看各处台垒。黄金山台外护墙虽经大雨,土皮坍卸不少,而石骨不露,于战事并无妨碍。台内应备各事赶紧分投料理,随员汉纳根拟以两哨驻台专作炮兵,另以三哨分布台外及左右山凹,防御更觉严密,职道等深以为然,已请王前镇一律照办。西岸老虎尾炮台巨炮前数日已经开放,炮与台盘毫无震动。西澳之西南地名团山,地势平衍,深水近岸,已由丁镇用接泥船架大炮其上,现由毅军派拨一营在附近山后二里许赶扎成垒,凡团山一带均由此营派人昼夜分班哨探,庶免敌人夜间登岸。其靠近海滩地方拟添布水雷、旱雷为数甚多。伏恳宪台饬下机器、制造两局迅拨勒格兰舍电箱两口及旱雷四五百个,西沽所存旱雷线二十迈,东局白金丝雷信子五六百个,交由镇海连同拟解未来之各项炮子等件饬由军械所赶紧料理,交该船星夜来旅,以济急需。各炮台积土须多备麻袋,可否饬下筹赈局速拨麻袋一万条,交镇海船一并拨解。职道含芳于本日未刻偕哈教习乘快马到旅料理各事。前已禀陈将要紧器件装载广艇,二十二日开出,因风不顺,尚未到旅,拟将修雷之工设法在旅顺兴作,而威海仍留一坏雷,留兵官照常操练,候将旅顺厂事料理粗毕,迟三五日仍回威,相机移动。吴小轩军门已于二十一日辰刻因病出缺,该营派弁吴良儒赍具遗折赴津叩禀一切。闻其病逝之日,各军同声悼惜。际此时局艰危,所部驻金之三营亟须得人接统,该军各将资望以黄、朱二人为最,朱久病,近有退志,似黄提督仕林可暂接统,钧鉴自有权衡。若虑金、旅两防必须联络一气,应否暂由宋军门遇有战事酌量调遣之处,伏乞钧裁核定施行。再,五月初间,吴军门与职道保龄亲笔函件,谨将原函并呈,伏乞钧鉴。

镇海轮船月费请照旧拨发禀

光绪十年闰五月二十六日

窃查镇海轮船来往津、旅、威海、烟台,几无旬日休息,与泰安之来往朝鲜相等,比湄云差使更繁。惟该船各项饷费去年经周道任内奉船政大臣行知裁减银一百九十一两,因其实不敷用,每月由关道衙门津贴银一百两。现查镇海月费实属不敷,而差使络绎,时来往于重洋风浪之中,所减之人万难裁退。闻周道任内曾接东海关方道、山海关续道来函,均以费难裁减,移交盛道会详,拟求宪恩,仍准照旧核发。惟镇海实属苦累,诚恐为日既久,亏欠愈多,合无仰恳宪恩,行知津海关道查照原发镇海饷数核发。其湄云、泰安月饷如系咨部核销,另由山海、东海两关详由咨部,或请奏明办理。再,昨闻船政大臣复有裁减新章,职道等原不敢妄参末议,第以镇海情形而论,实属不能再减。职道等系为海防重要,鼓励群情起见,决非敢见好于人。是否有当,伏乞钧核批示遵行。

陈请起支西岸各炮费禀 光绪十年六月初四日

窃旅顺黄金山炮台各炮费章程,本年正月经职道会同军械所详定:二十四生脱巨炮每尊月给炮费八两,十二生脱炮每尊月给炮费六两。其老虎尾低炮台所设二十四生脱巨炮二尊,西岸炮墙所设十二生脱炮三尊。又于本年三月间,经职道与宋军门商定,禀请将各炮位零件均暂由袁哨官雨春照料,炮费即由袁雨春经领,每月列册核实分报,均蒙宪鉴批准在案。查经领炮费向以开演炮位之日起支,原以一经开放,油纱等物需用浩繁,克鲁博巨炮极为精细,尤须小心护惜,勤加洗拭。所有旅顺口门西岸炮墙设置十二生脱炮三尊,系于本年四月十三日开放,拟请以开放之日为始,按日扣算,每尊每月照案发给炮费湘平银六两。老虎尾低炮台设置二十四生脱巨炮二尊,系于本年闰五月二十一日开放,拟请一并自开放之日扣算,每尊每月照案发给炮费湘平银八两,均由哨官袁雨春经领,每月核实分报宋军门、军械所及职局备查,其银两暂由职局照数垫发,随时移明支应局领还。是否有当?伏候宪核批示祇遵,并恳饬下海防支应局知照立案,所有拟请起支西岸各炮费缘由,理合会同天津军械所禀陈。

东西岸布置防御情形禀 光绪十年六月初四日

窃昨下午快马轮船自烟至旅,奉到二十八日钧批一件,二十六日宪札一件,即与周道等敬聆祗悉。旅防情形旬日来趱速布置,计西南面设炮三处,均以水师船炮位分设,由丁镇派弁监做,须用料物、夫匠均由职局拨给,并饬牛提调昶昞、王提调仁宝等协助。另以镇海船各炮设置口门外山顶,由随员汉纳根专任筑土台置设,昨并由职局借拨银两,催速成功,总计各工告成,少须旬日,而炮一上山,有架有炮,即可施放御敌。毅军在西岸者,扎营放卡,新旧已及千人。已与宋军门约定,起羊头洼迄口门西,以程提督允和一军任之;其东南崂嵂嘴一带,以姜提督桂题一军任之,而以宋提督得胜所部随宋军门游击策应。各营士气甚壮,颇有灭此朝食之概,宋军门忠勇之气至老不衰。丁镇耻于船少之未能纵横海上,日来经营防务,派弁勇分守各炮,极为发愤认真,与毅军水陆颇极水乳祈合,尤为可喜。加以刘道所部鱼雷艇卒咸至,届时当可收出奇制胜之效。口门内外水雷已下者三十五具,现与满宜士酌添十二具,共四十七具,所剩十余具补苴罅漏,拟分布口门迤西。本日派方凤鸣偕满宜士往相地势,日内先尽现有旱雷在沙谷堆外平滩敌易登岸之处置设百数十具,依近团山、田家屯一带新土炮台及毅军营垒,为重关叠隘之谋。职道于雷事愧鲜阅历,所幸刘道在旅,有可商度。王前镇已移居黄金山炮台,职道与周道不时赴台商同瑞乃尔布置一切。汉纳根、瑞乃尔感戴宪恩,均极出力。惟用西弁之法须略短取长,未可求全责备耳。职局澳工际此暑雨,南面软泥毛病百出,泊岸尚勉强可做，坝工几无处下手，加以旧用吸水机器进坞重修后，直成废物，新吸水器尚未到，积水日深，难遽消涸。北面船坞虽未即修，而泊岸工程亦须豫留坞之进路，现与周道抽暇商定，另再禀陈。倘海防稍松，周道前往各海口绘图完毕后，拟仍约其回旅，将船澳、炮台及应修应缓之工会同通盘酌度，庶几熟思审处，不至陨越，职道幸甚。

卷　五

会报旅防分别布置情形禀　光绪十年六月初七日

窃镇海船于本月初六日午刻抵旅，接奉钧谕指示战守事宜，庆等敬聆祗悉。伏查旅顺防务东西岸布置大略情形，业由职道保龄于初四日禀，由泰安船递烟转呈，计蒙宪鉴。庆率毅军分拨各要隘扎营放卡，凡各山顶昼夜派人瞭望，昼则悬旗，夜以火号，间委官弁乘夜抽查，均尚整齐严密。将士磨厉以须，亟思一奋。子药、米粮尚不致缺乏。逆料法船现在中国洋面至多只二十余只，水军不过四千余人，即使尽数登岸，亦无足深虑，敢以告纾宪廑。职镇汝昌各船在旅，前因抽派弁兵在口门西山上筑台，虽未时常起碇，然皆每日升火留气藉操大炮，现拟轮派出海，于二三十迈之远往来巡缉。至于黄金山外下碇之法，当此南风，司令实有不便之处。及烟台近日情形，曾经汝昌另禀详陈。职道含芳查鱼雷雷艇到旅后，经徐永泰等用艇操演数次，含芳因两艇机器灵巧，未便令其常时升火操用，拟每七日升火二次，出海巡驶二十里。其在澳操习鱼雷，已派泰安轮船于初四日赴烟台之便顺道威海，将一号火轮舢板锅炉机器带来，即可在旅每日趁潮操雷，现在备战之棉药头引信、炸管各已具备。该弁兵等皆有勇往之气，静候号令，拟以徐永泰、密勒克乘一号在前，而蔡廷幹、李士元继之，临阵应变，各弁尚有胆识。

其临敌获捷赏格，职道等公同商办，恐路阻不便请示，拟随时斟酌，或应格外加重，以作士气。其大沽船坞装合两艇如已装成，乘未战之前，令配带新到之雷驶来旅顺，其得用更大。此艇舱内宽大，每艇若能多装新雷三四具，则更得用，惟棉头引信、零件须由制造局王道饬匠拣配齐全。至威海城市安堵如常，居民无所惊恐，局中工程员弁仍住在局，前日已由含芳禀呈大略矣。职道馥连日会同查阅各营防务，遍观旅顺相近各口岸情形，现正催匠赶做黄金山炮台木样并催取各口图说，尚未全齐，拟日内驶赴金州、大连湾、登州、烟台一行，仍即折回旅顺。以此间船澳石土苦于地软，又经暑雨，目前万分棘手，保龄与在事各工员甚形焦灼，馥为之设法损益变通，亦尚未能悬拟定夺，必须监视工匠，调度员弁试作一两月或可稍有把握，其图说等件拟画成后，先寄津上呈也。保龄查塞门德土现到帕克士一船，已饬收齐，其搭载雷头之阿导耳甫帆船及导海船均尚无消息。口门所下水雷，先因利顺未回，方弁凤鸣等用接泥船装雷放下，遂致线路与镜不能恰对。利顺船到旅后，又因赴烟台探信，赴山海关接递电报，耽阁数日，现才将雷挪齐，连日正与满宜士酌议旱雷之处，赶即设置，总期与岸上炮力相依，借以阻敌来舢板扑犯之计。烟台消息常通，夏令南风，民船北来甚易，业经知照烟台寓弁凡遇紧信即雇民船寄旅顺。旬余以来，遣利顺出探者两次，遣快马出探者一次，遣泰安出探者两次。利顺已自山海关回，泰安昨赴烟台，尚未还旅。此后事机难定，未便再大船远探，拟仍随时抽派利顺、快马两小轮船赴烟台、山海关各处分探，以期消息灵通。金州、南关岭一带亦由职道等函嘱黄提督仕林勤加侦探，严密防范。闻道〔金〕州防军自吴军门故后，黄提督力催各营认真操练，颇为奋发，当可放心。汉纳根勤奋明练，极为可嘉，现令督做口门西小土炮台及整理黄金山炮盘与各项零星工程,昼夜辛勤,不辞劳瘁。瑞乃尔在黄金山教操,与职镇永〔胜〕同驻炮台,日夜不离。额德茂在老虎尾低炮台督率袁哨官雨春及毅军新拨勇丁亦于日内开操。本日已将黄金山炮台上下五哨传齐演试,尚称整饬。拟数日内各土炮台筑齐,再当通约水陆各军演习御敌之式。庆等谨当勠力同心,彻桑未雨,以仰副宪台慎重海防之至意。

陈报演炮情形并分赴金州烟威阅操禀

光绪十年六月二十日

窃职道于本月十六日,奉宪台批,饬将如何演习御敌之式,驰禀查核等因。奉此,遵与周道、刘道商同宋军门、丁镇、王前镇等酌定,即于十八早,通传各炮台及水师各船戒备。先期购置渔船碇置海中,上插红旗作为浮靶,计四处,每处联设二靶,共八靶:以二靶为黄金山巨炮之用,距台六千码;以二靶为超勇、扬威、镇中、镇东四船及老虎尾炮台之用,距船及台约三千码;以二靶为丁镇现修土炮台置威远二炮之用,距台二千码;以二靶为蛮子营地方汉纳根经修土炮台置镇海六炮之用,距台二千码。其序以黄金山炮台最先开放,超、扬、两镇船继之,老虎尾炮台、威远炮台、蛮子营炮台次第继之。每炮三出,各认各靶,悬红旗为号,升旗燃炮,炮止旗落,则继之者又升旗。除旧有各炮台及各船外,其新修威远炮台系由丁镇派威远船炮目、水手司之;新修蛮子营炮台系由汉随员督镇海船炮目及丁镇所派刘游击学礼带练船兵目司之。另遣防御方学正会同水师营佐领等前夕遍告村民,俾无惊恐。是日未初刻,宋军门与职道等咸集黄金山炮台,王前镇及瑞乃尔以六千码炮靶太远,目力难及,商定改认距炮台三千码之靶,即原置超、扬等船之靶也。未初二刻，黄金山炮台先放，就台上各炮而论，所放二十四生脱两巨炮为最佳，或中靶，或距靶不甚远，余则线路不能画一。兵目等似未甚娴熟，急须认真核实，力求进境。水师各船以扬威为冠，三炮线路皆一贯，两镇次之，超勇最下。老虎尾炮台由教习额德茂亲自督放六炮，亦线路径直，足与扬威并美。新教毅军各勇及袁哨官雨春旧带各兵均日有起色，尤见该教习尽心勤事之效。威远台六炮线路皆直，但稍过靶。蛮子营台十八炮中靶五出，余亦不甚相远。综核各台炮手，既能于一二丈之靶不甚相远，必不难命中敌船，而细衡等第，仍以水师船之线路较胜，虎尾次之，黄金山又次之。现仍谆嘱各统将共励忠诚，策其兵弁各激天良，庶不负宪台多年经营海防之至意。职道任司营务，目击时局艰危，至此中情焦愤，惟有力矢虚公，随时体察，无论水陆各军，华洋各员，孰贤孰否，见闻所及，必当据实上陈，任可取谤友生，不敢扶同徇隐，仰蔽钧鉴也。职道与宋军门、丁镇、周道先后驰赴金州防次，与黄提督仕林接晤，巡看各营恪守旧规，极有条理，民情亦极安谧。职道等即于十六日附扬威巡海之便，同回旅防。丁镇、刘道又率超、扬两船于十八夜起碇出海，巡阅操练，赴烟、威各口，尚未回旅。快马船近由烟台哨探回防，闻烟台但有英兵船一只停泊，并无别国兵船。阿导耳甫帆船载运军火，现与刘道商酌，分别留旅运津物件甚多，此次镇海船尚未运竣，仍须再运一次。导海至威，刘道亲往料理，催速来旅。近日天气渐晴，而两旬大雨，澳工百事棘手，职道万分焦灼，拟与周道详酌，另再禀陈。

会报导海船开驶来旅禀 光绪十年六月二十一日

窃查导海船主今早五点钟到旅顺，职道含芳于九点半偕丁提督回旅，职道等现已会同托汉纳根与该船主面商，将导海驶来旅顺，无须另议合同，该船主皆已面允照办。至于回国之人本拟在威开发，由此间借拨水手前往供用，因该船主面称，仍用熟人驶来旅顺为便，即或其中有不愿来者，亦可敷用，不须带生水手前往。现派快马专送丁治今夜开赴烟台，晤领事官，添买伙食。明晚抵威，当面订明后天午正起碇，开驶北来，并支借湘平银三百两。其按照合同验收各事，职道等当遵照妥办，俟收完后及以后办法，再行续禀具报，并请示遵行。至于刮油船底，大沽船坞门不彀阔，不能驶入，已与丁治商榷，可以乘潮置滩，设法办理，拟俟驶到验收之后，将鸡心滩试手，庶验收验试二者皆完，然后再行办理刮油之事。是否有当，理合肃禀，虔请训示祗遵。

验收导海船机件尚未运齐禀　光绪十年七月十一日

窃查导海轮船船身机器早已收竣，惟备用各件三十号、三十二号两单之物与起重架物件搀杂，均运大沽，尚未运齐，须俟收齐后，方能缮册呈报。又以起重两铁柱未起，不能升火试挖西澳，拟与汉随员设法起卸，尚未知能应手否。一俟试挖之后，则合同之事均有考究，即行专案呈报。事关巨款，任可多耽几日，未敢草率迁就。知关宪廑，理合禀陈。再，起重架逗合非易，现饬汉随员督同随船来之匠首陆昭爱经管。另由职工程局为之搭盖厂房，并由职道等与汉随员分别募匠，购备家具铁件，为费约在千数百两，拟由职工程局暂时垫付，事毕领还，合并禀明。

陈请添配各种炮子禀　光绪十年七月十一日

窃查蛮子营炮台借用镇海大、小后膛炮六尊，六十磅子者两尊，四十磅子者四尊，每炮摊子仅只七十余颗，加以叠次试放，现存无几，万不敷用。此项子弹，天津东局专造。现交镇海汪管驾带交东局开花子样各一颗，拟恳宪台行知东局，按每炮照添开花子二百颗，洋铁筒铅群子每炮五十个，共计大、小开花子一千二百颗，大、小群子三百个，其开花子引信不拘原样。此时天津工作较忙，应以合笱适用为度。至于后膛炮群子必须用铅造，万不可用铁子，职道含芳从前试过，曾损伤炮膛，亲手考究，未可迁就省费。除将各处应须群子，须备鏖战久用之需督同在事各员清查具禀续请外，是否有当，理合肃禀，虔请训示饬遵。

拟修储存鱼雷材料屋库禀 光绪十年七月十一日

窃查鱼雷营现在旅顺，值此两国下旗之时，必须在此过冬，更须刻备御敌。旅顺并无闲屋，所有应用料物以及手作工夫系借用水师子弹、装药各库十九间为暂时之计，工匠皆挤住艇船各处，工作既不顺手。秋深以后，营局员弁兵匠势难久住艇船，而水师各库亦需领储子弹等件为冬春御敌之备，更应赶盖一厂两库为修储鱼雷及存料之所。旅顺比威海较冷，冬日鱼雷库内应有洋炉以暖其机，不然油腻一经冻胶，欲用而不能行动，则误事非轻。惟旅顺日后亦必有应派之鱼雷雷艇，此工虽须款六七千金，亦非分外之费。自到旅以来，与霍良顺常时周历西澳，细看水近之区。职道含芳所看之太阳沟地势宽平，尽可有为，而落潮有沙滩二里余，虽有导海亦非朝夕之工。惟有哈孙前看之黑虾子沟去水深处仅只半里，岸边民地宽直彀用，中有草屋数间，买拆亦易。如在此处赶造一库两厂，但求工坚适用即可。孤山松作桩，师洋雷桥之意而作雷桥以为用，浮埠较雷之地不必高抬大架,靡费炫观。至于住房即用石墙矮屋,能蔽风雨,以御严冬足矣。即库厂各工亦只机器置轮之五间及烟囱并各屋压檐用砖,此外皆块石,以图费省工速。此项工程不独为鱼雷之急需,而旅顺一区无一处有汽力之机器工作,将来被人围攻,其不便之处甚多。此次拟用之地在鸡冠山里面,外炮不能飞击。现又偕职道保龄、职镇汝昌看过,甚为得当。如蒙俯允,即请宪台批示,由职道保龄派员集料,会同购地,以便开工,所用之瓦拟用艇船赴威海运用,并将威存器料趁泰安之便全数运来。此项工程,其督工各事仍由职道含芳率领员弁兵役妥为经理,银钱归职道保龄处经发,工成之后会同请销,并一面动工,一面会同估册,呈请立案。是否有当,理合肃禀,敬请训示饬遵。

请领海防专款并拟划拨关款禀

光绪十年七月十二日

窃职局平日垫款本多,加以海防紧急,如修筑土炮台各事又在寻常垫款之外,现拟加黄金山炮台护土更须巨款,且水陆大军云集,届时饷项倘须挪济,及临战赏犒,均应筹及,拟恳宪台饬下海防支应局另发海防专款湘平银四万两或三万两,由职工程局具领,以免款目牵混,俟海防稍松,另行专禀报结,分别列销。是否可行,伏候钧裁批示祇遵。再,津、旅间隔重洋,此后有无梗阻,殊未可定,拟恳饬下东海、山海两关,于应解北洋经费项下每关划存湘平银三万两,由职道随时咨提应用,庶免贻误。查职局估定奉准石坝泊岸工程项下尚有应领银七万余两,合之此数,有赢无绌。倘蒙钧允,并恳饬下海防支应局知照,伏候批示遵行。

黄金台培土并拟筑馒头山炮台禀

光绪十年七月十二日〔附清折〕

窃提督庆、职道保龄于本月初八日奉初五日钧谕，敬聆一切，当即约同丁镇、王前镇、刘道详细筹商。查黄金山炮台外土太薄，兼有石子，易于脱落，实为目前急病。以工作正法而论，应将现有旧土全行拆卸，剔除大石，作为铺底之土，再行逐层夯硪，另加新土到顶，方期稳固。惟刻下海防吃紧，敌船何时北犯非可预料，万一旧土去尽，新土未成，石骨外露，临战贻误更大。再四思维，仍以不动旧土为稳著。庆等邀同汉随员赴山周历查勘，山顶运土，事难费重，约计百驴所驮合土一方而弱，按虚土打实须加三之一，再益以抬水、拣石子，各夫工约每方土至减须二两五六钱，即如用土一万一千余方，已须银近三万两。保龄斟酌数日，与汉随员及牛提调昶昞、王提调仁宝反覆讨论，竟无善策。战事方亟，炮台为全局胜负所关，及此闲暇，又万无不图补救之理。据汉随员称，现拟做法收坡不小，不必普律夯硪，旷时滋费，止须将边土筑紧五尺，且顶土为护炮台，必须用好黄土，愈下便可愈粗，以下系本山，即粗土为炮弹击散，与台之得失无关，不过借为托底之用，无须精益求精。所言似颇有理。现令其绘具草图，开具草单。按所说做法约计用土一万一千余方，止须银一万七八千两便可集事，计节省银一万余两，为时约止须七十余日，顶土已加厚一丈，合旧有者在两丈内外，不为甚薄。惟较之夯硪坚结者，自不能无坚窳之别，二者款项悬殊，保龄未敢遽决，谨将原图原单呈候宪鉴核定批示。现已饬两提调趱速招夫雇驴，并赴津添雇硪夫，拟俟奉准后，将各项工程停阁，尽力赶作，以速成功。现并催促王镇赶将经修之旧工完竣送册，由保龄验收方可接做,并恳饬发原图原单交下职工程局,便当督饬牛提调赶办,一面详计丈尺,续具估单上呈。惟改做根房根墙石工需费无多,现与汉随员商定,拟仍归其一手经理,另估另办,以事涉修台,恐他人未知窍要,转难合式。是否可行,伏恳宪核批饬祇遵。至运土之法,不外人力、牲力、机器三途。黄金山马路崎岖,机器未甚合宜,且亦缓不济急。本月初三日,飓风陡发,连旬阴雨,近两日乃稍开霁。职局库厂各工尚不免有漏雨倾坏,营垒兵房多成平地,军士大半露处,极力补苴,亦须月余。保龄与刘道计算勇夫作工迟速不甚悬殊,似应仍用夫做,以归简易,亦免掣动操防。至老虎尾所设二十四生脱巨炮,诚如宪谕,以移置山头,凭高击远为得用。惟蛮子营本用镇海之炮,炮盘不大,于巨炮未合。保龄与刘道、丁镇、汉随员另勘得口门西之馒头山高出海面约五十丈,为西面次高之山。若修低炮台,设二十四生脱巨炮三尊,西北面可击双岛、羊头洼两口,断敌人窥伺西澳之路,南面可击敌船攻黄金山炮台在二千码以外者,其二千码以内则由蛮子营炮台任之,敌船之炮自不能对轰黄金山炮台正面,颇为得势。其台式拟仿老虎尾之低式,惟山高,马路太长,运料甚难,与汉随员约略估计,不用条石,专用碎石,约须银不及三万两。其上年拟修之崂嵂嘴一台,亦拟仿此办理,据称约在三万两以上。其黄金山东有老母猪礁一处,地势较低,修盘设炮可为黄金山炮台左臂之助,经汉随员建议,所费不过数百金。保龄已令该随员兴修,先借水师炮位设置,以收济急之用。通盘计之,设威远炮之炮台一处,系由威远管驾官方伯谦承修,蛮子营、母猪礁炮台二处皆由汉随员承修,共需用银不及五千两,已由职工程局随时借垫,拟俟何处工竣,再行随时禀陈,各归经手之员开报用册转呈,即各归经手之员照例认承保固,以专责成,而免推诿。惟馒头山、崂嵂嘴两处炮台合计用款在六万两上下，应否照拟兴修，伏恳宪台饬派熟习工程大员来旅覆勘确估，庶免舛误。俟勘准后，由汉随员分案绘图，开具估册，再由保龄酌拟办法禀呈。是否有当，敬候批示遵行。又据汉随员开送须用炮位清单，谨照录恭呈，伏恳饬下军械所核办赶购，以免台成候炮，期早济用。至蛮子营用镇海之炮未能及远，闻新城现存十五生脱炮三尊，拟恳饬下军械所配齐子药，迅交船便运旅，以应急需。其老虎尾操炮弁兵应俟炮位移定后，再由庆等妥商分派，遵谕办理，现仍令随额德茂照常习操。再，口门分层水雷及沙谷堆各处旱雷均已下齐，惟地段太阔，支分派别，旱电线三十英里仍不敷用，伏恳饬下军械所再拨旱电线十英里，交船带旅，以免临事竭蹶。教习满宜士现搭镇海回沽。保龄前禀调差委之淮军马队十六名，经哨官谭参将传猷带领于本日到防。普济船送到开平煤一百四十吨，已交丁镇发给各船应用，合并声明。

计开：

自馒头山至崂嵂嘴一路应用炮位：以下所写口径均系西国尺名。

馒头山应用二十四生脱二十五口径长大炮三尊，每尊长六美达，重一万七千启罗。已有二尊，现在老虎尾。馒头山应用十二生脱二十五口径长炮六尊，每尊长三美达，重二千二百九十启罗，应用陆路炮架（即行架）。蛮子营应用十二生脱三十五口径长炮六尊，每尊长四美达二十生的密达，重二千二百九十启罗，应用城墙炮架（即坐架）。老虎尾应用十五生脱三十五口径长炮二尊，每尊长五美达二十二生的密达，重四千七百七十启罗，应用城墙炮架。人字墙应用与老虎尾同。老母猪礁应用二十一生脱炮二尊。老母猪礁应用十二生脱三十五口径长炮六尊，每尊长四美达二十生的密达，重二千二百九十启罗，应用城墙炮架。崂嵂嘴应用二十四生脱三十五口径长炮三尊，每尊长八美达四十生的密达，重二万零八百五十启罗。崂嵂嘴应用十二生脱二十五口径长炮六尊，每尊长三美达，重二千二百九十启罗，应用陆路炮架。

计开：

黄金山炮台土工加厚一丈，收坡一尺五寸，按五十度；前左半山收坡二尺，按六十度，加厚一丈，高五丈，长二十丈，合一千方。加收坡厚一尺五寸，高五丈，长二十丈，合一千二百五十方。收坡根脚底厚二丈五尺，高五丈，长二十丈，合一千二百五十方。前右半山收坡二尺半，加厚一丈，高五丈，长二十丈，合一千方。加收坡一尺五寸，高五丈，长二十丈，合一千二百五十方。收坡根脚底厚二丈一尺，高五丈，长二十丈，合一千零五十方。前面土工共合六千八百方。左面长十八丈，加厚一丈，合九百方，加收坡厚一尺五寸，合一千一百二十五方。收坡根脚无。右面长十五丈，加厚一丈，合七百五十方，加收坡厚一尺五寸，合九百三十七方。收坡根脚无。后面长二十丈，加厚一丈五尺，高一丈，两面一尺收坡，合七百五十方。连前共合土工一万一千二百六十二方。

请速成电线并酌派专轮差遣禀 光绪十年七月十二日

窃奉钧谕，敬悉由津至旅电线赶造于十月成功，仰见宪台廑念边军，庆等得以随时随事仰承指授，欣佩难名。伏思山海关迄旅顺道路太长，逐节设置，易延时日，倘趁海舶运载物料，由该局派妥员至旅，分半自旅做起，两头接凑，似可稍速。其干线似宜离海口较远，方易保护。是否有当，伏候饬下电报总局核办。总期封冻前必能成功，方于大局有益。再，辽疆惟湄云一船，恐临警倘来征调，庆等未便强留。查海镜轮船装载军械重大之物最为合宜，上年曾蒙宪恩，饬在旅顺由庆等差遣，深资得力。刻下泰安一船既长巡朝鲜，来往似已足用，拟恳宪台酌定，可否以海镜轮船专供旅顺及金州两处差遣，不必再往朝鲜。庆等与庆军黄提督相去咫尺，随时可以通融缓急，即遇水师、护军、鱼雷营有赴烟台、威海载运物件事宜，庆等与丁镇、王前镇、刘道均在一处，亦可随时商办。是否可行，伏候钧裁核定批示祗遵。

布置炮台侦探敌情禀　光绪十年七月十五日

窃湄云船十四日午刻到旅，提督庆、职镇汝昌、职道保龄同奉十一日钧谕，适值刘道因公赴津，已偕王前镇敬谨聆悉。孤拔南行，扬言攻粤，意将多方误我，倏来忽去，如道光壬寅、癸卯往事，数旬之间，遍扰七省，本在意中。旅防恪遵宪谕，枕戈待敌，未敢稍懈。黄金山炮台护土已遴派委员王令鹤龄、刘县丞献谟驻山顶收土，两人办事均颇结实，仍由两提调逐日前往料理督作。约计此工须驴力驮运远处好土，人力挖取近处次土，兼管夯硪培筑。自闻警后，工次目前人畜俱缺，数日来尽力号召，雇驴尚有雇夫极难，且他项工作可停，而馒头山炮台一经兴工，万不能停顿。惟有一面召募，一面尽现有人畜之力，得尺得寸，赶工营办。王前镇经做护土旧工甫成复塌，昨经谆切力催，据称尚须七八日乃能完竣。至移置二十四生脱炮一事，庆等本日又邀汉随员将馒头山形势逐细查勘，其炮路近北，不能直到黄金山脚之处，至多不过千码，前禀二千码系属错误。若有二十四生脱炮三尊、十二生脱炮六尊连环向东南对敌船来路轰击，则黄金山得所依辅，有益大局良多。汉随员现拟低台做法，轰山石，挖下数尺做炮盘。做成后，盘与旧有之地相平，土护墙就山边老土仅高四尺余，子药库及兵住房层递向下，力矫黄金山券洞过高之弊。其地高耸，与黄金山略同，而用此做法，至临敌时，炮盘及各库总立于不败之地，较有把握。以防务迫急，径饬其明日开工，先做上炮马路及炮盘。据称，路成盘就、炮可施放约七十余日，全台告成约须四个月。保龄顷在山巅通察地形，蛮子营一台甚得势而苦炮小，威远一台为水师原来低炮架所限，横度较少，他日换炮为久计，尚须设法，两台皆当敌来路，亦颇受敌。若得馒头山高台巨炮以为主宰，譬若野战得铁骑数千，则步队气壮百倍，其势然也。烟台侦探事宜前经汝昌派在烟采办委员兼管，现际事亟，兼办恐致疏误。汝昌与保龄商酌，另派中书科中书马文龙前往烟台侦察沪来商船消息及有无法船到烟，随时具报，交轮便或民船带旅，以期事有专责。拟自七月初一日起，月给薪水银十六两，由水师项下具领开支，俟海防解严时酌裁。是否可行，伏候宪台批示祇遵。至近处探报，系由庆处派马勇在双岛、羊头洼、龙王塘各处巡查，并分派哨勇在各山瞭望设卡。汝昌派各船舢板轮替在口门巡更。保龄饬水雷营弁目在下有水、旱雷之处及两镜房分班巡望，彼此声息相通，并严定赏罚，勤加查察，以免疏虞。文副都统虽素昧平生，际此时艰，保龄必当遵与联络，以通主客之情。张制军催取配药雷头二十只、雷枪二十副，系由阿道耳甫运来，交鱼雷营暂存，现饬该营李令延祜查明，以箱件零星，拟为归并木箱。韦弁振声于拆装操放各法学习时日尚浅，拟令再熟练数日，俟刘道回防，即遣其南行，伏乞宪台先为电覆。张謇甫于十一日随海镜船至烟台，闻有入都之说，已嘱李令延祜本日加函述明张制军意请其赴粤，但未知函到尚在烟否，容再禀陈。

由旅至金电线拟请先行开办禀 光绪十年八月初二日

窃职道含芳在津面奉宪谕,回旅后,询探孤山松杆以为旅顺、营口电报之需。连日与职道保龄公同商酌,现值秋中,孤山木篺不少,尚可采买。惟松杆料长质轻,无他物压载,难禁巨浪,不难于买而难于运。闻盛道所派委员冯州同庆镛已至营口,尚未履勘到旅。伏思目前海防紧急,由旅顺至金州一百三十里尤为唇齿相依。大连湾向为中外泊船之所,黄提督仕林仅统三营屏蔽,金州兵力单薄,旅顺后路空虚,亟宜声息灵通,方于防务有益。商之宋军门亦以为然。日内拟派鱼雷营王弁涌泉等先将由旅至金道路履勘明晰,计辽疆每里当内地一里半,内地每里需杆九根、十根不等,辽地每里以十五根为率,共一百三十里约需松杆一千九百余根,拟略加价值,极力招买,每根松杆到旅价脚约合一两二三钱,旱脚尚难预定。事关大局,职道等力所能及,决不敢少分畛域,须用银两拟即在海防专款动支。伏恳饬下电报局迅由轮船将由金至旅应用之电线、磁碗、地钻等物宽为预备,饬派工头押运来旅,并由电报局饬派熟习电报学生、司事先行至金州设局,其旅顺接报之学生等及在旅电报房屋,即由职道等经理分任,容俟办有头绪,另禀陈明。是否有当?理合肃禀,伏候钧裁核定批示祗遵。

收到阿道耳甫船运载军火禀 光绪十年八月初八日

窃职道等本年六月十一日,准出使德国大臣李咨称,采购塞门德土,并须购定远、镇远两舰之子药等件,专雇船主福克所管之阿道耳甫帆船至旅顺口交卸。议明船到口时,由(部)〔局〕自备驳船接收,限二十日内一概驳清,俟收到塞门土若干桶、铁舰上子药等件,由局书立收单交船主收执。又,须垫付该船应用买食物等费约以四百两为限,该船主出具洋文收单,由局将单转寄柏林。如卸清后,均无舛误,由局付赏犒费规银五十两交船主收执,取具洋文收据存案等因。由阿道耳〔甫〕帆船船主福克交来,查来牍系光绪九年十月间,发前准李大臣咨送正副提单、箱件数目清单,均经收讫在案。职道等因事关军火要件,一面饬派牛提调昶昞、王提调仁宝雇觅人夫、车辆、驳船,一面饬派军械库委员谢副将梁镇及教习额德茂、袁哨官雨春赴该帆船点收。其鱼雷需用物件另派鱼雷营徐弁永泰、刘弁芳圃经收。统计收到塞门德土及子药等共二千一百三十二箱件,经额德茂、袁雨春、刘芳圃详细译对,均无舛误。自六月十一日该船到旅之日起,至二十四日一律起完,连风雨、礼拜在内止为期十四日,未逾二十日定限。职道等公同商酌,因其中有须运津装药及应由津存储之件,适值镇海轮船来旅,于六月二十日提出毛瑟猎枪各等件交该船解天津,另文咨明军械所照收。其存旅之塞门德土七百八十四桶由张巡检葆纶存储;鱼雷用物由鱼雷营弁收管;军械各件由谢副将梁镇收管;火药由朱外委朝贵收管,谨将各物件分晰开单,恭呈宪鉴,并咨天津军械所备案。其所用运力,据牛提调昶昞等单报,计共用湘平银一百五十二两七钱七厘,即由职局垫发清讫。又据该船主福克转经汉随员手借在口用费规元银五十两及照来文付赏犒费规元银五十两,二共规元银一百两,合湘平宝银九十四两五钱六分,均由汉随员送交该船主福克,取有洋文收据二纸,饬译相符,由职局咨军械所转寄柏林,以便核办,并于六月二十四日,由职局写具华文加钤收土数目单交汉随员转送福克赍回,计所用运力及该船主借款、犒款,三共合用湘平宝银二百四十七两三钱三分七厘,拟恳宪台饬下海防支应局如数拨还职局归垫，俟奉准后，由职局将运力清单移送支应局备核。可否之处，伏候钧裁批示祇遵。所有收到阿道耳甫船运军火各件缘由，理合肃禀。

验收黄金山炮台护土工程禀 光绪十年八月初九日

职道于本年六月十四日，奉宪台札饬，以护军营王前镇经收黄金山炮台土护墙及乱石围墙工程完竣，饬即亲往详确验收，是否照估如式修整，可期坚稳经久，有无草率偷减，据实禀复查核等因。奉此，职道遵即移请王镇将前项工程丈尺、工料银数迅造清册三分移送，以便按册验收去后；七月二十九日，准王镇咨称，此项工程于闰五月二十七日工竣。原用草皮铺贴，旋因七月初旬大雨淋漓，此间土性太松，草皮被雨，多已剥落，当经通用筛过细土全行修补，一律完整。至原估水沟一道，业经挖筑，粗有头绪。旋据随员汉纳根声称，还须另开两沟，由伊修筑等因。并送清册、清折各三份前来。职道于八月初九日，率同牛提调昶昞、王提调仁宝亲赴黄金山，会同王镇按照册、折所开各项工程逐一丈量，高宽丈尺均属相符。惟山上凹凸不齐，地形欹侧，与平地工程迥殊，均算折算向非精于土工者不办。王镇于土工经历较少，所开土方数目或未能一一吻合，而丈尺并无歧异，细看做法毫无草率偷减。除将移送职局册、折一分留存备查，并将应送支应局册、折一分移送备核外，理合将验收情形据实禀覆，并将移交转呈清册一本、清折一扣，恭呈宪鉴，伏候钧裁核定批示祇遵。

陈覆验收人字炮墙等工程禀 光绪十年八月初九日

窃职道于本年四月二十五日，奉宪台札饬，以统带护军营王前镇经筑人字炮墙及子药库、水雷(门)〔营〕营门等工一律告竣,饬即就近验收,有无草率偷减,据实呈覆等因。奉此,遵即移知王镇造具工料、银钱细数清册三分,以便分别存转。嗣准王镇移送清册到局,职道就册详加查阅,其中如借用职局料物,除塞门德土及樟木系官存物料不另领价,应归职局销料,其借用松木、钉铁、油麻及木锯各工系彼此暂通有无,本与公事无涉,不能由职局另行报领,又牵连他项工作在内,尤难核转。咨还原册,分款另办。七月二十一日,准王镇咨称,借用松木、钉铁各项工料应归自行清理,他项土工亦即照删。二十八日,又准移送工料、银数清折清册前来。八月初九日,职道率同牛提调昶昞、王提调仁宝按照册、折所开各项工程高宽厚丈尺做法逐一亲加丈量,均属符合,一律工坚料实,并无草率偷减。除将移送职局册、折一分留存备查,及移送支应局册、折一分特咨备核外,理合将验收情形据实禀覆,并将移交应呈清册一本、清折一扣,恭呈宪鉴。查册开:统共用过湘平银四千三百二十四两七分一厘八毫。王镇历次在职局借银三千九百两,已于本年闰五月间,由职道具领,奉批由海防支应局照数领还归垫,拟恳饬下支应局将前项发过湘平银三千九百两划归护军营人字炮墙工程项下列销,以免与职局领款牵混。其应找领银四百二十四两七分一厘八毫,可否并恳准由支应局照数拨发,由王镇自行具领,俾清垫款之处,伏候钧裁核定批示祗遵。其所用塞门德土二十桶,及职局前存之金州水师营移交樟木曲手湾梁六副,应由职局汇案列销,合并声明。

修筑土炮台工程完竣禀 光绪十年八月十二日

窃旅顺口西岸老虎尾西南小土山前经丁镇饬由管驾威远练船

方都司伯谦承修小土炮台一座，以资防御，即暂用该船之炮及炮手弁目，由方都司督守，前经职道禀明宪鉴在案。兹于本年八月初十日，据该都司申称，奉饬修筑炮台一座，于闰五月二十二日开工，八月初八日全台告竣。所有动用工料统由旅顺工程局核发，请察核转禀，派员验收。等情前来。伏查方都司伯谦承修该处炮台工料虽拨自职局，其土木各工式样做法均由该都司调度修筑，兹已全工告竣，拟恳宪台派员验收，并演放炮位以定工程坚窳。其台墙、库屋式样，高厚尺寸，每项人夫、土木工料用款数目，拟饬由该都司绘图具册，呈候存转核销。再，此项用款拟即在职道前请海防专款内动支。可否之处，伏候钧裁核定批示祗遵。所有土炮台工竣缘由，理合会同统领水师丁镇禀陈。

修筑营墙药库禀 光绪十年八月十二日

窃职道因防务紧急，黄金炮台尤为旅防重地，每与统带护军营王前镇周历炮台，四面查勘。准王前镇面称，炮台本无外护之墙，随处可以上下出入。早夜稽查，兵勇甚为不便，拟在台之西北面起绕北而至东北面止，添筑块石营墙四十余丈，约不过六尺余高，用款不过一二百两。又在山旁各处分添兵房及买存黄土备装麻袋各事用款，商由职局借银。各等因。八月初十日，准王前镇咨同前因，并具湘平银八百两借领一纸前来。伏查黄金山炮台外无另筑营墙，形势散漫，平时不易诘奸，临事尤难照料。王前镇所言系为防务益求严密起见，职道未敢拘泥，即于八月十二日在海防专款项下暂行借给湘平银八百两，派弁送取收文存案，并与王前镇商定，拟俟该营经办各工完竣后，由职道会同该前镇悉心酌拟禀陈，凡应归专案者，据实报请列销；凡应归护军营自办者，仍由该军措还，不得牵混。此时暂通有无,实为防务万紧,恐致贻误起见,不能以此项八百金作为全数请销之款。王前镇意见相同,理合据实禀陈。又,黄金山炮台地势高耸受敌,药库尤虞临战损失,职道与刘道、王前镇及牛提调昶昞共看得山背有石崖可以翼蔽不至受炮之处,拟用三合土修备药库一座,以防意外之失,已饬牛提调经修。此外如添做巡兵用木更棚及另添十二生脱炮之备用木炮盘各工,均由职局随时任办,拟在海防款内动支,工竣列销。是否有当,钧候宪核批示祗遵。

筹办电报情形禀 光绪十年八月二十四日

窃职道等于本年八月十四日,奉宪台批开,金州为旅顺后路,该处电线自可先行设置,以期声息灵通,调度便捷。至熟悉打报学生现在学堂内甚少,姑候札饬该堂筹派,如或不敷,其金州分局可否并由雷营饬拨,仰即妥酌办理,随时移局知照等因。奉此,遵即分派员弁一面饬赴孤山东沟购运松杆,一面查勘金、旅中间各小口,运杆陆路,以期节费。正在筹办间,准电报局咨,嘱就地广购松杆,以备与营口两头接凑。自系为力筹迅速起见,惟职道等所带员弁只有鱼雷、水雷两营弁目数人略知电报置设之法,际此防务日紧,昼夜枕戈待敌,万不敢顾此失彼,贻误战守,竭力腾挪,仅能仍照前禀,分任由旅顺至金州一百三十里而止。其购运松杆一千数百根已属万分棘手,东沟木贾向于八月杪收市,势难再添。职道保龄来津,现与盛道、朱道面商熟筹,仍定见由电局前派之叶牧金绶等自营口做至金州接合,以免延误。至打报学生,旅顺本只有学生刘景霖等三名。本年夏间,又经添招冯清廉等三名。刻下分管黄金山炮台、水雷营、职营务处及毅军营盘各处行营电报,已形支绌,实难再拨。金局现经商定,仍由朱道自津派拨委员、学生至金设局,其旅顺接报仍暂由职局任之。金州事本不繁,将来如何归并旅顺设局之处,拟俟全线告成,由职道等查酌防务情形,函商电局定议,禀明办理。再,此项经费现于八月十一日准盛道、朱道函,送湘平银五千两,由利运解旅。即饬职工程局银钱委员李令竟成核收,另册登记。凡购运松杆及分派员弁川资、旅顺筹添电房各事,均取给此款,无须再由职局海防专款拨垫,约计用款不过二三千两,拟俟金、旅设线工竣后,由职道等据实核明共用若干两,一面造册呈候宪核,一面列册移交电报官局,归入全案汇齐,报部列销,以免与职局经领公款牵混,其用过尚余若干两,彼时拟划归海防专款项下作为另领之款,以期各清眉目。可否之处,伏候钧裁核定批示祗遵。

商派员弁分司导海船各事宜禀

光绪十年八月二十四日

窃导海大挖泥船机器挖力甚大,月需煤斤、油纱等物用款颇繁,华洋匠夫薪工每月亦为不少,加以浮起重架亦有锅炉机器,又须时常洗拭,酌派夫匠照料。综计两事必须有明干廉洁,通晓机器之员专司出纳,句稽所用银钱料物,方不至糜费虚耗。前经职道等商定,禀派前充海镜大副林弁高辉赴导海船学习,以备异日船主之任,免致久留洋匠,徒多烦费。两月以来,查看该弁人甚诚朴勤奋,随同原来船主洋匠丁治颇能尽力学习,惟系武弁,文理粗浅,于稽核帐目,酌剂缓急,筹备料物各事,非其所长。职道等公同商酌,查有职工程局经管支发委员运同职衔黄建藩,曾在上海机器局多年,于轮船机器各事颇知梗概,随职道保龄在旅三年,谨饬自爱,操守极为可靠,拟派该员专司导海挖泥船,兼管浮起重架事宜。所有该船华洋匠〔夫〕领用薪工,购备料物,支领煤斤,稽查工作,缮列月报旬报,均由该员一手经理。其在船带领匠役学习船主所管挖泥机器,仍由林弁高辉任之,庶期事有纲领,款不虚糜。惟该员原管职局支发事件,势难兼顾,所有原充差使及月领薪水三十两,拟于本年八月底开除截止,别选委员接办,由职道保龄另禀办理,以专责成。至该员改派专司导海挖泥船兼管浮起重架,事任甚重,拟恳宪恩,准于本年九月份起,比照职局银钱委员李令竟成之例,赏给月支薪水湘平银三十六两,与该船员弁夫匠薪工均归入导海船用款项下列销,俾资办公。可否之处,伏候钧裁核定批示施行。该导海船事属创始,所有应办事宜必须精详筹计,立定程式,拟俟该员到差后,由职道等督率核定,再行禀陈。

请派刘道督办军械火药各库事宜禀

光绪十年八月二十五日

窃维海上用兵,器械最重。旅顺为水陆大军荟萃之区,际此海防有事之秋,枪炮子药,事事须宽为储备,方能源源不匮,而地居海滋,潮湿异常,收藏稍不加谨,立致损坏,巨帑所购,临事不能收克敌之用,尤可深虑。两年以来,由职道会同鱼雷营刘道勘定地基,率牛提调昶昞经修军械库、陆军药库、水师药库、子弹库均已告成。并商同天津军械所,禀派谢副将梁镇、朱外委朝贵等分管各库,历蒙宪鉴在案。惟旅顺情形与津沽迥别,地隔遐陬,转输不易,非能将各军枪炮需用子药通筹熟计,运以精心,孰应多备,孰应赶造,轻重缓急,日往来于胸中,徒以典守为尽职,而不知盱衡全局,其何以仰副宪台经营武库,慎固海防之意?职道反覆筹维,此事非一二武弁所能胜任。伏思鱼雷营刘道殚心军器,历有年所,勇于任事,嫌怨不辞,现统鱼雷弁兵在旅,一时未能他往。可否仰恳宪台,饬下刘道将旅顺军械、火药各库应办事宜,应定程式,均由该道督率办理。其水陆各军领用后膛枪炮,拟并由该道会商宋军门、丁镇、王镇随时抽查,必期在台在营在船利器常新,即克收折冲御武之功,亦隐寓节费经久之道,即异日刘道离旅,而规模既定,事有程度,虽中材亦可循守。职道仰荷恩知,决不敢稍有推诿,惟自揣于军械未窥门径,而事涉军储,关系海防大局,又未敢缄默不言。是否有当,伏候钧裁核定施行。

请拨利运商船以资差遣禀 光绪十年八月二十六日

窃旅顺防所水陆大军云集,搬运米煤,转输军火,必须有一专船来往烟台,方可以充军需,亦可借通文报,前经职道禀请随时调用海镜船,两旬以来,将威海机器、锅炉、木植、铁道等件悉数移旅,深得该船之力,惟金州庆军三营及朝鲜文报不能不资该船兼顾。湄云一船前奉宪台札饬,准如博道所请,饬回营口供差。查该船于本年七月十八日,由旅顺开赴营口,至今并未再行调旅。镇海船九月底须换锅炉,一时未能应差,职道正深焦灼。现值津海关盛道等力顾大局,禀蒙宪鉴,购回利运、普济两船,裨益海防,良非浅鲜,拟恳宪台俯念旅顺防务吃紧,封冻后,与津沽隔绝,尤形吃重,恩准将利运商船于本年九月中旬后饬赴旅顺,专作运船。凡水师、陆军、鱼雷、水雷各营及职营务处须用转运米煤军械,传送紧急军报各事,暂资差遣,其载物搭人应付应免之水脚章程,均照盛道禀定前案办理。俟津河解冻,彼时镇海船亦当修竣出坞,再当查酌禀办。是否可行,伏候钧裁核定批示祇遵。

请加护军营关饷禀 光绪十年八月二十六日

窃职道叠准统带护军营王镇面称，该护军营自昨岁到防，勤苦操练，未尝敢懈。旅顺地居荒山穷海，百物昂贵，近值水陆大军云集，物价腾至数倍，兵勇日形苦累。本年连闰共领饷十关，实不敷用，嘱将实情代为沥陈等因。职道查淮军饷数虽优，而按关摊算，本与练军不甚相远。旅顺僻在辽海，人多物贵，柴米薪蔬较之津沽无不腾贵悬绝。护军营目下驻守黄金山炮台，任当前敌，昼夜辛勤，似宜量加体恤。可否仰恳宪慈，准于该护军营本年饷项连闰十关之外，恩施逾格，暂行赏加一关，以恤兵艰而鼓士气之处，伏候钧裁核定批示祇遵，并乞饬下银钱所施行。

请发修筑炮台及兵房专款禀

光绪十年八月二十八日

窃随员汉纳根承修旅顺西岸馒头山炮台，前据该随员估计用款约需不及三万两，经职道禀奉钧批，饬确估绘图禀核。尚未据该随员绘具开送前来。比因海防吃紧，宪限严迫，力促其迅速修筑马路、炮盘，必须无误七十日设炮之期。节据该随员请领经费，业由职局在前请海防款下垫发湘平银一万五千两，以免做工掣肘。惟秋深以后，重洋专船往返，动需时日，拟恳宪台饬下海防支应局先行发给馒头山炮台专款湘平宝银二万五千两，俾资挹注，其余银两待工竣时补领。又，鱼雷营刘道会同职道禀蒙钧允，在旅顺西岸黑虾沟修建鱼雷厂屋兵房，原禀约计须银六七千两，拟恳宪台饬下海防支应局先行发给鱼雷营厂屋工程专款湘平宝银六千两。如有不敷，再由职局筹垫，续行禀报领还。以上两款拟由职道先行具领。

其馒头山估单仍由汉随员开呈,由职道会同刘道核转。鱼雷营工程仍照刘道禀定督工,由刘道经理银钱,由职局经发,以期各清眉目。是否可行,伏候钧裁核定批示祇遵。

拟添招雷兵及电报学生禀 光绪十年九月初一日

窃旅顺水雷营自今春创设成营后,规模甫具,即际海防吃紧之时,数月以来,口门内外碰雷、沉雷逐渐下齐,东西两岸需用旱雷处所甚为广阔。闰五月间,水雷教习满宜士到旅,日与该营管带方弁凤鸣等悉心讨论,规度形势。职道保龄又与丁镇、刘道通盘熟计,西岸沙谷堆一望沙滩,舢板易于靠岸,与口门西鸹扁嘴地方均极受敌。计两处共下旱雷一百二十四个,专派帮带吴游击迺成带领弁勇日夜巡守。惟地面太为辽阔,原设雷兵两队共五十名,自本营及斜、直镜房,及口门高处搭帐房,分班瞭望,以至鸹扁嘴、沙谷堆各处,万万不敷分布。查旅顺雷营弁兵人数本系职道等公同商酌,按大沽雷营人数减半。而目前昼夜备战,枕戈待敌,与大沽情形同一吃重,深恐临事竭蹶,或致贻误。拟援照大沽雷营现添水勇之例,仰恳宪恩,准令旅顺水雷营添募余丁一队,计队长一名,头目五名,余丁二十五名。雷兵薪饷素优,未便遽行比例。拟将队长月给薪粮银八两,计核减银四两;头目每名月给薪粮银六两,计每名核减银二两;余丁二十五名,每名月给薪粮银三两六钱,计每名核减银二钱,以示等差。遇有雷兵缺出,由此项余丁内考验技艺拔补,其应制衣靴等项,拟悉照全营雷兵之式,以归画一。俟奉准后,均饬由该管带方凤鸣经办,月领饷数均归该营饷册列报。是否可行?伏候钧鉴核定批示祇遵。又,旅顺雷营学习电报学生刘景霖、蔡庆春、郑成梁三名,经职道保龄禀明,带旅交雷营帮带洪翼教习电报,目前颇著成效，现设黄金山炮台各处电报均称得力。该学生三名，前蒙恩赏每名月给火食银三两，自九年八月起支，均由职工程局按月垫发，现既学有进益，拟照职道席珍前在大沽考加学生梁普时等薪水成案，仰恳钧慈，准自本年七月分黄金山炮台各处分设电报之时起，每名每月赏给薪水湘平银七两，以示鼓励。另由职道保龄于本年五月添招小学生冯清廉、刘景云、刘凤麟等三名随同学习电报，渐能应手，拟恳恩施，准自本年五月分起，每名每月赏给（伙）〔火〕食湘平银三两，倘有成效，再行随时据实禀陈。可否之处，钧候宪裁核定批示施行。

陈报工务防务情形并迓黄督商酌修垒禀

光绪十年九月初六日

窃职道叩辞后，乘镇海船，初三下午出沽口，夜间东风大作，诘朝雷电风雨，一时并至。大洋中舟颇难行，仰蒙宪台福庇，午刻风定，达旅顺口。连日与宋军门等晤询，工防均甚靖谧，附近各口均无警信。馒头山炮路已成十之七，炮盘亦正兴作，原限七十日内外当可设炮，计不至迟逾。黄金山护土现有驴四百头，山形陡峻，牲力较人力合算。昨派人至复州再觅三百驴，而此邦民畏寇警，未知果肯来否。土坝各处间有潮刷石坍，尚无大碍，已皆修整。鱼雷厂正在修兵房，崂嵂嘴炮路炮盘昨又与汉纳根筹度，拟俟馒头山炮盘成后，随时抽匠先做近海起炮码头，接做炮路炮盘，年内尽赶或可设炮。惟据称，崂嵂必须三巨炮，馒头山亦必须置二十一生脱炮一尊，以辅两二十四生脱炮之不足。刘道亦同此意。拟俟炮盘成功，详察再禀。职道奉谕传告黄提督仕林各节，本拟今早躬赴金防。因与宋军门商议，以为文副都统初到任，此时在金商量恐启纠葛，且营基地势必须公同酌定，爰遣快船今午往迓黄提督来旅密商，明早必到。商勘后，一面修垒，另行具禀。伏恳饬军械所张道催海镜速回，以备该营装载军器之用。前日，丁镇、王镇与毅军分统姜提督等乘快船至小平岛上岸，由陆回旅，据说路甚崎岖，拉炮过队不易，尚不似殷家口之坦旷。大抵崂嵂台成，便不虑及。汉纳根亦如此说也。水陆各军现经查问，均存三四个月粮米。刘道现派镇海明日赴烟台渡工匠，顺为鱼雷营添购米粮，倘无风阻，初十可回，十一、二当遣该船还津。大沽装合鱼雷艇，职道过沽时遣人看，约月下旬，两只均成矣。

请给雷兵雨装禀 光绪十年九月□日

窃照旅顺黄金山、老虎尾、人字墙等处各炮台、炮墙所设各炮，现值海防紧急，必须按日操演，不容稍间，庶期机灵手捷，临敌能命中攻坚。惟是地处海滨，夏雨秋风，异常狂劲，春阴冬雪，动辄兼旬。凡遇阴霾缠绵，各炮兵等冒雨冲寒，情殊可悯。职道等往返函商，拟就旅防现有之炮兵，按名制给油帽衣裤一分，以蔽雨雪，而重操防。通计二十四生脱炮四尊，每尊用勇十二名，需制油帽衣裤十二分，共四十八分。十二生脱炮十一尊，每尊用勇八名，需制油帽衣裤八分，共八十八分。二共一百三十六分。当经职道保龄函商职军械所如数购料，一律油制齐全，先后交由镇海轮船运旅查收，转给毅军、护军各营分交各炮弁，列册妥存，以便随时应用。倘有损坏失落，应著该营炮弁目赔补。可否仰恳宪台俯念旅防紧要，各炮兵等操练巡防，身冲雨雪，准将前项所制油帽衣裤一百三十六分赏给各该营炮兵领用，以资体恤出自逾格慈施。如蒙恩允，应由职军械所就近将所用各项工料细数开折，呈请鉴核，饬由海防支应局给还归垫。是否有当，伏候批饬祇遵。

请饬电局旅电由山海关转达禀

光绪十年九月二十六日

窃本月二十三日，据派办金、旅设线各弁及津局派办设线委员叶牧金绶、冯倅庆镛等先后禀称，所有自旅顺讫营口线已全成。等情。职道等即日会商宋军门，电致营口分局，禀陈宪鉴在案。查旅防孤悬海表，与津沽间隔重洋，封冻后，陆递文报动辄兼旬。际此海防吃紧，军情敌势，瞬息万变，尤可忧虑。所赖在事各员弁均能仰体宪台慎固封守，垂念边军之意。同心合力，冲寒冒雪，早竟全功，实为始愿所不及。职道等从此随时随事得以仰承训诲，欣幸曷有既极。惟兵机既贵神速，军事尤虞漏泄，若辗转授受，既延晷刻，更难慎密。查目前旅顺发报必须由营口转电，营口华洋杂处，少一不慎，正恐事未举行，先腾众口，且地太繁华，嬉游烟赌之风不减沪上，若委员不甚得人，沾染恶习，接报寄报必多推诿，延阁贻误更非浅鲜。职道等与宋军门再四熟商，意见相同，拟恳饬下天津电报总局，即行电饬营口、锦州等处分局委员，按照寄电报成法，所有由旅寄津禀报均直达山海关电局转电天津，庶期格外谨密。山海关电局委员汪骅，勤干过人，必能无误。再，此线原为防务起见，倘局员竟敢推延，则重费直同虚耗。除旅顺电局现由职道等就近督查，严立程式，另禀详陈外，所有金州、营口、锦州各处凡在辽境者，距天津局较远而与旅防交涉颇多，倘局员中果有违误军报，迟延推诿，或不能胜任者，拟由职道等会同宋军门随时据实禀请，从重惩戒撤换，以儆玩泄。是否可行，均候宪核批示祇遵。再，津局派赴金州设局委员褚州判珍带领学生王文明搭利运船至旅，职道等因所携雷电器具陆行易致损坏,已于本月二十四日,派利顺小轮船送该员等至大连湾下岸赴金,设局未带之物已由旅凑交应用,合并禀明。

锦州大凌河水线请换用大水线禀

光绪十年九月□日

窃查山海关至营口电报,昨接蒋委员文霖电称,锦州大凌河水线被车压坏致泄而不通。惟查该处水线,前据利运轮船到旅委员凌贞瀛面称,船中载有水线为锦州大凌河之用,因蒋委员已用小线合作水线,故将大水线带回天津等语。二十三日,此间发电至津禀报中堂:电线全成。未奉回谕,水线已阻。具见小线将就,断不可靠。职道含芳曾办过几日电报,稍知水线大者乃粗钢条以机器包裹小线改者,中国现无加裹钢条之器。大凌河虽不比辽河多船往来,然时涸时涨,其损坏之虑,殆有甚焉。水涨之时,照料较易,水涸之后,车能渡河。即大水线亦应埋深盖厚,专兵看守。应请宪台行知盛道、朱道即速电饬,责成经手人员将大凌河水(浅)〔线〕仍换用运回天津之大水线,埋深盖厚以防车压,并须专派兵役于该处看守。时已交冬,不可迟缓。至于辽河水线,职道等前已问过凌委员,据称系用大水线,未知究竟何若。应由盛道、朱道一并查明。我中堂不惜重资赶设此一路之电报,原为军报灵通。若人力能到之事,专为省费迁就致使阻塞不通,似违设电之本意。是否有当,理合肃禀。

军械子药各库请添造棚厂禀

光绪十年九月二十七日

窃查旅顺白玉山后军械库、水陆各军药库须添厂棚以为收发开点之所。凡验收各物,无论由水由陆解来之件,均不免尘垢,在厂棚内开点收拾清楚,然后封完入库。支发各物亦发至厂棚点交,来领员弁即由厂棚领去,庶正库之门得以封锁严密,除晾库、收发之外,不准常开。即遇晴朗晾库之日,亦只准开窗数时,必须将门严闭,不得常敞库门,故厂棚一所为有库之区必不能少之屋。职道含芳荷蒙中堂训诲二十三年,于械务之要得有一知半解。因前鉴不远,时怀悚惕,不得不求慎重之道。现与职道保龄彼此熟商,诚难中止。拟于白玉山后军械库旁添厂棚九间为开点收发之所,即日后添库亦无须再添厂棚。立定规条,凡应入库之物不准在棚经宿,不应入库之粗物亦可借以堆置,不至雨淋日晒。此外,水陆两军药库于收发药箱之时,若在库中开点,钉箱敲打,铁易生火,最为危险。除饬仿浦口章程专作皮鞋,无论弁兵,更换之后,方准入库外,其点验之时倘在露天之处,遇日遇雨,均不相宜,拟各添厂棚三间以为点验之时暂蔽阳光雨湿。尤须严定章程,重其赏罚,无论收发,不准留药在棚过宿。此三处工程皆不可迟缓。共计厂棚十五间,现经职道等督饬提调牛倅昶昞约略估计,需用湘平银二千六百余两。拟俟奉准后,一面趁冬令赶做木架,期于来春告成,一面汇入职局已造未报各项房屋工程册内,据实列销。是否有当,理合肃禀,虔请训示批饬祗遵。

旱雷被轰请将该管带记过禀

光绪十年九月二十八日

窃查本月初二、三日,旅顺时有风雨。初四日巳刻,风雨雷电一时并至。其时职道保龄由津回旅,方在重洋,已距铁山不甚远,风雨忽来,天色几晦。迨午刻到旅,晤刘道、丁镇述及,并据水雷营管带方弁凤鸣、帮带吴游击迺成面禀,是日巳刻,雷电旋绕口门西山际沙谷堆一带。十一点钟,风雹交作,电光自东而西,该处所下旱雷两排六十二个内轰去三十个。等情。当经职道与刘道将该管带等痛加斥责,饬再详察禀报,并密行派弁查访有无伤人及别项情事。旋据方弁禀称,查附近居民人等及房间毫无伤损,该营于下雷时,将电线头铜丝俱用密布紧缠。不料此间山多电旺,是日电光闪烁非常,以致线头感气而发。现将存营旱雷择地赶设,并此后遇有阴雨,拟将各电房电线头装入磁坛内,外用松香胶镕封,以防透气。等情前来。另经职道保龄明查暗访,实无伤人情事。伏思旅顺层山叠嶂,积气本厚,每发雷电辄盘旋数时不止,与平原广漠情势迥殊。电线封头中外成法沿用印度胶方能严密无间。旅顺雷营前经禀蒙宪鉴,准发印度胶一百磅。至今查甫收到十一磅,珍等金璧而又不能不用,常告空匮,用布裹以代之,亦不得已之极。思何期竟致疏失?职道保龄督率无方,寸心惭疚。该营管带方弁凤鸣有管带全营之责,咎实难辞。帮带吴游击迺成系专派管沙谷堆旱雷之员,性情蠢愎,不知先事防维,尤堪痛恨,拟恳宪台将方弁凤鸣记大过一次,吴游击迺成摘去顶戴,以示薄惩,仍由职道等认真查看,倘再不知愧奋,即行从严禀请撤参。可否之处,伏候钧裁核示祗遵。再,蒙派来旅之德弁水雷千总施密士,本日附轮至旅,职道即时接见,人颇诚实,无浮夸之习,即令住雷营内,与该弁兵勤加讲习,以期精进,合并禀明。

安置炮位及工作情形禀 光绪十年十月初三日

窃旅顺防次近日平靖,各台各营照常操练。夜间派快马、利顺两小轮船在口门内外巡雷,并毅军及水雷营分班瞭望,未敢少懈。

十五生脱新式田鸡炮六尊由军械所发交利运船连子弹解来，已商由随员汉纳根督同哨官袁雨春起卸完竣。查此炮得用，在设置之处地近深水，高度垂线恰落敌船，方能奏效。据汉随员称，馒头山离水较远，崂嵂嘴前有暗礁，敌船不能紧靠，皆可无须设置。惟黄金山前临深海，若设四尊必能得力。西岸则以蛮子营炮台设置二尊，可收对扼口门之效。其言似颇中理，商之鱼雷营刘道，意见相同。拟数日内即派匠设黄金山炮台之四尊，仍饬汉随员一手照料，完竣后，再接设蛮子营之两尊，恪遵前奉宪札，饬由德弁额德茂督率教导。黄金山炮台由王前镇派弁勇学习。蛮子营炮台由现带水师屯船练勇暂扎该处之刘游击学礼派弁勇学习。是否可行，伏候钧裁批示祗遵。德雇副将哲宁于九月二十九日至旅，职道即与往还接晤。其人似颇沉稳，于台澳各工谈论数次，颇中肯綮，极赞旅顺地势，口门大山重叠，中有天然船澳，实擅形胜，在欧洲亦为仅见。谓当以西澳挖深，备泊多船，东澳依近船坞，专备修船，亦与宪台筹措规模不谋适合。现与约定先周历东西两岸，精细测量，遍观各台澳。五日后，再与职道面商，通盘筹议。目前暂与汉随员同(往)〔住〕，并随时略送食用各物，似尚耦俱无猜，当不至意见舛迕，惟日久恐须为之另起住屋数间，拟俟相处月余再行酌禀。馒头山二十四生脱巨炮已设定一尊，其一尊亦拖上山，数日即成。崂嵂嘴炮路，职道亲往查验，已成四分之三，码头亦正开做。黄金山炮台护土经职道督催牛提调昶昞、王提调仁宝等逐日上山监工赶做，土堆高逾五丈，人力极难，专恃牲力，现已集驴近七百头，附近乡村三十里内无不咸至。吸水新器经汉随员料理，日内亦可升火。澳南石坝现正变通试做，尚无蛰陷。各项工程均尚顺手。惟崂嵂嘴炮台工程，汉随员约估需三万五千余两，拟与哲宁覆商后，再令绘图,由职道会同刘道具禀。九月三十日,刘道赴津,职道闻知宪节即日入都。转瞬封冻,急需此项巨款,曾备具请发崂嵂嘴炮台经费湘平银三万两钤领一纸,由刘道带呈,恭候批示,奉准后,就近由刘道领带回防。总期尽三冬暇日,得尺得寸,赶速修建,或可少裨防务。

请领雷营物件禀 光绪十年十月初五日

窃旅顺雷营需用各物件,历经职道等禀蒙钧允,饬局发给在案。惟时近一载,有请购请领始终未到者,有已到而未如数或于原请之数相去甚为悬绝者。旅顺地居穷海荒山,不通商贾,所有急需之物借无可借,买无可买,一物不备即一事束手。转瞬封冻,此地孤悬海表,防务日亟,而津沽势成隔绝,非待至明年二月不能运济。职道等与在事各员弁倘有贻误,重谴固不敢避,其如海防大局何?兼旬以来,职道等督饬该雷营管带方弁凤鸣等通盘筹算,列为三单:一为已奉准未到之件;一为已到未如数之件;一为现应添领之件,拟恳宪台饬下天津机器、制造两局迅速如数拨发,就近由职道等趁此封冻前旬日赶紧运旅济用。除到后饬由该雷营管带等随时列收列销,造册送由职军械所、职工程局两处严为考核,毋任耗费外,所有请领雷营物件缘由,理合肃禀,伏候钧裁核示祗遵。

会覆烟旅联络防守情形禀 光绪十年十月二十二日

窃职道等奉宪台札开,光绪十年九月二十八日,准兵部火票递到军机大臣字寄,光绪十年九月二十七日,奉上谕,延煦、祁世长奏,遵查山东筹办海防情形,呈递图说。据称,烟台北对旅顺,海面至此一束,若能两岸同心,扼此要隘,则津沽得有锁钥。其防守之法应如何测浅深，审沙线，备船炮，设水师，召募精习海战之人，必有出奇制胜之策等语。该处为海防要地，必须经营布置，以扼要冲，以杜敌船北犯之路。著李鸿章、庆(祐)〔裕〕、陈士杰将所奏各节会同，悉心妥筹，奏明办理。原奏著抄给阅看。将此由五百里各谕令知之。钦此。遵旨。寄信前来。等因。承准。此查烟台、旅顺均为北洋紧要口岸，惟海面相隔过宽，水师炮船亦非克期所能集事，能否设法联络，以杜敌船北犯之路，应饬统领水师丁镇、旅顺营务处袁道、鱼雷营刘道会同核议具覆等因。奉此，伏查烟台之于旅顺，南北遥对，海面计宽二百四五十里，考之西国水师测绘之图所称七十二迈者，大致相同，是烟台在南，旅顺在北，披图而观，两岸相对。自黑水洋北来，至此一束，诚为渤海之门户。故旅顺之防，我中堂数年以来苦心经营，不惜巨帑，亦为门户锁钥之图。无如海面太阔，若敌船南过烟台则旅顺难知，北过旅顺则烟台莫测。以海中诸岛而论，自老铁山以南水面六十余里为北隍城岛，再南至南隍城岛、大钦、小钦、驼矶、猴矶、高山、大黑山、小黑山、沙么、大竹山、小竹山、长山、庙岛一十四岛。向南偏西，横海以至登州，其去烟台又一百五十里。各岛相距十余里、二三十里不等，以老铁山至北隍城之六十余里为最宽。此烟台、旅顺及北洋门户十四岛之形势也。防之之道，必须以战为防，非专恃守。诚如原奏备船炮为先务，欲图可恃之计，能杜敌船北犯之路，非有铁舰六艘，钢快船十二艘，鱼雷艇三十六艘分扎旅顺、烟台、威海卫口岸，辅以炮台，以固根本，而为老营归宿，使舟师任战而台岸任防，三处联络一气，用海线电报以通兵机。纵有大枝敌船，使彼无可添煤水之口岸，彼以多船飘泊大洋，其主客劳逸之形已可概见。若无坚船巨炮，徒恃各防各岸，恐难扼其前进。北洋水师除康济、威远两船专作练船，并无巨炮,未能任战,现仅有派赴南洋两快船及在防蚊子船六只,以之言守,尚可拒敌于一隅;以之言战,亦视敌船之多寡。使船炮相当,或者乘利取便,势不能以数艘小船而横截二百余里之海面,此专指阻截北洋门户之师船而言也。历观欧洲诸大国水师皆竭数千万之帑金,数十年之心力,原非一蹴可至。北洋创立水师不过数年,果能从此力求恢廓,或终收蓄艾三年之效。若专倚陆军炮台各守各地而矜言联络,究皆纸上空谈而已。职道等再三筹度,意见相同。是否有当,理合肃禀,敬请训示祗遵。

朝防军火不多请宽给枪子禀

光绪十年十一月初五日

窃利运船初四日回旅,已将朝鲜近日情形先行电禀宪鉴在案。详询探弁及由朝鲜来人,知我军迎朝王入营后,朝民感戴天朝,出于至诚,每见将士必顶礼相谢。由旅派去两探弁至马山下岸,朝民争为引护,夜间群以火炬照路相送,其延望王师之意极为挚切。日兵与我战时,死三十余人,而由朝京奔仁川,朝民沿途截杀,闻约死二百余人,不辨是兵是商。朝民将日人尸刳腹剜目者皆有,民心亦大可见矣。吴提督致职道函附钞,与竹添各函尚有条理,谨将各件摘要录呈宪鉴。丁提督率各船及庆副营已发,金防士卒闻有朝鲜之役,踊跃请行。何营官增珠即接带朱营者,叠次专函致职道,嘱转禀,愿偕方营官正祥往,方营官亦力言之。职道婉告以现先定朝鲜乱,无须多营,倘日本果再称兵,自当届时转禀。庆军朝防三营军火不多,职道前商马梯尼枪子十万粒由张道电龚道交超勇者,船到确询,知龚道未交吴提督。现派都司刘耀廷赴津领各军火,亦搭利运至榆,计到津须数日。伏恳宪台饬下军械所从宽筹给,俾济要需。丁提督行时熟商，拟以利运、海镜、康济三轮船转探消息，送文报于马山、旅顺、榆关三处。泰安在旅顺修锅炉须旬日。康济今夕有事赴烟台，三日可回。

蛮子营添炮并请炮费一律领用湘平禀

光绪十年十月二十日

窃旅顺口门西岸毅军营墙置设克鹿卜十二生脱后膛钢炮三尊，其照料炮位，月领炮费，均由亲兵营袁哨官雨春经管。本年三月间，经职道保龄禀蒙宪鉴在案。迨及秋间，蛮子营新筑土炮台暂设镇海船所移大小炮六尊，由丁镇派刘游击学礼带领水师屯船练勇驻守演练，炮位渐有成效。职道等与宋军门、丁镇通盘筹酌，以蛮子营在口门西高处，当敌船来路，地极吃重。镇海六炮均系水师船炮架，究难十分灵便。若将毅军营墙之十二生脱炮三尊移置蛮子营炮台，更可收凭高击远之效，较原设低墙专击近处者，尤为得力。宋军门力顾大局，毫无畛域，意见相同，遂即知照随员汉纳根在蛮子营炮台添做炮盘，九月中旬告成。九月二十日，饬由袁哨官将十二生脱炮三尊连随炮子弹架具，以及前由天津军械所购置发交该炮兵应用，计随炮三尊，共雨帽衣裤二十四分，逐件点交刘游击学礼妥慎接管。据报交收数目相符。所有三炮均已一律置设妥备，由职道等饬传教习额德茂认真教导该练勇等学习操炮规法，均颇勤励。其自本年四月分起，至九月分止，由袁哨官经领随炮子药及月领炮费动存实数，均饬该哨官分造册、折交存职局及天津军械所备案。自本年十月分起，所有应领此项十二生脱炮三尊炮费及随时领用子药，拟由刘游击学礼循照成式具领，仍按月造报，以专责成。是否可行？伏候宪核批示祗遵。再，旅顺炮台大小炮位月给炮费始自本年正月间,由职道保龄会商军械所张道等详定,所拟数目均属无可再减,仰蒙宪台批准在案。数月以来,职道等随事体察,原定数目太少,几致不能敷用。际此度支匮绌,原不敢率请增加,惟原请银数均系声明湘平,自详定奉准后,由袁哨官经领在职局借垫者,均系按照湘平垫发,而王前镇在海防支应局经领者,系属军需平,未免两歧。旅顺薪饷从前禀定,皆已减为湘平,并无津军薪饷库平之款,若仅援津海防杂款军需平之例,未免太枯。可否仰恳饬行海防支应局,所有旅顺各台各炮炮费仍准一律领用湘平,俾免将领赔贴之处,均候宪鉴核夺施行。所有袁哨官历造本年五月分至九月操炮日记、清折六件,理合一并转呈钧鉴。至老虎尾原设二十四生脱后膛巨炮二尊,现经移设馒头山炮台。宋军门与职道等商酌,以派守该台弁勇尚未熟习其炮位零件,仍令袁哨官经管照料,以重利器,俟全台告成后,就近教习演练。其此项巨炮二尊,每月共领炮费湘平银十六两,仍由袁哨官循照前案在职局经领垫发,合并禀明。

陈送黄金山炮台培土估单禀

光绪十年十一月初八日〔附估折〕

窃职道于本年七月间,奉钧谕,饬办黄金山炮台培土工程,当将遵拟大概情形禀陈。宪台批开,该道督同汉纳根筹议,拟将炮台土工加厚一丈,边土筑紧五尺,顶上加用好黄土,托底皆用粗土,约估银一万七八千两,应即如禀,妥速办理。原图原单随批并发。仰即督饬局员赶紧招集夫工,催令王镇将旧土工程克日完报,由该道验收后,即接续趱作炮台土工。至改做根房根墙需用石工无多,仍归汉随员一手经理,饬令撙节确估禀办等因。奉此,旋于七月二十九日,准王镇咨报,旧土工程完竣。彼时先已派定职局两提调牛倅昶昞、王县丞仁宝等督率委员、司事,募夫雇驴,分别运土,遂即赶速兴工,并由职道督饬该提调等遵将前项工程核实,撙节估计。据该提调等估开清单前来,谨照录原单,恭呈宪鉴。伏恳饬下海防支应局查照立案,其所需款项拟在职道前禀请发海防专款项下动支,俟工竣报验后,据实列销。是否可行,伏候钧裁核示祗遵。再,炮台根房根墙工程应俟土工完竣,察酌办理,是以此单内并未列估,合并禀明。

计附呈估折一件。计开:

东面上截:顶长十六丈四尺,底长十九丈四尺,顶宽一丈,宽二丈,高一丈。每丈土十五方,共土二百六十八方五尺。东南面上截。顶长十五丈四尺,底长二十一丈,顶宽一丈,底宽三丈五尺,高三丈。每丈土六十七方五尺,共土一千二百二十八方五尺。南面上截。顶长十五丈四尺,底长二十一丈,顶宽一丈,底宽三丈五尺,高三丈。每丈土六十七方五尺,共土一千二百二十八方五尺。西南面上截。顶长十三丈,底长十六丈,顶宽一丈,底宽二丈八尺,高二丈。每丈土三十八方,共土五百五十一方。以上共估筑实黄土三千二百七十六方五尺。上截估用细黄土,堆土一尺夯筑六寸。汉随员原估夯筑外皮宽五尺,今估上截细土全用夯硪坚筑。共估细黄虚土五千四百六十方零八尺三寸。每方估银一两三钱,合湘平银七千零九十九两零七分九厘。每虚土一方估夯硪工二钱,合湘平银一千零九十二两一钱六分六厘。每方估水夫一名,共估水夫五千四百六十一名。每名银一钱二分,合湘平银六百五十五两三钱二分。共核湘平银八千八百四十六两五钱六分五厘。

东面下截:顶长十九丈四尺,底长二十八丈四尺,顶宽二丈,底宽八尺,高三丈。每丈土四十二方,共土一千零零三方八尺。东南面下截。顶长二十一丈,底长二十八丈,顶宽三丈五尺,底宽一丈,高六丈。每丈土一百三十五方,共土三千三百零七方五尺。南面下截。顶长二十一丈,底长二十七丈,顶宽三丈五尺,底宽一丈,高五丈五尺。每丈土一百二十三方七尺五寸,共土二千九百七十方。西南面下截。顶长十六丈,底长二十四丈,顶宽二丈八尺,底宽六尺,高二丈二尺。每丈土三十七方四尺,共土七百四十八方。以上共土八千零二十九方三尺。底步照汉随员原估,用粗土,不用夯硪,每方估银一两一钱,共核湘平银八千八百三十二两二钱三分。

总共估湘平银一万七千六百七十八两七钱九分五厘。

请援成案饬方弁在营持服百日禀

光绪十年十一月初八日

窃本年十月初一日,据管带旅顺水雷营方弁凤鸣禀报,该弁于九月三十日接到家信,知本生母游氏于本年九月初五日在福建原籍病故。该弁系属亲子,例应丁忧,恳为禀请回籍守制。等情前来。职道等伏思旅顺水雷营现值海防吃紧之时,自本年春夏至今,督率弁兵设置水、旱各雷,地极广阔。该弁经管全营,颇称勤奋,一时实难遽易生手。往返函商,意见相同。查本年三月间,职工程局挖泥船委员陶千总良材丁忧。曾经职道保龄禀请,将该千总扣至百日服满,照常留工当差。仰蒙宪台批准在案。可否仰恳钧慈俯念旅防吃紧,准将管带水雷营方弁凤鸣援照成案,饬令在营扣至一百日服满,照常管带操防之处,伏候钧裁核示祗遵。

卷　六

黄金山炮台培土工竣禀　光绪十年十一月二十二日

窃职道督饬提调、局员等经办旅顺黄金山炮台培土工程情形，历经禀陈宪鉴在案。自秋徂冬，晴多雨少，工作尚无甚耽阁。惟此项工程，其难约有数端，山形斗峻，前临无地，工未及半，土堆已高数丈，加以石径崎岖，挑抬动辄倾侧。一夫之力，终日劳劳，运土有限，非以牲力代人工不可。通计金、复数百里内，多属穷黎，极力加价招致，仅得驴数百头，无可再添。又际海防吃紧之时，此邦二百余年未见兵革，市虎相惊，群思逃散。幸赖职局提调牛倅昶昞、王县丞仁宝冲寒冒雪，逐日上山与委员、司事等抚慰人夫，多方奖劝乃能日起有功。兹于本月十三日，按照原估做法，一律修竣，又将各处应栽草皮逐一添栽整齐。职道于二十二日亲往查勘，均与该提调等面禀情形相符，理合据实禀陈。伏恳宪台派员按原估丈尺逐细验收具报，俾昭核实。至原估单内本无栽草一项。惟查炮台以土护石，必须以草护土，果能弥望青葱，无异冈岭，于战守尤有裨益。职道与该提调等极力逐事撙节筹算，所有此项栽草用款银数百两，均系由原估正款内节省而出，拟俟验收后，一律据实列销，无须另请添款。其根房根墙各工，拟与刘道、王镇、汉随员等妥商另禀。伏念旅顺防务全局以黄金山炮台为最重，台仿洋式，坚大玲珑，论者推为南北洋各台之冠，所微不足者，外土太薄。今幸仰奉钧训，指示周详，在事提调、委员、司事人等同心协力，不辞劳瘁，为费万数千两，为时仅逾百日，乘时趱作，早竟全功，从此炮台更形稳固，差足仰慰宪廑。

陈报订立洋员教习合同禀

光绪十年十一月二十三日〔附合同清折〕

窃职道与随员汉纳根本年闰五月间，因公赴津，曾将汉随员保荐德弁额德茂堪充旅顺防营炮台教习各情形分别面禀，仰奉钧谕允行。饬由职道与该随员公商，拟定合同办理。嗣因夏秋之间，海防异常吃紧。额德茂虽已于闰五月到旅教操，而职道与汉随员均夙夜赶办工防，此项合同未遑即为料理。本年八月间，始行拟定。其华文由程大使文炎缮写，其洋文由额德茂缮写，又经职道派令鱼雷营刘弁芳圃与德弁密勒克会同覆译，据称，华洋文均符合无误。除将汉随员、额教习应行收执之华洋文合同先行加钤交发，分别收存外，理合将商拟华洋文合同全分，并另录清折，恭呈宪鉴。是否可行，伏候钧裁核示祗遵。其华洋文合同原件仍请随批发交职旅顺营务处收存，以备随时查核之用，并恳饬下海防支应局知照立案。至该教习在旅防数月，经职道与宋军门公同查看，颇能勤奋从事，现令教习蛮子营炮台及黄金山拟设田鸡炮各操，合并禀明。

计附呈华洋文合同各一件，抄录清折一件。计开：

北洋海防旅顺营务处总办工程局二品顶戴直隶候补道袁。本营务处现奉钦差大臣太子太傅文华殿大学士一等肃毅伯直隶总督部堂李面谕，以旅顺口炮台需用大炮教习，据随员汉纳根保荐德国炮队官额德茂来华，饬由本营务处验看，与汉随员按照公道订立合同,所有条款列后。

一,中国国家现雇德国炮队官额德茂作为大炮教习,听凭旅顺口营务处工程局总办调度差遣。应将操炮、造药造弹、用药用弹以及建造坚固炮台、行营炮垒悉心悉力传授于中国之将弁兵卒,不得不遵约束,亦不得有所秘吝。

一,教习额德茂既在中国当差,自应忠于所事。无论或无事,或用兵,或海上,或岸上,均应听凭中国差遣,不得欺骗中国,尤不得将中国兵事机宜漏泄于外人。惟万一与伊本国有事,应准该员回避。

一,教习额德茂教导中国弁兵,均应委婉讲解,不厌烦琐。如该教习已反覆告戒,而弁目竟敢不遵教训,应即禀明总办惩戒。兵卒如违号令,应即知会该管官惩办,该教习不得借词自行动手责打。

一,教习额德茂来华教习,议定以五年为限。限内应悉力照以上三条办理,不得干预他事,并不得无故告退。如有故告退,必须于三个月之前说明。薪水即于离营时停止,以外不给分文。

一,教习额德茂如有违背以上四条合同,即由中国辞退。亦先于三个月之前说明,除给予回国川资五百两外,并不另给他项银两。

一,教习额德茂自德来华,应由中国给予川资湘平化宝银五百两。一切由德至旅车费船费均包在内。

一,教习额德茂薪水应以光绪十年闰五月二十二日,即西历一千八百八十四年七月十四日,抵旅顺炮台之日算起。按西历每月由中国给予薪水湘平化宝银一百五十两,由随员汉纳根经手在海防支应局具领,俟额德茂华语熟悉,亦可自行赴局支领。

一，教习额德茂到华一年之后，如果出力教导，通晓中国言语、规矩，察出该员可用。从第二年起，每年递加薪银二十五两，加至第五年，每年二百五十两为止。若一年以后，华语尚未谙悉，仍可留用，即不照加薪俸。五年限满，毫无过误，应照期满之年薪银数目，按每年另加薪银两个月，即作为回国川资，并不另给他项银两。

一，教习额德茂限内如或病故，亦照病故之年薪银数目，按每年另加薪银两个月付给该员家属作为川资。

一，教习额德茂如遇中国有战事时，派令该员出战。果能格外奋勉，准由总办据实禀请，优加赏犒银两。如为中国宣劳，临阵受伤成废，应俟特派专员验明，由中国赏给银二千两。或至身故，由中国赏给银三千两，交给该员家属，以示格外体恤。

一，教习额德茂限内遇有战事，除伊本国调回，准其告退，仍给回国川资五百两外，均应报效中国出力，不得托辞规避。

一，限满之后，中国如再留用，另立合同。

一，此项合同译成中西文，全分照样三纸。除各执一纸存照外，其余一纸应交随员汉纳根执证。如将来有查核之处，均照中文为准。

转呈馒头山炮台图折禀

光绪十年十一月二十五日〔附估折〕

窃职道保龄于本年七月间，因海防吃紧，商同宋军门、丁镇勘拟旅顺口门西岸馒头山地方，由随员汉纳根经修炮台，禀奉宪台批开，即由刘道会同该道与汉随员确估定议，绘图禀候核示，勿庸另行派员勘办等因。奉此，职道等遵与汉随员悉心商酌，随时筹定，当以防务日急，不能拘守常例，一面赶速兴工，一面照饬该随员绘图，列具估折以凭转禀核办。嗣据该随员移送图、折两分前来。查旅顺口门东西对峙，黄金山炮台矗立重霄，旁无扶助，西面地势广阔，港口纷歧，必须特建坚台，设置巨炮，方能断敌兵旁袭之路，收东岸夹击之功。此项工程于旅防关系极为重要，职道等因依山筑台，事期尽善，不厌讨论再三，是以未将图、折递呈。自交冬后，晴多雨少，尚无耽阁。该台式样做法虽由职道等会同规画，而鸠工庀材，经发款项，均系责成汉随员一手承办，以期事有专属，功过不至推诿。现查该台巨炮两尊，由老虎尾移设，早经设齐。子药库亦将竣工，兵房粗具规模，因带冻赶修，明春二月，尚须连各房一律修整。统计全工已及十之七八。职道等商请宋军门派定分统毅军姜提督桂题所部弁勇，已于本月初间移入兵房驻守，以备缓急。姜提督人极勤朴，自住近处，随时照料，不至疏虞。除将该随员移交职局图、折一分存局备查，并俟工竣，另禀详陈外，谨将送到图式一纸、估折一件转呈宪鉴，伏候钧裁核示祗遵，并恳饬下海防支应局知照立案，俟工竣报明验收后，仍由该随员列册报销。核计估款湘平银二万九千四百九十两零。本年八月间，由职道保龄禀领银二万五千两，均经分次发交该随员领讫。其不敷之款四千四百余两，日内即由职工程局先行挪垫，移向支应局领还，合并禀明。

计转呈图式一纸、估折一件。计开：

马道项下：

一、马道由黑沙子沟至馒头山顶，计长五百五十丈。内有四百三十五丈，高扯五尺，每方工价银八两，计银三千四百八十两。又，一百十五丈，高扯一丈，每方工价银三十六两，计银四千一百四十两。前项马道项下，共银七千六百二十两。

轰平山基项下：

轰平炮盘山基，长五十美达，合十五丈七尺五寸；西面宽十六美达，合五丈零四寸；东西宽三十美达，合九丈四尺五寸，合一百十四方十一尺。内计正面四十五方十一尺，轰深九尺，合四百零五方九十九尺，每方工价银五钱，计银二百零二两九钱九分五厘。又，西面二十七方，轰深五尺，合一百三十五方，每方工价银三钱六分，计银四十八两六钱。又，东面四十二方，垫高九尺，合三百七十八方，每方工价银二两，计银七百五十六两。共银一千零零七两五钱九分五厘。一，轰平子药各库山基，长七十美达，合二十二丈零五寸。宽十美达，合三丈一尺五寸。深四美达，合一丈二尺六寸，合八百七十五方十六尺，每方工价银三钱六分，计银三百十五两零五分七厘。一，轰平兵房山基，长二十五丈，宽六丈，深四尺，合六百方，每方工价银三钱六分，计银二百十六两。前项轰平山基项下，共银一千五百三十八两六钱五分二厘。另用轰药二千磅。

砌做各项地盘项下：

一，炮盘地盘。长五十美达，合十五丈七尺五寸；宽八美达四十生的密达，合二丈六尺五寸；深一美达，合三尺一寸五分。合一百三十一方四十七尺。一，药库。二座地盘，每座长十一美达，合三丈四尺六寸五分；宽六美达，合一丈八尺九寸；深四尺。二座共合五十二方三十九尺。一，子库。三座地盘，每座长十美达，合三丈一尺五寸；宽六美达，合一丈八尺九寸；深四尺。三座共合七十一方四十四尺。一，信子库。二座地盘，每座长六美达，合一丈八尺九寸；宽三美达，合九尺四寸五分；深四尺。二座共合十四方二十九尺。一，大门房。二座地盘，每座长六美达，合一丈八尺九寸；宽三美达，合九尺四寸五分；深四尺。二座共合十四方二十九尺。

一，家伙库。一座地盘，长九美达，合二丈八尺三寸五分；宽五美达，合一丈五尺七寸五分；深四尺。合十七方八十六尺。共合三百零一方七十四尺。一，用碎石三百零一方七十四尺，每方价银一两一钱，计银三百三十一两九钱一分四厘。一，用石灰，每方五担，共一千五百零八担七十斤，每担价银五钱，运脚在内，计银七百五十四两三钱五分。一，用砂子一百方，每方运价银三两，计银三百两。一，用瓦工三百零一方七十四尺，每方工银三两，计银九百零五两二钱二分。前项砌炮盘项下，共银二千二百九十一两四钱八分四厘。

做炮盘项下：

一，炮盘，长十五丈七尺五寸，宽二丈六尺五寸，深二尺，合八十三方四十七尺。一，用石子八十三方四十七尺，每方价银一两五钱，计银一百二十五两二钱零五厘。一，用砂子十七方，每方运价银三两，计银五十一两。一，用石灰，每方五担，共四百十七担三十五斤，每担价银五钱，运脚在内，计银二百零八两六钱七分五厘。一，用瓦工八十三方四十七尺，每方工价银四两，计银三百三十三两八钱八分。一，用塞门德土八方三十尺，每方三十桶，计二百四十九桶，不计价。前项做炮盘项下，共银七百十八两七钱六分。另外，塞门德土二百四十九桶。

筑明墙项下：

一，炮盘前面群墙。长八十二美达，合二十五丈八尺三寸；高一美达四十生的密达，合四尺四寸一分；厚一美达，合三尺一寸五分。合三十五方八十八尺。一，药库。二座明墙，每座长三十四美达，合十丈零七尺一寸。二座共合二十一丈四尺二寸。一，子库。三座明墙，每座长三十二美达，合十丈零零八寸。三座共合三十丈零二尺四寸。一,信子库。二座明墙,每座长六美达,合一丈八尺九寸。二座共合三丈七尺八寸。一,大门房。二座明墙,每座长六美达,合一丈八尺九寸。二座共合三丈七尺八寸。一,家具库。一座明墙,长二十八美达,合八丈八尺二寸。共六十八丈零四寸,均高三美达,合九尺四寸五分;厚一美达,合三尺一寸五分。合二百零二方五十四尺。两共二百三十八方四十二尺。一,用碎石二百三十八方四十二尺,每方工价银一两一钱,计银二百六十二两二钱六分二厘。一,用石灰,每方五担,共一千一百九十二担十斤,每担价银五钱,运脚在内,计银五百九十六两五分。一,用砂子八十方,每方运脚银三两,计银二百四十两。一,用瓦工一百三十八方四十二尺,每方工价银三两,计银七百十五两二钱六分。一,用塞门德土二十四方,每方三十桶,计七百二十桶,不计价。前项明墙项下,共银一千八百十三两五钱七分五厘。另外,塞门德土七百二十桶。

库房房顶项下:

一,药库,二座房顶,每座长三丈四尺六寸五分,宽一丈八尺九寸。合六方五十五尺。二座共合十三方十尺。一,子库,三座房顶,每座长三丈一尺五寸,宽一丈八尺九寸。合五方九十五尺。三座共合十七方八十五尺。一,信子库,二座房顶,每座长一丈八尺九寸,宽九尺四寸五分。合一方七十九尺。二座共合三方五十八尺。一,大门房,二座房顶,每座长一丈八尺九寸,宽九尺四寸五分。合一方七十九尺。二座共合三方五十八尺。一,家具库,一座房顶,长二丈八尺三寸五分,宽一丈五尺七寸五分。合四方四十六尺。共合四十二方五十七尺。一,用铁道,每方二十根,计八百五十二根,不计价。一,用石子,二尺厚,八十五方十四尺,每方价银一两五钱,计银一百二十七两七钱一分。一,用砂子十七方,每方运价银三两,计银五十一两。一,用石灰,每方五担,共四百二十五担七十斤,每担价银五钱,运脚在内,计银二百十二两八钱五分。一,用瓦工八十五方十四尺,每方工价银四两,计银三百四十两零五钱六分。一,用塞门德土八方五十尺,每方三十桶,计二百五十五桶,不计价。前项库房房顶项下,共银七百三十二两一钱二分。另外,铁道八百五十二根。又,塞门德土二百五十五桶。

木料门窗等项下:

一,药库地板十三方。一,子库地板十七方八十五尺。一,信子库地板三方五十八尺。一,家具库地板四方四十六尺。共三十八方九十九尺。一,用大檩,每方二根。每根宽一尺,厚一尺,长一丈五尺。共七十八根,每根价银五两,计银三百九十两。一,用地梁,每方三根。每根宽五寸,厚五寸,长一丈五尺。共一百十七根,每根价银二两二钱,计银二百五十七两四钱。一,用地板,每方十块。每块厚一寸五分,宽一尺,长一丈五尺。共三百九十块,每块价银四钱,计银一百五十六两。一,用三寸铁钉三桶,每桶价银十二两,计银三十六两。共银八百三十九两四钱。一,用大铁门二副,每副价银三十五两,计银七十两。一,用库门十副,每副价银十二两六钱,计银一百二十六两。一,用库窗七副,每副价银五两,计银三十五两。一,运子药铁路,长七十二美达,合二十二丈六尺八寸,每丈价银三十六两,计银八百十六两四钱八分。一,小炮盘八个。一,用檩条,每个十根。每根宽六寸,厚八寸,长一丈五尺。共八十根,每根价银三两,计银二百四十两。一,用木板,每个十五块。每块厚三寸,宽一尺,长一丈五尺。共一百二十块,每块价银二两五钱,计银三百两。一,用五寸卯钉一桶,计银十五两。一,用木匠共一千工,每工价银一钱五分,计银一百五十两。共银一千七百五十二两四钱八分。前项木料、门窗等项下,两共银二千五百九十一两八钱八分。

子药库家具项下:

一,大号药库铜灯五副,每副价银四十二两,计银二百十两。一,小号药库铜灯十副,每副价银二十五两,计银二百五十两。一,库门铜锁七副,每副价银十两,计银七十两。一,起子架四副,每副价银九十三两,计银三百七十二两。一,运子车六副,每副价银四十两,计银二百四十两。一,运药铜车二副,每副价银九十两,计银一百八十两。前项子药库家具项下,共银一千三百二十二两。

土墙项下:

一,城墙。前面长二十四丈,宽二丈五尺,高二丈,合一千二百方。东面长十六丈,宽二丈五尺,高一丈五尺,合六百方。西面长十一丈,宽二丈五尺,高四尺,合一百十方。共城墙一千九百十方。一,子墙。前面长十五丈七尺五寸,东面长九丈五尺五寸,西面长五丈零四寸,共长三十丈零三尺四寸。宽二丈五尺二寸,高五尺六寸七分,合四百三十三方五十一尺。一,子药库顶上土堆。长七十五美达,合二十三丈六尺二寸五分;宽六美达,合一丈八尺九寸;高二美达,合六尺三寸。合二百八十一方三十尺。前项土墙项下,共二千六百二十四方八十一尺,每方工价银二两二钱,共银五千七百七十四两五钱八分二厘。

兵房项下:

一,兵房五十间,每间宽一丈五尺,长一丈五尺。碎石墙,秫秸灰顶。每间共工料银五十六两四钱,计银二千八百二十两。一,兵房围墙,长三十七丈,高一丈二尺,厚三尺一寸五分。每丈工料银十九两三钱,计银七百十四两一钱。前项兵房项下,共银三千五百三十四两一钱。

码头项下：码头共(工)长二十丈，宽二丈一尺，高五尺至一丈一尺。扯高八尺。

一，码头两面圈墙，长四十丈，宽三尺，高扯八尺，合九十六方。一，码头前面石墙，长六丈，宽三尺，高一丈一尺，合十九方八十尺。一，码头西面坡墙，长六丈，宽三尺，高一丈一尺半，合九方九十尺。共合一百二十五方七十尺。一，用碎石一百十七方四十五尺，每方价银一两一钱，计银一百二十九两一钱九分五厘。一，用条石八方二十五尺，合一百三十七丈，每方价银一两一钱，计银一百五十两零七钱。一，用瓦工一百二十五方七十尺，每方价银三两，计银三百七十七两一钱。一，用石灰，每方六担，共七百五十四担二十斤，每担价银五钱，运脚在内，计银三百七十七两一钱。一，用砂子十三方，每方运脚价银三两，计银三十九两。一，用塞门德土一方三十尺，每方三十桶，计三十九桶，不计价。一，用填土，长二十三丈，宽一丈五尺，高八尺，合二百七十六方，每方工价银一两五钱，计银四百十四两。一，用码头前面木桩二十根，每根价银三两三钱，计银六十六两。前项码头项下，共银一千五百五十三两零九分五厘。另外，塞门德土三十九桶。

各项总数：

一，马道项下，共银七千六百二十两。一，轰平山基项下，共银一千五百三十八两六钱五分二厘。另用轰药二千磅。一砌做地盘项下，共银二千二百九十一两四钱八分四厘。一，做炮盘项下，共银七百十八两七钱六分。另用塞门德土二百四十九桶。一，筑明墙项下，共银一千八百十三两五钱七分二厘。另用塞门德土七百二十桶。一，库房房顶项下，共银七百三十二两一钱二分。另用铁道八百五十二根。又,塞门德土二百五十五桶。一,木料、门窗等项下,共银二千五百九十一两八钱八分。一,子药库家具项下,共银一千三百二十二两。一,土墙项下,共银五千七百七十四两五钱八分二厘。一兵房项下,共银三千五百三十四两一钱。一,码头项下,共银一千五百五十三两零九分五厘。另用塞门德土三十九桶。

以上各项统共湘平银二万九千四百九十两零二钱四分五厘。

另外,轰药二千磅。又,铁道八百五十二根。又,塞门德土共一千二百六十三桶。前三项由局领用,均不计价。

酌改安置田鸡炮地点陈请核示禀

光绪十年十一月二十五日〔附原函暨说略〕

窃职道等于本年十月二十八日,因德弁副将哲宁、随员汉纳根议以奉拨到旅新式田鸡炮六尊全置黄金山旁,归并一处,专顾口门各情电禀,奉宪台电谕,应照议行,工费宜省等因。奉此,近以馒头山炮台工有头绪,已饬将此项炮位零件、子弹全数送交护军营王镇经收,选派弁目随同额德茂等及早练习,一面饬催汉随员经做土台。本月二十二日,据该随员函称,自往察勘地势,似未甚妥,拟为移改。并绘图缮具节略前来。职道等查田鸡炮并设一处,专顾口门,洵为至当不易之论。惟哲副将建议定地于黄金山前小山之后凹内,彼时公同相度,汉随员意见相同。今据该随员所送图说,拟移在黄金山西岗,相去本不甚远。至所画炮路及节略内所陈利弊,职道含芳以为其理甚长。哲定之处不过借山遮蔽敌炮,然所顾之口门海面太少,实恐误击蛮子营炮台之虞。汉定之处虽无遮蔽,究能俯控口门海面,可以尽炮左右应击之长,惟究与哲副将所定地方不同,不敢不据实声明,事关防务,不厌考订精详。职道等尤不敢以电禀在先,自护前说,谨将来函、说略一并抄录,连所送原图,恭呈宪鉴,伏候钧裁核示祗遵。职道等一面先饬该随员就拟改地方召匠平基运料,以便奉准后赶速兴作。可否仰恳先赐电谕遵行。至此项工程据该随员约略估计需银七百余两,已饬另具详细估折,俟送到再为转呈。其所需款项,拟仍在海防专款项下发给,合并禀明。

计转呈抄函并说略一件,原图一纸。

前承函嘱将黄金山前田鸡炮台赶紧建筑等因。昨敝随员自往察勘地势,似觉所议之处未甚妥善,拟为其移改。兹特将地势情形缮一节略送呈鉴核。愚昧之见,未知是否。究应从何办理之处,尚祈指示,以凭遵行。至祷至盼。附呈图式一纸,并乞察收是荷。

论旅顺应造田鸡炮台地势情形

查田鸡炮台本为保守口门起见,并无甚大用处。且炮之操法极细,一时不易精通,即所放炮路亦与别炮不同。譬如海上仅有活靶一处,则此炮断难恰中。惟有预将海上圈定方向,平时加意操演,远近均能合式,庶临时有敌船行过此处,台上之炮一齐攻放,或者可以得一中靶。故造此炮台,务须详度地势,必以能顾住敌船进来要路为最。如十五生特田鸡炮,其炮路只能顾三千美达以内地方,必待敌船驶近,方能得用。现在旅顺如造此田鸡炮台,其应顾要路系口门外近边一带海面,或遇敌船直驶进口,则此台之炮应当竭力攻御。详勘应造炮台之处,非在口门后面,即在口门外傍面近处不可。现闻有建在黄金山南小山洼处之议,则其弊有二。查此洼在口门东南,而海面应顾要隘系在山洼之西,洼之西对面离洼一千五百美达至二千美达,即西路一带高山业已筑有蛮子营并威远各炮台,如果田鸡炮台造在此山洼内,则对面炮台均在田鸡炮路之中。此种炮路远近，半在装药之多寡，半视直表之度数。平时操演即头等炮勇尚难有准，倘遇事之时，炮勇稍一急忙，更无把握。万一炮子过靶，即恐打坏对面自己炮台，其弊一也。且十五生特田鸡炮路本能远顾三千美达，现有对面高山挡隔，不能尽炮所长，尤为可惜，其弊二也。如欲除此二弊，详观旅顺海面形势，惟有将此台移靠口门建造，愈近即此弊愈轻，如能移在黄金山西离远二百美达处建造，庶可全无此弊。因横表能顾之处均在海上，与左右二面毫无阻碍，炮可尽力开放，凡三千美达以内要路均能顾住矣。谨略。

陈报驻朝防军及旅顺防务情形禀

光绪十年十一月二十六日

窃职道于十七日，东边驿递收到吴提督等嘱转呈禀一件，因系初六日发，所言皆丁镇未到前情事，先经电禀钧鉴在案。兹特代呈。并将袁丞世凯顺利运交来三禀一并上呈。又，昨奉清帅饬发电原密码单一纸。均呈宪察。朝防和战尚未可知。丁镇昨与职道函，谨另抄呈。倭水陆兵力非远胜我，未必轻动。所虑者法人与为狼狈，或径袭旅顺，或潜赴仁川，掎我北洋师船而颠之，倭助其力，分其利而不居其名，皆在意中。职道以为，倭事倘得少定，超、扬等舰似宜时巡海面，忽烟、忽旅、忽朝，每月中但有两旬驻马山即可，其兵、驳等船辘轳回转，马山常有两只足通消息似为活动，盖呆驻一处，情见势屈，兵家所忌，亦不能不虑也。方营官正祥叠与职道书，极言自今夏至金，营垒粗就，仓猝赴朝，马山地僻物贵，种种窘苦赔累情形。职道闻式百龄说马山苦状，谓数十钱买一鸡卵尚不可得。询之朝来弁兵，均与相符。可否仰恳宪恩俯念征军远出，或加给月饷关数，或暂行酌给津贴转运等费。职道未敢妄拟，伏候钧裁核夺施行。旅防一切尚无懈惰。黄金山炮台土运,新旧厚计二丈二尺至二丈五尺不等,守台将士可有凭藉。王镇所做围墙颇好,日后连根墙接连一气,仿佛炮台外围作营盘之式,极有裨益。西岸从鱼雷营起,过馒头山炮台,通黄金山转至职局,均照行营电报法,用水、旱线联成通报。刘道与姜提督桂题驻彼西岸,必可无虞。王镇近颇勤奋。但黄金山太形孤立,崂嵂山炮台工不难赶,炮亦将到。职道平日细勘旅防,惟此路最形吃重,若以粗心浮气,绝不讲求炮火之将领守之,恐不放心。一切情形应俟开冻赴津面禀,为旅防筹久远之策。至目前倘有法舰两三只,无论明攻暗击,尚不至遽有疏虞。

汇送函电公文夹板禀　光绪十年十一月三十日

窃职道于本月二十日戌刻肃呈一禀,并历存夹板电报、函牍各件一并包封妥固,饬海镜船驶递专呈,计蒙钧鉴。二十五日,利运船回旅,由职侄世凯函交奉委发电八十六字,遵即飞速饬电,并将原码单寄呈商宪备核矣。自二十亥刻后至今,计职道处奉商宪发存寄宪台夹板一件,系由驿递,于二十日亥刻到旅,其时已经包封加禀,连同时另收驿交公文十三件,专舢板飞送海口,而海镜业经开驶。职道电请商宪酌定,奉谕收存,候船便寄。兹特上呈。又于二十七日,连奉商宪两次手函,饬交日本公使寄井上馨包封一件,英使巴夏礼致阿总领事函一件。又,二十七日,奉商宪电发日本驻京公使致井上洋文电二纸,均系饬职道由船便呈请宪台分别转交,谨将商宪原函原电录呈,伏乞钧裁转交。又,奉商宪寄宪台电报三件,一件系照原码,二件系遵译录成,同呈钧鉴。外有各处文报局寄到呈宪台暨续星宪并各随员函牍,另开清单,一并封呈。再,职处现派局员李令竟成等收管津、朝来往文报,每次仍由职道手自封发,合并禀明。

寄电遵发缴呈原稿禀 光绪十年十一月三十日

前禀将发交利运遣行,得丁镇函,调康济赴马山。该船连夜上本船及储备之煤,今乃上齐。又值两日夜狂风震撼,富有行未至榆关而回,该洋船主以冰大恐被冻住,执意不肯前去。今早招该洋船主、买办等再三开导,强而后可。现订今夕开,明早准到榆。职道已电叶镇设法派驳船将折弁接到岸,并向刘弁询知,奉宪发有电报稿三件,职道因思内意盼电正急,不揣冒昧,即为拆封,饬电生照码速发,并将富有各情节电禀商宪矣。戴统领一电亦遵发讫,除将津电原码二纸寄呈商宪备核外,谨将宪寄戴营原电稿缴呈。又,昨夜半,奉商宪饬呈要电一纸,录候宪鉴。

附呈巴使寄阿领事原件禀 光绪十年十一月三十日

窃职道正封就前禀,拟交船间,由毅军马拨奉到二十三日午刻,津发商宪谕饬职道,以又由英领事交巴公使寄朝鲜英总领事阿苏敦信函一件,即交船便妥寄等因。谨将巴使寄阿领事原件附呈,伏候钧裁饬送。

请添利顺[①]小轮舵工水手禀 光绪十年十二月初十日

窃利顺小轮船本为旅顺挖泥工程拖带接泥船之用,自去冬今春,海防渐紧,旅顺初立水雷营,百事草创,未另转调小轮船,即以

---

① 顺,原作"运",据正文改。

该船兼充起下水雷之用。夏秋之交，闽事方急，该船与快马小轮船更叠赴烟台、榆关各处接送文报，侦探消息，差使络绎，几无暇日。加以金、旅设电立杆，用民船分起运料，全恃该船拖带。九月后，又经丁镇、刘道商同职道，派该船与快马船分番在海口彻夜瞭望。该船管驾郭把总荣兴屡次面禀，以该船原定夫匠太少，遇事不敷差遣，恳为转禀添募。职道以经费有常，未便请添，仍令极力支持。嗣据该管驾禀称，防务吃紧，差使逾多。日间往来海口内外拖船下雷，又须分夜与快马船值巡口外。该船与快马船大小相等，快马船舵工四人，浇油二人，水手八人。该船舵工二人，浇油一人，水手四人。日久恐有贻误，恳为转禀，拟添舵工一人，浇油一人，水手二人。各等情前来。职道伏查快马船月支薪粮银三百八十二两，利顺船月支薪粮银二百三十五两九钱，事任则一，优绌悬殊。该管驾所禀事繁人少各节确系实情，质之丁镇、刘道，均谓必应请添。查该船舵工每名月支银八两四钱，浇油即管汽匠每名月支银十一两九钱，水手每名月支银五两六钱，按所拟请添人数计之，每月约须添支湘平银三十一两五钱，较之快马船薪数仍减少银一百十四两六钱。可否仰恳宪恩，准如所请，自本年十二月分起，添用舵工一人，浇油一人，水手两人，仍俟海防解严一律裁除，归复旧制，以节经费。其所添之月支湘平银三十一两五钱，拟仍由职局随时垫发，移向海防支应局领还，伏候钧裁核夺批示祇遵，并恳饬下海防支应局立案。再，该船管驾郭把总荣兴，人椎鲁如村农，而遇事不避艰险，不辞劳瘁，汉纳根极称道之。本月初三夜，威利轮船由榆避冰回旅，欲以重值雇引港人，莫肯应者。职道立时传唤郭荣兴遣该船大副朱儒礼随船为之引港，该大副欣然就道，威利船华洋员弁同声欢颂，立刻开轮而去。业由职道另行捐给犒赏，并在前蒙赏发职局功牌内填给六品功牌，以示鼓励，合并陈明。

具报朝防未撤并请毅军驻扎地点禀

光绪十年十二月十四日

窃职道于十一、十二等日连奉钧谕，敬聆祗遵。威远至，得丁镇函云，曾据式百龄所言禀之清帅，与前嘱职道电禀宪聪大意略同，清帅令其开回旅顺。威远启碇前，利运至马山口。丁镇已接职道函及所抄各电，当知内意不即撤防与宪意操巡海面俾敌莫测之论，必仍静候清帅驱策，未必遽至内渡。方正祥一营仰被钧慈，必当挟纩腾欢，计庆字正营在职局借银二千两。昨得海关周道电云，袁丞世凯因公需用，奉宪允，由职局挪借给银一千两，日内即当饬弁解交。共计银三千两，拟恳宪台谕饬银钱所刘丞笃庆等在该两处应领款内为职局划扣存津。俟开冻后，职道另向银钱所领还归垫，及分别移知该两处遵办。十三日，已发过之清帅三电，谨将原码单呈备宪核。威远此来，风浪极险，舱内外皆水，文报全湿，均经职局委员李令竟成、袁倅以蕙详细检看，谨开列另单，恭呈钧鉴。除夹板两包外，余均归入此封，因原纸已湿，恐再磨损也。正缮禀间，宋军门持示本日得庆将军函，大意欲留雷伟堂所部全扎营口，而以毅军两营移大连湾。在宋军门之意以为，营扎何处均应敬候宪谕指挥，毫无成见，惟大连湾本非陆军能守之地，果欲设守，亦断非三四营所能胜任，不能不存量力而进之心，渠已另禀上陈。在职道与刘道商酌，则以崂嵂嘴炮台为旅顺极要之地，黄提督所部既非春暖不能移动，而毅军在营口两营，因职道与宋军门商酌有请示拟调来旅之禀，一切均已准备。可否仍以毅军两营先行调旅，扼扎崂嵂嘴一路，似觉臂指相使，缓急更为得力，于旅防大有裨益，伏候钧裁核定批示施行。

报告朝鲜赍奏官过旅禀　光绪十年十二月二十三日

窃本月十九日，朝鲜赍奏官典圜局帮办李应浚随超勇船赴榆过旅顺，职道随时电禀钧鉴在案。二十日，李应浚来见，其人系译官出身，颇能华言，无须笔谈。据称，该国王极感天朝字小之仁，朝防三营将士均能仰体宪台德意，同心协力，冒艰险以相援救。该国君臣，下逮黎庶，至今感激。又以此次表底见示，职道观其词意恭谨恳切，出于至诚，谨就来稿先行抄录，恭呈钧鉴。该朝官又面求以由榆赴津之路向未经行，恳为设法照料。职道告以雇车须自发价，一毫不得扰累地方，倘患人地生疏，当函托防营代为雇车，派妥弁护送，渠甚欣感而去。现经职道函商叶镇照办矣。清帅饬发电稿二纸，仍循向式，附呈钧核。

请注销方凤鸣记过赏还吴迺成顶戴禀

光绪十一年正月初八日

窃光绪十年九月间，因旅顺西岸沙谷堆旱雷为天电触发，经职道等禀蒙宪台批开，将该管带方凤鸣记大过一次，帮带吴迺成摘去顶戴，以示薄惩。吴迺成如果性情蠢愎，不能胜任，应据实禀撤等因。奉此，数月以来，经职道保龄等随时严加察看，该管带、帮带等自分别记过、摘顶后，深知愧奋。冬间防务吃紧，昼夜操习，巡防瞭望，从未稍懈。朝鲜之役接准丁镇来函，有选派雷营弁兵携带水、旱雷前往备战之议。职道保龄等深知吴游击迺成虽于旱雷理法未穷窔奥，而昔在淮军久经大敌，胆气颇优，因令选兵简器，克日成行。该管带、帮带等一闻此信，争请赴军。两日之间，诸事悉备。

虽以朝事早定，未及遣行，而该弁等绝无畏葸逡巡，借词延宕之习，亦尚可取。刻值海防吃紧之时，可否仰恳钧慈，准将方凤鸣记过字样注销，并赏还吴迺成顶戴，以资激劝之处，出自宪台逾格恩施，伏候钧裁核示祇遵。

具报金旅双线电报工程用款禀

光绪十一年正月十八日

窃职道等于光绪十年十一月二十五日，奉宪台札开：据天津电报官局详称，窃照山海关至旅顺展设电线，现已一律告成，所用电杆料物及设线等项经费已据各该员等造册申送前来。惟旅顺至金州工程系由旅顺工程局袁道、刘道经办，未准开送，职局无凭造报。除分别详咨外，相应详请宪台札饬旅顺工程局袁道等将旅顺至金州设线所用经费克日逐项详细报明，职局以凭汇案详销，实为公便。等情到本阁爵大臣，据此除批示外，合行札饬，札到，该道等即便遵照办理。此札等因。奉此，查上年由旅顺至金州新设电线工程，经职道等遵照宪饬督催各员弁初次赶办工竣，曾经随时禀报在案。嗣以海防日亟，军报繁多，职道公同筹酌，以由津拨到电线料物尚有余存，而金州既设分局，自宜各归各线，不相搅杂，免滋歧误漏泄各弊，爰令在事人员加挂双线一道，甫于十月初旬全竣。而十月中旬，朝鲜事起，水陆将领仰承钧指，迅赴戎机，实得电报之力居多。除电线料物业饬该员弁等造具清册，分别用存，咨送天津电报官局汇案详销外，兹饬职工程局管银钱委员李令竟成就各员分报经用银钱帐目逐一句稽。计上年八月间，兑收天津官局解来电报用款湘平银五千两，实用购办电杆及两次运料车船夫力人工各费，共核湘平银一千八百二十六两零。又，金州电局委员借领及工竣后洋匠孟克过旅、金各处察看车价、川费各款，不与金、旅设线工程干涉者，核用湘平银五百二十二两零。其旅顺电局估修电房，设置磁、木家具，日用纸墨各款尚未核结，另行提备旅局经费一款，核银六百五十一两零，应由职道等督饬局员截至本年春季，另册报明天津电报官局核销。三共开除湘平银三千两，实存湘平银二千两，拟照职道等前禀拨归旅顺石坝泊岸工程款下列收。除将该员等造具清折清册咨送天津电报官局汇入全案详请列销外，所有金、旅设立双线电报工程用款银数，理合逐一禀陈，伏候钧裁批示祗遵。再，旅顺一局三月于今，军报繁多，均系暂用水雷营员弁、学生兼管，该弁等于局务、文牍均非所长，且值海防吃紧之时，雷营事任颇重，亦未敢顾此失彼。拟由职道等商明天津电报官局盛道、朱道等，就在旅当差文员内公同遴选两三员，禀派兼管，以期局务整饬，不至日久废坠，无须另给薪水，俟商定后，另行禀陈。

修筑各台联络之路以资策应禀

光绪十一年正月□日〔附估册〕

窃查旅顺西澳各路自老虎尾山根迄沿海山边，潮涨之时，陆行无处可通，必须绕行山外海边显露之处，于交战之时甚不相宜。而西山各台联络之路率皆崎岖窄径，人行尚可，而队伍、炮车往来策应，万不能行。仅馒头山至黑砂沟水边曾经汉纳根做干路一条，以铁道运炮上山，系归馒头山炮台工程计算。此外，联络之枝路贴山挖高填低，就地取石，砌一面矮边以护所填之土，一面留小水沟以分雨水，不令冲坏新路。约计枝路五条，计长十余里，亦须宽一丈五尺，方可拉炮行队策应。此项工程需工需器而不需料，若包工包做，高低不一，糜费而不经久。拟雇海南长工六十名，每名月给银三两,给以锹锨,由职道含芳就近监督照料。约计自开工日起五个月当可修竣,一俟完工,即行裁去,较为合算。如或东澳各处有兴修之工,再行禀请交与经理之人。至于虎尾山根起,至黑砂沟东岸止,计长四百八十丈五尺,应购用块石外砌帮墙,低处均高三尺,厚三尺,中筑砂土,共宽一丈五尺,高处有一丈二尺高者,此系必不可少之工。用灰合土砌石,以塞门土压缝,方能御潮冲击。估计一册湘平银二千一百六十五两有零。外用塞门土七十五桶。如蒙俯允,亦由职道含芳就近照料。是否有当,理合肃禀,虔请训示祗遵。

计呈估册一本。计估:

一,估大路一道。由蔡家沟东山起,向东至耗子窝西角止。沿海一边用石块镶砌路堤一道,计长二百九十四丈。将高就低,扯高三尺,宽三尺,合尺厚石块丈方二百六十四方六角。每方砌石块用灰七十斤。每方砌石块用瓦匠工八名。每方砌石块并起抬黄土和灰泥小工三名。共计估需石块二百六十四方。石灰一万八千五百二十二斤。小工七百九十四工。瓦工二千一百十七工。前项石堤里面填筑素土,计长二百九十四丈,宽除镶砌石堤三尺外,实宽一丈二尺,高三尺,合尺厚素土丈方一千零五十八方四角。每方估用小工一名半,共计估需小工一千五百八十八工。

一,估耗子窝前面,计路长十五丈。该处地势低洼,两边用石块镶砌路堤,各宽四尺,高一丈二尺,合共尺厚丈方一百四十四方。每方用灰七十斤。瓦工八名。小工三名。共计估需石块一百四十四方。石灰一万零八十斤。瓦工一千一百五十二工。小工四百三十二工。前项石堤中间填筑素土,计长十五丈,宽除两边镶砌石堤八尺外,实宽七尺,高一丈二尺,合尺厚素土丈方一百二十六方。每方估用小工一名半,共计估需小工一百八十九工。

一,估耗子窝东至营门止,计路长一百七十一丈五尺。海边一面用石块镶砌路堤,高五尺,宽三尺,合尺厚石块丈方二百五十七方二角五分。每方用灰七十斤。瓦匠工八工。小工三工。共计估需石灰一万八千零八斤。石块二百五十七方二角五分。瓦工二千零五十八工。小工七百七十二工。前项石堤里面填筑素土,计长一百七十一丈五尺,宽除外面镶砌石堤三尺外,实宽一丈二尺,高五尺,合尺厚素土丈方一千零二十九方。每方估用小工一名五分,共计估需小工一千五百四十三工。

一,估砌出水横沟十道。每长一丈二尺,用石块砌。宽三尺,高一尺五寸。四面合宽九尺,厚一尺。计十道共合尺厚石块丈方十方零八角。每方用灰七十斤。瓦工八名。小工三名。共计估需石块十方零八角。石灰七百五十六斤。瓦工八十六工。小工三十二工。砌石堤连出水沟合平方二百二十五方。轧石缝每三方合用塞门德土一桶。共计估需塞门德土七十五桶。

总数项下:

共需石块六百七十六方六角五分,每方银一两,计银六百七十六两六钱五分。共需石灰四万七千三百六十六斤,每百斤银三钱,共计一百四十二两零九分八厘。共需瓦匠工五千四百十三工,每工银一钱五分,计银八百一十一两九钱五分。共需小工五千三百五十工,每工银一钱正,计银五百三十五两正。共需塞门德土七十五桶,每桶约银三两五钱,计银二百六十二两五钱。计估大路一道,共长四百八十丈五尺,合需工料湘平银二千四百二十八两一钱九分八厘。内除塞门德土价应由支应局扣存银二百六十二两五钱不应领外,实需湘平银二千一百六十五两六钱九分八厘。

请添募勇丁以资防御禀 光绪十一年二月初一日

窃旅顺海防王前镇永胜所带之北洋护军营一营三哨分扎黄金山炮台东岸人字墙及新修田鸡炮台，兵力本单。近值防务吃紧，弁兵昼夜更番预备战守，不敢稍懈，已觉不敷分布。又以口门西岸土山所筑小炮台本系威远练船弁兵防守，去冬，朝鲜事起，弁兵一概回船，守备遂虚。该处与黄金山炮台对扼口门，相距甚近，两岸夹击，最为得力。黄金山母猪礁地方居黄金、崂嵂两大山之间，坦旷平衍，倘弃而不守，万一敌船逼近，夜间用舢板渡人上岸，舁行炮窃据而力守之，则黄金山巨炮难于俯击近处，为患不可思议。随员汉纳根、洋将哲宁屡以为言。现已经营土炮台，置八生脱炮为设守，计两处地势均极吃重，我得之则为利，寇得之则为害。职道与宋军门、丁镇、刘道叠次履勘筹商，详思熟计，毅军已经分守馒头山、老虎尾炮台两处，势难再行抽拨，且两处形势均与黄金山炮台为犄角辅车之用，尤以统归护军营认守，方能呼吸一气。职道等极知帑项支绌，万不敢轻议增兵，然事关防务重要，亦不能不权其缓急。彼此公商，意见悉同，拟恳宪台饬下王前镇赶速添募勇丁两哨，以一哨扎威远炮台，以一哨扎母猪礁，似于口门防务颇有裨益。是否有当，伏乞钧鉴核夺施行。抑职道更有请者，沿海设守，首重炮台，简器练兵二者不容偏废。我宪台不惜重帑经营旅顺口岸，以固渤海门户，尤在守台各将领共矢忠诚，勤加练习，方不负此坚台巨炮。此次倘蒙允如所请，添勇两哨，则北洋护军营已成正、副两营，伏乞饬下王镇秉公遴选志力果毅，留心枪炮之员弁充当营哨各官，勿任滥竽充数。并于天津亲兵、练军各营精求得力炮目、炮兵一二十名调往旅防，分教新勇，以收实事求是之效。际此时局艰危，职道任司营务，心力所及，不敢不披沥上陈，嫌怨皆非所避也。再，亲兵前营哨官袁雨春昔与王营官得胜、查弁连标同时游学外洋，于枪炮颇能考究，自调旅防后，时阅四年，教习各勇，不辞劳瘁，所教毅军哨官刘大龙一哨已著成效。近经职道与宋军门商定，由袁雨春将所带兵四棚分一半驻馒头山炮台教习毅军，庄营官启元守台勇丁仍留一半协同刘大龙所带勇丁分守老虎尾低炮台，两地皆当重任。该哨官原领薪水本属无多，拟恳宪恩，准援盛军教习查连标月给教习薪水湘平银五十两成案，量予恩施，以资鼓励。并拟奉准后，自本年二月分起支，由职局照数按月垫发，随时移明海防支应局领还。是否可行，伏候钧裁。

请拨归垫用煤款并另购煤斤禀

光绪十一年二月初九日

窃职局挖泥工程向只小挖泥船四号，合之利顺小轮船，所用煤斤已属不少。自光绪十年八月间，导海大挖泥船在旅开工，挖海机器既大，用煤尤多。九月、十二月间，两次在烟台新大行购买柯介子煤。计第一次买柯介子煤二百十六吨，每吨湘平银四两，共核银八百六十四两。第二次买柯介子煤三百吨，每吨三两八钱五分，共核银一千一百五十五两，均系连驳船、扛力并算在内。随时由该行自运到旅，业饬管煤委员用洋磅核收，吨数相符，由职局将银两如数垫付，即行按月发交各该船领用。除将该行发单咨送海防支应局备核，并将用煤数目由各船据实造册汇销外，理合禀陈，伏恳宪台饬下海防支应局将前项购煤价值共核湘平银二千零十九两，如数拨发职局归垫，以清款目。至此后用煤日多，亟须计及久远。职道与在事华洋各员讨论，均谓柯介子煤价虽节省，易伤机器，不宜常用,泰格西煤价贵货缺,惟有用开平五槽煤为最合式。可否仰恳饬下海防支应局向开平矿务局购定开平五槽煤一千吨,专为职局挖海工程之用。其如何运送到旅,应由兵驳局黄守建筦查照水师鱼雷营各处成式办理,抑由职道自向开平矿局及兵驳局筹议禀办之处,伏候钧裁核示祇遵。

添建营房用款陈请核发禀

光绪十一年二月初十日〔附清折〕

窃旅顺库厂各工程叠经职道等会同商定,禀奉宪批,准修在案。惟水雷营需用各屋,前仅禀建库房,于全营官弁兵丁办公居住之所及直、斜镜房,电房各工皆未议及,原拟别造营房,析库与营而为二也。上年春间,海防骤急,仓猝募集成营。自夏徂秋,防务日紧,军情火急,势不敢拘文牵义,而弁兵亦亟须栖止,止得一面估计,一面兴办。其直、斜镜房及各处旱雷电房均为水、旱雷命脉所系,亦即分投择要赶修。职道等督同库工提调牛倅昶昞通盘筹算,悉心斟酌。若将库营分作两处,则工费愈重,照料亦难周密,且雷营不能距海口过远。旅顺口门东西两岸均扎防营、炮墙,余地无多,惟有将库、营连合一处,略期节省。计建讲堂三间为弁兵讲论雷电操法之用,管带、帮带官住房各三间,随营电报房三间,厨房二间,堆积杂料库六间,看库住房三间,熟铁厂三间,厨房二间,雷兵住房十二间,余丁住房五间,做工厂房四间,水勇住房五间,营门一间,积存电线、木架等物厂棚五间,缭以内外围墙、后门,即将先建库、屋连合一气。另在黄金山后炮子所不到之处,紧贴山背修随营火药库一座,在营前海边修起下雷石码头三十丈。此营房附近之工程也。其直镜房三间,在白玉山前凿石为凹,工难费重,斜镜房一座,在黄金山侧,做法均参仿大沽成式,地址系洋教习满宜士所定。直镜房随厨房一间为看镜兵目炊爨之所,斜镜房距营甚近,不必另修厨房。至堆设旱雷之处,一名沙谷堆,距馒头山炮台较近;一名爪扁嘴,距威远炮台较近。计沙谷堆最为紧要,地势宽阔,用雷亦多,不能专恃一处发电,共修电房四座,官住房一间,厨房一间,兵目等即住电房,不另修屋。爪扁嘴修电房一座,弁兵住房、厨房各一间,均系万不能少之工。极力腾挪,无可再减。据牛倅昶昞约估工料需用湘平银一万一千零一十五两四钱七分五厘,开具清折前来。职道等覆核无异,理合照录清折,恭呈宪鉴,伏乞钧裁核夺施行,并恳饬下海防支应局知照立案,先行拨发前项工程需用湘平银一万两,俾济要需。俟全工报竣后,再由职道等督饬牛倅汇同历造库厂各工造具工料银两清册,呈候派员验收。是否有当,伏候钧裁批示祇遵。

计附呈清折一扣。计开:

一,讲堂一座三间。台高四尺,檐高一丈二尺,进深一丈六尺。前廊深六尺,满开间三丈九尺二寸。四柁九檩。清水脊做法。方椽望板,苇箔上插灰泥二次,铺盖双瓦。房心满墁方砖。两山、后檐、下台均用搀灰垒砌石块。前廊两山用料半砖垒砌,开月洞门各一道。内檐两稍间垒砌砖镶石。半截坎墙上满檐装修,中间格扇一槽,刷色上油。外檐满铺条石一层。下砌阶沿,台坡石级。约估需用湘平银八百四两三钱。

一,管带、帮带官住房二座。每座三间。台高四尺,檐高一丈一尺,进深一丈五尺。满开间二丈八尺。四柁七檩。清水脊做法。方椽上铺芦席苇把,上插灰泥二次,铺盖双瓦。一间铺墁地板,下台围墙均搀灰垒砌石块,料半砖封檐。屋内板隔间二槽,开砌窗户二，空门一道，刷色上油。下砌阶沿，条石台坡三级。约估需用湘平银九百四十六两二钱。

一，随营电报房一座三间。台高二尺，檐高九尺，进深一丈二尺。满开间三丈三尺。四柁五檩。清水脊做法。方椽铺芦席苇把，上灰泥二次，铺盖双瓦。房心铺墁地板，四围墙并下台均用搀灰垒砌石块，料半砖封檐。开砌门窗共三道。约估需用湘平银三百九十二两八钱。

一，厨房一座二间。台高二尺，檐高九尺，进深一丈一尺。满开间二丈。三柁五檩。清水脊做法。方椽铺芦席苇把，上插灰泥二次，铺盖双瓦。四面墙均用搀灰垒砌石块，料半砖封檐。门窗各一道。约估需用湘平银二百八两。

一，堆积杂料库二座。每座三间。台高三尺，檐高一丈，进深一丈二尺。满开间三丈三尺。四柁五檩。清水脊做法。方椽铺芦席苇把，上插灰泥二次，铺盖单瓦。四围墙均用石块垒砌，料半砖封檐。开砌门窗共三道。约估需用湘平银五百六十九两。

一，看库房一座三间，熟铁厂一座三间。台高二尺，檐高八尺，进深一丈。满开间三丈三尺。每座外有厨房一间。五柁五檩。清水脊做法。方椽上铺芦席苇把，上插灰泥二次，铺盖单瓦。四围墙满用石块垒砌，料半砖封檐。屋内砖坯隔间二道。开砌门窗共五道。约估需用湘平银五百九十九两。

一，雷兵住房二座。每座六间。台高一尺五寸，檐高八尺，进深一丈二尺。满开间六丈。七柁五檩。清水脊做法。上铺芦席苇把，上插灰泥二次，铺盖单瓦。四围墙均用石块垒砌，料半砖封檐。开砌门窗共八道。约估需用湘平银八百四十两。

一，余丁住房一座五间。台高三尺，檐高八尺，进深一丈二尺。

满开间五丈五尺。六柁五檩。清水脊做法。上铺芦席苇把，上插灰泥二次，铺盖单瓦。四围墙均用石块垒砌，料半砖封檐。门窗共五道。约估需用湘平银三百五十九两。

一，做工厂房四间，水勇住房五间，共九间。台高二尺，进深一丈，檐高八尺。满开间九丈。十柁五檩。清水脊做法。方椽上铺芦席苇把，上插灰泥二次，铺盖单瓦。四围墙均用石块垒砌，料半砖封檐。屋内砖坯隔间二道。开砌门窗共十二道。约估需用湘平银五百八十四两五钱。

一，营门一座，计一间。台高二尺，檐高一丈，进深一丈五尺。满开间一丈二尺。二柁七檩。清水脊做法。方椽望板，苇箔上插灰泥二次，铺盖双瓦。两山垒砌料砖半镶石块，满上白灰一层。前后檐下砌阶沿条石。约估需用湘平银一百十八两三钱。

一，院内围墙。共二十五丈。台高二尺，檐高八尺。均用石块垒砌，料半砖封顶。开砌后门一道。约估需用湘平银三百十六两六钱。

一，白玉山前直镜房一座三间。檐高六尺五寸，进深一丈四尺。满开间二丈八尺。前檐两山墙皮均厚六尺，后檐厚三尺。顶上筑灰土三步。房心筑灰土二步。铺墁地板。上顶望板。四围墙俱用夯硪垒筑灰土。房内外满上塞门德土一层。门前筑土照壁一座，上满栽草皮一层。除用青榆木椗、塞门德土不计，约估需用湘平银八百二十两。

一，黄金山后斜镜房一座。前后檐均高六尺，进深一丈三尺。开间一丈六尺。四围墙满筑灰土厚四尺，上塞门德土一层，外包素土厚二尺。望板上顶筑灰土三步。房心筑灰土二步。除塞门德土不计外，约估需用湘平银四百七十四两九钱。

一,随直镜房厨房一间。台高二尺,檐高八尺,进深一丈二尺。开间一丈。二柁五檩。马鞍脊做法。上用苇把,上苍草泥三次。四围墙均用石块垒砌。开砌门窗各一道。约估需用湘平银五十七两二钱。

一,沙谷堆旱雷电房一座。前后檐均高五尺五寸,开间一丈,进深一丈。四围墙砌石块。墙上白灰一层,外包素土厚二尺,外栽草皮一层。约估需用湘平银九十五两。

又,旱雷电房一座。檐高五尺七寸五分,开间九尺,进深九尺。四围满砌石块。墙上白灰一层,外包素土厚二尺,外栽草皮一层。约估需用湘平银八十七两。

一,沙谷堆西旱雷电房一座。檐高五尺五寸,进深九尺,开间九尺。四面垒砌石块。房内外满上塞门德土一层,外包素土厚二尺,外栽草皮一层。除用塞门德土不计外,约估需用湘平银七十三两。

又,旱雷电房一座。檐高五尺七寸五分,进深九尺,开间九尺。四面垒砌石墙。房内外满上塞门德土一层,外包素土厚二尺,外栽草皮一层。又,凹下地道长一丈七尺,宽五尺。筑素土台坡九级。除用塞门德土不计外,约估需用湘平银一百十三两。

一,管旱雷帮带官住房一间。台高一尺,檐高七尺五寸,进深一丈,开间一丈。二柁六檩。马鞍脊做法。上铺苇把,上草泥三次。四围墙满用石块垒砌。开砌门窗各一道。约估需用湘平银五十三两一钱。

又,厨房一间。檐高七尺,进深一丈,开间一丈。二柁六檩。马鞍脊做法。上铺苇把,上苍草泥三次。垒砌石墙。开砌门窗各一道。约估需用湘平银四十两二钱。

一,爪扁嘴旱雷电房一座。檐高六尺二寸五分,进深一丈,开间九尺。四面垒砌石墙。内外俱上塞门德土一层,外包素土厚二尺,外栽草皮一层。前面筑土照壁一座,长二丈六尺,高二尺二寸,厚二尺。除塞门德土不计外,约估需用湘平银一百四十两。

又,弁兵住房一间。台高一尺,檐高七尺,进深一丈,开间一丈。二柁五檩。马鞍脊做法。上铺苇把,上草泥三次。四面垒砌石墙。开砌门窗各一道。约估需用湘平银四十八两八钱。

又,厨房一间。檐高七尺,进深一丈,开间七尺。二柁三檩。望板上草泥三次。四面垒砌石墙。开砌门窗各一道。约估需用湘平银三十六两七钱。

一,随营药库一座。檐高一丈,进深二丈九尺,开间一丈二尺。墙皮厚四尺,俱用夯硪垒筑灰土。九柁二十五檩。四面满镶护墙板,上筑灰土二步。房心铺墁地板。墙内外满上塞门德土一层。开筑窗户二,空门一道,外用雨搭板,镶钉洋铁片,刷色上油。除塞门德土不计外,约估需用湘平银七百五十两。

一,存积电线、木架等物厂棚五间。檐高一丈,进深二丈二尺,开间一丈一尺。上盖望板瓦。约估工料需用湘平银一千一百两。

一,起下水、旱雷电线所用随营石码头一座。长三十丈,均高五尺,顶宽一丈,底宽一丈五尺,均宽一丈二尺五寸。用石块加白灰垒砌,用石条坐底压边。约估工料需用湘平银九百五十两零八钱七分五厘。

一,全营总外围一道。长三十七丈。用石块加白灰垒砌。约估工料需用湘平银四百三十八两。

以上一折通共约估工料需用湘平银一万一千零一十五两四钱七分五厘。

哲宁拟建白玉山船厂等工议从缓办说帖

光绪十一年□月□日

谨就哲副将宁所论保守旅顺海防条陈,按之旅顺历年已办未完之工及现拟兴作之工大致均相符合。哲宁于军事工程均能洞彻,迥非徒托空谈,惟所论白玉山后建造船厂须用巨款,一时无此力量。白玉山后宽敞平坦,四面均有高山围护。保龄壬午夏与刘道初勘形势,早经互论及之,较琅威理等现定澳坞地势实为远胜。无如自白玉山西开挖引河起,迄于造坞修澳,工需约视现修澳坞之处,其费不止三倍,此时何从得此巨帑?似宜仍就澳之南北考求山外越炮抛线所不及者,择地先行修建船坞一座,以期铁舰来华有所归宿,亦与二三年来已修船澳土工成案不相触背。待二十年后,府库日裕,兵轮日多,再兴白玉山后船厂,以期尽善,西国船厂类多不止一坞也。至哲宁请在馒头山西白兰子地方拟修炮台。该处距馒头山止二里许,馒头山高台已成,巨炮已设,似可无容再添。论顾口门里面,则老虎尾低炮台本系专为此用,现又新设十五生脱长身炮两尊,紧扼口门,平穿铁舰,当可得力。所论请在白玉山西造台安设旧炮,亦可缓议。东岸老母猪礁修土台设炮及崂嵂嘴添设后山小台,顾夹板嘴、殷家口一路,与添筑长墙连合两台,则现办情形与该洋将所陈一一吻合,惟炮位止有此数,不能如所论处处多设,须俟定炮到齐,通酌盈虚,再行筹议。至设电灯,设电报,修道路各节,均已次第施行;修码头,建煤厂,做土船坞各事,亦方拟议兴作,但须行之以渐,若同时大举,则财赋实虞竭蹶。再,哲宁所称,每炮台上应购测量远近家具一副及购备量水尺一副,均属万不可少。拟与天津军械所随时商办,赶购济用。

卷　七

商轮渡勇请援案止给火食禀　光绪十一年二月十二日

窃旅顺防次驻扎之北洋护军副营在津添募新勇两哨，经张营官文宣一律募齐，禀蒙宪鉴在案。现值防务吃紧，应即筹派轮船载渡，俾令即日到防，以资战守。职道伏查海镜船现赴朝鲜马山口，泰安船往来烟、旅正在运煤，均系要差，未便抽调。普济兵驳船由榆关运械，现甫回津，该船舱位宽绰，运渡兵勇最为合宜。惟该船运物载人水脚均有定数，计由津至旅每人水脚银五两。该新勇两哨，自营哨官、哨长、正勇、护勇以及伙夫、长夫约二百余名，已需银一千余两。淮军招勇经费均有定案可循，若骤添此项水脚巨款，恐碍报销成式，该营哨又无从自行弥补，据张营官文宣面商请办前来，职道查所述各节委系实在情形。可否仰恳宪恩俯念旅防紧要，准令该弁勇等比照兵驳局详定，总办局、所委员因公搭船，每人止给津贴火食银二钱，俾得早日遄行，实于防务大有裨益。约计所费不过银数十两，应否俟到防后，由张营官据实汇入招勇经费项下开报，在银钱所具领，出自钧慈。再，职工程局在津现招夯硪夫八十余名，委员、差弁、书吏等计十余名，及庆军防营吴提督兆有等与护军营统领王镇、鱼雷营刘道各处所派领运饷械员弁搭船同行，均系因公，拟均援照此次渡勇之案，止给火食，不付船脚，此后不得援以为例。其应给火食银两,各自清理,概不请领,以示区别。是否可行,伏候宪鉴核示祇遵。

请发水雷营垫款并拟以后领款办法禀

光绪十一年二月十三日

窃旅顺水雷营自光绪十年二月间,创始募集成营,经职道等拟议饷数,禀奉宪批准行在案。计全营管带、帮带、队长、弁目、雷兵、水勇、书识、号令等薪粮,约核每月应支湘平银六百四十四两零。九月以后,因海防吃紧,各处布设旱雷,地广兵单。又经职道等禀蒙宪允,饬添余丁一队,计续增每月薪粮湘平银一百二十八两,约计全营共月支薪粮银七百七十余两。加以成营时制造各项旗帜、衣帽、靴带,应用做工器具及此后随时买置雷电应用零物,均未向支应局具领,悉由职工程局澳工款下竭力挪垫。计自光绪十年二月起,截至十二月止,已垫过湘平银一万一千四百余两。因去年秋冬以后,海防告警,昼夜无暇,所有该营应报起支日期,每月饷册及制造细册均未及一一造报。而澳工积水吸完,本年春夏赶做泊岸石坝,鸠工庀材,处处需款,实有不能再垫之势。除饬该营管带速办各项报册呈由职道等覆核,详细句稽,再行分别禀咨核销外,拟恳宪台俯念旅顺石坝泊岸需款急迫,饬下海防支应局先行拨还职工成局垫发水雷营薪饷各款湘平银一万两,俾免贻误要工。其自光绪十一年春季起,所有月支薪饷拟仿照鱼雷营成式,由该管带具领,呈由职道等核定,咨明海防支应局照数领发。至随时置买零用物料、器具,仍由职道等严加酌核,果系必需之物,暂由职工成局垫发,按季领还,仍每季截明造报一次,以昭核实。是否可行,伏候钧裁批示祇遵。

各台布置驻兵及斜泊岸修筑情形禀

光绪十一年二月二十一日

窃职道叩辞后，于十五日督视张营官文宣带新勇上普济船。十六日展轮，下午出沽口。十七日午前到旅，与宋军门、丁镇、王镇等接晤。十八日，刘道由烟台回旅。连日查看各处水陆台营，均如前认真操练。毅军移崂嵂嘴一节，宋军门及该军将领均极欣愿，惟闻文副都统早经疑虑及此，背后颇发闲话。职道与宋军门斟酌，际此时艰，但可委曲求全，不至仰烦钧廑。不妨尽力周旋，只有宋军门亲往商量为最妥洽。昨早乘快马船去，午至柳树屯，尚未知见后如何定议。已电询，尚未得复。拟用加倍写法，先告以奉钧檄调两营一同赴旅，如苦留不已，则答以先携一营去，留一营仍须候帅令进止，若并一营攀留，则答以此军归北洋调遣，将在帅前，万不敢如此违抗，止得我用我法，径自启行，料渠亦无能为役也。崂嵂嘴台上用炮之人通计毅军只有刘大龙之二百人随袁雨春学习两年，渐能纯熟，前拟用之于老虎尾。以崂嵂与虎尾较，自是崂嵂更重要。已与宋军门商定，派刘大龙二百人守崂嵂，常川驻扎，而以新调一营扎台后山下为接应队，以视新勇用巨炮，稍觉放心。台工炮盘已成，二十一生特炮三尊均上山顶，旬日内即可上架设齐。今年春寒特甚，子药库兵房稍须时日。威远炮台地狭炮少，现与王镇、张营官商先派严怀仁率新勇四棚往，今日已扎定，足可敷用。其老母猪礁炮盘兵房催汉纳根赶做，一俟成后，即派新勇一哨半悉扎其处。张营官遵驻人字墙，以备临战扼守口门，与王镇仍呼吸一气，最为合宜，惟地在海口，不能支搭行帐，必须添造（往）〔住〕屋，拟与王镇随时商定，另行禀办。黄金山前大电光灯由汉随员督同电灯洋教习设竣，一半日即升火试机。导海大挖泥船工作如常，全澳吸水机器近渐得力，约去六七分。周围一收坡之直泊岸，凡有硬底之处均正加工赶作，惟西南方船路三收坡之斜泊岸，其地本是无底软泥，扦试五丈下，仍是黑色稀淤。上年春间，蒙派周道会同勘商定议，曾将情形缕陈。去夏之后，满澳积水。水性压力最重，转得借此撑拄。今吸去一丈之水，空无倚傍，加以春透土融，稀淤日益外挤，背垫黄土虽有三丈，不能敌数十丈稀淤之力，遂于本月十四、五、六等逐日坍卸约长三十余丈。该处已砌泊岸随坍土下卸，欹侧倾斜，石工尽坏。除此三十余丈外，余皆屹立未动。日来天将阴雨，稀淤涨发，势尚未已。现为救急，计先将背土筑紧加夯，免坍填澳内更费挖工。一面商之汉纳根及德璀琳所荐能做水底工程之洋人善威共筹改作经久之法。据善威说，渠竭力扦试，考查十余日方能拟议具覆。此工为船澳最棘手处，癸未冬间，职道在津叠次面禀及之。汉纳根亦深知其难，去年曾向职道力论，谓此处照此办去，必非久计。职道于此中情形非不略知一二，但以时艰款绌，不能比欧洲各国每兴一工，但期坚久，不计费重，是以不得已而出此下策。今竟隳坏至此，职道与在事工员即重谴，亦不敢辞。所愁急者，此后之办法耳。若仍照式修完，并不甚难，然既目击情形，实不敢再图粉饰，非不惜重帑，别筹良策不为功。拟督同牛提调昶昞、王提调仁宝等各就所知建议而折衷于善威，筹商大概办法，再行专禀。彼时倘办法略有把握，海防倘不甚紧，拟恳宪恩，特派海关周道再行来工会同华洋各员勘议，统俟届时禀陈。至石坝工程，澳北底硬者，皆矗立如山，澳南底软者，此次亦随坍淤蛰陷臌裂约近十丈，现经抛石坦坡作护，一时必无妨碍，而其底下背后之稀淤与西南方泊岸接连，情势悉同，现亦咨访善威，期为久计，均俟另禀汇陈。

王军运粮陈请核定运费禀 光绪十一年二月二十八日

窃职道现准统带北洋护军营王前镇函称,上年冬间,该营有兵米一千石堆存镇江。曾经派人与富有商船议定,由镇运旅每石水脚银三钱。前因普济兵驳船赴沪之便,特电致改装普济,意图稍省水脚。今接兵驳船来帐,每米一石水脚银四钱。计运米一千石较富有船多运费一百两,因即扣银一百两未付。该军每年须米数千石,运费万难赔贴。请为代禀,恳将由镇运兵米至旅装载利运、普济两兵驳船者,定为每包水脚银三钱等因。伏查利运、普济两兵驳船前经该局详定水脚价值,原取以公济公,冀收挹注不穷之用,立法本极妥善。惟旅顺孤悬辽海,向非通商口岸。职道在旅四年,除因公务军情以外,从未见有商轮至此,即王前镇所指富有商船亦系上年该船赴山海关渡兵往朝鲜,可以迂道来旅,而非事所常有也。北洋护军营已添成正、副两营,此后需米实繁。辽境产米无多,现际防军云集本境,万不敷采购,即勉强向烟台购运,又非适遇南风,往往装雇民船数月尚不得到,加以风涛莫测,尤滋意外之虞。所专赖以济运者,惟此两兵驳船。行军所在,首重粮储,倘非兵米充足,非特无以收饱腾之效,设遇海上有事,士呼庚癸,军心不固,其患尤不可思议。且旅顺为北洋水师屯泊重地,水陆防军逐渐加多,亟宜计盈虚以筹久远,亦非专为该军起见。职道任司营务,事关海防大局,分当知无不言。兹准王前镇函商各节委系实在情形,似难强令赔贴,不敢不缕晰上陈,拟恳宪台饬下海防支应局及兵驳局黄守等知照,准如王前镇所请,将旅顺水陆防军由镇江运兵米至旅装载利运、普济两船者,定为每石水脚银三钱,以裕军储,而示体恤。是否可行,出自钧慈,伏候批示祗遵。

拟派员兼办旅顺电局事务禀

光绪十一年三月初九日

窃职道等于本年正月间，禀奉宪台批开，旅顺电局事繁任重，向由水雷营员弁、学生兼管。刻值防务戒严，亦难顾此失彼，该道等拟就旅顺当差文员内遴选两三员派令兼管，无须另给薪水，仰即会商妥议禀办等因。奉此，职道等遵与盛道、朱道公同遴选。查有职工程局现管导海挖泥船事宜委员黄运同建藩，明练勤能，治事稳慎；管银钱委员李令竟成，理繁治剧，极有条理，拟恳宪恩，准将该员等派令兼办旅顺电报分局事务。并拟俟奉准后，由职道等咨请电报官局照各分局成案，刊给"旅顺电报分局钤记"一颗，发交该员等领用，以备办理文册之需。其向由水雷营派出兼办之员弁、学生等，凡承办电报事宜均听该员等节制，以一事权，遇有重大事件仍由职道等随时函电商之盛道、朱道，会同督饬办理。是否可行，伏候宪鉴批示祇遵。所有拟派兼办旅顺电局委员缘由，理合会同电报官局禀陈。

陈报修筑根墙工程禀

光绪十一年三月二十三日〔附清单〕

窃上年冬间，职工程局经办黄金山炮台培土工程完竣后，经职道禀奉宪台批开，根房、根墙各工应否接续兴办，仰与刘道等悉心妥商，禀报查核等因。奉此，职道遵与刘道、王镇、汉随员等周历炮台，四面阅看查酌，汉随员以为此时墙根土厚，与从前形势不同，根房工程似可无须再做；王镇以为炮台外面临时抽派枪队设伏出奇，与台上守兵相为援应，若无根墙，则兵勇无藏身之所，甚为不便，即使不做根房,而根墙工程万不可少。两说各有见地。职道与刘道悉心酌核,意见相同,拟即停止根房工程,专做根墙,其高宽丈尺式样均仍令汉随员开具梗概,由职局提调牛倅昶昞、王县丞仁宝公同估计约需湘平银二千五百一十两零五钱二分,谨缮清单,恭呈宪鉴。近来天气渐暖,业经督饬该提调等于三月初十日开工兴办,约计四月中旬当可修竣。所需银两拟仍在前领海防专款项下动支,俟修竣后,再行据实呈报。是否可行,伏候钧裁核夺批示祗遵。

计附呈清单一件。计开:

黄金山炮台根墙三面,共长一百二十丈。下截砌顶宽八尺,底宽一丈,均宽九尺,外高五尺,内高三尺,均高四尺,每丈估块石二方八尺八寸。上截均宽八尺,高五尺,每丈估块石三方二尺。二共每丈估用一、二、五方块石六方零八寸。共估需块石七百二十九方六尺,每方银九钱,核湘平银六百五十六两六钱四分。每方估用黄土二尺,共估需黄土一百四十五方九尺二寸,每方银一两二钱,核湘平银一百七十五两一钱零四厘。每方估用白灰一百斤,共估需白灰七万二千九百六十斤,每百斤银二钱八分,核湘平银二百零四两二钱八分八厘。每方估用麻刀二斤,共估需麻刀一千四百五十八斤十二两,每百斤银二两五钱,核湘平银三十六两四钱六分八厘。每方估用瓦工四名,水工二名,小工八名,共估需瓦工二千九百十八名,每名银一钱五分,核湘平银四百三十七两七钱,共估需小工七千二百九十六名,每名银一钱二分,核湘平银八百七十五两五钱二分。砌条石水沟三十个,每个用条石三丈二尺,共需条石三十六丈,每丈合银一两三钱,上山运脚在内,核湘平银一百二十四两八钱。

以上统共估湘平银二千五百一十两零五钱二分。另用塞门德土十五桶,系领用,未列估价。

更正雷营柴银数目并酌用教习禀

光绪十一年三月二十四日

窃光绪十年三月间,职道禀请将旅顺雷营弁兵、头目、书识、学生、号手等全营人数均照大沽雷营章程领发柴价缘由,仰蒙宪台批准在案。查大沽雷营章程,本系每人日给柴草银五厘四毫,职道等前次禀办时误为四厘五毫。旅顺防次柴价腾踊,即照大沽章程已不敷,用此未便。因职道等一时疏忽致令该营向隅,拟恳宪台准其援照大沽成案,更正其十年九月间新增之余丁一队,计队长、头目、余丁共三十一名。该余丁等日夜操作,均与雷兵无异,并恳恩施准照雷兵每人日给柴草银五厘四毫成案,一律领发,俾资炊爨。再,该雷营尚缺帮带一员。近日分设雷营愈多,人才愈少,未敢滥竽充数。职道等每念雷电操法步武欧洲,而泰西弁兵起自学堂,无不知书识字。中华风气未开,士大夫既少究心,募集粗材,动虞隔膜,似宜访求博达有志力之士派为该营华文教习,日与该兵目讲求理法字义,由浅入深,即以余暇取前人训兵成法,苦口教导,作其忠义,数年之后,或可收有勇知方之效。公同商酌,拟将所缺帮带一员月支薪水银二十两改用华文教习一员,按照薪数支领。是否可行,伏候钧裁核示祇遵。至该雷营弁兵、水勇各项人等起支日期,业于十年三月间禀明宪鉴在案。其十年九月,禀蒙钧允添募余丁一队,职道等于奉准后,当经遵饬该营造册,呈由鱼雷营刘道点验。所有该余丁一队薪饷拟照禀定银数于十月初一日一律起支。彼时海防万分吃紧,职道保龄于一面禀办时,即传饬该管带方弁凤鸣,一面迅速募集,实于九月初十日募齐。其未经起支大口粮以前,拟照前募雷兵成案,按日发给小口粮,每日制钱一百文,俾赡口食。可否之处,均候宪裁批示施行。再,叠据该雷营管带方弁凤鸣申送造具光绪十年七月至十二月分操练日记六本,理合据情转呈宪核。

派员请领东南泊岸工程禀 光绪十一年四月初二日

窃职局经办船澳、泊岸、石坝陆续估定工程须用款目,除历次已领银三十一万四千余两及土方节省款项五万两外,尚有应领银二万两有奇。刻下澳内积水吸干,高下广狭均照原估丈尺办完。北泊岸工程将次完竣,东泊岸正在赶做,南泊岸石坝工程另由职道商同洋员善威估计改办,尚未甚定。而原定物料条石、块石、石灰均已购集,即使改估办法,物料亦在所必需,惟料价急须逐项清付,待用甚殷,拟恳宪台准再发给前项估定工款湘平银一万七千两,另由职局管银钱委员李令竞成躬赍职道钤领来津,敬候钧批,就近向支应局请领回工,俾资清理。是否可行?伏候宪核批示祇遵。

请派刘道督理导海船并领回垫用款项禀

光绪十一年四月初二日

窃导海挖泥船力大机灵,挖深极为得力,自员弁、华洋匠役薪粮以及月用油纱各物用费,亦甚不赀。春融昼永,正工作吃紧之时,经管理该船事宜委员黄运同建藩细心整顿,各事均有条理。数月以来,工作颇见起色。现已挖去鸡心滩四分之三,约计本月下旬可一律挖尽。该船自去年航海远来,苔黏螫结,船底弥望皆绿。初拟在旅用土坞小修,继以船身太重,恐土坞蛰陷倾压致有意外之虞,且匠器皆不凑手。拟俟四、五月之交,海面渐平,仍令赴沪进坞修理,届时再行禀报。该船应办文册事件甚多,拟由职道刊给“管理导海船兼管起重船事宜委员钤记”一颗,发交黄运同建藩领用具报,俾昭信守。是否可行,伏候钧裁批示祗遵。惟机器一事,职道本属茫昧。自该船去年到旅,酌定华洋匠役人数薪数,试验挖力,酌拟程式,事事皆赖鱼雷营刘道会同经理,且该船泊在西澳,与艇船、鱼雷艇相距甚近,刘道昼夜督率操巡,就近抽查导海船工作,耳目易周,拟恳宪台饬派刘道会同职道督率黄委员建藩经理各事,次第禀办,庶临事有所商酌,伏候钧核谕示遵行。至该挖泥船自光绪十年六月至旅,薪工、物料随时发款,均由职工成局挪垫,计截至本年三月底,已垫过湘平银一万二千余两。刻下工作繁兴,需款孔亟,拟恳宪台准其先行领还归垫湘平银一万两,俾资周转。另由职局管银钱委员李令竞成躬赍职道钤领,敬候钧批,就近向支应局领解回工,以清款目。其各款分晰报销清册拟由职道督饬该委员造报呈核。是否有当,伏候宪示祗遵。再,合拢浮起重船系属随员汉纳根经手,现已工竣大半,应另专禀办理,合并禀明。

修建母猪礁炮台并请饬发禀

光绪十一年四月初二日

窃旅顺黄金山炮台迤东母猪礁地方界黄金山、崂嵂嘴之间,地势极为平旷。去年夏秋间,海防吃紧。随员汉纳根屡向职道等言及,谓其地必须不惜重资筑台设炮,派营驻守。职道等以现有兵力分顾两岸各炮台已形竭蹶,遂议缓办。本年春间,仰蒙宪台俯念旅防兵单,筹添护军副营,奏明设守。汉随员又向职道等屡次论及,拟以现有八生脱炮四尊设作边炮,兼修备用炮盘,取横击两面分顾大炮台山麓,与高台巨炮夹辅为用,以济巨炮不能俯击之穷。并候崂嵂嘴炮台定购二十四生脱巨炮到后,将现有之二十一生脱炮长短共三尊移置此台作为主宰,以备与敌舰鏖战之用,拟以一营官率两哨炮兵驻守。所有炮盘、炮房、子药库、土墙均与高炮台无异,估需工料湘平银一万九千三十九两零,送具图折前来。职道等与王前镇率张营官文宣叠次临勘,其地形前面本属高仰,后面兵房各工只须就山略加锥凿,已觉高下悬殊,有所遮蔽,不致显露受炮,前加濠沟防敌黑夜近岸闯越,亦颇得力。虽目下兵力炮位未即敷用,而所做工程为一劳永逸之计,似又未便减少。现因所画图式稍有舛错,已饬更正,俟送到后,再连所具估折另禀上呈,谨将该随员现办梗概先行转禀,拟恳宪台准如所请修建,俾资防守,并乞饬发前项工需湘平银一万九千两,另由职局管银钱委员李令竟成躬赍职道保龄钤领来津,敬候钧批,就近向支应局领解回工,仍照向式存储,职局随时转发。是否可行?伏候宪核批示施行。

陈报黄金山炮台石营墙等工竣及用款禀

光绪十一年四月初八日

窃职道于光绪十年八月间,禀奉宪台批开,据禀,王前镇拟将黄金山炮台由西北绕至东北添筑块石营墙四十余丈,又在山旁各处分添兵房及买存黄土备装麻袋等用,商由该局借领银八百两。现经该道会同酌拟,凡应归专案者,据实报请列销,应归营自办者,仍令措还,不得牵混将此八百金作为全数请销之款,所议甚是。候饬王前镇遵照妥办。至该道现饬牛提调经修黄金山背后三合土药库及更棚、炮盘等工,并准照拟由海防专款内核实动支列销,以清界限等因。奉此,遵即咨明王镇并饬牛提调昶昞分别妥办去后。兹准王镇咨称,查添筑黄金山北面一带围墙,现已工竣。原估高止六尺,嗣因地势高耸,墙身太低,不足以资屏蔽,添至九尺不等,用款稍多。其余炮盘、更棚等工亦经修造完竣,共计动用湘平银一千零九十八两零七分四厘。造册咨请核转等因。准此,职道就所送清册悉心考核,其中惟炮台内外平地用石工一款,修理勇丁住扎各石券用工料一款,核与营内修理兵勇住房无异,未便附入专案动支公帑。此两款共核湘平银六十八两五钱七分,拟划归该营自行筹款认办。此外各款均属炮台应办之工,应用之物,逐条细核,无可驳减,且系将炮盘、更棚各工一并列报在内,是以银数较多。至册内所开十二生脱炮盘七处,查炮盘止有十二生脱炮五尊,系连备用炮盘两处计算在内。又,东、西井口盖二个,系指随员汉纳根前修水池两处而言。池面颇大,本为蓄水备战之用,须添木盖以防不洁,皆未能声叙明晰,而工程尚非浮滥。计送到清册三分,除由职局存留备案及咨送支应局外,谨将应呈清册转呈钧鉴。另据牛提调昶昞禀报,承修黄金山背后药库完竣,开具工料银数清册一件,一并照录转呈,伏乞宪台派员验收工作丈尺做法是否相符,另行禀报。至通计此案用款,王镇册报用湘平银一千九十八两七分四厘,除在职局海防专款借支过湘平银八百两及职道禀拟划扣归该营自认之湘平银六十八两五钱七分外,实应找领湘平银二百二十九两五钱四厘。牛提调昶昞册报用湘平银三百七十八两三厘七毫五丝。均拟俟专员验收工程相符后,仍在职局海防款内分别给领,咨由支应局附入黄金山炮台全案列销,以清款目。是否可行,伏候钧裁核示祇遵,并恳饬下海防支应局知照。

陈报军械委员病假回籍禀

光绪十一年四月初十日

窃旅顺随办军械委员谢副将梁镇因患病请暂假赴津就医,经职道等谆饬调治就痊，迅速回防当差。兹据该副将禀称，来津医治，连服清解之剂，旬余尚未见效。医云，病因风湿触动旧伤所致，非静养数月难以速痊，恳续假三个月回籍调养。等情前来。职道等查旅顺军械责任颇重，管库委员吴丞燮元以一身摒挡内外，既综库储，复任奔走，实属不能兼顾。谢副将梁镇既经患病请假三月之久，势难悬差待人。该副将系向随宪辕当差之员，拟恳准其销去旅顺械库差使，仍在津听候宪辕差遣。其月支薪水湘平银二十两，业经支领至本年二月分止，均由职工程局随时垫发，移向支应局领还。此后应如何给发之处，伏候钧裁核定祗遵。该副将经交军械业经吴丞禀报接收清楚，并无经手未完事件。惟军械一事，人才实为难得，拟由职道等悉心延访，如有结实可靠，能胜随办械库之任者，另行随时禀陈。再，前经职道等禀蒙宪允，刊发“管理旅顺军械委员钤记”一颗，遵经刊就，发交吴丞燮元，据报于本年四月十一日开用，合并禀明。

遵筹庆军移旅分扎情形禀

光绪十一年四月十一日

窃职道等于本月初十日，奉宪台电谕，以庆军撤回旅防如何分扎，饬密筹商等因。奉此，连日遵与宋军门、王镇密为商酌，通盘筹画，谨就旅防形势，敬抒所见，详细陈之。查旅顺一岛，峙立海中，三面受敌，大小口岸不下一二十处，几有防不胜防之势，而后路十余里外，在在可以登岸抄袭，设有疏虞，不可思议。上年夏秋，海防万分吃紧，职道等昼夜焦思，盱衡全局，非有两大枝劲旅分任战守不为功。任守局者，自西南之馒头山起，讫东南之崂嵂嘴，各分地段，专精操炮。敌船逼近洋面环攻各台，则守台者当之。何处有失,即惟何处守将是问。任战事者,专顾后路与炮力不能及之零星口岸,纵横游击,随宜策应。倘各台坚守而寇来袭我后路,则任战者当之。守军在前,战军在后,责成各有所属,即功过各有所归。此一定不易之良法也。宋军门老于兵事,极以此论为然。独惜彼此无大枝劲旅可调,惟有(仅)〔尽〕此兵力,共矢效死勿去之义,而夙夜惴惴,终未敢恃为久计也。自闻庆军四营内渡来旅,夙知吴提督身经百战,果敢沉毅,必能与原扎各军同心戮力,共保要区。私念若得庆军、护军专任守局,而腾出毅军全力专任战事,庶几布置严密,无隙可乘。兵家所谓"先为不可胜,以待敌之可胜",或不负我宪台经营渤海之苦心。是以日盼庆军早来,想望旌旗,殆如望岁。宋军门、王镇与职道等意见悉同,盖时局至今,绸缪宜急,固不视法事之和战以为作辍也。至两岸分守各台之策,大端有二。一则以庆军四营任守西岸各台,而添调金防庆军或再拨何处劲兵一两营协同护军正、副营任守东岸,两岸共得八营,则兵力益厚,此一说也。一则以吴提督躬率两营守西岸,而分两营任守崂嵂嘴,与护军正、副两营各分台垒,(仅)〔尽〕此六营联络一气,蠲除畛域,共矢公忠,亦未始不可卓然自立,此又一说也。职道等于旅防地形略知一二,而兵事实未窥门径,此举关系海防,甚为重要,亟宜周详审慎,拟恳宪裁酌定饬下吴提督,折衷至当,旅防幸甚。职道等亦拟于数日内筹船赴烟,先将此间形势一切函商吴提督,公同筹画,俟往返商榷后,另当禀陈。其分起抽撤之法,拟以海镜、泰安、利运三船任载,计撤动时,方际盛暑,每船人数不能太多,恐过挤触暑致病,转非体恤之道。其先撤何营及每次三船约载若干人之处,并恳饬由吴提督酌定,知照职道随时商办。所有遵筹庆军移旅各缘由,理合肃禀。

查覆水雷走失并请添购碰雷电线禀

光绪十一年四月十一日〔附函单清折〕

窃职道保龄于本年三月初四日,奉宪台札开,以鱼雷营刘道在烟台购得有药铁壳浮雷,既称系渔户网致,显系雷营弁兵漫不经心致有走失,通行有水雷各营一体遵照。嗣后认真防护,倘有损失,定惟该(管)〔营〕弁目是问。饬即遵照办理具覆等因。奉此,遵即札饬管带旅顺水雷营方弁凤鸣会同洋教习施密士亲带兵目将口内外置设水雷之处逐一查验有无走失,克日具报去后,兹据该弁申称,遵即会同洋教习施密士带领兵目逐一查验,并无走失。等情前来。职道等伏查旅顺口门滨依大海,水深溜急。自上年设营置雷以来,谆饬该弁目等昼夜小心防护,逐日查验一次。每遇风涛汹涌,潮汐奔腾,常惴惴惟恐有失,谨当恪遵宪札,督饬该营认真防护,以重利器。再,该雷营洋教习施密士颇能尽心勤事,和平谨慎,可称西弁之良,叠据拟呈该营每日功课单,尚称周妥,已饬会同方弁凤鸣认真照办。另据该教习叠次面称,旅防现用马的生木壳浮雷甚不得力,临战恐误大局。力请另买德国新式碰雷,职道保龄告以经费支绌,未能照买。该教习来禀,又以先买十个作样操习为言,来见时又再三力说。职道等公同筹议,除所开各船只暂行缓办外,其添购碰雷及各器具为数尚不甚多,拟恳饬下军械所速向洋商设法购办。其另请速添七头、单头各电线及应添洋枪配带等件,查旅顺水、旱雷均苦线少,不能时常抽换,旱雷线更不敷用,且终年不动,或侵蚀泥土之中,或摇撼风潮之际,损折漏电,事在意中,尤不能不为虑。及除洋枪配带本系应有之物,因上年春间仓猝成营,未能全备,现已另咨军械所具领外,其该教习所请添置电线,拟恳饬下机器、制造两局军械所，或购或制，照数发给，俾资防守要需，谨将该教习洋文译成功课单二件、洋文译成函单，共三件，照录恭呈，伏候钧裁核夺批示施行。

施密士原函

西四月十四日，密士同方管带前往碰雷库房察看所有水雷通电线，因入水日久，不能为攻敌之用，盖折断者有之，潮湿者有之。通电线为雷中要件，无论攻敌要用，即平时亦应善为预备操演之用。密士司教习之职，知无不言，如不先时请购，至急用之时，无电线则全雷成为废物，此乃密士之过也。密士问方管带说，天津亦有此种电线，勿庸函寄外洋采办。既觉省事，又无旷工。应请函致天津制造厂，如已有制成者，即可运来应用，如未便，则必须定制。其已损坏电线尚可筹选为试雷及指示兵勇应如何修理之用，惟不能再行入水之用。如有好者，新电线不但少用，电瓶又可省费。譬如现存旧式损坏之通电线一英海里之长当用五十倍电力，若购新式电线一英海里之长只须十二倍至十五倍电力之多，其中相较，便宜不少。再者如洋枪应用之皮带、皮佩带、皮子药盒为日间兵勇操演不可少之件，闻旅顺军库吴委员云，现库中无存此件，亦应请准向天津采买也。外另请添购水雷应用料件及洋枪之皮带等件清单呈电。教习施密士谨禀。

又

前蒙面谕，密士所请购德国碰雷以及应用机具等件曾奉中堂批示，时际公务紧急，德雷甚险，用费靡轻，且购寄又属为难，应行罢议。兹密士有必须采买德雷练习管见，敬再为大人详陈焉。仰恳转请中堂准购，于海防既有裨益，且于营中员弁、兵丁亦可多习一艺。密士自当尽心一一教导，不敢有负委任。德国碰雷用法虽稍异于他雷,然所险者不特德雷,若当操练攻敌之时,倘不小心布用,则他国之雷亦皆有险。密士在敝国水师充当碰雷差委将次八年,未尝遇险,盖在在留心,自可避险也。兹请先购德国碰雷十个,于价值未甚昂贵,可以先令营中员弁等试学,果有心得无险,再行添买,则密士自应将布用碰雷一切理法实心详细传授,不敢延误。现营中所存德雷并机具多系旧式不齐,实不合用,故密士复禀请准购也。密士职任教习,自应尽教习之事,故知不敢不言,而言又不得不尽。倘不采买新雷以及机具,使各员弁等平常操练以备急需,如密士不先禀告,至有事急用时,各员弁兵等或有未能娴熟,彼时密士不能辞无预禀之咎也,谨另缮具清单呈鉴,伏乞照准,庶无旷工。教习施密士谨禀。

计开:

水雷通电线,内七股铜线扭成,外包铁线,计长五英海里。即七头电线。地雷通电线,内七股铜线扭成,外包麻线,计长二十英海里。即东局造单头电线。皮带四十条。贮子药盒四十个。

计开:

第一款船只项下:

一,装储碰雷木驳船一只。一,布置碰雷小火轮一只。一,装运碰雷小舢板四只,另备舢板一只为教习来往指教之用。

第二款碰雷料件项下:

一,新式碰雷十个。西历一千八百八十年所造者。一,干电瓶一百个。一,套玻璃药水瓶铅管一百个。一,贮药水玻璃瓶二百个。一,贮干棉药铜匣全副十个。一,镶干棉药盒橡皮塞连铁盖十个。一,拴碰雷三脚架螺饼螺拴全副十条。一,镶干棉药盒橡皮环二十个。一,间电瓶皮环一百个。一,撑碰雷钢绳十条。每条计长十六密达,圆周六生的密达零五。一,定碰雷铁锚十个。每个计重四百启罗。内附零件:套钢绳木管十条。套两耳环木管二十条。钢绳铁钳十个。铁链十条。为钩铁锚两耳以系起卸之链。钢绳铁钳铁拴二十块。铁链十条。为起卸碰雷之用,每条三十五密达。挂铁链铁钩十个。铁环十个。麻索十条。中间钢线,每条长二十二密达零五。木桶一个。为贮麻索之用。系浮子铁座二十个。每座计重七十五启罗。又系钢绳铁座二十个。每座均有号码以为每雷之用,每座计重五十启罗。系各雷钢绳一条。长二千五百密达,径八密里。该绳用五股钢线扭成,每股用七条钢线。以期坚固。铁钳十块。为钳钢绳连于铁座之用。通电线五条。每条长一英海里,每条卷成一捆,以便应用。大浮子四个。为自己船只记认何处有雷埋伏。钢绳四条。每条长十六密达,圆周六生的零五。系大浮子铁锚四个。每个重六百启罗。

第三款布雷应用料件项下:

一,小铁浮子十个。每浮子可受四十启罗水之托力,该浮子为布雷记认之用。又十个。每个可受二十启罗水之托力,该浮子为系钢绳之用。一,小木浮子十个。每个可受六启罗水之托力,该浮子为雷安后撤去铁浮子,易此浮子为记认。一,麻索十条。中间钢线,每条长三十密达。又十条。每条长四十密达,为系铁座用。一,钢绳一条。长二千五百密达,径六生的半。一,测远木架四架。一,测水绳六条。每条六启罗重,五十密达长。一,铁锹二条。一,水平尺一架。一,铁环十个。为系钢绳之用。

第四款药材项下:

一,六角湿棉花药一千五百块。一,六角干棉花药一百块。一,攻敌铜信子六十个。又操演铜信子六十个。一,刳干棉药小机器一架。

第五款布雷应用料件项下：

一,贮钢绳及零件木盒四个。一,贮铅套管木盒四个。一,贮家伙箱二个。一,贮干棉药铜筒四个。

第六款装雷应用料件项下：

一,铁螺丝钻二个。一,铁锤二把。一,铁剪二把。一,铁凿二把。一,皮手套二副。一,皮尺一条。长五十密达。又一条。长五密达。一,木尺二把。每把长一密达。一,阔铁凿二把。一,中铁凿二把。一,木砧二个。一,桦木二条。一,硬铅螺丝五十个。一,极薄铅套环一百个。一,装载物件木车二架。一,木吊车二架。一,木杠五条。一,抬碰雷木杠四条。一,贮钢绳及零件木箱二个。一,下水衣具全副。

第七款杂件项下：

一,橡皮片二千片。一,缚钢绳线五启罗。一,橡皮环一百个。一,束钢绳铅片一百片。一,束钢绳橡皮环一百个。一,松香油二十启罗。一,篷布二十密达。一,麻索十启罗。一,铁拴四十个。一,油纸一本。一,钻孔器具一把。一,小牛皮十启罗。一,松香五启罗。一,牛油五启罗。一,焊钢绳黑胶五启罗。一,锡十启罗。一,焊锡水火二罐。即盐镪水。一,篷索十启罗。一,桦木塞五百个。一,套玻璃药水瓶木塞二百个。一,水银十启罗。一,焊玻璃药水一瓶。

第八款电器家具项下：

一,较验电气力器具共十二副。一,电瓶二百零六副即二百零六个。一,较验碰雷机具一副。

计开：自十一月分至四月分止功课单。

一,礼拜一。上午八点钟起,至九点钟操演洋枪脚步。九点钟至十点钟散队吃早饭。十点钟至十二点钟学习水雷电气各法。下午二点钟至四点钟操练舢板荡桨口令等法。四点钟至五点钟歇息。五点钟至六点钟盘杠练手脚以壮筋力。

一,礼拜二。上午八点钟至九点钟学习水雷电气各法。九点钟至十点钟吃早饭。十点钟至十二点钟操练洋枪脚步。下午二点钟至四点钟操水雷下水及演放水雷等法。四点钟至五点钟端枪架并操练准头。

一,礼拜三与礼拜一工作同。

一,礼拜四与礼拜二工作同。

一,礼拜五。上午三点钟时刻,下午三点钟时刻皆操练电雷各器具。

一,礼拜六。上午八点钟至九点钟端枪架并练准头。九点钟至十点钟吃早饭。十点钟至十二点钟以洋枪打靶。下午二点钟至四点钟打磨洋枪。四点钟至五点钟预备验枪。

一,礼拜日。各队弁兵于黎明即将库房并各住房及内外院打扫洁净,候十点钟至十一点钟管带、帮带会同洋教习等轮流验看库房并各队弁兵住房及各处电房。下午歇息。

以上逐日差操工作。每日于清晨六点半钟听候头号催起后,收拾铺盖,洗面,更换号衣,修理自己住房,打扫内外院,刷洗舢板。至七点十五分听二号点名。至八点钟听三号开操。如遇下水操作,潮水时有长落,不能拘此时刻。晚间八点钟三十分打铺盖,预备点名。九点钟点名。九点四十五分各房息火安眠。再,前项功课操作时刻系自十一月起,至四月止。其自五月起,至十月止,俟拟成再行译呈,合并声明。

计开:自五月分起,至十月分止功课单。

一,礼拜一。上午六点半钟至八点钟操练洋枪脚步。八点钟至九点钟散队吃早饭。九点钟至十一点钟学习水雷电气各法。十一点钟至十二点钟歇息。下午二点钟至三点钟收拾库房器具并学下水工夫。三点钟至五点钟操练舢板荡桨口令等法。五点钟至六点钟散队吃晚饭。六点钟至七点钟盘杠练手脚以壮筋力。

一,礼拜二。上午六点钟至八点钟学习水雷电气各法。八点钟至九点钟吃早饭。九点钟至十一点钟操练洋枪脚步。下午二点钟至三点钟打磨库房内器具并学下水工夫。三点钟至五点钟操水雷下水及演放水雷等法。五点钟至六点钟散队吃晚饭。至七点钟端洋枪架并操练准头。

一,礼拜三与礼拜一工作同。

一,礼拜四与礼拜二工作同。

一,礼拜五。上午三点钟时刻,下午三点钟时刻皆操练雷电各器具。

一,礼拜六。上午六点半钟至八点钟端枪架并操练准头。八点钟至九点钟吃早饭。九点钟至十一点钟以洋枪打靶。下午二点钟至三点钟打磨洋枪。三点钟至四点钟预备验枪。

一,礼拜日。各队弁兵黎明即将库房并各住房及内外院打扫洁净,候十点钟起,至十一点钟,管带、帮带会同洋教习等轮流验看库房并各队弁兵住房及各处电房。下午歇息。

以上逐日工作。每日于清晨五点钟听候头号催起后,收拾铺盖,洗面,并收拾自己住房。至五点四十五分听二号点名后,刷洗舢板,打扫内外院,更换号衣。至六点半钟听三号开操。如遇下水操作,潮水时有长落,不能拘此时刻。晚间八点三十分打铺盖,预备点名。九点钟点名。九点四十五分各房息火安眠。

核议洋员估计澳坞各工清折

谨将洋员善威估计旅顺澳坞泊岸各工摘录简明清折,并逐条核议,恭呈宪鉴。计开:

一,澳南泊岸瓦工办法。系用洋式硬砖砌成空心砖柱,下加木圈、铁圈以为根脚,取其压软泥自坠下,柱中柱外空处皆用碎石填满,两柱空间以砖砌券洞如桥式,此澳底以下根脚办法也。澳底以上仍用石砌泊岸如梯式,下窄上宽,坐在砖柱顶上。其岸之后面则填沙石,与现在做法不甚悬殊。其式见第二图。约需银四十万〔两〕有奇。

查此法难措手处有二。一砖柱成行,联如贯珠,听其自行压下,未必势均力齐,一有倾侧则泊岸高低闪裂,人力无从补救,若做柱时立见倾欹,其患尚显,修成后倘有走动,更难措手。一该处稀淤深逾数丈,即砖柱石岸幸得成功,而重力下压力,稀泥旁涌,必致澳底已平之工处处凸出,再加挑挖,无复穷期。泊岸亦必随之而坍,贻患更大。

一,泊岸木工办法。以金山松桩长六丈两排,用机器钉入稀泥中。靠桩附以木板,两桩之间实以黑土,以防浸水。更于第二排桩后填筑碎石,加以疏桩,用铁条前后联之,以免前桩倾欹。其式见第三图。约需银十九万七千余两。

查两排木桩中实以土,取其质轻难陷,然长桩矗立,外空内实,桩脚又不到实地,无论如何,层递牵扯,恐难敌背后数十丈淤泥外挤之力。该洋员谓只可保十年,此等巨工,万不能仅为十年计,况岁修费重,更成漏卮,不可不虑。

一,开宽南岸参用砖木两工办法。系将现塌工界再挖去稀淤,南北近三十丈,东西九十余丈,约中国土方十万方。挖后加镶泊岸，参用前两法。极软处用石岸砖柱约十之六，稍硬处用木桩约十之四。其式见第四图。约需银三十一万八千余两。

查此策较属稳妥。惟所开挖太少，其边仍在软处，砌成泊岸决难历久不敝，似不如多挖稀淤直至黄金山背，既可一劳永逸，澳身亦觉宽阔，各船回转更便。不砌陡岸而以块石就原坡砌成大坦，转不至有走作，亦是一法。若虑船难靠泊，似可另做码头。共计所需当在三十万两以内，而工无后患，亦免岁修之费。

一，澳门工料约需银八万两。

查所拟澳门用铁船可以启闭，门之两旁用石，盖西国停船之澳往往用门，以期潮水长落不甚悬殊，兵船出入百事皆便。船出坞后，在澳修理各事不至有风浪激撞之虞，泊岸工程亦易支久，且无泥沙随潮灌入，可免淤垫之虞。此策有利无弊，确可施行。

一，澳外向西临海一面就现有土坝用黑土加成大坦坡，以块石铺面，而以金山松排桩钉入水底为之护脚，中留澳门，南北至山脚为止。其式见第五图。约需银十一万一千余两。

查此工以代现做石坝之用。澳门以北，地势本硬，用此足保无虞，可与已修成北石坝递为依护。澳门以南，稀淤数丈，所估桩长一丈三尺余，尺寸太短，尚须变通，而其法大致可用。

一，船坞及随坞吸水机器、厂房、器具等工料各项共需银四十六万两。其式别为一图。

查旅顺为水师口岸，自以船坞为最重。现拟修坞地方在旅顺东澳北岸，下有山脉石骨，工作易于顺手，若照所估银数似可告成。惟铁舰积重七千三百余吨，迥非他项船坞可比。

善威为人心细气平，好学深思，于程工诸书颇有考较，然此等澳坞巨工亦未之经办也。所拟各法大抵得自成书，仍属悬揣之词，且统计各工估费，无论用何项做法，总在百万(元)〔两〕以外，即请定专款，亦未可轻率举办。职道等愚见，必得身经铁甲船坞工程者乃能委此巨工。而澳南之泊岸、澳西之御潮坝、澳门各工即可连类而及，且此时若无做坞经费，徒劳于澳，未免轻重失序。拟候耶松厂主生生到旅看过，丹崖星使到津后，再请其临勘讨论一番。并俟筹画经费确有眉目，然后由外国海军部担保，订雇洋匠包做，期以两年蒇事，仍以善威届时帮同参酌，用收集思广益之效。现时只就力所能办者，赶于秋后告竣。其委员、司事可裁者，分别裁撤。先做一小结束，免致虚耗薪糈。是否可行，伏候钧裁核夺。

陈报经收起重船估需银两禀

光绪十一年七月初四日

窃查前由出使德国大臣李经购起重船各件，光绪十年六月，随导海船运解至旅后，由职道等禀明，派随员汉纳根督同随船来旅之出洋匠首陆昭爱雇匠集料合拢，经办在案。本年春夏间，叠据汉随员面称，经办起重船工程已成十分之九，出具借领，分次借领银两应用。当经职道等公商，一面由职局工程款下竭力挪借，俾速成功，一面照会该随员核明前项工作究系用项若干两，迅速开具详细估册，以凭分别存转核办去后；旋据该随员移称，修合该起重船所需工料，旅顺无从募购，加以一切家具均须现时置办，需款较多，当经派人前赴上海雇工购料。而远地招工非易，必须给以盘费，厚以薪粮，始募得卯锅等匠四十余名来旅，于十年冬间，在老虎尾设厂开工。嗣又详细核算，即如工价一项，连另雇铁匠、小工并计每月薪粮约需千余金。赶修趱造，若以六个月完工，已需银七八千两，其余料物、家具尚均不在内，用款过巨，碍难办理。现与该工匠等熟商，改月粮为包工，既属省费，工更迅速。计需工价湘平银四千一百十七两三钱二分，购用物料价值湘平银一千十五两一钱一分六厘，购买做工家具湘平银四百五十一两七钱六分五厘，暨船成下水需用木料湘平银一千二百四十三两八钱，均系极力撙节，无可再省。开具清折各二分，移请存转。再，家具、木料两项，将来船工告竣，除去用损之件当点存厂库，仍可作为别用前来。职道等伏查汉随员经修前项浮起重船，正值去年海面告警之时。旅顺既无此项工匠，津地各局、所又苦无可分拨，雇自沪上则百方要求刁勒，始肯北来，工费繁重，实亦时势使然。开工之初，尚有陆昭爱帮同料理。去年正月，陆昭爱病故后，该随员惟恐工废半途，苦心焦思，必求集事而后已，其勇于任事之忱，尚属可嘉。惟工费如此繁巨，实非初料所及。原送清折两分，每分四扣，除存留职局一分备查外，谨将应呈清折四扣转呈宪鉴，拟恳饬下大沽船坞秉公查核有无浮滥，以重帑款。再，节据该随员在职局借过此项用款湘平银五千两，现准该随员在津与职道保龄面商，请将估折内应领之一千八百二十八两零全数找发，俾得寄沪清结料价。按之所开四项清折，需用数目尚无过支，惟职局目前款绌用繁，实无可垫，拟恳饬下海防支应局先行拨交职局湘平银六千五百两，俾得周转。其下余款目应俟核定奉准后，仍由职道等找领转发，以符全案。倘经船坞核有浮滥，仍当由职道等在该随员应领他项工程款下扣回追抵，以昭核实。除俟该随员报明一律工竣后，再行禀请饬派专员验收外，所有汉随员经修起重船估需银两各缘由，理合禀陈，伏候钧裁核定批示祗遵。至该起重船成后所存木料、家具均可随时拨归别项工程应用，尚非虚掷，届时由职道逐一核收，另行禀报。

转陈抚恤故匠家属禀 光绪十一年七月初四日

窃职道等查有前随出使德国大臣李出洋,在伏耳铿厂学习之匠首陆昭爱系广东人,于光绪十年六月随导海船来旅。职道等验收该船时,询该匠首以浮起重船当初在厂如何制造,应如何合拢做成,该匠首所言具有本末,条理秩如。随员汉纳根、都司霍良顺均极称道之。时经职道等公商,饬令帮同汉随员督率各匠总管合拢起重船事。并询知该匠首原领薪水于十年四月底止,爰即拟给每月薪水湘平银六十两,自十年五月分起支。讵该匠首于十一年正月初四日病故,当据黄委员建藩验明单报,即饬妥为棺殓。旋据汉随员移称,转据陆昭爱之胞弟,现充泰安兵船正管轮陆三兴面禀,所有该故匠首自十年五月分起,至十一年正月初四病故之日止,连闰计九个月零四天,月支薪粮银六十两,共应领湘平银五百四十八两。现由随员出具代领,请即批发转给。至起重机器铁船初次创修,该故匠首陆昭爱在日督教各工颇著勤劳,病故后并未另派匠首,前项起重船现将告竣,均由各散匠依法造成,未始非该故匠首向日教授之功。请将正月初四日以后仍照该故匠首原领薪粮发至五月间截止,作为恤赏以赡家属,希为转禀。等情前来。职道等伏查起重机器铁船以汽力能起六十吨之重物,在中华本属创见,即汉随员前此亦未曾经办,其躬领各匠口讲指画,皆陆昭爱独任其难,昼夜未尝离厂一步。工未成而身殒,既悲其遇,尤惜其才。汉随员以该船造成归功该故匠首,良非虚誉。所有拟给陆昭爱薪水湘平银五百四十八两,业由职局工款如数挪垫,交汉随员转发该家属领讫。可否仰恳饬下海防支应局知照,准由职局具领归垫,以清款目。至汉随员所请优给恤赏,系为抚恤故匠家属,兼为激劝在事员匠起见，拟恳宪恩俯念该故匠首陆昭爱以死勤事，不无微劳足录，由旅顺回粤，间关数千里，归柩甚难，如何赏给银两之处，伏候钧裁核定批示施行。

筹议起重船雇用司事工匠禀

光绪十一年七月初四日

窃据随员汉纳根移称，随员经修起重机器铁船归与该工匠等包做，业将所需工料银两估具清折，移送在案。惟查该船尚有零杂工作，势难事事包工，必须另雇常匠，当由随员选用机器匠一名，锅炉匠一名，锉匠一名，铁匠一名，木匠一名，又以工作物料帐目事宜须人经管，派有司事一名，监工一名，长夫四名，分别酌定薪粮，每月共计湘平银一百四十五两，小建照扣，均自十年十月初一日起支，由随员按月垫发。其花名、薪数开具清折，移请存转。再，所有前项司事、工匠人等，将来船工告竣，遇有修理，在在需人，未便遽行裁撤。可否仿照挖泥船成案，禀留司事、工匠以资差遣。等情前来。职道等伏查工作用款，以常川薪粮为最重，盖积则见多，不能不慎之于始也。该随员此次修合起重船所拟司事、监工各项人数，若以大沽船坞及各商船厂用人之例衡之，尚不过多，惟常年经费必须及早停止。现与该随员面商，应自十年十月分起，截至十一年七月底止，将单开司事、监工、长夫等一律裁撤住支，以节糜费。其机器、铁、木各匠不能不酌留数人，拟由职道等面加考验，改定薪数，督饬黄委员建藩随时察看。自十年八月分另行起支，汇归另禀办理，以清起讫，谨将应呈清折一件转呈宪鉴，伏乞钧裁核示祇遵，并恳饬下海防支应局知照立案。其单开薪粮数目，拟俟奉准后，仍先由职局垫发，随时移明支应局领还，合并禀明。

续建修理机器各房屋请派员验收禀

光绪十一年七月初四日

窃据随员汉纳根移称，老虎尾地方除前造挖泥船机器房两间外，别无房屋。此次修合起重铁船所用工料皆多，而船身宽大，尤须旷地修造。当经随员勘定该处旧有机器房之后，接连建造铁厂三间，木厂六间，库房二间，住房十三间，共计大小房屋二十四间，其房式环围建造，即以中间空地为院，修合船身，取其便于工作。前项房屋实因万不可少而建，且旅顺厂房极少，各工方兴未艾。船工竣后，或接做别项工程，或作为起重船、大小挖泥船修理之所，不至旷弃。计用工料共合湘平银一千一百五十八两九钱九分六厘。开具清折，移请分别存转前来。职道等伏查老虎尾地方近邻西澳，于照料挖泥船各事皆便。该随员此次所修铁木厂库各屋，虽为合拢起重船起见，迨该船工竣后，即可无须前项房屋。而导海船委员、司事人等若一律住船，正苦舱位不敷，其船上备用料件亦必须有厂库存储，拟将所修房屋大小二十四间，俟起重船工一律告成后，由职道等眼同点交导海船黄委员建藩等经管应用，倘明年大举船坞各工，合拢坞、澳门各铁船尤为就便，谨将应呈清折一件转呈宪鉴，伏乞饬派专员将前项房屋工程认真验收具报，并恳饬下海防支应局将前项动用工料湘平银一千一百五十八两九钱九分六厘照数发给，由职道等具领转给，俾清垫款。是否可行，伏候钧裁核定批示祇遵。

请发船坞泊岸用款禀 光绪十一年七月十六日

窃洋员善威承办旅顺船坞泊岸各工程应呈详细图说，据称，现因回旅未久,尚须少迟旬日乃能办就,届时再当转呈宪核。惟当大工开始,需用浩繁。前据该员单开,本年约需用款二十五万两,曾经职道在津时会同该员面禀钧鉴在案。自回工后,连日与该员详细筹度,本年所用以开挖坞土,定购物料为大宗,拟恳宪台饬下海防支应局先行拨发善威估办坞岸新款湘平银二万两,仍由职道具领,随时核酌发济该员工用,并由职局管银钱委员另行立册登载,以清款目。至开挖坞土工程,谨遵前奉宪台面谕,仍由职局提调王县丞仁宝等率同委员督夫开挖,以资熟手,并由职道督饬该提调估计土方用款,开单另禀再呈。其建坞地址及高宽长丈尺,则由善威一手核定,开单告知,俾免错误。迨坞土挖完后,应砌砖石工程做法悉由善威经手,用洋式办理,庶期各就所长,有裨工作。是否有当,伏候钧裁核示祗遵。

请饬核议工款存储生息禀　光绪十一年七月十六日

窃闻税务司德璀琳昔年经建大沽船坞时,曾有请款存银行生息以济工次杂用之事,此光绪十年春间,职道闻之支应局朱道者。其事虽未深悉,而其法似颇可采,盖西人用财,虽官事而必以商法行之,子母相权,锱铢维析。中华则官自官,商自商,每作一事往往暗中添许多亏耗。任事者又不敢不避言利之嫌,而其害遂中于公帑。当此度支空绌之时,固不容不深思熟计也。伏查旅顺工程局创立之初,职道志在撙节,本未请定局费,而月需纸张、薪烛、火食及分别津贴、各员薪米以至零星犒赏、伤病恤资均为情事所必有,又皆例法所不载,数年以来,积数已巨,按月摊计,每月不下三四百金。幸从各项工程中随时随事,苦心焦思,极力撙节而得之,始终未耗丝毫正款,而日久终难为继。每思刘晏船料之说,未尝不自悔其练事之未深，立法之未尽善也。今当船坞全工宏规大起，如善威单开公费及所用员弁薪粮月需银四百八十两，即能三载底成，已有万数千两之多，而此后有无续用洋员薪工，添需杂款，职局用项尚不在内。以职道管见论之，此时但得定款二十余万两存之妥实可靠银行，约计四五厘利息，月可得千数百两，各项杂费皆能措置裕如，收鼓舞人心之效，而无耗及正款之虞，但此事非办工华洋各员所应干预，拟恳饬下海防支应局会同津海关道通盘核议，慎始图终，必期有利无弊，以免虚耗度支。拟议定后，禀候宪台核夺。职道一得之愚，是否有当，理合附禀，恭候钧裁核定施行。

卷　八

陈报防军操练及工次工作情形禀

光绪十一年七月十七日

窃职道叩辞后，偕王前镇及汉纳根、善威等乘轮遄发。十一日巳刻，回抵旅防。连晤吴提督等，询知庆军六营由朝鲜、金州先后移防，均在东西两岸。遵奉宪谕，各就防所台垒分别填扎。惟兵房尚不敷用，各营正在添修。其汉纳根经修各炮台兵房又因雨大渗漏，现正谆催该随员督匠修补。东岸各营已由黄提督选派弁勇随同瑞乃尔学德国操法，西岸各营已由汉纳根、额德茂向吴提督商定，于本月二十二日开操。职道连日偕善威周历工次，因开挖坞身处有积水三四尺，现正导使入澳，再用吸器送出。旬日内，水尽消涸便可动手挖土，倘下无顽石，工作顺手，再得秋霁日多，当可于冬尾春初将坞身挖成。其南泊岸土工拟俟善威图估定后，方可著手。所招烧硬砖洋匠，职道力催从速。据称此项机器计四个月，到旅已在十月，时际地冻，不能烧窑，总须明春下手，此时无须寄电滋费。至估需木料尺寸非甚大，本属易办，第以六月孤山东沟积雨暴涨，山水陡发，木排悉被漂没，目下价昂物缺，拟一面零星收购，一面在津探梃木价再定。大抵此事非难，亦总比原估有减无增。凡此皆筹计善威估计新工情形也。至北泊岸坍卸十余丈，应仍由职道饬工员就已领工款办成,惟做法必期尽善,现亦虚衷咨访善威,定见后,再当禀陈。导海船开挖口门现已开工,据该船华洋员称,极力趱修,至八月底当可成深二丈五六尺,宽三十丈之船路。果尔,则两铁舰可以并驶无碍。另调小挖泥船在老虎尾尖开沙,盖此处沙埂尽去,则海潮进出皆畅,不至出缓留淤,于鸡心滩极有关系。惟癸未十月,南土坝陡陷之时,适在新开口门之后,论者多谓淤去而坝陷,归咎口门之役,此时职局工员怂羹吹齑,群来劝止。职道以为天下事无因噎废食之理,口门又岂能听其淤塞?在津时质之周道,意见相同,现仍多集土秸以防意外之虞,倘竟有事,抢筑后坝尚不甚难。惟土坝终难持久,来年春夏,照善威排桩之法行之,果有把握,或可放心。旅顺今年酷暑,与内地天气相同,迥非从前物候,此后兵夫云集,或可免不服水土之患。

陈报工次裁撤各员禀 光绪十一年八月初三日

窃职道前在津时,曾经面禀,拟将工务暂行结束员弁渐次裁撤,属以船坞急须兴办,工务结束之说,未蒙钧允。惟当此度支艰窘之时,虽工程事事吃紧,而但可减员节费,职道何敢存瞻徇情面,见好僚属之心以负任使?自前月回工后,查得澳工委员南皮县典史朱同保、山东候补知县王鹤龄、库工委员候补县丞刘献谟、司事谢谊、崔有橹,据职局提调牛倅昶昞、王县丞仁宝分别报称,该五员均无经手未完事件。拟恳宪恩,均准销差离工。其朱同保一员系实缺典史,刘献谟一员系直隶候补人员,拟俟奉准后,由职道咨明藩司,分别回任,回原省候补。计朱同保月支薪水银三十五两,王鹤龄月支薪水银二十四两,刘献谟月支薪水银十四两,谢谊、崔有橹每员各月支薪水银十两,该五员薪水均已照支至八月分止,应即住支。共计裁除员薪月核湘平银九十三两,并恳饬下海防支应局知照。再,查典史朱同保,性情耿直,操守廉介,于河工土方、埽坝事宜极为熟悉;县丞刘献谟,质朴廉正,治事丝毫不苟,惜公帑如私财。该二员在工均颇得力,朱同保躬与挖澳大工,风雨寒暑,四年靡懈,勤劳尤著。现虽去工,倘异日旅顺全工告成,在事出力人员获邀恩植,拟恳准将该二员劳绩由职局存记,届时仍与在工人员一律奖叙,庶于节省帑项之中,兼存不没微劳之意。是否可行,伏候钧裁核定批示祗遵。

陈报裁并各差并酌定薪水禀

光绪十一年八月初三日

窃职局管煤委员北河候补从九品黄积祐于本年正月十二日病故,经职道暂派库工委员刘县丞献谟兼管数月,现因裁减人员,业将该县丞库工差使另禀裁除离工,所有管煤差使,查有库工司事李培成,笃实谨慎,操守不苟,拟恳宪恩,准将李培成调为管煤司事。其黄积祐月支薪水银十两,除该故员支至本年正月分外,拟自八月分起,由李培成照数接支。至该司事原支库工司事月薪银八两,业经支至七月分止,拟自八月分裁除此项差使,薪水不另派员接充。再,职局管马家屯塞门德土库委员候补巡检张葆纶于本年七月十一日病故,所遗差使,查有文童黄士芬,朴实不浮,能耐劳苦,拟恳宪恩,准将黄士芬留工差遣,专管塞门德土库收发事宜。其张葆纶月支薪水银十五两,除该故员支至本年七月分外,拟自八月分起改为月支薪水银十两,并将委员名目改作司事,以示等差。其除改尚多银五两,拟即裁除,盖量能授食,各有攸宜,未便稍从宽滥,职道亦非以是区区者矜言节省也。另据挖泥船委员陶千总良材禀称,该船原设司事二人。吴树勋月支薪水银十二两,业经调赴导海船当差数月,势难兼顾。徐金淦月支薪水银八两,于本年六月二十一日病故。该船日记工作,核办物料报销必须有人分任,请以候选从九品方文灿接充司事。等情前来。职道伏查方从九文灿上年曾在该挖泥船充司事数月,人尚明白勤奋,拟恳宪恩,准将方文灿留工,仍充该挖泥船司事,其徐金淦所遗薪水拟由该司事自八月分照数接支,至综计该船应办各文册,有司事一人已足敷用。吴树勋调管导海船收发物料,各事随同黄委员建藩,极为得力,拟为酌加月薪,归入导海员匠薪粮,另禀办理。是否有当,均候宪裁核定批示祇遵。

请奏恤在工病故人员并给发功牌禀

光绪十一年八月初三日

窃旅顺地方本属海滨荒岛,旗民村聚皆远在数里外,人烟稀少,高山数十丈环峙四围,海气蒸湿,岚瘴交侵,风土迥殊内地,加以食物医药诸多不备。职工程局自光绪八年十月开办以来,时仅四年,而委员龚树梓、黄积祜、张葆纶,司事徐金淦相继病故。伏念该故员等与职道辛苦相从,每当工程紧迫之时,暴露风日,触犯寒暑,致病实有由来。加以上年海防日棘,往往抽派员弁昏夜密查各台垒,与在军哨弁协同巡守,其勤苦为尤甚,查与海防军营人员无异。全工未竣,中道摧折,良堪悯痛。除由职局节省款下酌给川资,俾得归柩外,可否仰恳宪台逾格恩施,准将该故员等比照海防军营人员立功后病故例,奏请优恤,出自钧慈,非职道所敢擅请,倘蒙恩允,再当遵具该员等履历清册,恭呈宪核。再,职局于光绪十年五月间,曾经禀蒙赏发六、七、八品空白功牌各三十张,遵于领到后,饬委员李令竟成立簿登记,年来填发各弁兵外,所存无几。现值裁撤员弁之时,所有随时咨调河工、兵目及随工投效微员末弁均应酌量遣撤,拟恳宪恩,准照海防军营赏发五品空白奖札十五件,六、七品空白功牌各四十张,俾得分别填用,以劝有功。俟奉准后,仍当饬李令竟成汇同前件登记,填发完竣后,详细列册禀报,决不敢稍涉徇滥。是否可行,伏候钧裁核定批示祇遵。

请筑母猪礁炮台禀 光绪十一年八月初五日

窃旅顺黄金山东母猪礁地方修建炮台,随员汉纳根估需湘平银一万九千三十九两零,即由该随员经造。职道等于本年四月间,禀陈办理大概情形,并请领款项各缘由,仰蒙宪批允行在案。惟查旅防当上年吃紧之时,汉随员帮同职道等筹画防务,不遗余力,往往遇有应办工程,随时权宜,先行兴办。其未经禀明有案之各项工款为数颇巨,今夏海防解严后,职道等以库款支绌,饬其通盘筹画所有未办各工,亟应缓办,以节经费。旋据该随员函称,所有未经禀明领款之蛮子营炮台并续添土墙等项共用银六千二百余两。除由职局借领银二千六百二十两外,尚应找领银三千六百余两。又,馒头山西添造墙、台、兵房共用银三千五百八十余两。又,修改黄金山炮盘计用银一千八百余两。又,修筑威远炮台山下东路马道约用银一千两。四项共垫用银一万两有奇。因思母猪礁定炮未到,一时无炮可设,或将炮盘、库房两项缓办,约可得银六七千两。移缓就急,且顾目前之用。等情前来。职道等以所筹尚合,爰在前领母猪礁炮台专款湘平银一万九千两内划拨一万二千五百两归该台工用,另在职局借添银一千两,共以七千五百两交该随员借发各项工用去后;职道保龄五月在津时并经面禀钧听,迨回工后,正在缮禀具陈间，又据移称，随员赴津。准军械所张道台面称，母猪礁应用炮位二十一生脱长炮两尊、十五生脱长炮两尊，八月间均可运到。则母猪礁炮台前议缓办之炮盘、库房亟须赶成，庶炮位有地设置，希即转禀请示。如能赶速开工，年内当一律告竣。所有前项借领之湘平银七千五百两，仍归馒头山墙、台等各分各案报销，以清款目。等情前来。职道等查光绪十年七月间，该随员拟请定购炮位，经职道等转禀，蒙批交军械所核办在案。原单所开系为母猪礁请定二十一生脱炮两尊、十二生脱长炮六尊。本年春间，因海防日紧，已设八生脱炮四尊，若此时再得新到二十一生脱、十五生脱炮各两尊为之主宰，足称攻守咸宜，无须添购滋费。惟此项炮位既经拨定该台，则炮盘、库房势不容缓，与其迁就迟延，终属不能不办，转不如一气呵成，早工竣一日，即早操练一日，在防务为万全无弊之规，在工程亦收一劳永逸之效。王镇领护军两营，西起口门，东讫母猪礁，皆该营防守汛地，尤屡以为言，力请照汉随员现陈情形，早为转禀，俾益操防实用。职道等公商熟筹，意见悉同，拟恳宪台准如该随员所请，仍照原估一万九千余两之数，将炮盘、库房悉照原式，责成该随员赶修，克期九月内一律设炮妥竣，不得再有迁延，致误操防。其前由职局承领银一万九千两仍全归该台工用，以清款目。至前未禀定之馒头山西墙台各款约共一万两有奇，并恳准令该随员核实，速造工料清折，由职道等分案转呈，恭候宪核，派员收工列销。惟职工程局目下实难垫此巨款，该随员更无从筹垫。可否仰恳饬下海防支应局另行拨发湘平银一万两，仍由职局承领，随时查验做工情形，量为分次酌发，仍于各工程完后，核数禀报。是否可行，伏候钧裁批示祇遵，并恳饬下海防军械所知照。再，该炮台估折因待该随员更正台图，到日一并上呈，曾于四月间禀明在案。惟原拟借用崂嵂嘴三炮系属炮盘三座,现拟四炮,改用炮盘四座,业与该随员议定,极力撙节,款不加增,而图式、估折均须另行办呈,俟呈送到时,再为转禀,合并陈明。

具报庆军自朝移旅驻扎情形禀

光绪十一年八月十九日

窃职道等于本年四月间,叠奉宪台电谕,令吴提督兆有统原部三营分守西岸各台卡。并以庆军移防,饬妥筹办。各等因。奉此,伏查旅顺西岸本系分统毅左军姜提督桂题率副将胡永清、游击郭殿邦、崔敬、都司楚廷珍等分别扼扎。除各台卡随台兵房外,共建营垒四处,自上年春夏筑垒建屋,业已一律整齐,皆系扼要之地,无可更移。职道等在旅数年,深知此地修屋之难,即令木石砖瓦事事凑手,而石墙性极含润,非隔年所造,一时未能干透,居之最易生病。此次庆军移防,正值六月暑湿之时,若无现成屋宇,必待平地起造,则士卒支搭帐棚,至少亦须两三月乃能经营就绪。该军久戍朝鲜,徂东零雨,艰苦备尝,今又移防辽海,与职道等共守此邦,举凡心力所能及,必当竭力绸缪,妥为筹备,以仰副宪台仁恤士卒之意。爰即商请宋军门,拟将前项营垒四处房屋均勿拆动,俾庆军得所栖止,宋军门力顾大局,欣然允诺。业经职道保龄于赴津时面禀钧听,并经职道含芳于庆军到旅防时会同姜提督将各处营垒兵房知照吴提督,饬各营哨分驻在案。惟计四处营垒,除营墙不计外,自营门以及官房、兵房、厨厩,实共房屋三百四十三间。旅防工料皆贵,约核所需非三四千金不办。毅左军各营移扎后路,新建屋舍需费亦正浩繁,宋军门以同属公用,无分彼此,叠次坚嘱职道等不必上渎钧听,第事关两军交接,不敢不据实禀陈。可否仰恳宪恩,饬下海防支应局赏拨毅军湘平银二千两，俾资津贴之处，出自钧慈逾格，非职道等所敢擅请。至各台卡大小炮位均由原经手将弁报明，点交庆军三营接管，准吴提督咨报，收数相符。职道等另咨，由天津军械所会同详报。所有庆军自朝移旅各缘由，理合肃禀，伏候宪裁核定批示施行。

陈报李昰应过旅开行禀　光绪十一年八月二十三日

窃职道等于本年八月十四日，奉宪台电谕，李昰应已奉旨释回，应派袁世凯、王前镇护送回国。王镇只准带亲兵三十名，不得多带干咎。二十日自津开轮，顺过旅顺。王镇行后，该军交张文宣妥为料理操防等因。奉此，职镇遵即赶紧料理。二十二日，袁丞世凯护送李昰应乘镇海轮船由津至旅。因该轮船须添煤水，适值风雨，煤难上载，兼待乘坐飞虎小轮之洋人墨贤理同行。李昰应及其子载冕均与宋军门及职道等接晤，其感恩之切，悔罪之诚，溢于言表。二十三日，得津海关周道回电，知飞虎船由烟台取道，不复绕旅。其时风雨略止，赶催煤水上齐。职镇遵带亲兵三十名，均穿箭袖短衣，与水师装束略同，即时上船。定于二十四日寅刻开行，计程旅顺至仁川口约三百海里，二十五日申、酉间可抵该口。职道等与袁丞世凯酌定，拟抵汉城后二三日内，体察彼处情形，即行派船绕旅赴津，倘有要事，即先由职道转为电禀。其护军正、副各营操防事宜，业由职道等恭录宪谕，檄饬张营官文宣遵办，该营官勤慎精明，于后膛枪炮操习极肯用心，当不致有懈操防。所有李昰应过旅开行各缘由，理合肃禀。

拟请饬大沽船坞定造轮船禀　光绪十一年□月□日

窃奉宪台札开，据鱼雷营刘道禀送快马小轮船回津当差，旅顺浚挖西澳须筹添小轮船替换利顺拖泥出海，兼备水雷营设置水雷之用。饬由职道等会商德税务司公同办理，覆候核夺等因。奉此，除查验快马小轮船业经职道席珍等另文具覆，并会商先派大沽水雷营飞霆小轮船赴旅暂为澳工拖泥之用，业经面禀宪台，奉允派往。职道席珍当饬飞霆赴大沽船坞查勘机器并添发备用物料，于本月初十日随海镜兵轮东驶。昨接旅顺电报，飞霆开工挖泥尚妥。该船机器常用于海口，盐水不能合宜，经船坞考校，又无改换之法，是应仍须筹船，将来替换该船回沽。职道等再四筹商，旅顺为水师口岸，工程日繁。现既议添小轮船，必须深合该口之用，俾防务工程兼资得力，庶乎款不虚糜。职道保龄在津与职道席珍会商德税务司议定船式，由沽坞先绘船图，因估价须四万二千余金，为款太巨，适上海耶松船厂洋人生生来津，因令另绘船图。嗣据该厂绘图开单，造上等暗轮钢拖船一艘，其船长一百二十尺，宽二十尺，吃水深八尺半。船身用钢板造成，舱面用柚木板。新式英制三只汽缸大力康邦机器，足有三百五十四马力，每点钟行十二迈。连舢板二只，桅索装修及一切应备器具物料俱全，随带火轮舢板一只。共价规银三万二千两，六个月造成交验。职道保龄时适旋旅，商由职道席珍将耶松估单交德税务司发大沽船坞覆核。准德税务司函复，一切照耶松所开程式，工坚料实，由沽坞承造，可核减价银五十两。查所估暗轮钢拖船，其机器马力、吃水、行迈甚合旅澳工程拖泥出海之用，且有桅与起重钩杆，舱板平厚。海上有事，配勇设炮，以之巡守水雷，接送文报，出海拖驳军装，均能得力。职道等愚昧之见，此等小轮船论旅顺防务、工程似均不可少，价值经船坞覆核，亦属核实，无可再减。职道席珍电商职道保龄意见相同，应否即行定造之处，不敢擅定，谨会商覆请宪台核夺，如蒙俯允，应即交由大沽船坞照造。除俟奉到批示，即令船坞绘图附说，妥议条款，呈送备案，并与海防支应局商定拨扣工料款项期限。是否有当，理合覆呈宪台鉴核批示遵行。

代呈袁丞禀件并朝民情形禀　光绪十一年九月初六日

窃本日辰刻，镇北船到旅，业将梗概电禀宪鉴在案。该船系初三日早自仁川开，因船底螯结，行迈太迟，至威海、烟台各口设法停泊整理，是以至旅稍迟。王镇、袁丞会禀一件；又，袁丞密禀一件，均为代呈，伏候钧察。职道接据袁丞禀云，二十九夜，禀将发时，金明圭奉朝王命来访袁丞。力代该王剖白，谓所杀之人非为大院，盖亦渐知愧惧矣。闻昰应自仁川至汉城，百姓欢迎，观者如堵，士女投帖问安，满舆皆是，则人心之倾向可知。韩廷力向英争巨文岛事，喧聒不休，殊少权变。联英拒俄，在中华亦尚可行，在三韩尤为急务，但须将人情做得适当耳。穆麟德似宜设法促其速回，免再横生枝节。袁丞以仁川须留船备缓急文报，拟留扬威，俟超勇到，再遣回，职道已函商丁镇，或可照办。吴守备长纯本在庆军当差，此次由职道商明黄提督，因其人尚明白，暂派随船赴朝侦探，兹赍禀件至旅，特令仍赍赴都，敬候垂询。该弁随至汉城，所述一切与王镇等函略同。

具报雷营华文教习禀　光绪十一年九月十三日

窃职道等于本年三月间，禀请将旅顺水雷营所缺帮带一员薪水改用华文教习缘由，奉宪台批开，该营所缺帮带一员，该道等拟将此项薪水改用华文教习一员，俾平日与兵目讲求理法字义，做人忠主之道。惟究拟选用何人，是否有志趣诣力者，应即禀请核定等因。奉此，伏思教习在营，俨有师道，必其人品学端粹，而又勤于讲贯，方足无愧是选，即饩廪不为虚耗。上年冬间，职道保龄闻直隶昌黎县文生刘之庄留心正学，兼有用世之志。张令谐之任昌黎时极称道其才，当即通函延致。今春至旅，屡与谈论，其人硁介自守，又绝非迂腐者流。昨岁曾躬至营口、沈阳、东边各处遍览形势，论事颇中肯綮。四月间，令其赴水雷营，日与弁兵讲论前贤格言及戚氏练兵各书，近又讲论水雷图说，一时兵目及学生等留心向学，翕然从风，渐知忠义，颇著成效，全营自管带官弁以下皆敬服之。职道保龄每到营时，必与该生讨论，并添置各项雷电及中外交涉书籍，俾得存营讲肄以为引申触类之基，拟恳宪恩，准将文生刘之庄留充旅顺水雷营华文教习，并将该营所缺帮带一员月支薪水湘平银二十两，自光绪十一年四月分起改由该教习支领，俾资办公。是否可行，伏候钧裁核定批示祗遵，并恳饬下海防支应局知照立案，仍由该营按季随同弁兵全饷领发。再，该雷营日记前经禀呈至十年十二月分止，叠据该管带方弁凤鸣申送造具十一年正月至六月分操练日记六本，理合据情转呈宪核。

请饬支应局定购煤斤禀 光绪十一年九月十三日

窃职道于本年二月间，禀奉宪台批开，所称此后用煤日多，拟定购开平五槽煤一千吨专为挖海工程之用，仰候札饬支应局查照核办。其如何运送到旅，应由黄守查照水师鱼雷营成案办理等因。奉此，旋经管理兵驳局黄守建筦饬派兵驳船陆续分次运送，由职局管煤委员刘县丞献谟用洋磅核收。据报，于四月间将开平五槽煤一千吨收齐，吨数相符。查兵驳船禀定成式，装载官物起卸扛力在津由水脚开支，如到别口由起物之主自行发给，历经办有成案。据刘县丞单报，收煤一千吨，每吨抬驳各力实核湘平银一钱四分七厘九毫，共核用湘平银一百四十七两九钱。职道核所报驳力数目比上年职局经垫水师煤斤驳力颇有节省，然旅顺人夫忙闲无定，民夫及船价本难一律，止有督饬经手委员核实开报，势难执为定论。惟现据管煤司事李培成面禀，导海大挖泥船开挖口门，小挖泥船四只，以两只开挖老虎尾尖，两只开挖鱼雷营船路，工程同时吃紧，需煤日见浩繁。所有厂存煤斤已余无几，急宜禀请添购。等情前来。职道查各挖泥船需煤甚多，极力节省，每月总需百数十吨。十月后，津口封冻，转运必须明春，更宜早为储备，拟恳宪台饬下支应局查照前案，再向矿局购定开平五槽煤一千吨，并由黄守建筦饬利运船迅速起运，必期十月中旬如数运齐，俾济挖海要工。是否可行，伏候钧裁核示祗遵。再，本年二月间，开平煤未到以前，职局另向烟台新大行购买柯介子煤四十九吨，每吨连驳力核湘平银三两八钱五分，计核湘平银一百八十八两六钱五分，连开平五槽煤驳力银一百四十七两九钱，共核湘平银三百三十六两五钱五分，均系职局经垫。除将柯介子煤发单移送支应局备查，并饬将用煤数目由各船造册汇销外，理合禀恳宪台饬下支应局准将职局经垫银两如数拨还归垫，以清款目，并候钧核批示施行。

裁撤毅军请新旧酌裁禀　光绪十一年九月十八日

窃职道连日与宋军门筹议，以毅军上年新募之姜桂题四营，宪台面奉懿旨，谆饬裁撤，亟应懔遵速办。此邦距腹地远，尤须宽给月饷，妥为部署，方免滋生事端，盖散勇之难过于募勇十倍，宪台于此等情形洞若观火，无俟渎陈。查姜桂题朴诚忠直，骁勇敢战，在毅军诸将中最为杰出，所部勇丁皆皖豫间人，虽于后膛枪炮尚须熟练，而精强整肃，多敢死之士。两年中，每闻法警愈急，营中皆踊跃欢呼，期得一当。一旦四营全撤，殊为可惜，且海防尚难保无事，旋募旋撤，既乖大信，尤寒士心。际此司农告匮，该四营系支部饷，宪台亦无可别筹，更不敢以空言仰烦钧廑。计惟有就本军中量加变通，但求腾出四营饷项还之户部，正不必胶柱鼓瑟。况毅军旧有八营，戍辽已经七载，士卒间亦思归，酌留新军更可策其朝气。语云"千军易得，一将难求"，若姜桂题去后，在毅军设有缓急，求此将领，良非易事。职道与宋军门叠次熟商，所见不谋而合。现拟在该前、后两军旧勇中酌裁千人，在左军新勇中酌裁千人，仍符四营之数。一转移间，于农部节饷、海防军情两无妨碍。宋军门并拟不动声色传饬金、旅两防新旧营哨，准各勇按数告假，陆续分起雇用海船渡往胶莱河口登陆，由山东、江苏地界取道，亦尚不远，并无须用商局轮船专渡，以省巨款。其四营饷项，除八、九两月分本系应发外，可否仰恳宪恩，赏给十、冬两月全饷，俾作裁撤经费，出自钧慈，未敢擅拟。惟顷闻各处旧勇有裁二成之说，恐目前办定后，该旧勇八营本支豫饷，豫抚又令其再裁二成，微特宋军门无以对其旧营各将，且彼时旅顺后路止剩二千余人，他日必贻大悔。事关海防甚重，拟恳宪台于报明毅军四营裁撤疏内声明该军统合新旧，汰弱留强，及旅防地大兵单情形，奏明免将旧勇再行裁成，庶几豫中不再生枝节，旅防幸甚。再，此事系由职道与宋军门密商梗概，先行密陈，伏恳宪裁核夺，赐下电谕，谨当一面遵办，一面由宋军门禀明逐细办法，以符体制，并恳宪恩免将职道此禀宣布，致毅军旧营各将或生绝望，以启猜嫌，职道幸甚。

派员接办导海及起重船事宜禀 光绪十一年九月二十日

窃旅顺浚海工程全恃导海大挖泥船，该船华洋员匠既多，需用物料尤繁，专管委员责任綦重，前经职道等禀蒙宪允，派令运同衔黄建藩管理导海全船兼管起重船事宜，并经禀准刊发钤记，交领开用去后；该员任事以来，实心实力，不避嫌怨，稽核用料，督催华洋员匠工作，事事均日起有功。今夏患病后，犹复力疾催工，不少疏懈，甚为可嘉。惟病势日剧，调治未见痊可，兹于本年八月二十五日，据该员禀称，病久不愈，请离工调治，并缴钤记。等情前来。职道等查系属实，自未便强令病躯从事，或致贻误。除批饬该员离工外，查此事既须熟谙机器，更须心地操守可靠，方能胜任。职道工程局之牛提调昶昞、职道鱼雷营之霍都司良顺均系昔年久在制造局，于机器极有会心，无如各肩重任，势难旁及，而此任又须全副精神贯注，非如他差之可以兼摄。再四筹商，查有补用从九品郝云书，操守廉谨，才具开展，曾在天津机器局及鱼雷营两处当差，于机器颇有阅历。现值挖深口门工程紧急，亟须妥员督率，经职道等饬赴导海船试办两旬，措置咸宜，员匠翕服，拟恳宪恩，准令从九郝云书接管导海全船兼管起重船事宜，其钤记一颗，即交该员领用。黄委员建藩向系月支薪水湘平银三十六两，业经支至本年八月分止，拟自九月分起，由郝从九云书照数接支。是否可行，伏候钧核批示祇遵。再，该船薪工、物料、银钱各项清册，前据黄委员造送未齐，拟仍饬该员将光绪十一年八月以前各册送呈，由职道等分别存转，其九月以后，由郝委员按式造送，以清起讫，合并禀明。

旅防占用地亩请援案销除粮额禀

光绪十一年九月二十一日

窃职道于光绪十一年九月十四日，准署金州副都统文咨开，(印)〔营〕务处案呈，光绪十一年九月初六日，准盛京户部咨开：

为咨行事，粮储司案呈，光绪十一年六月二十一日，准盛京将军衙门咨开：左户司案呈，准督部堂咨开：准户部咨开：山东司案呈，准奉天总督咨称：据署奉锦山海关道奎训详称，奉宪台札开：准部咨，准奉天府府尹咨称：据奉锦山海关兵备道续昌详称，前因筹办海防，饬派记名总兵耿凤鸣统带奉军左、后两营步队来营驻扎，拟在营口五台子地方修筑营盘，以便兵丁栖止。共择定扎营地基四亩，谕知该地户等，此项地亩既扎营盘，即应给价归官，俱各情愿，按照原契价值共发价银二百四十五两，分给各地户具领，并以地既归官，所有钱粮自应开除，具情详请前来。当由职道令行盖平县饬查前项地亩征粮底册去后；兹据盖平县详称：前项地亩征粮底册与各地户所供数目相符，具文详报前来。职道伏查前项地亩既已归官承买，修建营盘，自应准其除粮。所有盖平县正蓝旗界五台子地方栾典名下地一亩，每年承粮银三分五厘，制钱三十五文；王美名下地二亩，每年承粮银七分，制钱七十文；傅文斗名下地一亩，每年承粮银三分五厘，制钱三十五文，均请准其开除，理合详请查核，咨部除粮立案。查前据盛京将军衙门咨称：金州旅顺口修造炮台、军库、公所占用该城正黄旗界内韩道美、韩坤令等名下红册地九亩七分六厘。又据咨称：踹得马家屯地方建盖军库、公所占用旗人郭宗清等红余各地三十九亩。价兑办公，咨部销除额粮。经本部查前项各地亩应销地粮，是否永远占用，抑或暂时占用，行令详细查明，报部核办。兹据奉天府府尹咨：营口修筑营盘，承买盖平县正蓝旗界五台子地方栾典名下地四亩，请销地粮，核与前请修炮台占用旗人韩道美等名下红册地亩事同一律。惟此次承买修造营盘占用各地究系永远占用，抑或暂时占用，文内亦未详细声叙，本部碍难悬拟相应咨覆。奉天府府尹饬即详细查明，专案声覆。

并咨盛京将军转饬，迅将前次旅顺口修造炮台、军库、公所占用旗人韩道美等名下各地亩查照前咨，声覆报部，以凭核办等因。职道当即移会奉军后营耿统带查覆去后；兹准耿统带咨开：查敝统带曾经奉派奉军左、后两营步队来营驻扎，原为久屯海防，以期有备无虞，是以在五台子地方斟酌地基，修筑营盘，以便兵等栖止。所有承买各地，修建营盘，能否仍应永远占用之处，理合备文详请查核，相应咨部查照。等因前来。查前据奉天府府尹咨称：营口修筑营盘，承买盖平县正蓝旗界五台子地方栾典等名下地四亩，请销除地粮。当查此次承买地亩，修建营盘与前请修造炮台占用旗人韩道美名下地亩事同一律，究系永远占用，抑或暂时占用，文内皆未声叙。本部碍难悬拟行令，即饬详细查明，专案报部，以凭核办等因在案。兹据奉天总督咨准前因，查营口五台子地方修筑营盘，承买民地四亩，既据声称系海防吃紧，应如所咨暂准销除粮额，仍俟防军裁撤，即将前项地亩招佃领种，照额征租，以重课赋，相应咨覆查照等因。到本军督部堂；准此，除分行外，相应咨行，为此合咨将军衙门，请烦查照施行等因。准此，查营口修建营盘，承买民地，暂准销除粮额。惟金州旅顺口修造炮台、军库、公所占用旗人韩道美等名下地亩，前准奉天总督部堂咨准都京户部，以此项请销科则地亩是否永远占用，抑系暂时占用等因。咨查前来，当经本衙门于十年十二月咨行金州副都统，转咨统领北洋水师记名丁提督等查明声覆，以凭转咨核办在案，迄今尚未见覆。兹准前因。除咨催赶紧查报外，相应咨行为此合咨户部查核。等因前来。查来咨内称：户部咨查金州旅顺口修造炮台，建盖军库、公所占用韩道美、郭宗清等红余地亩，究系永远占用，抑或暂时占用，咨行本部查核前来。相应移咨金州副都统衙门转咨统领北洋水师记名提督丁等，希将旅顺口修造炮台,建盖军库、公所占用韩道美等红余各地,是否永远占用,抑或暂时占用之处,详细查明咨覆,以便报部核办可也。须至咨者。等因。准此,查此案前准盛京将军咨查前来,当于七月二十五日转咨在案。兹准部咨前因,相应再行移咨贵营务处,请烦查照,希将旅顺口修造炮台、军库、公所占用旗人韩道美等红余地亩,是否久暂占用之处,望速见覆,以便咨部核办等因。准此,职道查接管卷内旅顺口海防工程占用韩道美、韩坤令等名下红册地九亩七分六厘,坐落三涧堡黑山地方,价买立契后,由前办旅顺工程黄道瑞兰会同统领北洋水师丁镇汝昌于光绪七年十二月间禀明宪鉴。又,占用郭宗清等红余各地三十九亩,坐落马家屯地方,价买立契后,亦经黄道咨明前副都统恩,各在案。兹准文副都统咨达前因,核与原案均符。伏思海防紧要,一时未有了期,占地久暂实难预定期限。惟营口五台子地方修筑营盘承买民地一案,与旅顺口价买地亩作为海防工程公用,情事大略相同,业由山海关奎道、奉军耿统带等将能否仍应永远占用之处详请咨奉部定,暂准销除粮额,仍俟防军裁撤,即将前项地亩招佃领种,照额征租,自系为计及久远,慎重课赋起见,尤非职道所敢遽决,拟恳宪台将旅顺口因公价买韩道美等各地亩,可否比照五台子成案暂准销除粮额,仍俟旅顺海防水陆防军一律尽撤,库屋移建他处,即将前项地亩招佃领种,照额征租之处,俯赐咨明奉天督部堂转咨户部核定,似于目前海防,他年课赋,均无妨碍,伏候钧裁核夺施行。

蒙拔舍侄感激下忱禀 光绪十一年十月□日

窃职道连得家书,知职侄世凯以至愚极闇之材,仰蒙宪台拔之庸众之中,跻之监司之贵,宠非常格,闻乃若惊,感激悚惶,罔知所措。伏念先笃臣从兄，戊辰宦东，追随旌节，曾与先兄文诚同被陶甄。今职道既滥竽辽海，世凯又于役朝鲜。两世受恩，一门戴德。彷徨中夜，惕若临渊。世凯应事尚不甚钝，其治军能推甘共苦，是其所长。惟性气过戆，不甚能下人忍辱，袭吴武壮余风，好施而不得当，是其所短。此番骤躐非分，才望均未克副，尤为忧虑。欧洲各国疑我掣朝外交之权，难保不群来诘问，似宜由总署先与剖析辨明，不致横生枝节。俄朝之约归束当在陆路通商，目下未必有事。总之，东边、珲春均列重戍，与旅顺相犄角。水师全队时巡仁川、大同，则我气壮而朝志坚，否则终为俄踞，朝去而辽危，患在几榻之侧。自古纷争之世，兵事、使事互相维持，然毕竟以兵事为实际，徒恃笔舌无益也。手禀敬陈，感激下忱，叩谢钧慈。

通计旅防应设各炮禀

光绪十一年十月二十四日〔附清单〕

窃旅顺炮台应用大小各项后膛炮历经职道等随时商明专管炮台工程之随员汉纳根拟定口径，禀奉宪允，饬下天津军械所陆续订购起运，每炮到后，随时设置，各在案。伏思后膛炮摧坚致远，为军中第一利器。言海防者，每不惜重款，广购多设，以收克敌之效，然防务不可不筹，经费亦不能不节。中华度支奇绌，举事限于财力，势不能如泰西各国求多务博，果其握要以图，亦未始不能战强守固。本年八月间，职道等邀同汉随员再四商榷，又与天津军械所文函往复，意见悉同，谨将旅防各炮台炮墙已设未设各炮，审度炮力、地形，酌拟清单上呈。是否可行，伏候钧鉴核夺批示祇遵。再，据汉随员面称，拟在此炮数外，添请新式八生脱炮二十尊，零件、炮架一律配齐，以六尊设西岸扼口门营墙，以四尊置崂嵂嘴炮台，其馒头山、蛮子营、威远台、黄金山、老虎尾五处，每台各设二尊，可为各营哨分操之用。另请拨发格林炮二十六尊以备分拨各台。可否一并饬下军械所照数核拨，伏候钧裁核示施行。至崂嵂嘴二十四生脱新炮设齐后，其现设之二十一生脱炮长者二尊，短者一尊应转拨何处防军领用，并候饬下军械所核办。所有通计旅防设炮各缘由，理合会同天津军械所禀陈。

计附呈清单一件。计开：

崂嵂嘴大炮台，除现有之二十一生脱短身炮三尊拟拨归他处防营，(期于)〔其余〕花色子弹一律不列旅防炮数外，该台应设二十四生脱巨炮四尊，现由利运装旅三十口径者两尊，即可设置。尚缺两尊，询军械所称已运在路，腊月方可抵沪，计正月到旅，即当赶速设置。其边炮拟用十二生脱炮四尊，现已在沪，今冬运到，即做木盘设置。

崂嵂嘴北山小炮台尚未开工，须明年二月办，四月可成。该台应设十二生脱炮两尊，拟俟十五生脱炮设蛮子营后，抽下蛮子营原借西岸营墙之炮移设，可省再买之费。

母猪礁炮台应设二十一生脱长身炮两尊，十五生脱长身炮两尊，均已到齐上山。炮盘灰石工年内恐难赶竣，约在明年二月。该台已设八生脱炮四尊作为边炮，久已操熟，无须再添。

黄金山炮台现设二十四生脱炮两尊，十二生脱炮五尊，久已操练娴熟，拟在军械所已运在路之炮数内，拨二十四生脱二十五口径炮一尊，添在旧有两大炮之中间，该处久经汉随员留有地步，不难修盘设置。

黄金山西田鸡炮台现设十五生脱后膛田鸡炮六尊，业经设置完竣，由护军营派哨勇驻守操习。

旅顺口东岸人字墙现设十二生脱后膛炮三尊，久经护军张营官文宣带各弁勇操练娴熟，该炮墙为扼守口门之用，颇称得力。

老虎尾炮台现设十五生脱长身炮两尊，经庆军张营官光前派勇驻守操习。

威远炮台本系去年海防吃紧，借用威远练船炮设置，为一时权宜之计。该炮久已归原船用，止剩操江旧炮在台，应仍送回原船。现拟添拨三十五口径十五生脱长炮两尊作为主炮，此炮与老虎尾台炮相同，又皆系张营官光前派勇分守，拟于炮未到时，先饬该营派守威远台之弁勇分班随操虎尾之炮，日见精进，以期设炮成后，即收驾轻就熟之效。

蛮子营炮台前借镇海六炮已经拨还该船。止有借拨西岸营墙原借毅军操用之十二生脱炮三尊，于地势不甚合宜，拟以在沪未到之三十五口径十五生脱炮四尊全设该台，而抽十二生脱之三炮，二移崂嵂北台，一暂设西岸营墙，挹注为用，借节经费。

馒头山炮台现设二十四生脱炮两尊，拟在军械所已运在路炮数内，再拨二十四生脱二十五口径炮一尊，与旧有两巨地为主炮，以在沪未运之十二生脱炮到时，拨设四尊作为边炮，盖通计旅防炮台炮墙共十处，以馒台、崂台为最吃重也。

请派旅防总办操练大员禀

光绪十一年十一月二十九日

窃职道等于本年十月间，同奉宪台札饬，以随员汉纳根禀请选派文武两员及西员一人会同总办操练事宜，饬职道保龄先行会同该随员认真办理，拟章详请饬遵，并由职道等公保武员一人，禀候核派。凡营官、教习以下悉听会督操练，务收实效等因。奉此，伏查旅防现驻淮军八营,计护军两营归王提督统带,庆军六营归吴、黄两提督分别统带。该提督等均系久在淮军,其功绩资望皆在宪台洞瞩之中,非职道等所敢轩轾。督操八营及各炮台炮墙,事任颇重,营官、教习以下悉听会督操练,体制颇崇,又决非偏裨独领一营者所能胜任,拟恳钧裁,于三统带内选定一员,并恳赐颁特札申严号令,以重操防,似于军事当有裨益。其详细拟章及核复汉随员章程,拟候宪台派定督操武员后,再行会同酌拟,禀陈候核,垂为定法,以期尽善。职道保龄任司营务,原不敢置身事外,惟各台各营操务究未尝事事躬亲,悬揣立言,终虞隔膜,非敢稍存诿卸也。是否可行,伏候钧裁批示祗遵。抑职道等更有请者,旅防东西两岸地近二十里,督操武员总揽大纲,发号施令,必须有人分任,且三军共守一地,法制不可不严,情谊尤不可不洽。查护军张营官文宣、庆军方营官正祥、张营官光前,年力志气均堪造就,职道等再四熟商,意见相同,拟俟奉准派定武员督操后,可否仰恳准由督操文武各员分饬该营官等随办操务,以收臂指之效,均候宪示遵行。

请拨关款以济要工禀 光绪十一年十一月二十五日

窃本年十一月二十一日,准统带护军等营王提督面商:护军副营张营官文宣现因奉差紧要公事,拟借湘平银一千两。另据管驾海镜马丞复恒面禀:该船冬季月饷尚未领得,目下来往朝、旅差使繁多,亟须应用,拟借湘平银三百两。伏思职局船坞土工及开宽南泊岸土工两处并举,工多款绌,正虞竭蹶,实苦无可挪垫。惟体察情形,两处均系必不可缓之需,又未敢胶柱鼓瑟,致误大局。当饬管银钱委员李牧竟成照数借发,取具各该处钤领,存局备查,并即时电禀宪鉴在案。查护军营饷项向在淮军银钱所请领,海镜船月饷向在海防支应局请领，拟恳宪台饬下支应局银钱所，在该营、该船应领饷内照数分别划存，由职道移咨，领回归垫，以清款目。至职局船坞泊岸各土工，凡属善威新估之款均系另册登记，不与旧办各工款相涉，约计船坞土工，善威原估系二万一千两；开宽南泊岸土工，善威原估系六万余两。职道还工后二十余日，力催该洋员速将通盘办法详细绘图贴说，约具估单，以便据情转禀，仰候宪核立案，为船坞开办第一关键。而该员屡次面称，现正昼夜赶办机器图单，以备与洋商订购之用，实难兼顾及此。仍请略缓旬月方可办就，所陈亦系实情。职道此时办法惟有据该洋员所定丈尺，饬由王提调仁宝核计土方，分别取土深浅，送土远近，极力核减估定方价，总期在该洋员所定约数范围之内实力节省。拟俟该洋员全盘工程图说禀明奉准后，另具实数估单上呈，恭候钧核。惟冬令农隙，人夫云集，多晴少雨，工程日见起色，用款更觉浩繁，职局两次共领过坞岸新款湘平银五万一千零八十两，而船坞局房、管工住房、善威住屋及月领各款均由此数开支，不敷尚巨，拟恳宪台饬在东海、山海两关每关指拨若干，约共凑集湘平银一万五千两，由职局分投咨领到工备用，仍照上年办法，于收款后补具钤领，移送海防支应局备案。倘两关一时无款可拨，并恳饬在江海关照数拨发，由利运船正初专解来旅。约计现存款项与工程情形，但正初得有巨款，尚可设法腾挪，亦不致有停工废事之虞。职道为赶办要工起见，是否有当？伏候钧裁核示施行。

拟具订购机器合同请饬核议禀

光绪十一年十二月初七日〔附合同清单函禀〕

窃职道于本年十月间，据帮办坞澳工程洋员善威面称，旅顺船坞各工需用机器甚多，请为转禀，亲赴外洋带银采购等语，旋据移同前因，职道即率该洋员赴津，将所拟情形面禀钧听，并以该洋员本系经津海关税务司德璀琳保荐到华，因与德税司筹论及之，德税司以为旅工正当吃紧，善威往返重洋，动须数月，恐有贻误，力阻其行。剖析事理，颇中窾要。旋准德税司函称，派人往购不如专托洋行，应饬善威将所需之件逐一开具名目、大小尺寸，绘图缮单，逐件估价，觅殷实洋行给与印札，持图单赴西国各行评价选物，寄单来华核对，检价廉物美之家，令该行定购。并将怡和洋行英商宓克所开节略附送前来。又据善威移送宓克具禀一件，职道详加酌核，因宓克措词尚未明晰，复经照询德税司，以该商所禀不须承领现银，所有代垫银两自应始终并无利息，其所指五分行用亦应取自售物之厂，中国不另发给丝毫行用，方见该商报效之忱。旋准函复询，据该怡和行称，代垫之银始终不要利息，五分行用实系取自售物之厂，决不另向中国索取丝毫。函请核办等因。职道彼时因沽口即冻，急须回工，当即面禀宪鉴，并商嘱津海关周道与德税司转催怡和行商拟合同稿，寄旅以便酌禀，乃日久尚未接到。适怡和行商闻善威在旅翻译华单，须人助译，特派该行满德来旅，述及合同稿实已由津发寄，并将合同大概面谈。职道伏思冬令文报每迟，现值工务紧急，未便株待，止得就前在津时与德税司、宓克商论各节，参以己见，向善威公同商酌，拟就合同底稿，先行录呈钧鉴。职道于订购机器一事向未经手，且此项帑款甚巨，当局时怀懔懔，既恐未悉商情，疏略滋弊；亦虑书生偏见，扞格难行。伏恳饬下津海关周道会同支应、军械、机器、制造各局公商定议，斟酌损益，再呈宪核。昔人有言，凡举大事，不惮挑驳，盖理愈阐则愈精，事前多一纠绳，即事后少一罅漏。目下北洋各务以旅顺用款为多，旅顺全工以此项机器为最重,倘有蹉跌,动关大局,非仅职道身名攸系也。至此项合同,职道与善威及怡和洋商宓克均属责无旁贷,拟恳宪台添派津海关周道共襄此举,协力图维,以补职道所不逮,并请饬税司德璀琳一并列名合同,以符该税司荐员建议之初心。俟各局、所覆议上呈后,仰恳饬发周道、德税司会商怡和行商宓克,在津定议缮写,先行盖印签字,发回旅顺由职道加钤,善威签字,照数分存。如其中字义少有变通,拟由周道与职道电商,倘怡和大有更改,则事尚未行,即请一概作为罢论,另招他商议办。是否可行?伏候钧裁核定批示祇遵。应如何奏咨立案及分别咨电出使英、德各国大臣之处,均候宪核施行。其德税司所拟发给印札一节,是否有当?应由何处给发?并乞宪示饬遵。再,所有职道现据洋员善威拟分头、二、三批购机器清单三件,并前接据德税司函怡和行商宓克原禀共三件,一并录呈钧鉴。其德税司函内所称,由洋行持图单赴洋选物,寄单再购,立意固甚周匝,然往返须多延半年以外,为时太久。职道与善威公商,恐误要工,且仍由洋行经手,于事无甚出入,是以未照所拟办理,合并声明。

计附呈合同稿一件、清单三件、抄函禀一件。

立合同。津海关道周、旅顺总办工程袁、津海新关税司德、旅顺帮办坞工善威、怡和洋行宓克于光绪十一年月日,即西历一千八百八十年月日,禀蒙钦差北洋通商大臣爵阁督宪李允,准由怡和洋行承购中国奉天旅顺口水师船坞需用各式机器。恐后无凭,立此合同。一式五纸,所有列名五人,每人各执一纸存照。所议各款规例开列于后。

计开:

一,怡和洋行代购机器不领定银,代垫银两始终不要利息。并按西国定章准由怡和承办之人向售物之厂取五分行用,决不另向中国索取丝毫。除怡和外,所有在合同华洋四员亦不向各售物厂索取丝毫。倘五分行用外,另有回头等款,应由怡和承办人缴充公款,以申报效。违匿不报,别经查出者,从重议罚。

一,采购机器以坚久得用为主。此次善威拟购各件均指上等最精之料能耐久用者而言,应俟合同定日两个月,由善威将大小机器分批照西国向章约计保准得用年限及用法得力之处,速开清单呈明旅顺工程总办,转禀宪台核定后,札发怡和遵照。倘既照高价,未到年限先已破坏,或用法不能得力,即系承购人未能尽心,或有以旧作新情弊,应于保准限内,责令承购人赶紧赔换,不另给费,仍看贻误工程轻重,临时酌量议罚。

一,现议选择急需之物作为头批,应俟合同定后,发给图式华洋单之日起,限八十日内全数运到旅顺,以期不误要工。倘过期十日,应扣付物价百分之五。其二批、三批须俟图单呈明宪台发下后,另按发给图单之日,照前起限。

一,所定机器均系全副运到旅顺即可立时济用,倘有不合原图单之处,即行退还怡和另办。脚价、保险一概不付。倘有损失器具致误急用者,除照数找补外,另议重罚。

一,该机器造成后,随地报明,请中国出使大臣派员赴厂详细查验。按照该厂发单核对件数无讹,果系合用,并无不妥应换之处,发给验单,方许上船运华。抵旅后,由洋员善威专司验收,另由旅顺工程总办派员协同查验。

一,所有承购机器经该商派人在西国大厂按照图单相合,议明价值后,赶即电致旅顺工程总办与善威处,候回电以为价值合宜,方可作定。一切价值听候中国出使大臣明查暗访,是否与该厂定价原单符合，如有浮冒，即照所查买价算付，仍另议重罚。

一，该机器以到旅之日为始，六礼拜内必须验收清完。是否合式付价，由旅顺工程总办禀咨到津，另由怡和赴海防支应局听候给领。其所核银数均照上海规平比湘平每百两少四两一律给付，不得用马克、镑价，致费周折。

一，议定由外洋直运旅顺，沿途并无关可报，所有水脚、保险等费均由怡和照最廉价值代付。俟机器验收后，将原单送由旅顺工程总办核验，咨津照给，其装箱驳力概不算费。

一，合同以华文为凭，不得借辞未谙华文致有参差，其购机器华洋单应一概作准，参互考证。

一，此次拟购机器款项甚巨，怡和承办人必当按照所发图单向外国有名望大机器厂再三考究，既须工坚物好，尤须实力节省，格外公道，以免旁观讥议。并议定所拟头批物名，连此项合同应请宪台核定后，咨明出使英、德各国大臣，刊列新闻纸。倘中外各商有能一切按照此项合同办法，而所购物价情愿比照怡和所购轻减，仍属工坚物好者，准该商赴津取具的实担保，呈明情节，候宪台核定，果蒙批允，即可与怡和分任采购机器之事，怡和不得另有异说。

头批器件计开：铁船门二只，船坞、东澳之用，照德文清单俱全，共约价银六万两。特拉斯三千吨，照德文清单俱全，约价银四万五千两。吸水机器，船坞用，计二百四十匹马力。火轮机器，计三百二十匹马力。水桶，长二十五迈当。铁门三个。以上四宗照德文清单俱全。四项共约价银四万二千两。磨特拉斯机器，照德文清单俱全，约价银二千两。造坞、澳用铁料零件，约价银四千两。小吸水机器，照德文清单俱全，又火轮机器，二项共约价银一千两。头批器件约共银十五万四千两。

二批器件计开：自来水铁桶，长二千五百迈当，宽七十五个米力迈当。又火轮机器。又吸水机器，共六匹马力。又铁门。又铜门。又水龙。以上六宗具照德文清单，六项共约价银一万两。造砖机器。又磨泥机器。又压砖机器。以上三宗俱照德文清单，三项共约价银一万两。船厂用造家生及船上零件各种机器，照德文清单俱全，共约价银七万二千两。大汽锤，打桩用。又火轮机器。以上二宗照德文清单俱全，二项共约价银四千两。德律风十副，照德文清单俱全，约价银一千两。各式电器灯，东澳门、船坞、船厂等处用。又火轮机器。以上二宗照德文清单俱全，二项共约价银一万两。船厂地下安放通运泥水铁桶，约价银二千两。造栈房用铁皮，约价银五千两。栈房用煤油纸，约价银一千两。船厂随时用铁料、螺丝钉、链一切等件，约价银一万五千两。船厂随时用铜、铅、锡、铁皮、麻绳、颜料、油布，约价银一万五千两。二批器件约共银十四万五千两。

三批器件计开：铁路。又铁路车。又火轮机器车。又铁路盘。以上四宗照德文清单俱全，四项共约价银一万两。大起重架，能起六十吨。又火轮机器。以上二宗照德文清单俱全，二项共约价银一万五千两。自行起重架。又火轮机器。又铁路。以上三件照德文清单俱全，三项共约价银八千两。又小起重架，约价银二千两。厂栈各处内用一切家生，照德文清单俱全，约价银五千两。船垫并稳船一切家生。又拢船绞关。以上二宗俱照德文清单，二项共约价银二千两。铁球自行水标。又水中泊船铁塔浮飘。又水师营务处零用各件。以上三宗俱照德文清单，三项共约价银二万两。浮码头，约价银八千两。铁码头，约价银二万两。存煤码头，约价银三万两。三批器件约共银十二万两。

以上头、二、三批器件约总共银四十一万九千两。

照抄德税司函及宓克节略 光绪十一年十月二十五日

径启者：旅顺工程浩大，用款甚巨。应购各物又需极精，承嘱设法免受蒙蔽，勿贻口舌，具征卓识公心，实深钦佩。旅顺现在须购船坞浮门船只及各项机器、塞门德土等物，此事诚关紧要。但派人往购不如专托洋行，应请阁下饬令善威将所需之件逐一开具名目、大小尺寸，绘成图样，缮具节略，先逐件估价，勿令人知。觅殷实洋行给与印札，派令持此节略、图样赴西国有名望各行品评价值，挑选货物，使各开清单邮寄来华。执事即将所来各单与善威所估逐一核对，检价廉物美之家，令该行定购，盖缘绘图之人止审式样，未必知物之好丑，且向不任采办之事，所以避嫌。而行家购物，其精粗美恶，价值低昂，无不深加考究。自顾门市，购到倘不合用，尚可退掉，是以与洋行订购较有把握，惟须极大行家方能垫银代运。虽则先将银两汇去用费较省，令洋行垫银用费稍大，然此费出于售主，于我无伤，且可与该行言定用费每百两该行净得若干，其余仍令缴回，于款项不无裨益。本税司在华多年，深悉此中利弊，凡新关应购物件莫不照此办理，一则不为人蒙蔽，再则货物均可比较，又有洋单电信可凭，不致受人訾议。因承垂询，覼缕陈之。再，本税司顷与怡和洋行再三商酌以何法办理于中国最为有益，兹据该行主美基开来节略，用特送呈台览，即祈贵道查核采择为幸。

英商怡和洋行宓克谨呈宪鉴。窃查购料一事，既承宪台委托，当照发交清单，在外洋选择何厂素最驰名、价廉物美者详慎购办。所有厂内各项扣回之银当必如数缴还，以昭核实。其水脚、保险亦必竭力节省。如所购各物运抵旅顺，倘验有不甚合用之件，可以退换。如于订立合同之日交付定银三分之一,可算二分五厘行用,或定银先不交付,则行用按五分照算。水脚、保险皆按原单核付。所有价银等项皆俟运至旅顺验收后如数付清。又,拟自外洋装船径运旅顺,不绕上海,可省水脚甚多,合并声明。

照抄善威移送怡和洋行宓克禀　十月二十八日到

英商怡和洋行宓克谨禀大人阁下:敬禀者。窃查前呈代购外洋物料节略,如奉委办,本行当按照发交德文清单选择素最驰名、价廉物美之厂详慎购买。自彼装船径运旅顺,不绕上(洋)〔海〕,以节糜费。所有共该价银若干以及保险、水脚等项,现不须承领定银,统俟购件运抵旅顺,在四个礼拜内,由天津核照原来各清单如数赏发。倘验有不符原单之物,本行情愿退换,以期合用,而昭核实。至本行既承委任,除领取五分行用外,其厂内应行照章扣回之各项银两,谨当悉数奉缴,藉伸报效之忱。所有代购外洋物料缘由,理合禀陈宪鉴。倘邀俯准,应请发给本行委札,用凭信守,实为公便。是否有当,伏希核示遵行。

照抄德税司复函　光绪十一年十月二十九日

顷奉贵道照会,内开,怡和洋行代购机器所禀不领定银,代垫银两自应始终并无利息,其五分行用亦应取自售物之厂。希即逐层指询宓克,克日见复等因。本税司当询怡和行商,据称,代垫之银自当始终不要利息,至五分行用实系取自售物之厂,决不另向中国索取丝毫。等情。相应函复贵道查照核办。再,所有怡和行代购此项机器之事,前后各节亟应订立合同,用华洋文缮写,以昭信实。本税司拟日内会同海关道台周大人商定后,即饬怡和行商照办,尚希贵道函请周大人届时与本税司商办,实为公便。

旅工重要陈请奏派大员督办禀

光绪十一年十二月初九日

窃自古非常之事,必待非常之人。夫所谓非常者,不仅以才智论也。大易之道,重时与位,无其时,无其位,虽百管晏不足济,况其下者乎?溯自同光以来,外患日棘。一时名公巨卿,争思奋起自强,于是有同文馆、机器局,置船购炮,创设船政各事。二十年间,粗有成效,而群议众谤,百计相挠,一时从事其间,身败名裂,横被萋斐者,亦不知凡几矣。即以船政一事论之,文文忠、左文襄两巨公中外夹持,以沈文肃之精神才力,特奉明诏,权任比于开府,犹且辅舌交腾,百折千回,乃底成绩。每披文肃遗稿,未尝不叹任事之难,为之慨然以思,悚然以惧也。迨及今日,闽厂成船日少,经费日减,然犹沿袭成规,特命星使董其全工,良以事任太巨,经手银钱太多,非高位重权以副之,则呼应既恐不灵,众情亦难镇摄,譬如广厦宏梁而承以(束)〔朿〕莛之柱,正恐立见倾覆也。今旅顺船坞各工,殆亦非常之举也。工程机器用物,在在参用洋法,绝无例案可循。洋员动以西国往事为言,若曲徇所请,则财力实有未能,体制又多不协;若专守常经,则巨工终无成效,转更贻笑远人,斟酌其间,颇难裁定。加以陆地距津两千余里,倘时际封冻,或轮船乏便,势不能随时随事请命以行。现据洋员估计需款约在百三十万,传之道路,已骇物听。从来临水施工,变迁莫必,大禹圣人躬亲胝胼尚且久而后定,况在常人?若天时人事稍有未齐,或相机度势,必有临时酌添之用费,出款稍溢原估,便苦不敷。拘文法则必误要工,期坚久则弥增大费。非放开眼界,通盘筹画,曷能有济?夫谋大事者,欲速则不成,惜费则不成,其理显而易见。然费百数十万帑金,收成效于两三年以后,窃恐工未举而疑议已滋,事未成而谤书先盈箧也。职道仰蒙宪台知遇,至优极渥,当此时局多艰,非不欲少竭驽钝,效铅刀一割之用。自壬午冬,奉命东行,承乏斯役。昨岁法讧朝危,此邦岌岌,枕戈仗剑以从诸将后,握蛇骑虎,甘荼如荠,良以世臣之义,国士之知,不敢避危险以乖素志也。顾念今日,船坞工程帑项太多,责望太重,自揣材力万万不能胜任,非存量而后入之心,敢忘陈力就列之义。窃谓此等巨工,似宜用在京实缺四、五品卿,或在外实缺两司,先行加以卿衔。虽不必与船政比隆,亦当略仿其意。宪台遴选得贤,奏明特派,重其事权,庶几观听既肃,众志一新,官与事称,奏功较易。职道愚昧之见,是否有当,伏候钧裁采择,早见施行,旅工幸甚,职道幸甚。披沥上陈,无任悚惶急切待命之至。再,职道在旅四年,经领工款均系专派妥员随时登记。现已一面分檄随员汉纳根及牛提调昶昞、王提调仁宝等各就所领之款,所做之工分别赶造销册。倘蒙宪恩,俯鉴愚诚,奏派大员督办全工,俾得早释重肩,借可腾出心力,赶速清厘,三两月间可以蒇事。现当工务万紧,仍应勉策驽下,竭力扶持,亦决不敢以沥禀陈情便存诿卸,合并陈明。

拟请旅防添设制造局禀　光绪十一年十二月初九日

窃旅顺船坞费帑百数十万,原为修理铁舰及各兵船起见,惟通计北洋各船为数无多,除机炉伤损难以预料外,即以每岁髹漆刮磨之工计之,逐一见新,用两三月足矣。此邦地非孔道,又非通商口岸,若待商船来此修理,恐间岁难得一二艘。论者或谓,欲拓久大之图,非添铁舰不可;欲免漏卮之弊,非自造铁舰不可。以重款造此坞,能修铁舰,既能造铁舰,是诚确论。然中国风气初开，闽厂各工各匠仅解木船，未必深知铁舰，纵有洋将指引，旦夕亦未必学成，且开煤炼铁，百事皆未举行，倘取材仍自外洋，抑又何从节省？况目下度支竭蹶，巨款难筹，屈指计之，恐十年中未必遽有自造铁舰之事也。此坞一成，办事华洋各员及在厂各项华洋工匠人数甚多，岁支薪工积成巨款，无船可修并无事可办，长此虚耗廪糈，决无是理。若平日裁减工匠，临时再行召募，则此地僻在海岛，决非津沪可比，迨急欲修船而越海召匠，临渴掘井，势必贻误，且近日各省竞言制造，凡工匠技能出众、朴质可靠者，早已争为罗致，临时募集，必皆贱工，更恐所修之船，终鲜实效。凡此数端，皆宜预计通筹，久远措置殊难。职道数月以来，早作夜思，计惟有就此局面，增添机器厂屋，加一制造局，专造枪子炮弹，必期能供旅防枪炮之用者，似尚一举两得，盖旅防已成重镇，倘有战事，实当首冲，向来子弹取资天津，隔海解济，苦不能多，巨炮重弹，尤属烦难，到库后珍惜不发，则打靶太少，操练难见起色，按月供操，则库无余储，缓急又将何恃？且后膛枪炮机灵易损，将领留心此事者，每以无处修理为言。鱼雷机厂专供本用，势难责以兼营。果得制造与船坞并设，庶可多养良工，又不致虚糜月廪，于修船本义及海防、军储、炮台均属大有裨益。窃尝与提调牛倅昶昞、鱼雷厂霍都司良顺及洋员善威筹论此事，佥谓亟当举办。惟牛倅、霍都司以为，就此轮机多挂皮带，多添各机器、车床之属，约须数万金当可集事。善威以为必另添锅炉，另建厂屋，则其说不甚相同。职道于船坞、制造两事均属茫昧，惟在旅数年，于旅事略知一二，反覆筹思，非此莫济，尤须及早定议，方免暗中亏耗，拟恳宪台饬下天津机器、制造、军械各局、所悉心妥议，倘可见诸施行，拟俟议定，奉宪核准后，再由职道与善威、牛倅、霍都司等条析办法上陈。一得之愚,是否有当,伏候钧裁批示祗遵。

请将怡和所拟合同并饬核议禀

光绪十一年十二月十一日〔附怡和合同善威条陈及约略〕

窃职道于本年十二月初七日,肃就拟购机器一禀,待船便未发。旋于初八日,准津海关周道抄寄德税司送怡和自拟合同稿一件。又于初十日,据洋员善威开送条陈购机器利弊八条,约略合同式六条。职道详加考查,怡和所称,代购各件如由善威验有与原单不符之物以及合同辩论等事,均请德税司作证平断,与从前宓克节略自称,不甚合用之件可以退换,及宓克禀内验有不符原单之物,本行情愿退换,以期合用,而昭核实。各等语大相径庭,殊觉前后矛盾。职道与善威公同披阅,均为十分诧异,盖此事所以议办者,原为宓克历次节略、禀函公平结实而起,若验有不符而请人平断,则图单均属不可凭之物,何必如此委曲繁重?且既不符原图原单,即不能得力济用,贻误要工,为害甚大,恐更有以楛为良,以旧抵新情弊。闻向来西律所谓请人平断者,不过量定罚锾,将就了事,决无退回另换之事,则是轻改前说,未免有乖信义,怡和体面巨商,当不至此。若谓平断后不符者必仍退换,则有图有单,凿凿可据。承购者既不能任意含糊,验收者亦不能无端挑剔。何如仍照前说,直截了当,而故为此周折耶?此外付银运物各日期及所称装箱费用均与职道现拟合同底不符,未便曲从所请,谨将原件录呈钧鉴,拟请仍照职道前禀所陈核议,此纸可勿庸议。至善威所呈条陈八条,极见尽心。其第一条、第八条不必登列新闻纸各语固是推诚以待怡和,然合同本为防弊起见,无取一味呆实，且职道所指者商，善威所指者厂，似觉误会歧舛。其第四条最为切要可行，惟认五个月银息则吃亏太大，似须变通。其第二、第五、第七各条似仍执定该洋员前请自购之初心，言外不以商购为然。果如所请，则选择图式，电定物件悉是善威与各厂来往自办，怡和仅作承运之人，该行转得坐收五分行用，逍遥事外。倘有不合，该行岂肯任过？又将责令何人退换？其往返延迟，不济急用各节，更不待言，反覆筹思，恐有窒碍。惟此事关重大，亟应周咨博访，谨将该员开送条陈及合同式一并录呈钧鉴，拟恳宪台饬交津海关周道等归入职道前禀案内，一并妥议，呈候宪核。是否有当，伏候钧裁批示祗遵。

怡和自拟合同稿

立合同：大清国总办旅顺澳坞工程代理人二品顶戴直隶前先补用道袁，英商怡和洋行代理人宓克。今将商订代购外洋机器物料各款开列于后。照缮两纸，各执一纸，盖印签字为据。

一、中国旅顺口澳坞机器局三处所用各项机器物料委托怡和洋行代购。

二、所购各件按照帮办旅顺澳坞工程洋员善威开具之图样及详细德文清单交由怡和洋行妥慎代购。

三、善帮办所开清单内如指定在何厂购买，怡和即行照办。或由怡和作主选择最为价廉物美之厂，照单代购。

四、怡和应允所有代购物料价银以及保险、水脚等一切费用皆由怡和垫付，不取利息。又，中国承保，旅顺工程总办应允，俟购件运至旅顺，于一个月内，又在天津将怡和所垫各款如数付清。

五、现议怡和代购各件如由善帮办验有与原单不符之物以及合同内或有辩论等事，皆请津海新关德税务司作为证人，从公平断。

六、怡和代购各件言明不领中国丝毫用银。至厂内应行照章扣回之银,怡和除取五分行用之外,倘有余项,当悉数缴还中国,即在交明购件时发给价银内照算扣清。

七、怡和应允将厂内原开清单属缮两分,一在外洋呈交中国钦使公署,一俟购件运至旅顺交卸,同时交给澳坞工程总办,以昭核实。怡和又允于购件定妥及濒装船时,两次禀明中国钦使署,以备派员勘验。

八、现订怡和因购件所用一切零星使费情愿自备。至水脚、保险、装箱等项,怡和亦必格外节省。但有可以从减之处,定当设法妥办,以裕中国度支,借伸报效之忱。

九、一切日期当照旅顺工程总办所拟订者办理。今将拟订各日期附后。

自中国寄购物单至外洋须六个礼拜。

在外洋厂内商订各件须四个礼拜。

在外洋厂内定购各件应将商订告竣日期于所立合同内载明:自外洋将购件运至旅顺须十个礼拜。

善威条陈

敬启者:凡向外洋购买机器,其中利弊约有数端,兹为贵道陈之。并附呈外洋约略合同式样。

一,登新闻纸购买法。可买者不过石、木、白灰之属,若有关系大机器,其弊正大凡一登新闻,各小机器厂皆闻风而来,争相揽卖,大机器厂反裹足不前。其故何也?凡登报者意在求贱价。大厂物精,不能贱售,恐坏其字号,小厂则价贱而物不良矣。如小厂价贱而不买,该厂必捏造谣言说经手者有意侵蚀,以故外国工程官皆不愿此法也。

一,随意采买法。凡外洋各厂大宗机器,一宗皆有数式。此式乃该厂常作者,其物必精良,价必便宜,更能包管合用。若工程自行绘图订买,将来设有不合,该厂一概不管,此一定之理也。法当略具一图寄往西国各厂,与其商酌,或由我图中增改数事,或均依彼式,令其开一清单并尺寸、马力、价目若干,速为寄来。我们择定何厂何式后,再为寄回立合同。

一,令机器厂包年限。此事虽妙,但不便处颇多。凡包年限,该厂必派一铁柜前来看守工程,工匠及一切安置皆须听其指使调度。况所买者不止一厂,即如火轮机器与吸水机器各来一看守之人,吸水要快,火轮要慢,彼此相争,调停不易,此亦一定之理也。如不令其来人,仍须包管年限,亦未尝不能,但价当高数倍,则不上算。

一,凡紧要大机器安放调度颇需时日,必须先与该行订明:机器到旅后,小机器一月领银,大机器六月内领银。此六月中或用一二次,知其不好或未用即知,当即退还。一月者无息,六月者酌给利银若干。如此办法即不令包管年限亦可矣。

一,凡顶好大机器,外洋各厂均无成物,必须现订,工好日子亦多,价银亦不能预定。凡此在西国皆不愿派商人购办,必选知工程之员能定物价、深明好坏者前去。其利有二:一,能顾公事,撙节度支;一,能保管机器优劣。即如此事一归商手,我们全无把握。倘该商买价昂出估单之外,将来均贵道与威之责,更不可不虑也。

一,现分三批购办,此法甚良。其利有三:一,现在坞澳房间未盖,倘各件一拥而至,直无地可容;一,头批交其采办,伊已知以后尚有二批、三批应购,头批中物料、机器不敢不小心谨慎以揽后二批买卖，如其不知谨慎，可即另换他人；一，头批过费银两当于二、三批省俭撙节估单原数。

一，头批亦分为二。如特拉斯小机器并铁料皆有现成者，亦不甚紧要。要紧者惟吸水机器、铁门、大汽锤等物，必先遣该行商人前往等候，当听我们调遣，不准自作主意。其不甚紧要者，交其一单，令其随处采购。每买一事必先发电来问，俟回电再定速速运华。如紧要机器，我们自行去信并图，寄往各厂询问，如前所云，与厂商量增改，令其开列清单办法，俟其回信到，择其价廉而物良者为定，再与住西国之人去电，令其前往某厂购买何物，拨价若干，商立合同。而我们未定之先，该住西国人并不知买何厂之物，此防弊之道，大约往返四月中必能定准矣。

一，怡和洋行乃殷实商人，可以任办此事。遇有不虞，该行必能赔补。新闻纸买法其弊甚大，威所不取也。

以上各节皆外洋条规，未知贵道以为如何？即乞核示，是所切盼。

约略外洋合同式样六条呈览

一、该行要立保票，实报实销。不准多赚分文，违者或罚运华船价，或另罚银两。

二、已说明五分行用外一毫不取，然在外国买机厂原底帐必要呈出，厂中付银若干，找回回头银若干，须令众目共见。

三、各物运旅后，先给收条。来箱若干，装物若干，不要紧者等一月，要紧者六月，听候验收。一月者无息，六月者酌付五月利银若干，仍约定中国银贵许在兰墩付金，金贵许在天津、上海付银，均听我们自便。

四、车船均要保险。如用本行船，当与时价相同，否则受罚。

如包整船装运机器，不准私带一物一人，违者议罚。

五、凡遇有应议事件，两家当先各请一人主之。如工程请德司榷是也，外再约一中人共主之。小事二人共议，大事则听中堂及该国领事官发落。

六、不论何时，倘有不合之处，准工程另换人采办，不论采办何物，均须听工程官调遣，不准该行自作主意。

派员接替故员差缺并请议恤故员禀

光绪十一年十二月二十日

窃职局澳坞工程司事候选从九品陈悦才在工数年，经王提调仁宝禀派专管土工银钱事，廉介诚笃，一尘不染。自去冬患病甚剧，屡请离工赴内地医治。职道以坞工方急，银钱重任，未允所请。秋冬复患疮证，于本年十一月二十三日在工次病故。所遗差缺现值帑项支绌之时，职道非不欲裁员节费，惟刻下土工方急，船坞与开宽南泊岸工程同时并举，在在需人。澳工委员、司事经今夏节次裁减后，人实无多。体察情形，不得不暂时派人接充。据王提调禀称，查有文童叶敬熙，句稽精核，人极谨慎，若令接管银钱事宜，可期无误。可否仰恳宪台准以文童叶敬熙留工当差，接充澳坞工程司事，出自钧裁，倘蒙恩允，并拟由职道随时查看。倘坞岸两处土工办有头绪，人员可敷兼顾，仍即禀裁，以节经费。该司事陈悦才月支薪水湘平银十一两，业经支至十一月分止。其自十二月分起，拟由叶敬熙照数接支，俾资办公。至陈悦才在工积劳病故，与本年八月间，职道禀请将在工病故委员龚树梓等援照海防军营议恤，仰蒙恩准成案，事同一律，拟恳钧慈准将在工积劳病故之司事陈悦才援照龚树梓等成案办理。是否可行，均候宪裁核夺批示祇遵。再，职局差弁军功李春和于本年十一月间请假离工,该弁月支薪水湘平银八两,业经支至本年十一月分止,拟自十二月分起,即将此项差使裁撤,薪水住支,仍由职局移明海防支应局知照,合并声明。

遵饬开送水雷营应送局所案据禀

光绪十一年十二月二十二日

窃职道保龄于本年十二月初九日,奉宪台札开,旅顺、山海关、大沽、北塘雷营凡关涉水师各项,由支应局、军械所查案,分别汇开。惟旅顺各项恐局、所案据未齐,应饬袁道、刘道克日开送该局、所核办等因。奉此,除鱼雷营开送事宜应由刘道办理外,查旅顺水雷营自光绪十年二月间创始,募集成营,经职道等拟议营制饷数,一切悉仿大沽水雷营。计全营管带、帮带、队长、弁目、雷兵、水勇、书识、号令、火夫等共计一百三员名,每月应支薪饷银六百四十四两四钱,因缺帮带官一员未补,实止一百二员名,每大建月支领薪饷银六百二十四两四钱。是年九月间,因海防吃紧,禀明续募余丁一队,计弁目、兵丁三十一员名,每大建月支领口粮银一百二十八两。另有在营学习水雷,分管旅顺电报局及防营电报共大学生三名,每人月支薪水银七两,小学生三名,每人月支饭食银三两,核计学生六名,每大建月支银三十两。本年三月间,又经职道等禀请,将该营所缺帮带一员改用华文教习,奉准后,禀派文生刘之庄充当教习。自本年四月分起,每大建月支薪水银二十两。加以全营每人每日柴草银五厘四毫,每大建月支银二十一两七钱八厘。统计该水雷营每大建月共支湘平银八百二十三两七钱八厘,均经随时分案禀蒙宪台批允,饬下海防支应局知照。并经职道等饬据该水雷营管带方弁凤鸣分别造具起支日期清册,于本年七月间咨送支应局在案。通计全营惟华文教习一员系本年九月间禀定之案，现另饬据方弁造具教习刘之庄起支日期清册，仍由职道等汇同该营制造清册咨送支应局以免疏漏，谨将该雷营先后呈送全营官弁、兵丁、学生、教习等起支日期清册四本，光绪十年分制造用款清册一本，一并转呈宪鉴。其该营应领薪粮，除全营弁兵每季在支应局具领外，惟大小学生六名、教习一员因起支或先或后，仍在职工程局按月支垫，拟截至本年十二月为止，核数另禀归垫。自光绪十二年正月分起，均由该营管带随同弁兵正饷按季在支应局具领，以昭划一。至该雷营领用雷电各器具，向系该营管带拟单，由职道等妥核删减，禀明宪鉴，在天津机器、制造两局及军械所或领或购，随时由津酌办，大略均与大沽雷营相仿。惟上年海防吃紧，待用既急，运济不时，或值冬令封河，无从请领，又未便旷日误操，间有赴烟台、上海购买物件之事。以上年及本年春夏季计之，每月约用银百两有零，均经随时严核，饬列制造册内备查。其支销定法则系由职道等咨商，照大沽雷营所造款式，分别雷电器具、五金各款以备查考，由该营每季照造五分呈送，除存职工程局一分备查外，咨送天津军械所留存一分，并由军械所会同职道等详呈宪台一分、吴会办一分，咨送支应局一分，现查送至本年秋季在案，此外查无军械所案据，拟恳宪台饬下天津军械所知照，除分咨外，所有旅顺水雷营应送局、所案据各缘由，理合禀覆，伏乞钧裁核夺批示施行。

补陈赏给水雷营兵丁皮衣禀 光绪十一年□月□日

窃旅顺水雷营需用旗帜、棉夏粗布各袄裤、头巾、草笠、布靴、雨帽、雨衣及大操排队所用羽毛袄裤等件，均于光绪十年二月间募集成营之始，经职道等仿照大沽雷营章程禀请制造。迨添募余丁时,复经援案声请,均蒙宪恩准行。当转饬该管带按式制造,分交兵目穿用应操,各在案。惟查旅顺本在海滨,雷营地当海口,每逢冬令,风雪凛冽,迥非他处可比。查光绪七年十二月间,大沽雷营刘道、罗副将等曾经禀奉宪台批允,赏给该营兵目皮衣,系每人发给青搭连布面老羊皮筒皮袄一件。去年冬间,旅防吃紧。各弁兵昼则操作不息,夜则分班瞭望,无非往来冰雪之中,势不得不多方激励,以鼓挟纩之欢,而作同仇之(气)〔忾〕。职道等公同商酌,由职工程局先行借款,饬令该管带照案购制,赶速办成,并经派员点验,均颇坚实。惟彼时防务方急,职道等终日巡历营台,未能先事禀明,请示遵行,实属冒昧,理合据实补行禀陈。可否仰恳宪台准赏旅顺雷营全营兵丁等皮衣之处,出自钧裁。倘蒙恩允,拟由职道等督饬该管带汇入应报销各项例定衣靴册内,呈报到局,分别禀咨备核,其应领款项即由职道等前经领回银一万两内核结另禀。是否可行,伏候钧裁核夺批示祗遵。再,据该管带方弁凤鸣造呈本年秋季操演日记册三本,理合附呈宪核。

卷　九

根墙[①]工程完竣请派员验收禀

光绪十一年十二月二十六日〔附清折〕

窃旅顺黄金山炮台根墙工程前经职道遵商刘道、王镇、汉随员等拟定后，禀请兴办。本年四月间，奉宪台批开，仰即督饬该提调等撙节妥办，勿任草率浮縻等因。奉此，遵即督饬牛提调昶昞、王提调仁宝等撙节修造，并于赴台看操之便时往查验，已于秋间一律完工。据该提调等开折呈报前来，职道复加亲勘，并将用过银两详细核算。因地势上下广狭，须于该台兵平日行走及有警备战处处合便，准王提调随时面商，略加变通，有为原估所无者，有较原估丈尺减节者，计连减工并节省比较原估单银数实少用银五百八十四两零。工程虽不甚大，而减银颇不为少，则该提调等苦心核实之效，亦职道始愿所不及，谨将原呈用数做法清折照录，恭呈宪鉴，伏恳饬派专员验收，以昭核实。所用银两仍照前禀，在海防专款项下动支，拟俟验收禀复后，再当饬该提调等照录原折一分，呈由职道移送海防支应局核销。是否有当，伏候钧裁核夺批示施行。

计呈清折一扣。计开：

---

① 根墙，原作“墙根”，据文意改。

修筑黄金山炮台根墙。工长八十六丈。外高一丈,内高六尺,均高八尺。顶宽八尺,底宽一丈,均宽九尺。每丈用一、二、五方块石五方七尺六寸,共石块四百九十五方三尺六寸。铺墙内根脚。工长八十六丈。均宽三尺,均高五寸。每丈用一、二、五方块石一尺二寸,共块石十方零三尺二寸。添筑马道西边围墙。工长十七丈。顶宽三尺,底宽三尺六寸,均宽三尺三寸。均高七尺五寸。每丈用一、二、五方块石一方九尺八寸,共块石三十三方六尺六寸原估无。又,西头门墙。工长二丈八尺。顶宽二尺八寸,底宽三尺二寸,均宽三尺。高八尺。每丈用一、二、五方块石一方九尺二寸,共块石五方三尺七寸六分。原估无。四共用一、二、五方块石五百四十四方七尺一寸六分,每方湘平银九钱,核湘平银四百九十两零二钱四分四厘四毫。每方用大工四名,共大工二千一百七十九名,每名湘平银一钱五分,核湘平银三百二十六两八钱五分。每方用小工八名,共小工四千三百五十八名,每名湘平银一钱二分,核湘平银五百二十二两九钱六分。每方用水工二名,共水工一千零八十九名,每名湘平银一钱二分,核湘平银一百三十两零六钱八分。每方用黄土二尺,共黄土一百零八方九尺,每方湘平银一两二钱,核湘平银一百三十两零六钱八分。每方用麻刀二斤,共麻刀一千零八十九斤,每斤湘平银二分五厘,核湘平银二十七两二钱二分五厘。每方用白灰九十五斤,共白灰五万一千七百四十六斤半,每百斤湘平银二钱八分,核湘平银一百四十四两八钱九分。砌水沟用石条八十一丈,每丈湘平银一两一钱,核湘平银八十九两一钱。运石条到山车价,每丈湘平银二钱,核湘平银十六两二钱。清挖根脚工夫三百二十名,每名湘平银一钱二分,核湘平银三十八两四钱。原估无。添做西营门大门一副,用松木二料二分五厘;门框一副,用松木五分五厘;过木一副,用松木六料六分;过楹一根,用松木三分二厘,四共用松木九料七分二厘,每料湘平银五钱五分,核湘平银五两三钱四分六厘。木锯匠十五名,每名湘平银一钱五分,核湘平银二两二钱五分。铁钉八斤,每斤湘平银五分,核湘平银四钱。运料夫工三名,每名湘平银一钱二分,核湘平银三钱六分。统共核湘平银一千九百二十五两五钱八分五厘四毫。

原估根墙一百二十丈。嗣因北面营门内地基狭窄,减筑根墙三十四丈。添造西营门墙并马道围墙共十九丈八尺,较原估少做十四丈二尺。原估湘平银二千五百一十两零五钱二分,现用湘平银一千九百二十五两五钱八分五厘四毫。较原估连减工并节省,计少用湘平银五百八十四两九钱三分四厘六毫。

另修蛮子营炮盘转送估折禀

光绪十一年十二月二十六日

窃职道等于本年十二月初八日,据随员汉纳根移称,蛮子营炮台上年因防务紧要,暂以镇海兵船之炮借设,故炮盘、土墙等项均就当日所设之炮而做。该台应设十五生脱炮四尊,业已运到,自应早设,以重操防。惟此项炮身长大,与前做炮盘不合,须将土墙挪宽,另修炮盘,即库房、炮房等亦须添造,方能合式。计修改土墙需用工料银一千十五两一钱六分大厘,添造库房需工料银二千二百四十六两七钱三分三厘,两共湘平银三千二百六十一两八钱九分九厘。相应核实,造具估册,备文移送,计估折一扣。等情前来。伏查蛮子营炮台现添十五生脱炮四尊,极为得力,惟视前借设镇海船炮长短迥殊,该随员所拟增宽土墙,另修炮盘,添造库屋炮房均系当做之工,于防务不无裨益,当经电禀,奉谕,派员会汉覆估核减,又须结实经久等因。遵即饬派牛提调昶昞会同汉随员按照原折覆估核减,切实拟定办法去后;旋据牛提调禀称,遵会汉随员按照原折所开数目与原拟办法逐一详细会估。其原拟另修炮盘,添造炮房库房,修改土墙,各工做法均属结实经久。原估工料银三千二百余两,切实核计,亦属相符。等情。声覆前来。又经职道据情电禀,奉谕准行在案。本月二十四日,该随员照原送估折另录两分,请为分别禀咨领款。除移支应局外,谨将该随员送到估折转呈宪鉴,拟恳饬下海防支应局在厘金项下照数核发,仍由职工程局具领,核酌工程情形,随时分次转发。是否可行,伏候钧裁核夺批示祇遵。再,上年海防吃紧,昼夜备战,该随员任事甚勇,随时与职道等共筹,遇有应做之工,或已经估定而做法别有变通,或并未领款而由职局通融挪垫,及该随员已领到手之款挪彼垫此,但求于事有裨,未敢拘泥成法,是以应结之帐,应报之款,多因此未能核办。现正赶速清厘,拟截至本年十二月为止,无论已否禀过有案,一律据实开报,分案禀陈。惟目下海防解严,与从前情势迥殊。事有经权,时有常变,又未便尽援缓急非常之时视为常例,转致漫无限制,更非慎重度支之义。拟自此次蛮子营添修炮盘案起,所有该随员经手各台应添应改之工,无论当做与否,均须待职道等转禀,奉宪核定,奉准立案后,方能照办,领款准销,以重帑项。职道等公商再四,意见相同,是否有当,均候宪核批示施行。

导海船洋匠尽行裁撤禀

光绪十一年十二月二十六日〔附清单〕

窃导海大挖泥船曾经前出使德国大臣李雇定洋人三名,由使馆订立合同。一为船主丁治,每月给薪水一千马,由使馆付其家五百马，由华付给五百马，另给饭食每月英洋三十五元；一为挖泥管轮士本格，每月给薪水九百马，由使馆付其家三百马，由华付给六百马，另给饭食每月三十元；一为挖泥水手头海力希康喇脱，每月给薪水六百五十马，由使馆付其家三百二十五马，由华付给三百二十五马，另给饭食英洋二十五元。均于光绪十年六月间，随船到旅顺后，经职道等与随员汉纳根公商，照原订合同内开：到后可留用一年之说，向该三洋人告知，并派通晓德语之鱼雷营刘弁芳圃向其婉商，以旅顺非通商口岸，不能随时探悉镑、马各价，议定以四马克作洋一元，每洋一元核湘平银七钱零五厘，一律照发湘平宝银，免致饶舌，该洋人等均各允从。除由德国使馆发给者不计外，实计旅顺所发丁治薪水、火食每月核共湘平银一百十二两八钱；士本格薪水、火食每月核共湘平银一百二十六两九钱；海力希康喇脱薪水、火食每月核共湘平银七十四两九钱六厘二毫。自十年六月二十五日，即西八月十五日起，均按前数照时给发，至十一年七月初八日，即西八月十五日止，一年期满。彼时职道等体察情形，所派学习华船主张兆权、学习华管轮李祥光尚未十分娴熟。据前管导海黄委员建藩禀请核酌前来。职道保龄于本年六月间，在津面禀宪鉴，拟将该洋人等展留六个月，并嘱汉纳根、善威赴该船先行告知，该洋人等均各乐从，仍令按月做工，薪水、火食银两亦仍照数按月发给，未与另订合同。迨十月间，导海船急须修理，经职道保龄在津与大沽船坞商定，将该船拖赴沽坞。自十一月初起，正在裁减华匠薪粮之际，职道保龄因思该洋匠等薪工甚重，即于十一月初，由津将该洋匠等三名仍带回旅，嘱汉随员向其妥切开导，谓从前虽有留用六个月之说，并未甚定，刻下船已进坞，无所事事，除士本格经善威请归船坞当差，另行办理外，其余二名果肯即时作为期满，其原订合同应付在路薪水及川费各款必不短欠。该船主丁治、水手头海力希康喇脱情切思乡,亦皆应允。惟丁治再三哓渎,谓从前送船来华时,使署曾允,果无差失,另给赏犒。职道等折以此等空言不能为据,且果有此事,何以到旅并不声明,临去乃复言?及该船主仍恳求不已,汉随员复为申请,欲援上年帕克士等帆船到旅,犒赏船主成案。职道等屡与辨论核减,乃定为犒赏三百马,核湘平银五十二两八钱七分五厘,以视坐耗两月薪工则所省已多。该船主丁治、水手头海力希康喇脱亦皆欢感宪恩,均于十一月初九日附搭利运赴沪,另搭商船回国。其应行付给银两,除由出使德国大臣许照发半薪各款截至光绪十一年正月初八日止,业经职道电禀,奉谕准行外,所有在旅付给在路薪水、川费等均照原订合同开载数目,由汉随员连犒赏银两一手付给,办理颇为妥协。准汉随员移会逐款开具细数,并将该洋匠等收据附送前来,谨将原文另录,附呈宪鉴,伏乞饬下海防支应局查核立案。其士本格一员在导海船应领薪水,亦与言明截至本年十一月初九日,与丁治等同日住支,以昭画一。其十一月初十日以后应归船坞工程案内,另行禀明,由善威经手转发。再,该导海船上年六月到旅之始,洋船主丁治暨随员汉纳根均力称此船机器挖力为中华所未有,必须多留洋匠乃克有济。职道等驳减再四,留定洋匠四名:一曰副管轮核粗,月支薪水银六百马,又火食洋三十元,共核月支银一百二十六两九钱;一曰副管轮为而得,月支薪水银二百五十马,火食洋二十五元,共核月支银六十一两六钱八分七厘;一曰水手司特巴;一曰水手格温瓦而脱,均系月支薪水洋五十元,火食二十五元,每人核月支银五十二两八钱七分五厘,均由汉随员向其说定按月发薪,如不得力,随时辞退,不与另立合同。该洋匠等做工均尚妥适,惟洋匠比华匠耗费太重,一人可敌数人之薪，一人未必实抵数人之用。职道等随时督饬各员匠认真学习，必期早将洋匠辞退。已于本年四月间，将此四匠同时撤去，自行搭船离旅。计自十年七月分起支，至十一年二月十二日止一律住支。统计该船前后留用洋匠七名，现已全行裁撤，合计在柏林及在旅发款每月约可节省银八百三十余两。除该洋匠等支款饬由该管委员运同黄建藩、从九郝云书等经领列册汇报另呈外，谨将该洋匠等始终在旅薪水、火食及上年丁治经领各用款，由职道等先行开具清折，恭呈宪核，伏乞饬下海防支应局知照，其支过银两拟由职局前领导海专款一万两内列销。所有导海船洋匠尽行裁撤及支过薪水数目各缘由，理合禀陈，伏候钧裁核定批示施行。

计呈洋匠七名用款清折一件。照录汉随员来文一件。计开：

洋船主丁治十年六月到旅，由随员汉纳根经借给银八百两。嗣据该船主函报用帐，交由鱼雷营差弁刘芳圃译开：借银八百两，在烟换洋一千一百三十一元三角。计在天津客栈用洋二十九元五分，由烟到旅购办火食用洋一百三十七元五角，在威海卫住十余天，用火食洋六十六元，在烟台客寓用洋四元，在烟台付舢板价用洋一元，各德人领半月薪水用洋八百四十五元九角四分，在威海等处往来川资用洋六元。共一千八十九元四角九分，仍余洋四十一元八角一分。核银缴回。实借用银七百七十两五钱九分六厘二毫七丝。丁治薪银除由柏林使馆按月付给不计外，自十年六月二十五日，即西八月十五日起，至十一年七月初八日，即西八月十五日止，月支银五百马克，每四马克合作一元，共洋一百二十五元，又火食洋三十元，二共洋一百五十五元。按每元七零五，核共月支银一百十二两八钱，计十二个月共支薪水火食银一千三百五十三两六钱。又，自十一年七月初九日起，截至十一月初九日止，计支四个月银四百五十一两二钱,连前统计支银一千八百四两八钱。丁治由汉随员经付,找给一月辛水一千马克,仍照四马克合洋一元,每元核银七钱零五厘,共银一百七十六两二钱五分。又,付回费二千二百马克,按每一千马克折银二百七两三钱九分四厘,共银四百四十九两六钱六分七厘。二共银六百二十五两九钱一分七厘。又,犒赏三百马克,按四马克合洋一元,每元七零五。核银五十二两八钱七分五厘。统计共银六百七十八两七钱九分二厘。

正管轮士本格除由柏林使馆按月付给不计外,自十年六月二十五日,即西八月十五日起,至十一年七月初八日,即西八月十五日止,月支银六百马克,每四马克合洋一元,共洋一百五十元,又火食洋三十元,二共洋一百八十元。按每元七零五,核共月支银一百二十六两九钱,计十二个月共支薪水火食银一千五百二十二两八钱。又,自十一年七月初九日起,截至十一月初九日止,计支四个月银五百七两六钱。统计支银二千三十两四钱。

挖泥匠海力希康喇脱除由柏林使馆付给不计外,自十年六月二十五日,即西八月十五日起,至十一年七月初八日,即西八月十五日止,月支银三百二十五马克,每四马克合洋一元,共洋八十一元二角五分,又火食洋二十五元,二共洋一百六元二角五分。按每元七零五,核共月支银七十四两九钱六厘二毫,计十二个月共支银八百九十八两八钱七分四厘四毫。又,自十一年七月初九日起,截至十一月初九日止,计支四个月银二百九十九两六钱二分四厘八毫,连前统计支银一千一百九十八两四钱九分九厘二毫。海力希康喇脱由汉随员经付回费一千五百马克,按镑价核银三百六两五钱九分一厘。

副管轮核粗自十年七月分起月支薪银六百马克,每四马克合洋一元,共洋一百五十元,又火食洋三十元,二共洋一百八十元。按每元七零五,核银一百二十六两九钱,计十年七月至十一月十二日截止,七个月零十二天共支银九百三十九两零六分。

副管轮为而得自十年七月分起月支薪银二百五十马克,又火食银一百马克,共三百五十马克。每四马克合洋一元,共洋八十七元五角。按每元七零五,核银六十一两六钱八分七厘五毫,计十年七月至十一年二月十二日截止,七个月零十二天共支银四百五十六两四钱八分七厘五毫。

水手司特巴自十年七月分起月支薪银五十元,火食银二十五元,共七十五元。按每元七零五,核银五十二两八钱七分五厘,计十年七月至十一年二月十二日截止,七个月零十二天共支银三百九十一两二钱七分五厘。

水手格温瓦而脱自十年七月分起月支薪银五十元,火食银二十五元,共七十五元。按每元七零五,核银五十二两八钱七分五厘,计十年七月至十一年二月十二日截止,七个月零十二天共支银三百九十一两二钱七分五厘。

以上共支湘平银八千九百六十七两七钱七分五厘九毫七丝。

导海船任用华员辛工及用料工作等禀

光绪十一年十二月二十八日〔附清单〕

窃导海大挖泥船于光绪十年六月到旅时,职道等因全船作工必须募集匠夫,商之随员汉纳根、船主丁治等公同定拟人数、薪数,一面榜示该船,一面饬催华员管驾、管轮等赶紧募集,旋即开工挖泥。复随时斟酌损益,共计拟用委员、司事、管驾下及夫匠五十五员名,月支辛工湘平银六百九十九两。又以此事无案可援,特饬运同黄建藩于带利运船赴沪修理之便，详细查探吴淞安定挖泥船辛粮数目，用资考证。嗣据该员抄单寄旅，核计每月辛粮约银八百四十余两，其修理用物、煤火、局用火食等项逐月开支，尚不在内。查导海船机器挖力之大，深及三丈，即以寻常做工而论，挖深二十余尺并不费力，较安定船挖力实为远胜，用人用物之多固不能悉视安定为衡。惟当此帑项支绌之际，自应得省则省。且安定委员太多，船用夫匠转少，揆之事理，似亦未甚得宜，谨将职道等所拟导海全船人数及月支辛工银数清单与查探安定船用款清单一并录呈，伏候宪鉴批示祗遵。其起支日期及花名年贯，业饬该管委员查报，俟奉准后，即行督饬造册，分别存转备核。惟迭据该管委员及管驾、管轮等面禀，该船洋匠现已尽撤，其在船华匠间须添辛以资鼓励，亦须添人以资分任，约计添人、添薪两事每月尚须加支银百余两。职道等覆查属实，盖与其耗重薪于洋匠，转令桀骜居奇，不如造就华人，尚可如臂使指，凡事皆然，而在该船尤为切务，拟恳宪恩，准如所请。俟奉准后，再由职道督饬委员详细核拟呈单，仰候钧裁核定。至该船月需车油、牛油、棉纱、铅料、漆油、零用并引火木柴等费，均饬由该管委员经购，司事经发，实用实销，按月呈报职道等考查，仍按季造册两分，由职道等转呈宪鉴，并咨支应局备核。以目下用数考之，每月约需银一百七十余两。此外，应修应补各项木、铁器件非月间常有之事，无从预计，拟随时核办，转禀呈报。其需用烟煤系由职工程局随时购办，及请拨者未由该船专购，以现用开平五槽煤计之，每月约用煤百吨上下。惟开工停工日时，或遇机器修理，或因风浪猛烈，每月每旬皆不尽同，拟饬实计用数列册，仍由职道等严加考查，倘有浮滥，即当禀明惩处。其工作日时情形，现饬该管委员按月开单，报明职道等查考，拟仍每季列册两分，一存职工程局,一由职道等转呈钧鉴。所有导海全船情形,除洋匠支款及裁除洋匠另禀陈报外,理合将拟定华员人数、辛数、用料、工作各缘由禀陈,伏候钧裁核夺批示施行,并恳饬下海防支应局知照立案。再,该船已支银数,除由职工程局领过一万两外,均系由泊岸船坞工程款项挪垫,现已积成巨款,拟截至本年十二月为止,以前职局经垫之款赶速清厘列报,领还归垫。其自光绪十二年正月分起,拟仿照旅顺鱼雷、水雷各营成案,由该管委员照数列具钤领,每季呈由职道等核明,咨请支应局预发存储,职局按月给领,俾资应用,免致再挪工款,有顾此失彼之虞。是否有当,均候钧裁核示施行。

计呈清单二件。计开:

管理全船事务委员一员,每月薪水银三十六两。帮管各务司事一人,每月薪水银十八两。收发稽核务料司事一人,每月薪水银十六两。造报月册公牍等件司事一人,每月薪水银十四两。局用油烛纸张公费,每月银二十八两。库夫、更夫六名,每名每月工食银三两,共银十八两。

船面。管驾一员,每月薪水银一百两。总水手头一名,每月工食银二十四两。次水手头一名,每月工食银十二两。舵工二名,每名每月工食银十二两,共银二十四两。头等水手二名,每名每月工食银八两,共银十六两。二等水手八名,每名每月工食银六两,共银四十八两。三等水手八名,每名每月工食银五两,共银四十两。管灯打杂一名,每月工食银五两。长夫六名,每名每月工食银三两,共银十八两。木匠一名,每月工食银十五两。

机舱。管理全船机器总管轮一人,每月辛工银六十两。正管轮一人,每月辛工银三十两。副管轮一人,每月辛工银二十四两。

三管轮一人,每月辛工银二十两。总浇油一名,每月辛工银十八两。浇油二名,每名每月辛工银十四两,共银二十八两。升火四名,每名每月辛工银十二两,共银四十八两。打煤夫二名,每名每月辛工银七两,共银十四两。铁匠一名,每月辛工银二十五两。

以上共计委员、司事、夫匠五十五员名,月支辛工湘平银六百九十九两。

计开:光绪九年二月开沙局所定局用章程。

会办委员道员用候选知府王镇昌,每月薪水银五十两。随办委员补用同知直隶州江苏候补知县薛培榕,每月薪水银四十两。随办委员同知衔河南候补知县朱国钧,每月薪水银三十两。随办委员江苏候补县丞鲍恩普,每月薪水银二十四两。司事一人,每月薪水银二十两。通事一人,每月薪水银二十两。书识一人,每月薪水银十两。管门一名,每月辛工洋合银三两六钱七分。随使二名,每名工食钱合银二两,每月共银四两。听差二名,每名工食洋合银四两四钱四厘,每月共银八两八钱八厘。上下灶二名,每月共给辛工洋合银三两六钱七分。船主王邦才,每月薪水洋合银五十一两三钱八分。挖泥洋匠爱玛立,每月薪水洋合银一百八十七两五钱。正机匠洋人爱克生,自九月起给辛工银一个月,计洋合银一百十两一钱。副机匠华人,每月工食洋合银二十九两三钱六分。舵工二名,每名工食洋合银十七两六钱一分六厘,每月共银三十五两二钱三分二厘。水手头目一名,每月工食洋合银二十二两二分。水手九名,每名工食洋合银十一两一分,每月共银九十九两九分。火夫头目一名,每月工食洋合银十四两六钱八分。火夫副头目一名,每月工食洋合银十四两六钱八分。火夫四名,每名工食洋合银十一两一分,每月共银四十四两四分。煤夫二名,每名工食洋合银八两八钱八厘,每月共银十七两六钱一分六厘。饭夫一名,每月工食洋合银四两四钱四厘。包雇舢板船一只,每月工食洋合银五两一钱三分八厘。

以上每月定章发给之数,其修理用物、煤火、局用火食等项未能预定,逐月另外开支。核计每月薪粮共银八百四十九两三钱八分八厘。

申送西岸小土炮台工程清册图说禀

光绪十一年十二月二十八日

窃旅顺口门西岸小山,前以海防吃紧,由丁镇派管带威远练船方都司伯谦承修小土炮台一座,因借用该船之炮,即名之曰"威远炮台"。光绪十年八月间,经职道据该管带申报该台工竣,禀奉宪台批开,饬鱼雷营刘道验收,仍饬方都司核实赶造动用经费等项细册,呈由该道核明转报,即于所领海防专款列销等因。奉此,遵即分别移行去后。本年十月间,准统领水师丁镇咨称,据该管带送到工料银数清册三分,炮台图说三分,咨送查照等因。职道查册内开载领发湘平银三千四百二十五两六钱七分二厘五毫,与该管带历在职局领数相符。除将送到清册、图说存局一分,咨送海防支应局一分备核,并将动用银两饬由职局管银钱委员李牧竟成在海防专款项下登列汇报外,谨将该管带所呈清册、图说各一分,转呈宪鉴,伏乞饬下海防支应局照数列销。再,威远台现据随员汉纳根商由职道禀定奉准添设十五生脱长炮二尊,据汉随员面称,尚须将该台炮盘、库屋各工程另行增改,应俟炮到后,再行禀办。此项工程图单虽已验收,他日尚须更改,似未可据为达部之用,合并禀明。

核拟善威澳坞估折禀 光绪十一年十二月二十八日

窃旅顺船坞工巨费繁，一切做法悉由洋人善威拟议，惟工作既须得法，款项尤须节省。最吃紧者，必须先有通盘图说，估定做法清折，谋定后动，方免枝枝节节，工废半途之患。屡经职道照会该洋员催办去后；兹于本年十二月二十三日，据该洋员移称，再三核算可减去银二万余两，通工约须湘平银一百二十五万两，所有机器择紧要者购以重价，而于不紧要者减价以补之。尚有不在估单之内者六条：一，口门、老虎尾、西澳等处水工；一，倘东澳以后水浅，尚须增挖；一，东澳旧泊岸恐后有坍塌，更改之处；一，现在东澳所用吸水机日用煤斤并修理等费，或须另换新者；一，或海水过大，或遇山水冲坏旧泊岸并东澳等处；一，工竣后，外国例有酬赏银两，或按二分、三分应写于估单之内，为鼓励在工执事人等起见，兹未列入。以上各节，或有备而不遇者，有不敢自专者，故未便约估，合并声明。兹将约估通工数目清册照缮三分，并缩小澳坞全图六张，一并移送贵道分别存转，从前单、折即可作为废纸，移请查照转禀。等情。并送图折前来。职道查所论机器分别紧要与否，购价通融匀补，事尚可行，似宜扼定原估总数为衡，即一物偶有出入而通算不得增多，庶几范围不过。至所指六条，职道悉心查酌，如西澳水工及增挖东澳与澳用吸水机器煤斤、修理等费，旧泊岸恐有坍塌更改四条，本不在该员现估工程之内。然东澳土工实挖深者二丈五尺，以现砌泊岸石工丈量，约共三丈四尺有余，容水之地已不为浅。职道屡向该员商及，应以西法测量坝内外底平丈尺及潮水长落丈尺，该员亦以为然。而究竟应否增挖及宽深尺寸，至今尚未据复。以职道愚见揣之，似不至再有巨工。其澳用吸水机器，西国所谓人心式者，灵而不坚，提力亦不甚大，目下已不甚得力。曾询李前道凤苞，以为人心式万不可用，应以恒升车者为佳。善威深然其说。若将拟购坞用大吸水机器早日购运到工，似不难一器两用，无须另添新者。其日用煤斤及零星小修等事，除本年十二月三十日以前，所有汉纳根经管吸水机器用款仍由职道旧领泊岸船澳款内作正请销，另禀办理外，其自光绪十二年正月接收之日为始，由善威会同王提调仁宝督饬洋匠士本格管理，详细章程须俟收用旬日后，另再禀定。所有用款拟均在善威估定坞岸新款内暂行按月支垫，俟全船工竣后，另行核结。至旧泊岸，除靠近船坞门东西各数丈，倘有更改，拟由该员实用实销，附入船坞工程，准作另款开支，其余地方若非坍塌，似未可率臆更改，无端滋费。若第五条海水、山水坏工一节，职道在此四年，略知情形，自非潮高数丈及连月倾盆大雨，未必果有此事。第六条工竣酬赏一节，职道于西例本未深晓，惟考沈文肃疏稿内有日意格等犒赏辛工回费十五万两有奇之事，闽厂用款数百万，而赏费止有此数，约核数十分中之一分，与该员现拟二分、三分之说大相悬绝，且闽厂重在教匠造船，并不重在造厂，似未可援以为例。若就工作考之，则北洋前办大沽船坞及各处修筑炮台工程亦用洋匠，向未闻有此举。准情酌理，西国员匠跋涉重洋，果能竭诚将事，依限成功，原未可没其劳勚，或优给赏金，或援案嘉奖，应俟功成时出自宪恩，即先期宣布悬赏以待有功，亦未始非鼓励远人之法。若限定分数，写入估单，则职道以为断断不可也。至该洋员现送清折仍属笼统约指之词，并未开载做法，碍难立案，已由职道再行照会，饬将应办坞澳、泊岸、闸坝、码头、库厂各工做法逐一分款估计工料银数，开造切实清折，其购买机器铁件系归何项工程所用，即附列何项工程折内，以清眉目。除俟据移前项估折到日再行禀呈外,谨将该员此次移文照录另折,及所送图二分、折一件一并转呈钧鉴。所有职道核拟各情形,是否可行,伏候宪裁核示祗遵。

导海船修理酌减船员辛工禀

光绪十一年十二月三十日

窃导海大挖泥船于本年十月二十五日进大沽船坞修理,业经职道保龄等会同船坞德税司在津面禀宪鉴在案。查向例,兵船在坞修理期逾四十日者,自管驾官以下,全船辛工均须减半给发。导海船水手各项辛数迥不逮兵船之丰厚,然官船进坞,事同一律,自应援照办理。惟该船挖泥工作技属专门,如管轮、铁、木匠诸人均由两年来以重资雇洋匠教导,乃克臻此,若一旦因减辛他去,另募生手,于工作大有妨碍。其长夫及下等水手则随地可雇,无足重轻。职道等督同委员郝从九云书及管驾、管轮等再四熟筹,拟就成法略加变通,有留其人而酌减辛数三成者,有即时裁撤届用另雇者,有借拨沽坞做工即由该坞在修船款内开支辛工,俟修竣再回本船起支者。计该船本系月支辛工全款湘平银六百九十九两,业经另禀有案。此时极力节省,每月约裁减银三百两,仍实支银三百九十九两。并不必待四十日之期,即于本年十一月初一日起,按照议定裁减数目办理。若以修船三个月核之,与减半者较每月虽多支银四十余两,而提早三十余日,已少领银三百余两,出入抵算外,仍实节省银二百十七两五钱。惟该船在沽修理,委员以下皆派赴沽照料监修,职道保龄由津回旅时,严饬该员以此数作为范围,逾者饬该员自行赔补,其实支花名及详细银数,拟俟该船修竣,由该委员列册归入季报办理,并拟以该船出坞试车之日为定，前期五日仍由该委员等按照禀定全船人数添募齐楚，一律仍照旧案起支。至该船应修何项器具及如何办法，应由大沽船坞核实筹计。惟该船于今年夏间经上海耶松厂商生生在旅估勘，曾开草估单交存，及职道等随时饬令该船华洋各匠查估记载者，虽不必据以为衡，亦可为参观互证之用。除已缮单于十月二十九日函交德税司外，谨再照缮清单，恭呈宪鉴。交春以后，挖泥工作亟宜乘时赶办，拟恳饬催大沽船坞务照原议尽开河时妥速修竣，驶送到旅，俾资应用。其前由旅驶沽，系德税司派人在旅收船驶行，极为妥洽。并准德税司函称，洋船主等饬令回国后，明春该船出坞，当遴派妥人驾驶赴旅等因。尤见该税司力筹大局，不分畛域，拟即照议办理。所有职道等筹商导海船修理、减辛缘由，是否可行，伏候钧裁核定批示祗遵，并恳饬下海防支应局知照立案。

拟留洋匠士本格差遣禀 光绪十二年正月初八日

窃职道于光绪十一年十月间，据帮办旅顺澳坞工程洋员善威移称，导海船洋匠士本格聪明能干，镇远、定远两舰机器在西国时，皆伊手经理，即现欲买铁门船等物，伊素能做澳坞工程，似有此人，方为得力。拟请转禀留工办理一切机器事宜。前立合同每月工银九百马克，火食洋三十元，约合湘平银二百两。何时工满回国，尚约与两月工食，每月四百马克，共八百马克。其余船费、铁路、火食等费名目尚多，颇为繁琐，计算各款不过四百八十两至五百两，现拟与约遣还时只与湘平银五百两，此外不准再有名目。此次留用不立合同，由帮办处写一信为凭，亦不发给眷属银两，每月只给工银二百两兑交天津汇丰银号。何时遣还，再与五百两以作川资，似觉简而合算。等情前来。职道查士本格在导海前后七洋匠中为最得力,人亦诚实驯谨。除该匠在导海船应领薪水截至光绪十一年十一月初九日止,业经另禀办理。其善威拟给薪水湘平银二百两之数,核与该匠原领薪水九百马克、火食洋三十元,两相比较,虽马克、洋元长落难定,约计每月增多银二十两上下,至前定合同开载:该匠回国时在途薪水每月四百马克,以两月为限,约合银二百五十两上下。其所开:轮船、火车均有二等舱位及火车路之饭钱,诚如善威所言名目繁琐,职局向无办过成案,无从核计。惟当此坞工方亟需用洋匠,不能不多方以谋。既据善威声称留用此人,方为得力,拟恳宪台准如所请。其月给薪水及遣回银数虽照原合同颇有增多,可否并恳恩施逾格,悉照善威所拟数目作定,俾收臂指相使之效。倘蒙钧允,拟俟奉准后,由职道照饬善威,并札饬士本格留工听候差遣。无论派做何事,派赴何处,均当遵办。不立合同,不限年月,如不得力,随时斥退。其前导海船合同应令缴销作为废纸。倘有不遵调遣,甚至酗酒滋事,任性妄为各情节,应于斥退之日截止薪水,不另发给回国川资。其支领坞工薪水日期拟自光绪十一年十一月初十日起支,按照西历月分由善威缮具押领签字,交天津汇丰银号持赴海防支应局按月领发,不得过支,如有轇轕,即由善威承管。所有拟留洋匠士本格差遣缘由,是否可行,伏候钧裁核定批示祗遵。

请饬发导海船铁链轮轴价脚等款禀

光绪十二年正月初八日〔附清折〕

窃导海船起挖泥土之铁链轮轴皆用生铁铸成,每遇挖泥挖石用力较重,时有损坏。该船由本厂带来备用之件本属无多,更替换用至光绪十一年春间,已经损伤殆尽,万难将就再用。据该管委员黄运同建藩禀报前来,彼时先经职道等饬霍都司良顺赴船查验属实,拟即在旅另铸,该都司以物件太大,必须由天津机器局铸造,非旅厂所能办。职道等函商机器局赶速照办,并派陶千总良材送样及图前往。准机器局复称,制样做模均系细工,非粗匠所能帮做,迟速难定时日。而此项链轮又为该船刻不可无之物,一不应手,便须停工。职道等极为焦灼,不得已另饬黄委员赶即由沪厂购办,以期济用。六月间,据该委员禀称,遵即购办铁轮轴十二副,由沪搭船运津,交镇海兵船运旅验收应用。所有此项铁链轮轴价银连关税、码头捐、扛力、水脚等共核湘平银九百九十一两五钱八分。开具清折,请发给归款。等情前来。职道另派该船吴司事树勋会同管驾等验收,据报数目相符,当饬列册收用,并由职工程局如数垫发银两去后。查此系重大铁件,不在该船日用物件之内,谨将该委员呈开清折照录,恭呈宪鉴,拟恳饬下海防支应局准将前项购置导海船铁链轮轴、价脚等款湘平银九百九十一两五钱八分,由职工程局领还归垫,以清款目。除咨支应局外,理合具禀,伏候宪核批示祗遵。再,机器局另经铸造铁链轮轴八副,亦已运到,饬交该船列册收用,合并禀明。

计附呈清折一件。计开:

链轮轴十二副,计湘平银九百四十三两七钱六分。装箱十二只,计湘平银六两二分四厘。江海关正税出口税捐,计湘平银十八两五钱七分四厘。津海关入口半税码头捐,计湘平银九两五分六厘。申至津水脚,计湘平银十两八钱五分三厘。驳费扛力,计湘平银三两三钱一分三厘。共计湘平银九百九十一两五钱八分。

营[1]务处亲兵购置衣靴各用款陈请领还禀

光绪十二年正月初十日

窃职道于光绪十年闰五月间，禀陈旅顺营务处亲兵起支辛饷缘由，奉宪台批开，该道前禀裁撤艇船弁兵，就饷招募亲兵一哨，现已挑定护勇队长、亲兵、伙勇等五十六名，拟派把总刘殿甲充当哨官。自五月十一日起支正饷，由该局按月垫发，移会支应局领回归款，并将裁撤艇船弁兵等辛饷津贴银两亦于是日住支，资遣回籍，均准照议办理。其置办该兵等衣靴、旗帜约计银二百四十余两，仰俟制齐，据实开报。至在津新募各兵发给小口粮及轮船火食等费需银十余两，并准据实汇列请销，仍造新募弁兵花名年籍清册，移送支应局备案折存等因。奉此，遵即分别移行，并由职局按月遵垫辛响支放。查亲兵一哨，哨官一员，队长八名，护勇四名，亲兵四十名，伙勇四名，共计弁勇五十七员名，每大建月应支辛粮湘平银二百七两六钱，小建照扣。自十年五月十一日一律起支，截至十一年十二月分止，连闰计二十个月十九天，共核辛粮银四千二百二十一两二钱。其禀准置办该兵等衣靴、旗帜，原禀约计需银二百四十余两，复经职道切实核算，该亲兵一哨，人数无多，旗帜可以不办，衣靴亦力从节省，连禀明奉准支给小口粮及轮船火食等费，共核支过湘平银一百九十三两一钱五分二毫。除弁兵花名清册前已具呈外，谨将置办该兵等衣靴各用款录具清折，恭呈宪鉴。惟两款并计，核湘平银四千四百十四两三钱五分二毫，均由职工程局在工款挪垫，急须归还，拟恳饬下海防支应局准由职局照数领还归垫，以

---

① 营，原作“警”，据正文改。

清款目。其自光绪十二年正月分以后，拟由职局随时挪垫，附入常垫六款册后，列为一款，按季领还，以免积压。是否可行，均候宪核批示祇遵。

拟办铁挖泥船四只禀 光绪十二年正月十二日

窃旅顺挖泥工程前仅小挖泥船四只，均用方形木接泥船装载，所挖泥石由小火轮拖送口门外深处卸载。自导海大挖泥船抵旅后，职道等迭向该船华洋各员匠及随员汉纳根悉心筹议。汉随员在旅经办挖泥，历年最久，谓木接泥船易致损漏，随时油舱修补，颇滋繁费，首创改用铁接泥船之议。黄委员建藩亦谓木船方形阻浪，诸多不便。职道等参稽众论，历考工作情形，查现用木接泥船装载不多，若以供导海起卸之泥，非一二十只不为功。每船用夫四名，月辛即需银十二两。积少成多，常年经费殊不合算，且修补旷工，更多延阁。虽于光绪十年冬间，曾经禀蒙宪允，由大沽船坞拟造前式木接泥船十只，而揆时度势，必须变通尽利，自未敢回护前说，致滋贻误。是以十一年六月间，职道保龄在津曾经面禀宪鉴，必须易木为铁。其时适奉宪札，以大沽船坞所禀前项木接泥船铁件饬轮运旅等因。奉此，当即一面电致大沽船坞文镇，所有代办铁件十只、木料五只仍拨坞用，一面函致兵驳局黄道，木、铁各料无须运旅，旋准函电复允照办，各在案。惟铁接泥船价值自十一年春间即嘱汉随员函沪考询，往返驳诘，沪厂坚执每只价约一万数千金之说。迨六月间，耶松厂商生生来旅后，乃有八九千金可办之议。八月后，与大沽船坞德税司函电往复，据称约用九千五百两上下。冬间，职道保龄在津又向德税司面商，力期节省，定为每只价约八千两。十月二十九日，职道保龄与德税司议定，共造四只以供两班轮换接泥之用,并商明约估前项银数,及不候禀咨先由该坞领款赶速开办各节,均经会同面禀钧鉴。其该船图式先经德税司将草图寄旅,职道等发交郝委员云书及挖泥管轮李祥光筹议,据称,卸泥铁门须添坚木包镶,及拟添改锚舵,另画一图。经职道保龄带津面商德税司,以拟添拟改各式均早虑及,不谋适合,将图留存,允为改绘另寄。现值封冻期内,未见寄到,职道等未便拘泥再候,谨将拟办铁接泥船四只各缘由禀陈,伏候钧裁核夺批示祗遵,并恳饬下海防支应局知照立案,饬催大沽船坞星夜赶造,必期开河后与导海船同时到工,以济拓开西澳急用。其详细图式及宽长丈尺、装泥吨数、零星锚舵等件数目清单,仍由职道等移坞咨催,到日再行补呈。至十一年六月间,大沽船坞所禀木接泥船动用工料湘平银二千五百九十一两零,既经料仍归坞,与旅工挖泥无涉,拟恳饬下海防支应局将前款更正,不必列入旅顺挖泥工程项下,以免牵混,合并禀陈。

遵饬验看黄金山马路围墙各工程禀

光绪十二年正月十五日

窃光绪十二年正月初八日,奉宪台札饬,以统带护军营王镇修造黄金山马路围墙两道,马路东西大门各一道,并外面包土小石围墙一角及子弹、巡更等房。工程内除赔修夏间雨水冲塌泊岸围墙等工约共银六百余两自行筹补外,共计实用工料价值湘平银二千二百七十七两有奇。事前既未具禀请示,又未商同营务处勘估有案,难保非借端浮冒,候将清册札饬旅顺营务处袁道、军械所刘道前赴该处,按照清册逐细验看是否相符,认真核减,据实禀候核夺,饬即遵照办理具复。计发册一本仍缴等因。奉此,职道等遵于正月十四日,带同牛提调昶昞、王提调仁宝亲赴黄金山炮台,上下逐一验看。查该炮台马路本形狭窄悬陡,每遇风雨晦冥,行人动虞失足,更患地势显露,海面皆能瞭见该台。设有战事,其地为馈运粮水、子药所必经,得此石围墙为护,可以运物,可以藏兵,于全台防守事宜大有裨益。子弹库五间紧靠山背,为越炮抛线所不能及,选地亦颇得形势。其灰石工程做法及高宽尺寸,以及小石台、地沟、大门各处工程均与册报相符,亦皆坚固耐久,并无草率偷减。其山前后搭盖巡更房五座,石墙泥顶,业据原册声明,系巡防吃紧之际,相地势搭盖,拟由该营哨随时加修,俾资经久。惟统观全册,所做各工经职道等悉心核酌,察度地势,均系因工起见,实属无可核减。且据声明,围墙等工冲塌赔修银六百余两,已经自行筹补,似难再令该营赔贴,拟恳宪恩俯念炮台要工,免其核减,饬下海防支应局准将前项银两于厘金项下照数发由王镇具领。是否可行,伏候钧裁核夺批示祇遵。

铁接泥船请饬坞限期送旅禀 光绪十二年正月十九日

窃职道等请由大沽船坞为旅工制造铁接泥船各情形,业经禀陈宪鉴在案。并经电询船坞能否将铁接泥船四只均随导海开河来旅去后,旋准文镇、德税司电称,铁接泥船两只可随导海赴旅等因。职道等公同筹酌,此项接泥船每只止能装泥三百吨,两只为一班,分靠导海左右,装泥满载由小轮拖出口门外,往返需时。若仍恃导海本船泥舱装载,照上年自行驶出卸泥办法,则虚耗日力人工,实觉大不合算。亟须四只一齐到工,分为两班更番递换,方足收实功而课速效。查此项铁船系用铁板合成,费料而不甚费工,如果外洋所买四只全料已齐,但须加赶夜工,当不至旷日持久。转瞬春长日暖,正是挖泥工作最相宜之时,且口门船路须拓宽,虎尾沙尖及西澳处处须挖,均是迫不可缓之工。蹉跎失时,良为可惜,不得已再行渎请,拟恳宪台饬催大沽船坞务于导海船开河来旅时,将铁接泥船四只必期一律赶齐,同时设法送旅,俾济急需,而免延误。是否有当,伏候钧裁核示祇遵。再,该船图式现准大沽船坞寄送来旅,图内注明船身长八十五尺,腰宽二十尺,腰深九尺,载泥三百吨。惟仅准送图一纸,不敷存转,且锚舵零件单亦未准开送,拟仍由职局移请船坞添具图单,到日再行禀呈,并咨送支应局备查,合并禀明。

添建住屋请派员验收禀 光绪十二年正月十九日

窃职道保龄于光绪十年正月间,禀奉宪台批开,据禀,随员汉纳根拟在旅顺建办公住房二十余间,将来崂葎嘴台工告竣,即将此屋由该局接收,以为炮台兵队存储军器各事之用。惟一切工料做法只取结实,勿得过求精美,约在原禀一千两以内,不准有逾此数等因。奉此,遵即照饬汉随员去后;并据该随员在职工程局迭次具领请垫发湘平银九百九十七两四钱八分,当经垫交领讫。嗣经该随员屡向职道等言及房屋不敷办公,必须禀请增建。十一年夏间,又据移称,随员所建芹菜沟办公住房一所,原议盖造正房四间,住房十七间,估需工料银九百九十七两四钱八分。嗣因随员经办各项工程所用监工、差役人数众多,加以时有洋员委派来旅,并随从人等,一时无屋可住,均在敝处暂为驻足。原估房屋太少,实在不敷居住,酌量添造,以资栖止。查所建正房一座,连添造(搁)〔阁〕楼,又住房连续添共二十四间,业经一律竣工,统计用过工料价值湘平银二千三百二十八两七钱八分六厘。除领银九百九十七两四钱八分外,实计垫用湘平银一千三百三十一两三钱零六厘。此项建房经费有逾禀明之数,然系因公而用,希为据情禀恳照给,并造具报销清折三分,移请分别存转。另据该随员面称,请再垫发银两济用。各等情前来。职道等查该随员处监工、司事、办公人等甚属不少,所称屋少不敷居住,亦系实情。除将所送清折留存职局及咨支应局一分备查,并由职局续行垫发湘平银一千二百两外,谨将应呈清折转呈钧鉴。可否仰恳宪恩俯念该随员建屋费多,事属因公,饬派专员验收工程,准其照数列销。至职工程局迭次共垫发湘平银二千一百九十七两四钱八分,先由崂嵂嘴炮台工款挪垫,旋因台工需款,又由澳坞各工款挪垫。现值工程吃紧,拟恳饬下海防支应局准由职局照数即行领回归垫,俾济工需。其随员自垫尾款一百三十一两零,应俟验收奉准后,由职局移明支应局领回转发。是否可行,伏候钧裁核夺批示祇遵。

瑞乃尔住屋完竣请派员验收禀

光绪十二年正月十九日

窃职道等于光绪十年四月间,禀请起造教习瑞乃尔住屋各缘由,奉宪台札开,瑞乃尔拟请起造住房数间,约须经费银七百两,仰即督饬该员及牛倅等按照禀定银数估计妥办具报,候行海防支应局查照等因。奉此,遵即分别咨行去后;查此项工程本系禀由牛倅经办,据瑞教习面称,业经商明随员汉纳根允为经修,并即时在职工程局将禀估经费湘平银七百两具领。呈请速行垫发,当即如数垫交。是年闰五月间,宪节莅旅。汉随员、瑞教习均赴康济船面禀,以该教习住屋按照前项经费数目实不敷用,统带护军营王镇亦为陈请,职道保龄随宪节至威海时,面奉钧谕,准为体察情形,禀请酌加等因。奉此,职道等伏思该教习有与哨弁兵目随时讲习操法之事，房屋太少不敷办公，确系实情。十一年夏间，据汉随员移称，瑞教习住房一所，由随员择在黄金山前起造，与护军操场相离不远，取其教操近便，业已造成，共计用过工料湘平银一千三百四十四两八钱八分四厘，希为据情禀恳照给，并造具报销清折三扣，移请分别存转。另据汉随员面称，除已领银七百两外，请再垫发济用。各等情前来。又经职工程局垫付湘平银六百两交汉随员领去，所有尾款四十四两零仍由汉随员经垫。其所送清折除存留职局及咨支应局一分备查外，谨将应呈清折转呈钧鉴，伏乞饬派专员验收，以昭核实。至此项银两由职局分次经垫，共核湘平银一千三百两。刻下工程待款孔亟，拟恳宪台饬下海防支应局准由职局即行照数领还归垫，俾济急需。其汉随员经垫尾款湘平银四十四两零，拟俟验收禀复奉准后，再由职局移明支应局领回转发。是否有当，伏候钧裁核夺批示施行。再，此工既经改归汉随员经建，不与牛提调承办库厂各工相涉，合并禀明。

毅军缴回渡船请拨护军营应用禀

光绪十二年正月二十四日

窃职道于光绪十年二月间，禀陈旅顺东西两岸布置战守，拟排造大渡船二只，以备有警渡兵各缘由，奉宪台批开，应照拟赶造大号渡船两只，俾资济渡等因。奉此，查彼时海警日棘，西岸防务方始，炮台营垒皆未扎定，加以老虎尾地方一片砂砾，无水无土，兵勇柴薪、淡水、食物事事取资东岸，专恃此项渡船以便来往。无事时赖以转输，有警时资以策应，于防战颇有关系。遵即饬派职局提调牛丞昶昞赶速选材，募工制造，已于是年七月、十二月间陆续造成，配齐篙橹各件，随时备文黏单送请宋军门验收应用，并取收文存案。十一年七月间，准宋军门移称，毅左军姜提督所部一律撤并东岸，所有前收第一号、第二号大渡船两只，并篙橹等件点齐，备文咨缴。另准统带护军等营王镇咨称，敝军驻防旅顺，专守黄金山及人字墙、母猪礁各炮台，所需军米、军装等项皆系天津、上海两处陆续由轮船运来。惟轮船进口需船往驳，敝军苦无驳船，有时轮泊一到，立即开驶，以致军械各件起卸匆促，且海口飓风时作，波涛汹涌，雇用民间船只往往无能为役，万一偶有遗误，所关非浅，似驳船为敝军要需。查庆军各营均经设有驳船，专为驳载军火之用，即上年毅军分守西岸，亦经贵局派有渡船两艘搬运军装各件，现毅军已全队调回东岸驻扎，渡船因以停泊。敝军需船应用，请将前派毅军渡船两艘转给敝军应用，为挹彼注此之计。各等因。准此，除饬弁点收毅军移交渡船各件无误外，伏思此项船只造费七百余金，现准宋军门咨缴，究应拨交何处，须禀候宪谕遵行，非职道所敢擅便。惟既准咨前因，该两营向无驳船，海口起驳不便，确系实情。又准王镇面商，可否暂行借拨？职道以前项船只必须昼夜有人看守照料，方免损坏，职工程局本无专管此事夫役，未便再添滋费，当即备文将第一号、第二号大渡船两只，并篙橹等件仍按原单先行借拨，并取收文在案。所有毅军缴回船只，可否仰恳赏发该护军正、副营应用之处，出自宪裁。至前项船只原禀约计需银五六百两，因其时海上告警，津匠东来，工价倍昂，本地木匠又不解造船为何事，非由烟、津两处招集不可。据牛丞册报，通计造成两船及篙橹等件共用过工料湘平银七百二十二两四钱九厘，均由海防专款项下如数垫支，谨将原册转呈钧鉴，伏乞饬下海防支应局知照立案，并恳委派专员验收，以昭核实。拟俟验收奉准后，再由职局饬照原册另录一分，咨送海防支应局列销。是否可行，伏候钧裁核夺批示祗遵。

陈报海防专款收支数目禀

光绪十二年□月□日〔附清单〕

窃职道于光绪十年七月间,禀陈海防紧急,动须巨款,请发海防专款各缘由,奉宪批,准行。饬仍撙节动支,随时报明查考,事竣核实报销等因。奉此,旋由海防支应局领到海防专款湘平银三万两,遵即饬交职局管银钱委员李牧竞成另册存储登记,不与职局澳岸库厂各工程相涉,以免牵混在案。兹据该委员通盘核结,除收支相抵外,实由职局工款垫支湘平银二百七十一两二钱四分一厘五毫五丝,开单呈报前来,职道逐一详核。查此项海防专款银两支放共计十款,除威远炮台加培,黄金山炮台土工及护军营王镇修筑黄金山炮台围墙、炮盘、更棚等工,又黄金山背后药库工程,共计四款,均经鱼雷营刘道验收禀复,奉准列销外,其随员汉纳根经修蛮子营炮台工程及田鸡炮台工程,牛提调昶昞等经修黄金山炮台根墙工程,及经造西岸口门营墙内药库工程,又修造毅军需用大渡船二只工料银两,共计五款,均由职道随时禀报,并分别饬催做法银两清册,另呈宪鉴。惟汉随员经办水师船挡雷铁网,系光绪十年闰五月间,汉随员与职道同时在津面禀宪鉴。回防后,又准统领水师丁镇催办,即经职道发款,由该随员购办,计共用过工料湘平银三百八十两,未据移送清册,拟仍由职道催促办册,到日再呈钧鉴,并送支应局备核。其此项铁网收储何处,拟移请丁镇咨报天津军械所备案。所有前项海防专款收支数目,除抄咨支应局外,录单恭呈宪核,伏乞饬下海防支应局知照,并恳准将前项职局垫支银两如数拨还归垫,以期各清款目。是否可行,伏候钧裁核夺批示祗遵。再,黄金山炮台培土工程原估需银一万七千六百七十八两七钱九分五厘，实止用过银一万七千四百四十七两四钱二分七厘四毫，计节省银二百三十一两三钱六分七厘六毫。十年十一月间，职道禀报工竣时，正值防务倥偬，漏未声叙，理合将节省银数据实补陈，并饬照实数造册，补送支应局备案，合并禀明。

计呈清单一件。计开：

收管项下：

一，收光绪十年七月在支应局领到海防专款经费湘平银三万两。

支发项下：

一，随员汉纳根经领购办水师船铁网工料银三百八十两。

一，随员汉纳根经领蛮子营炮台工程银二千六百二十两。

一，威远练船管驾方都司伯谦经领建造威远炮台工程银三千四百二十五两六钱七分二厘五毫。

一，牛提调昶昞等经领黄金山炮台培土工程湘平银一万七千四百四十七两四钱二分七厘四毫。

一，牛提调等经领黄金山炮台根墙工程湘平银一千九百二十五两五钱八分五厘四毫。

一，汉随员经领田鸡炮台工程银一千七百五十四两六钱。

一，统领护军营王镇经领修筑黄金山炮台北面围墙并炮盘、更棚等工程银一千二十九两五钱四厘。

一，牛提调经领建造黄金山背后药库工程银三百七十八两八钱三厘七毫五丝。

一，牛提调经领建造西岸口门营墙内药库工程银五百八十七两二钱三分九厘五毫。

一，牛提调经领修造西岸毅军需用大渡船二只工料银七百二十二两四钱九厘。

以上统计用过湘平银三万二百七十一两二钱四分一厘五毫五丝。除将前领银三万两支发外,计垫发湘平银二百七十一两二钱四分一厘五毫五丝。

请派员验收土炮台等工程禀

光绪十二年正月二十七日

窃职道于光绪十年二月间,禀请将旅顺老虎尾地方照随员汉纳根所议修建低式土炮台一座,即由该随员一手经理兴修。是年三月开工,五月间完竣。并因起卸巨炮,添做码头,又经职道禀陈,奉宪台批开,俟台上土石凝结,仍派该道按图逐细查勘验收,并演巨炮以定地盘良窳。原估经费银四千三百四十两有奇,业经照数给领,能节省若干缴存,一并禀陈查核。码头一款即汇入老虎尾炮台全案造销,仍在崂葎嘴台工款内动支等因。奉此,遵即照饬汉随员即将经修老虎尾低炮台用过工料银款数目详细造册,另将原估经费内节省若干两随册缴存,以凭验收去后;旋值海防吃紧,该随员接修馒头山等各炮台,工防并急,无暇办理文册。于十一年秋间,始据该随员移称,随员经筑老虎尾炮台原估经费湘平银四千三百四十两六钱六分八厘,业经先后向局照数具领。兹查所用工料共计湘平银三千七百九十二两五钱八分九厘,按照原领经费数目,实计撙节盈余银五百四十八两七分九厘,造具报销清册,移请存转。至前项盈余银两,现已归入添办之濠沟等项册内列收造报,兹不呈缴。另据移称,老虎尾地方正对口门,地势冲要,必须于全台周围添筑濠沟围墙一道,方足以资保护。随员于台工告竣后,接续添办濠沟濠墙并兵房土护墙等项,现已一律完工,实计用过工料湘平银一千三百三十一两七钱四分八厘,除收用该台盈余银五百四十八两七分九厘外,计垫用湘平银七百八十三两六钱六分九厘。造具销册,移请存转,并将垫款批发归垫。各等情前来。职道查该台工竣后,迭经试放巨炮多次,并无震动,其地盘尚称坚固。彼时正值防务万紧,虽周历其地不下数十次,究未及遵照宪札收验禀报。又据移报,添造濠墙各工亦为力求保护起见。惟自上年秋冬,职局款项支绌,该随员所请添垫银七百八十三两零,实因无款筹付,仍由该随员自垫。除将送到清册存留职局及咨送支应局一分备查外,谨将应呈先后清册二件转呈钧核,伏恳饬派专员通盘验收,抑或添派鱼雷营刘道会同职道逐细验收,以重要工。俟验收禀复奉准后,再将该随员经垫湘平银七百八十三两六钱六分九厘,仍由职局经领转发,俾清垫款。其码头一款册内并未叙及,拟由职道催造另册,并照添做全工另绘新图送候收验存转,以资考核。至该台应修兵房二十间及添建围墙、营门,均经职道奉宪批准行。适因汉随员往办馒头山工程,议定悉归牛提调昶昞经办,已于十年秋间竣工,并添建厨房二座。惟原拟兵房二十间,形势均极低小,仅估银四百余两,迨动工时,职道屡往查看,地在水中,本极潮湿,若建屋太低,节省不过数百金,而守台弁勇易生疾病,似非体恤士卒之意。袁雨春等亦屡以为言,遂未敢拘泥前禀,饬令量加高宽尺寸,以便栖止。计兵房正、厢各屋共二十间,营门一座一间,厨房二座计二间,以及周围石墙,共用过工料湘平银一千一百六十四两五钱一分四厘五毫。据该提调呈送清册,谨为转呈宪核,伏恳一并饬发验收,以昭核实。俟验复奉准后,再由职局饬录原册咨送支应局列销。至老虎尾全台用款,除汉随员所垫尾款未付外,所有前经该随员领用之台工款湘平银四千三百四十两六钱六分八厘,又码头款湘平银五百四十一两八厘,牛提调昶昞经办兵房各工款湘平银一千一百六十四两五钱一分四厘五毫，三款共核湘平银六千零四十六两一钱九分五毫。该台未领专款，本系在崂嵂嘴炮台工款内借垫，上年崂嵂嘴台工急须用款，又经职局在船坞新工款内转垫，刻下坞工急迫，伏恳饬下海防支应局在厘金项下如数拨还，由职局承领归垫，俾济急需，仍在炮台工程项下列支，以清款目。是否可行，均候宪裁核示祗遵。

转呈蛮子营炮台工程清册禀

光绪十二年正月二十七日

窃光绪十年六月间，旅顺防务最吃紧时，经职道等公商，以镇海船各炮设置口门外山顶，由随员汉纳根筑台设炮，即将各情形禀蒙宪鉴。斯为蛮子营炮台建设之始。彼时事机仓猝，但期御敌有资，未能先事估计立案，节经汉随员在职工程局借支工款湘平银二千六百二十两去后；是年秋间，经职道保龄禀，奉准领海防专款湘平银三万两到工，当将前项蛮子营炮台工款银两划由海防专款项下登列开支，以符名实。嗣因该台于镇海六炮外，又由毅军移设十二生脱炮三尊到台。汉随员屡向职道等言及已领款项不敷尚巨，且须添建各工。又于十一年八月间，经职道等禀陈，连同馒头山、黄金山、威远炮台补做各工款，请另拨发银一万两，又蒙宪批准行在案。上年九月间，据汉随员报称，另添各工一律告竣。所有蛮子营炮台连续添土墙共用工料银六千三百九十三两四钱一厘，除领过银二千六百二十两外，实计垫用湘平银三千七百七十三两四钱一厘。造送清册，移请存转，禀恳派员验收。并据该随员面称，需款方急，请即如数批发。各等情前来。当于十一年九月二十五日续发蛮子营炮台工款湘平银三千七百七十三两四钱一厘，在于另发款一万两内动支,交该随员承领去后。除将销册存留职局及移送支应局备查外,谨将应呈清册转呈钧鉴,伏恳饬下海防支应局知照立案。惟该蛮子营炮台现因改设十五生脱炮四尊,汉随员拟将土墙帮宽,另修炮盘,并添修库房、炮房各工,由职道等于上年十二月间具禀在案。是该台工程尚未全竣,此项销册可否暂作留存备查,仍俟添工全竣时,饬由该随员补具全盘炮台图式,通造全台销册,再由职道等转呈。彼时另行禀请派员验收该台全工,以免歧舛。是否有当,伏候钧裁核夺批示祗遵。

请派员验收田鸡炮台禀 光绪十二年正月二十七日

窃职道等于光绪十年十二月间,禀陈随员汉纳根经修黄金山炮台旁田鸡炮台情形,并转呈图说缘由,奉宪台批开,据禀并图折均悉。汉随员所拟移建田鸡炮台地位图说甚是,应准照办,以期得势。工费不得过七百两,开具详细估折呈核,所需经费即于海防专款项下给领汇报等因。奉此,遵即照饬汉随员速办。旋于十一年正月间,经该随员具领请发工款湘平银七百十七两一钱七分七厘,当即在于海防专款项下如数给发去后;是年三月间,据该随员移送图式估折,呈请存转。查折内开载炮盘六座以外,仅有小炮房六座,大炮房二座,子药库二座,本无兵房在内。嗣准统带护军等营王镇迭向职道等面商,并准函称,田鸡炮台工内必须添建兵房数间以为弁兵栖止之所,当向该随员转告照办,并切嘱工费宜从节省。九月间,又据该随员称,接续修盖兵房九间,惟该处地基均系坚实,必须全用石工往下凿深,方能建造。工作既难,需款不免稍巨,查全台工程并续添兵房,业于七月初十日一律竣工。所有原估田鸡炮台一座,共用银七百三十七两二钱八分三厘,又该台续添栽种草皮,连造兵房九间,共用银一千十七两三钱一分七厘,两共实计用过工料价值湘平银一千七百五十四两六钱。除在局领过原估炮台经费银七百十七两一钱七分七厘外,实计垫用湘平银一千三十七两四钱二分三厘。造具报销清册及押领,移请转禀派员验收,并希将领批发。等情前来。又经职道等于是年十一月间,仍在海防专款项下给发湘平银一千三十七两四钱二分三厘在案。职道等伏查此项炮台工虽不大,适在山巅,跬步皆石。该随员初估经费七百十余两之数,固早料其不能敷用,又经添建兵房,用款未能悉如原估,尚属实情。除将先后所送估折、销册存留职局一分,并将销册移送支应局一分备查外,谨将历送估折、销册转呈宪核,伏乞饬派专员验收,以昭核实。其前送图式未列兵房,已属不符,拟由职道等仍令该随员添绘全工图式两分,以一分送交验收专员验竣,仍存职局,另以一分转呈宪鉴。其全工经费共核湘平银一千七百五十四两六钱,已在职局前领海防专款项下动支,并恳饬下海防支应局知照立案。是否可行,伏候钧裁核夺批示祗遵。

请派员验收经修艇船并饬领垫款禀

光绪十二年正月二十八日

窃查调旅山东登荣水师各艇船,除由统领水师丁镇、鱼雷营刘道分别调用外,计归职工程局留用者二只,经职道于光绪九年四月、七月间及十年二月间迭次禀陈裁除弁兵,仍将该艇船二只修竣,留工为防营及工程运载物料之用,奉宪批准行在案。伏查修理前项艇船原未敢稍滋糜费,然海面风涛不测,亦必须择要修配,方能驾驶。无如彼时旅顺阛阓尚稀,各项木材、油漆、颜料均难凑手,亦无修船工匠。经职道函请天津军械所张道转商驻津水师营郑故镇国榜派弁监集工匠在津经修，将荣成五号艇船一只作为旅顺工程局第一号艇船。九年冬，封河前修成，赶回旅防。十年春间，海防事急，尚有一只未修，势难再令赴津，不得已由烟台募工购料，饬派职局提调牛丞昶昞专司修理，即于是年秋间赶工修竣，将登州四号艇船一只作为旅顺工程局第二号艇船。两年以来，经防营及职局迭派出洋赴烟台、石岛各处运载木石物料及夫勇、米面食物，仍照禀定章程，在船水手舵工人等一概不领薪工，因何事出洋，即由何处筹资募集，事竣遣散，以免虚耗，饬由牛丞专司经管，比随事雇用民船较为得力，亦觉合算。惟核计此项艇船二只，共计修理用过工料湘平银一千六百六十七两八钱六分九厘七毫。因适值防务倥偬，未先估计立案，兹谨督饬牛丞连同津修者通盘核计，据实开列清册，恭呈宪鉴，伏乞饬派专员验收，以昭核实，并恳饬下海防支应局立案，拟俟验收禀复奉准后，由职局移向支应局请领前项银两归垫，以清款目，仍由职道饬照录册移送支应局查核列销。至此项船只际此度支艰窘，既不敢请定常川用费，然随时添换绳索亦势所必不能无，拟恳宪恩，准照大沽协罗副将处所用艇船月给灯油、小修费十二两成案，再行核减，每船月给小修费湘平银十两，俟奉准后，再行起支。其该艇船所缴原营发给军械前膛枪各件多已残废，不堪使用，拟造册移送天津军械所查验，以备挑选修理之用。是否可行？伏候钧裁核定批示祇遵。再，在旅艇船除职局及水师、鱼雷营分调差遣，随时修理，均由职道及丁镇、刘道分别禀销外，尚有曾在海面遭风，经黄道瑞兰禀明有案，于八年三月由永平府驾驶来旅之荣成七号艇船一只，闻当时遇风情形极重，帆桅早已尽毁，仅存船身，各处皆未肯调用，闲置旅澳，即日朽废。可否饬由此次验收修艇专员一并查看禀办之处，均候宪示施行。

定购洋商机器改订合同详

光绪十二年二月十一日〔附合同〕

为详复事。案蒙宪台札,据旅顺工程局袁道禀称,旅顺船坞各工需用机器甚多。经津海关税务司德璀琳保荐怡和行商宓克代向外洋购运,当就宓克所呈节略并在津时商论各节,参以己见,向善威公同商酌,拟就合同底稿呈鉴,恳饬津海关周道会同支应、军械、机器、制造各局公商议复后,饬发周道、德税司会商怡和行商宓克,在津定议缮写,先行盖印签字,发回旅顺,由职道加钤,善威签字,照数分存。又禀德税司送交怡和行自拟合同稿一件,与宓克原呈节略禀词不符。又据善威开送条陈购机器利弊八条、约略合同式六条,一并录呈,恳饬津海关周道等归入前禀,一并妥议,呈候示遵。等情。蒙批,均悉。旅顺船坞各工关系紧要,需用机器各件必须斟酌尽善以期货高价廉。该道在津时既经德税司保荐怡和洋行商人宓克承办,议有节略,内云不合之件可以退还,并不须承领现银,其代垫银两始终并无利息。候将该道现拟合同底稿一件,清单三件,函稿一件,札发津海关周道会同支应局公同悉心妥商,与德税司及宓克等斟酌损益,分晰禀候,核办另禀。初八日,津海关周道抄寄德税司送交怡和自拟合同一件,何以与从前宓克所拟节略大相径庭?自应仍照前禀核办。所有善威现拟八条及合同式一件,并候一并饬交周道等并案妥议具复饬遵,札饬会同支应局悉心妥商,与德税司及宓克等详确酌议具复,计发合同清折一件,清单三件,函稿一件。又,善威所拟条陈及合同式一件仍缴等因。蒙此,职道等遵即公同会议。查袁道所拟合同稿与怡和寄去合同稿词意颇有疏密之分,如袁道合同稿拟分作三批购运,怡和则欲全数承揽。今于合同第一条载明:

须头批办理不错，方能定购第二批字样，以昭慎重。又恐善威交买机器之图单稍欠透澈，今于合同第二条载明：怡和允将图单请外洋极明白人考究是否合宜，免致将来所买或不合用，以期周匝，而免错误。其第三、第四两条载明：怡和准将厂价清单在外洋呈中国使署查考及怡和垫银不取利息等语。第五条怡和合同稿内言：代购各件验与原单不符，或有辩论等事，皆请德税司作证评断，与宓克原禀：验有不符原单之物，情愿退换等语不合。今乃改写代购各件如验有与原单不符，或有辩论等事，均请津海关道与税务司从公评断。如错在怡和，或罚或退回，均听评断之人作主等语较为详明，亦不虑将来有所偏袒。第六条载明：怡和不领中国用银。第七、第八两条载明：怡和须将厂价及水脚保险原单呈交旅顺工局。第九条载明：定购起运各日期，与彼此各拟合同稿无甚出入。日前，经职道馥与德税司、宓克商酌再四，始能议妥，于虑患防损之意似尚包括无遗，业经职道等会商意见相同，因缮写二纸，由职道馥与支应局暨德税司、宓克等画押，职道保龄来津比即会商定议，加钤画押。旅顺工局与怡和各执一分为据，并照录一分呈请宪台鉴核批示祗遵，实为公便，谨将改订合同照缮清折暨发下合同清折二件，清单三件，函稿一件，又，善威所拟条陈及合同式一件，一并缴呈，为此备由具呈，伏乞照详施行。

计抄呈现订合同稿一件。

立合同：帮办旅顺澳坞工程局善威，大清国总办旅顺澳坞工程代理人二品顶戴直隶前先补用道袁，英商怡和洋行代理人宓克。

今将商订代购外洋机器物料各款开列于后。照缮两分，每分写中英两国文，各执一分，盖印签字为据。

一、中国旅顺口澳、坞、机器局三处所用各项机器物料委托怡和洋行分批代购,但须头一批办理不错,方能定购第二批物料。

二、所办各件按照帮办旅顺澳坞工程洋员善威开具之图样及详细德文清单,交由怡和行妥慎代购,仍由怡和将图单交外洋极明白人考究是否合宜,免致将来所买或不合用。

三、善帮办所开清单内如指定在何厂购买,怡和即行照办,或由怡和作主选择最为价廉物美之厂照单定购,仍先取该厂实价清单呈送中国钦差公署查考,并寄旅顺查对。倘查出别家另有价廉物美者,可告知怡和另买,或另设法办理。

四、怡和应允所有代购物料价银以及保险、水脚等一切费用皆由怡和垫付,不取利息。又,中国承保,旅顺工程总办应允,以后购到一切器件运至旅顺,于一个月内在天津将怡和所垫各款如数付清。倘查机器内有与原单不符之处,可将已付之价缴回中国。

五、现议怡和代购各件如由善帮办验有与原单不符之物以及合同内或有辩论等事,皆请津海新关税务司、海关道台从公评断。如错在怡和,或罚或将原物退回,均听评断之人作主。

六、怡和代购各件言明不领中国丝毫用银。至厂内照章应行扣回之银,怡和除取五分行用之外,倘有余项,当悉数缴还中国,即在交明购件时发给价银内照算扣清。

七、怡和应允将厂内原来实价清单交给澳坞工程总办,以昭核实。并照缮一分,在外洋呈交中国钦使公署。怡和又允于购件将定妥时及濒装船时,两次禀明中国钦使公署,以备派员勘验,倘钦使查有不符与吃亏之处,可以告知怡和设法向极好处办理。

八、现订怡和因购件所用一切零星使费情愿自备,至水脚、保险等项,怡和亦必格外节省,但有可以从减之处,定当设法妥办。将来亦将原单交给澳坞工程总办,以昭信实。

九、一切日期当照旅顺工程总办所拟订者办理。今将拟订各日期附后。

自中国寄购物单至外洋约须六个礼拜。

在外洋厂内商订各件约须四个礼拜。

在外洋厂内定购各件应将商订告竣日期于所立合同内载明。

自外洋将购件运至旅顺约须十个礼拜。

光绪十二年正月□日旅顺澳坞工程总办袁,帮办善。

西历一千八百八十六年二月□日怡和洋行代理人宓克。

同见者:天津支应局,津海关道周,德税务司。

陈报回防后各项工作情形禀

光绪十二年三月初八日①

窃职道叩送宪旌后,赶即料简各事,赍领工款,于二月二十五日离津,二十七日到旅。查勘工防均如常平靖,坞土除留抵力之八百余方外,已均挖竣。惟青色顽石三处极费锥凿,开宽南泊岸日役近两千人,筐路已形拥挤,势难再添。就此作去,但无连阴雨阻,六月必可将应挖之土一律告蒇。善威二十八夜赴烟搭船至沪。据电,初九随利运北来,五日内当可回工。其所做砖坯因山土性紧,颇多开裂,尚未烧成,深恐延旷时日。若烧成并不得力,改办石料更来不及。前与琅威理商度,渠虽自称不解工程,而亦谓砖坚必不如石。昨询刘步蟾,谓见过溪耳船坞,其阶级吃紧处全石,石背乃以砖填砌。因德国石价太贵,不得已而出此,非因砖胜于石,拟俟善威回工再与细商,或不胶执前说,留此砖以备泊岸及大厂房之

① 初八日,底本原目录作"初一日"。

用,并非虚糜。早速派员往石岛办石,趁夏秋南风运工必可应手。闻克鹿卜工程人已由京回津,伏恳宪台饬令于望后来旅一行,俾资讨论,庶免延误。琅威理留华之事早已订准,并恳饬令该洋员一并来旅,因修码头处所及船澳是否用门各节亟须琅、善会齐细商,以期周妥,尤须早定为宜。前与恰和满德、宓克等面订澳门船,如果不用,必须于四十日电告。计自二月十四日至三月二十四为四十日之期,尤未可缓也。导海修齐,于初四日回工,现饬泊老虎尾沙尖旁。一半日海镜拖一号铁驳至,即开工先挖此处,以通铁船入西澳要路。前由德璀琳引荐之洋人舒尔次连日各处量水,力称定、镇进口至西澳转湾而出,事并非难,但看带船者本领何如。现据呈德文图单,俟译就再定办法。汉纳根昨乃回工,今日职道与之同赴崂嵂台周视,前到之二十四生两炮已上山,刻即动工赶修炮盘。其利运所装四巨炮同是二十四生者,除黄金及馒头两台应加之炮暂行缓设外,但以崂台所加两炮计之,到旅约在十二、三,起卸须十天,上山半月两旬难定,万赶不及。拟将旧有二十一生三炮仍留,二长身者不动,配齐二十四生两炮、十二生二炮亦颇可观。另拟将威远台暂行改设十二生两炮用陆路架者,免致沽存十五生两炮运旅过迟,设置不齐,威台无炮之弊。俟五月间,仍照禀案设各台应设之炮,一转移间,四月望可全齐楚,无碍观瞻,亦毫不多费。是否可行,伏候钧裁赐电谕知,遵即赶办。各营、台操务已谆告各统将实力督催,仍当会同汉纳根抽查,随时据实禀报。

遵覆奉部驳查赴朝出力人员禀

光绪十二年三月十一日

窃职营务处于光绪十二年正月间,奉宪台札饬,以准吏部咨:

所有派往朝鲜保护、定乱出力各员请奖，查明具奏，奉旨依议。钦此。黏单知照等因。合行抄单札饬，转行议准。各员一体遵照。并将驳查各员查明呈复，汇案核奏。又，抄单内开，候补知县直隶蠡高县丞王仁宝请以同知在县丞任候补。查奏定章程，各省有印之官概不准调往军营差遣。今王仁宝系直隶现任人员，因何派往朝鲜差使，应令查明，详细覆奏，再行核办。各等因。奉此，伏查王县丞仁宝系于光绪八年四月间，蒙前署督宪张咨补蠡高县丞，奉部复准，并未接印任事。即于是年十月间，蒙宪台派赴旅顺，随同职道当差。旅顺为水师屯泊重地，每遇兵船操巡朝鲜仁川、马山各口，随船来往，无役不从。迨十年冬间，朝鲜变起仓猝，职镇汝昌躬率各船克日东渡。因该县丞熟悉朝鲜情形，又于各船管驾皆能联络，气谊夙孚。与职道保龄公同商酌，仍饬随船驶赴马山，偕前敌水陆将士昼夜操防，不辞劳瘁，实系水师各营尤为出力之员。理合将派往朝鲜缘由查明，据实禀陈。可否仰恳宪恩俯赐，覆行奏请，仍照原请奖励给奖之处，出自钧慈逾格，非职道等所敢妄拟。惟念朝防事机靡定，水师各船时须遴员前往会商联络，不能不加之奖劝，以树风声，职道等为鼓励人才起见。是否有当，伏乞钧鉴核夺施行。

陈报利顺[①]船修理用款并请派员验收禀

光绪十二年三月十五日

窃职道于光绪十一年八月间，会同鱼雷营刘道电禀，拟将利顺小轮船就前修雷艇土坞勘修各缘由，奉宪台电谕，利顺就旅坞小修甚是，但勿多费等因。奉此，当即会商刘道遵办。兹于十二年二月

① 顺，原作“运”，据正文改。

间，准刘道咨开，上年八月，饬总管厂务都司霍良顺会同该船管驾郭荣兴将请修原单赴船逐一查勘，凡关行船要件损坏者，呈报验修。旋经该管驾于原单估修外，续请添配各要件三十四种。复经霍都司查验相符，并先行招集工夫将艇坞挑阔浚深，开拓口门，兼筑土坝。嗣于九月初三日，乘潮挽带该船进坞，所有船底两舷铁板刮锈油漆，并舱舱面灰缝，修配机器锅炉、各舱物件器具，分别赶工，于十七日出坞，其修换各工一律完竣。所需各料均由敝局发用，查计修理该船原单实用各料价银三百四十五两六分一厘四毫，计用各匠八百九十六工，合价银二百四十七两五钱八分，共计修配工料价银五百九十二两六钱四分一厘四毫；又该管驾续请添配各物用料价银五十七两二分四毫，用各匠二百九十六工，合价银九十六两四钱三分，共计续添各件动用工料价银一百五十三两四钱五分四毫，二共原修续添两项工料七百四十六两零九分一厘八毫；又开宽土坞左右各五尺，浚深五尺，堵筑口坝、大潮防坝雇用小工共二千九百二十九工，每工给银一钱，合湘平银二百九十二两九钱，通共湘平银一千零三十八两九钱九分一厘八毫。所有修理利顺船工竣动用物料匠工所值银两数目，相应照缮清册一本，备文咨送，为此合咨，请烦查照验收，希将垫用各项银两照数归还，以清款目。又据利顺管驾郭荣兴开单，请由上海代购行船一年备用油漆、绳索等件，已向生昌行购料，一单不敷之数，复由敝局大批料内添足，径交该管驾照收具领在案。共计各料价湘平银二百六十三两九钱九分七厘六毫，另缮一册。并生昌行发单一纸，该管驾领收一纸，一并附咨查照。此款应否由贵局归还，抑或该管驾自行归款，希即见覆等因。准此，伏查利顺小轮船自上年夏间，迭据该船管驾请赴沽坞修理。彼时正值导海船做工紧急，该小轮每日拖带接泥船出入口门，竟无刻暇。迨秋深后，船底苔蜜黏结，机器锅炉亦有必须速修之势。而秋高风劲，往返未免冒险，且小船进大坞，种种均不合算，爰议在旅修配。工竣后，职道即行登轮试驶，周历勘验，所修各件均极认真合用。兹准前因。查鱼雷局厂本非大沽船坞取多用宏可比，所有动用工料均系极力挪垫，现当操雷事急，自应及早归还。惟此案款项职局亦未禀定领款，拟恳宪台饬下海防支应局准将前项用款一千三百零二两九钱八分九厘四毫先行发由职局具领，移交刘道归垫，仍附旅顺挖泥工程项下列销，以期各清款目。并恳饬派专员验收此项修船工程具报，除将送到清册二本存职局备查外，拟俟验收禀复后，仍由刘道照录原册二本移交职局，连同原送发单、领状咨送支应局备核。至该利顺船行船一年，备用油漆、绳索等件向于进沽坞修船时请领，不由职局另购，此次请购亦与成案相符。所有修理利顺船用款各缘由，理合禀陈，伏候钧裁核夺批示祗遵。

卷　十

陈报收到宁局过山炮并发营分用禀

光绪十二年三月十八日

窃职道等于光绪十一年十一月间，电禀拟调宁局过山炮、那登飞炮各缘由，奉宪台电开，过山炮、那登飞〔炮〕可照拟分给等因。奉此，遵即电致宁局去后，兹于本年三月初三日，准金陵机器制造局咨开，造成两磅后膛过山炮六尊，并随炮什具、子弹等件一律装配齐全，共装六十四箱又二十一件，派员管解赴沪，点交北洋兵轮验收附解，计黏清单并解批。又准咨开，续造过山炮六尊、四管神机炮二尊，并随炮什具、子弹等件一律装配齐全，共装木箱一百四十四（双）〔只〕又三十四件，派员解沪，仍交兵轮汇解，一并填批缮单。各等因。准此，当饬委员蒋县丞士翰前赴各兵舰，按照原咨两次解批清单逐一点收，据报数目相符。查原拟过山炮十二尊分给毅军及护军营各半，那登飞炮二尊专给护军营，已奉钧允在案，谨仍照拟数备文分交。迭准宋军门及代统护军营张都司分别复称，收数均与原数相符。其张都司送到钤领一纸，即行饬库存案去后。除将解批咨还金陵机器局，并将原送清单抄咨天津军械所查核，仍饬旅顺械库列册收放汇报外，所有收到金陵机器局两次咨解过山等炮，并照原拟发营分用缘由，理合禀陈，伏候钧核批示祗遵。

陈报与法监工妥酌旅防全局情形禀

光绪十二年三月二十二日〔附清折〕

窃职道前奉宪台电谕，法监工特温内、吉沙尔趁威远赴旅，须与妥酌等因。奉此，本月十七日，威远船到旅，罗中书臻禄与特、吉两法员同到职局会晤，并招善威共谈良久。连日该法员等会同善威环视坞澳各工，屡与职道接晤。其大意以为旅顺形势四山环拱，外有层层遮护，用作水师口岸，经营得宜，诚为不可多得之海口。比年，西国争建修铁舰澳坞，就其往事得失，参考图说，择善而从，事亦非难。惟如此巨工应先将各项工程丈尺做法详绘总分各图，各加说单，参稽往式，博访众论，斟酌损益，必期尽善。图说既定，即当赶速赴功，以谋定后动，则无中路徘徊、长虑却顾之苦也。若做法图单尚未就绪，虽旁观极欲代谋，无从下手，深恐枝枝节节而为之延时滋费，其患中于不觉，此为目前旅工第一吃紧关键。至所论各项工程，语多中肯，尚无翻新求奇之意，谨将该法员与职道问答分别条目，录呈宪鉴。职道就该员论说详加覆核，其论南泊岸石工做法与善威所拟做法悉相符合。其由南至西南之五十八丈，万不宜做斜坡，仍应改砌石泊岸一节，亦与善威初意相同，此工为全澳稀淤最多，极难下手处，似应改斜为直，仍符善威原议，虽用款加增而工程较稳。至南泊岸加直码头，虽为多停铁舰起见，然目下止此两大铁舰，似可缓议。且横出澳心三十余丈之长，能否不碍各船出进坞门之路，须由水师华洋各员详酌，非职道所敢遽断。其论北、东两面已成泊岸工程单薄，数年必坏，与各洋员所论大致相同。职道去秋与王提调仁宝等拟在旧泊岸脚下做小戗坡，以块石垒之,以塞门德土灌之,质之善威亦以为然。曾与津海关周道迭次商榷及此,但苦华员做此工程止凭臆度,其得失无从考镜,非如洋员之学有师承,事有成案,是以委决不定,未敢遽请兴办。今该法员所论亦复不谋适合,使职道积年疑虑得所折衷,极为敬服。至所谓满用塞门德土涂抹,不留石缝,则职道尚愧见不及此,虽工费稍大,似可收一劳永逸之效。已嘱其到津后,开具做法细单寄旅,再行酌核禀办。其全澳用门与否,该员意亦未决。据称回津后,另行具禀,上呈宪鉴。惟以旅工全局而论,所最重者惟船坞,所最急者,亦惟船坞,亟应乘此长日晴霁,及时修砌。职道前在津时,禀奉钧谕,饬向善威询定各工经始及告成月日。业经遵即照饬,尚未接准移覆。从前善威力主用洋砖之说,今特温内则以为洋砖万不可靠,力主用石,与善威所论大相径庭。如改用石砌,便须及早采购。以旅顺本地石皆脆质,泊岸所用悉取之山东石岛。每年惟夏季南风可运,秋深以后,有石亦不能运,便须蹉跎一年。职道于坞工毫无阅历,绝无成见,但无论用砖用石,必须及早作定,伏恳宪台咨询特温内,俾尽其词,抑或饬下周道与该洋员再相讨论,仰候钧裁核夺饬遵,俾旅澳早收计时告竣之功,职道亦免督率无方之罪,临禀无任激切待命之至。再,该法员等此次到旅即住善威公所。善威性情和厚,绝非洋员骄恣自用者可比,谈论各事均极欢洽,毫无意见,合并禀陈。

计附呈问答节略清折一件。计开:

船坞。

特:坞底净空须再展长十马,为中国尺三丈,坞深须统计十四马,此皆按善威之图所列丈尺而论,非指现挖成之土工也。因未见善做法单,不知坞墙、坞底砌工尺寸,碍难悬揣。坞内两墙阶级必须用石,查旅工现用之石甚坚实合用,万万无用砖之理。因坞墙阶级修船时须用大木,一头撑在铁船,一头撑在坞墙,是最用力之处。加以工人抛掷铁木各件,人与物均由此上下。如果用砖,后患甚大。坞式皆好,惟此阶级改用石,并将层数改少而厚乃能合宜,更须将中空让宽以免碰船。

坞旁各厂。

特:万无似此挤在一处修法,必须散开。止留吸水机器等房靠坞,余皆移东泊岸之东。

龄:东泊岸之东或谓当留作他日船多展长地步,拟将各厂分在澳北山冈前,散而不挤,离岸略远何如?

特:澳北散开亦可,但东边不必留展宽地步,因所展泊岸无多,而所费甚巨也。如虑船多地狭,可在南泊岸图上停泊铁舰处添修直码头两座或三座,约每长三十余丈,每座左右可各靠一大舰。

南泊岸。

特:由南至西南万万不可修斜石坡。地本稀软,直墙尚有层层相压之力,斜坡一定必坏,万站不住。勿惜此费,以致贻悔。

龄:南泊岸一律改直原可,但究竟作何修法?

特:土硬处外砌条石,背用碎石、塞门土。外面脚下斜式,不宜平砌。地上土软处用木桩拉木,上灌塞门土、碎石以作地脚,其上与硬土做法同。土极软处用石砌方圈,中留空处如井,挤稀淤凸出而挖去之,则石圈自落,随落随添,到实处为止。联以券洞如桥然,券上碎石、塞门土满砌以作地脚。余与前同。

北、东两面已成泊岸。

特:此岸万不支久,五年必坏。

龄：请为筹补救之法而用款不甚多者。

特：硬土底者，挖去其土，用塞门土满填其下。前做小坡，但须间隔错综而做，不可一顺挖去，以防即时倾塌。软土底者，须于坝脚前排布木桩，联以薄板，上用塞门土满填之以作地脚，再照旧修岸于其上。遇有基脚土质过软，似以重拆旧岸，再下新桩为妥。至向外一面之石缝须满用塞门土涂之，不留罅隙，乃免海水绿气侵损。无论底土软硬者一律照办。

澳门。

特：昨议拟做两层门，取其中做。小澳地小，水易平，船出入便也。今思仍不用门为妥，或先做门框为可设门地步。到津另有禀呈。

外坝。

特：应在南坝背后另做一坝。下用木桩，上用石，由西北斜向东南，以便他日船出入之路。此坝成就，旧南坝可拆废。

西澳口门。

特：看琅威理条陈，谓海口门要水深常有三十尺，理甚是。但亦不必全仗挖力，另有法，在里面作堤可以束水刷淤。

呈送节译外国书籍清折禀

光绪十二年三月二十二日

再，上年十二月间，曾奉宪台电饬，以溪耳坞总办如曾著书，可令善威翻译等因。奉此，职道遵即照饬去后；准洋员移称，溪耳总办所著之书，惟五百二十七张中所论用砖修坞一节最为紧要。译成清折两分，送请存转。等情前来。除存职局一分备查外，谨将送到清折转呈钧核。伏查溪耳为德国兵船大坞，其总办既曾著书，则西国各工程官必皆浏览及之。可否一并发交法监工特温内等辩论考证之处,伏候钧裁核定施行。

旅防教习亲兵遵饬酌量撤留禀

光绪十二年三月二十二日

窃职道于本年三月十六日,奉宪台札饬,以亲兵前营派旅教习之亲兵四棚,或全数调回归伍,或酌留数名照料,饬与毅、庆各统将妥商酌办具复等因。奉此,查该营亲兵四棚,系三棚在毅军教操枪队,一棚在馒头山教操炮队。遵即会同宋军门暨统带亲、庆左后副三营吴提督商酌,均称应即谨遵宪札,令该亲兵等回津归伍。惟旅防各炮台大小炮位应用表尺、水银尺测算低昂远近度数,实为用炮精微要著,屡奉宪台电饬实力考究。经职道与袁都司雨春商酌,以各守台弁目现方从事于瞄准打靶,尚未能推阐及此。该亲兵四棚内不乏久习表尺、心细灵敏之人,拟除先遣内渡之什长、正勇等二十二名由该都司自开花名清单,送令归伍,俟到津日由王都司得胜查明,另行详报外,所有什长、正勇、护勇等共计挑留二十名,拟恳宪恩,准其暂留旅防,仍由袁都司雨春约束,逐日讲肄炮位表尺,随同洋教习等教导各台新勇,俟一月后,再行遣撤。彼时应否酌留数人照料之处,再由职道查酌禀陈。至袁都司雨春前经职道禀蒙宪恩,每月加赏教习薪水湘银四十两,向由职局随时垫发,册报支应局领还。查已垫发至本年二月分,该都司现经接带护军副营,拟自三月分起,将加给教习薪水住支。其向造教习日记、清折自十一年正月分至十二年二月分,共计十四件,谨为转呈钧鉴。其前带教操亲兵既已逐渐遣撤,自本年三月以后,拟请免其造呈。是否有当,伏候宪裁批示祇遵。

奉饬核计坞工蒇事需款确数禀

光绪十二年三月二十四日

窃职道奉宪台电饬,以坞工蒇事究需若干,饬核确数再禀等因。奉此,伏查旅顺澳坞、泊岸、闸坝、厂库各工,初由洋员善威约略估计以百三十万为率,迨经职道随时禀奉钧谕,向其切实考究,渐次驳减。上年十二月间,乃据该洋员核定估数为一百二十五万五千二百两,开具清折图式,禀呈宪鉴在案。大抵西人性情,工程必求极稳,器物必求极精。欧洲各国彼此争胜,久成风俗。其来华任事也,不肖者骄恣自用,暗滋弊蠹,亦颇有之,或廉介自好者,又苦目濡耳染,囿于竞新斗靡之成见,胶执不化,若谓非如此不足以奏功者,语以减事节费,则终非所愿,盖其习尚使然,非必有因以为利之心也。旅顺大工费巨事难,稽之成法,无可比例,固不敢专效西人一味铺张,亦不敢过事拘泥,终鲜成效。计惟有宽筹慎用,步步稳进之一法,或可无大蹉跌。连日再四筹思,凡关涉工程要需,未便遽从删减,恐他日工不应手,洋员转得有辞。现就所开清折覆核,查有第六条内商码头需银一万五千两,此邦本非通商口岸,民船趁风贸易,来去不时,此款于全工并无关系,应即停止。又第一条内船坞电灯需银二千两;第二条内各厂库电灯需银三千两,各厂库院电灯需银三千两;第六条内东澳用电灯需银五千两,固为战事缓急赶做夜工起见,然届时多用灯烛,亦未尝不能做工,似不值耗此重费,应即一律停止。计前项拟行停止者,共可节省银二万八千两,似费可节减而工务决无窒碍,谨即一面照商善威,一面据实禀陈。是否可行,伏候钧裁核定批示祇遵。核计善威前估工需银一百二十五万五千二百两,数内再行删减银二万八千两,仍估需银一百二十二万七千二百两。并恳饬下海防支应局知照,此后仍由职道会商洋员,随时随事,力求节省,再行禀陈。

陈请派员考验雷营兵弁禀

光绪十二年三月二十六日

窃旅顺水雷营前经职道等于光绪十年二月间禀定营规,内开于立营五个月呈请宪台派员大考。此后每年以三、五、七、九等月之朔,禀请派员考验,分别等次,加饷给赏。仰蒙钧允在案。查旅顺创立雷营之际,正值海防吃紧之时。日夜备战,刻无暇晷,未及禀请考验。虽经职道等督率该营管带随时考课,量加赏罚,而自立营至今,首尾三年,各兵目无不亟盼考验,以期进取。果能及早举行大考,用昭信赏必罚之权,似足鼓士气而严军律。可否仰恳宪恩,特派精熟雷电理法之大员将旅顺水雷营按照定章考验之处,伏候钧裁核定批示施行。再,据该雷营管带方弁凤鸣造呈上年冬季分弁兵操作功课日记册三本,谨为附呈钧核。

转陈洋员筹计澳坞各工情形禀

光绪十二年三月三十日

窃职道于本年二月间,在津面禀澳坞各工急宜赶速,拟筹定月日各缘由,奉宪谕饬,即于回工后,向洋员善威考询明确,万不准迟误三年告成之限等因。奉此,遵即照饬该洋员以何时应做何工,何月可以告成,即如船坞一项为最先至急之务。土工既完,应于何月动手修砌,何月准可告成。其余各项工程照此类推,通盘筹计,逐项开具清单,以凭核明。转禀去后,兹于三月二十九日,据该洋员移开，查坞澳、外坝、泊岸、厂库各项名目繁琐，且其中有必须与水师各营详细会商者，容俟何时会议明确，自必通盘筹计，再将何时应做何工，何月可以告成何事逐项分晰，开具清折移复。等情前来。伏查旅顺坞澳工巨费繁，既以节帑保固为宜，尤以及早成功为贵。惟所有一切做法除土方外，均由洋员主持勘定，职道极知限期紧迫，深恐玩日愒时，致干重咎，不得不据实禀陈，伏候钧裁核定批示祗遵。再，同日，另据该洋员移称，泰西各国设立水师口岸必修商码头，缘为收课税而裕帑藏。旅顺既设水师，亦必事同一律。目下此口商船虽未能源源而来，而水师各营星布罗列，商贾势必日见兴旺。虽与水师无涉，而于课款不无少有裨益，仍乞妥为筹议。至于厂库电灯乃必需要件，非为赶作夜工而设。倘然不用电灯，必须用煤气灯，若用煤气灯，尚须添挖煤（地）〔池〕，所费较安电灯尤为繁巨。既系兵备口岸，不得不思未雨绸缪之计。嗣后设有缓急，电灯关系尤为紧要，临时碍难赶办。今骤然酌议停止，诚恐日后遇有兵机之秋，势必有贻误之虞。帮办管见所及，敢不预为陈明，以期保全大局。移请查照，克日见复。各等情。查前项删减商码头、电灯各款经职道先行禀陈宪鉴在案。惟既据该洋员移请各节与职道所见未符，不敢壅于上闻，并候宪核批示施行。

绘图教习得力请添给薪水禀

光绪十二年六月初四日

窃职道于光绪十一年冬间，迭奉宪台札饬，以旅顺建坞绘图需人，准船政大臣裴咨，派教习陈文祺带同绘事学生李寿萱、周铭西两名来津，饬赴旅顺交职道差遣委用等因。奉此，查绘图教习陈文祺系于上年十月二十四日由津搭轮到旅，其所带学生李寿萱于到津时,经大沽船坞德税务司酌留津沽当差。惟学生周铭西一名随同该教习至旅,均经职道派随洋员善威专管绘事各事。数月以来,留心考察,陈文祺绘事甚精,于工程机器各事亦略窥门径。其勤朴耐苦,布衣淡泊,毫无嗜好,不染各学生浮靡气习,尤为难得。若加以造就,扩其学识,可成有用之材,不仅以一艺见长。闻该教习在闽月辛本系四十两,尚有各杂费在外。上年德税司向职道再三言及,谓宜倍给辛资,本年春夏间,洋员善威又以该教习极为得力,屡请月给厚辛,旋又移催早为转禀前来。另准刘道面商,以该教习才颇可用,鱼雷学堂绘事各生需人指引,拟令兼为照料。职道伏思,量能授食,古有常经。果其人能才兼数事,似薪水尚不虚糜,拟恳宪台准将绘事教习守备陈文祺留旅,随同善威专司绘事,仍由职道会同刘道差遣委用,并恳恩施逾格,准自光绪十一年十月分起支,每月赏给该教习薪水湘平银八十两,俾资办公。是否可行,伏候钧裁核夺批示祇遵。至原带学生两名,除李寿萱并未到旅外,其周铭西一名薪水系由洋员善威月领司事各薪银三百两内开支,合并禀明。

请将洋员舒尔次留工差遣禀

光绪十二年六月初八日①

窃职道于本年二月间,晤税务司德璀琳,面称:旅顺挖海,工大费巨,必须明白晓畅之人随时督率。兹有德人舒尔次朴诚勇敢,向在中国商船充当管驾,海口无不熟悉。又在高丽任总河泊所之职,凡挖淤挑滞,测量浅深,三韩各口均经其疏浚妥帖。旅顺工程

① 初八日,底本原目录作“初六日”。

可资差遣，即他日挖海竣后，铁舰进出，抛锚停轮，该员深明港道，可照定章指泊，不无裨益。薪水拟月给二百两至二百五十两，另给住房以资栖止等语，旋准函同前因，经职道面禀宪鉴在案。旋由大沽船坞派该洋人送导海船至旅，职道与鱼雷营刘道及洋员善威数月以来公同查看，舒尔次颇竭力勤事，不辞劳瘁，迭经派赴导海，商定挖泥地段，及赴兵差各船引港，与华洋各员均颇和衷，尚无虚憍恶习。复据善威迭次移称，舒尔次于船务、水性均能熟悉，洵属澳工必需之员。琅威理亦极愿其在旅经理。拟给薪水每月湘平银二百两，言明火食及将来回国川资均在其内。如能当差勤慎，或一二年始终奋勉，每月再请酌加五十两，且无须与伊批立合同。嗣后如有因公辞退，必须三个月前说知。倘有不遵调遣及酗酒滋事等情，立即斥退，毋庸再待三月之期。如伊不愿在此当差，亦于三月前禀明。兹将舒尔次履历及该员应需管理华(文)〔员〕之人，并一切人夫头目薪粮工食尚约需银四五十两，开具清单，请为转禀。等情前来。职道查旅顺挖海关系甚重，导海一船华员颇能尽力，间有机器损坏，一由洋匠士本格查看，鱼雷厂霍弁良顺等设法修理，本无须再请添人。惟口门之广狭浅深及老虎尾鸡心滩西北一带应挖地方极宽，工程极大，非有精于行船之人酌定缓急，握要以图正，恐奏功难速。且挖海者与行船者往往各执一辞，徒滋争辩。本年春夏间，量定老虎尾地方，定地插标，由导海开浚，系职道与刘道商定大概后，绘图、量水各事悉派舒尔次经理，颇资得力。口门灯塔现须建设，此后常川管理亦非熟悉港道者不办。其善威所拟月给薪水银二百两，已甚不少，未便再加。至不立合同及不遵调遣，立即斥退各节，均尚妥协。又，另单所请勒威回国后，将伊住房与舒尔次居住。查勒威住房本系职局经建，舒尔次既留工当差，拟俟收回，拨给居住,待该洋人离旅时,仍缴还职局验收。所请夫役数亦太多,拟核减二名,扣除银七两,改为月支银四十两五钱,由职道核验发给。至所用舢板拟由职局酌量购给,据实开报。其收拾舢板及人夫所需衣服,职工向无此例,未便踵事增华,徒滋糜费。除将该洋人履历留局备查外,谨为据情核禀,并将原送清单照录,恭呈钧鉴。倘蒙宪恩,准将舒尔次留工交职局差遣,该洋人系本年三月初四日由大沽到旅当差,所有月给薪水拟请自中历本年三月初四日起支。是否可行,伏候钧裁批示祇遵。

陈报与洋商订购各器名目禀

光绪十二年六月初六日〔附清折〕

窃旅顺船坞各工需用机器,经津海关税务司德璀琳保荐怡和行英商宓克向外洋购运,所有拟立合同各节均于本年二月间,由津海关周道、海防支应局会同职道禀奉宪批准行在案。遵由职道督同洋员善威先就澳坞急需各机器择要商购,其图式华洋各单悉由善威一手经理。本年二月十二日,据善威交出拟购头批机器洋文单二十二张、绘图三件及译成华文各清折,当将洋文单二十二张、绘图三件由职道加函送交宓克照式定购去后。职道就所译华文折复向善威逐细面询,据称所购各器名目大端有九:曰铁门船二只,估银六万两;曰特拉斯,即塞门土料三千吨,估银四万五千两;曰大吸水机器,估银四万二千两;曰小吸水机器,估银一千两;曰澳坞用零铁各件,估银四千两;曰烧砖机器家具,估银一万两;曰特拉斯磨,估银二千两;曰机器夯,即大汽锤,为下桩用者,估银四千两;曰铁路各件,估银一万两。共约估湘平银十七万八千两。其中除现改澳工不用门船,由职道告知宓克,业经电致减购,应扣除估数三万两外，约估需银十四万八千两，谨将原译华文清折照录，恭呈宪鉴。惟查机器名目至繁，翻译每易舛误，业向怡和行商谆切面订，悉以善威亲写德文单及图为凭，以免歧异。自应仍由善威另写德文单及另绘图三分，以一分呈备钧核，一分送支应局备案，一分留职工程局为验收机器之用，方足以昭核实。迭经催促，为时数月未据交来，应俟交到时，再行分别办理。其现有华文单由职局另抄咨送支应局备核，拟恳宪台饬下海防支应局先行知照立案。再，职道于机器一事未窥门径，此次所购各件需用帑款既多，关系工程尤巨，必须由华员督同善威验收，并恳宪台饬派总理海军军械刘道于机器到旅时会同职道详细验核，俾免疏失。是否可行，伏候钧批核示祇遵。

计附呈清折一件。计开：

铁门坞船两只。

看图，此船有上、中、下舱面三层。上层最长二十四半迈当，最宽七迈当，由上层舱面量至船底十三半迈当。上、中两舱之间可蓄水，最深至一迈当八，最浅至半迈当止。该铁门坞船制造如法，虽潮泛极高，亦可下沉至底。其两端之墙角系欹斜式，墙底偏斜之度比较墙高之度计有四分之一，因墙底欹斜，如欲将坞船沉下，最少必须沉至离水面深二迈当零六，则墙脚方能与坞船相接。该船甚坚实，沉下水内不但可抵当两边之水力，纵使坞内无水，其船一面为水力所压，亦无妨碍。下层舱之下系装压载铁之处设有水抽一具，以便将渍水抽出。中层下系放压载水处左右有大水门二扇。上层下有水柜两个，用水管将两水柜接连可以盛水。下层至中层计高五迈当二，中层至上层计高一迈当八。如中层无水，仅下层之下放铁压载，该坞船浮起，由上层量至水面计七迈当半。船要挨墙靠住,即将自来水管接水于上层水柜内,即开水柜小水门放水,于中层下水足自沉后,即将大小水门关闭,船坞关好,其坞内之水另用吸水机器抽出。如要坞船浮起,必须将上层水柜之小水门开放,流水于中层下,然后将左右大水门一开,放水流尽自浮。自来水柜内须时时预备一百见方迈当水,用水时即可接水于坞船水柜内。惟水柜须安放方便地位,便可与自来水桶相接,以便蓄水。坞船全身必须上等熟铁造成。底骨宽一个迈当,厚半迈当。船底两边用柚木板镶嵌,上层船面铺有木板,周围用熟铁栏杆。中层下系压载水处须要密不泄水,使水不能流至下层之下。上、中、下三层均有铁扶梯。上层周围四面均安有生铁双绳扣四个,坞船如牵靠至墙,两边有熟铁圈四个,安放铁圈处铁皮用双层,取其坚固。铁圈上安用辘轳绳索牵拉,可省人力。因坞船办到之时须在旅顺装订,该船应用螺丝、铁锥、斧头、木器、橡皮以及吸水机器并各小零件务在外洋逐一购齐,以便到旅顺时临时需用。坞船以及各器料图样均须号明记数,即如每件几号,其图样上必须标明何件何号,方可按图挨号核对,免致错紊。下层之下须用铁块压载,应用若干,亦在外洋购办。一切坞船及所需器件须办制齐全,赶早装船运至旅顺,不致稍有延误。

特拉斯石泥三千吨。

此项必须德国之安德那吼或白窝尔塔尔二处地方采买。特拉斯百成之中必有五十七成玻精、十六成(入)〔八〕滑石、二成六石灰、一成镁、七成锬、一成鏀、五成铁锈并鈢养、九成六水。特拉斯要顶上等货,在山间下层取挖,谓真特拉斯,并无有砂石搀入其内,硬而坚实。特拉斯斤数不一,微少每块重约八斤,即有零碎小块,三千吨中不过一二百吨。购办特拉斯必须延一明白化学之人考验好歹,内有如何。物料是否结实,共有三法:一法用白灰粉一成、特拉斯粉二成;一法用生白灰一成、烧白灰二成、特拉斯粉一成;又一法用烧白灰二成、特拉斯粉一成、砂八成。此三法俱用水搅和晾干一天后,撩于水中二十七天,然后捞起。以上所验三法请化学人开明考据德文细单,俟特拉斯来华时一并送呈鉴核。

大抽水机器全副。

平水时,船坞蓄水约有二万零六百五十见方迈当水,用抽水机器二点钟时候可以抽尽,平常抽水高有五迈当一顶深,抽水高有十个迈当八密理。潮涨时,船坞蓄水约有二万六千见方迈当海水,用抽水机器三点钟时候可以抽尽,平常抽水高有五迈当四顶深,抽水高有十二迈当四。抽水机器有三个,均系旋力之水抽,用横安之铁轴,其内有两个,平水之时,二点钟久每个可以抽去九千五百见方迈当,其余一个平常抽水高五迈当一顶深,抽水十迈当八,每二点钟可以抽去一千六百五十见方迈当。此机器抽水少,系抽带过高之故。该机器另可助船坞打抽水,机器带高有十二迈当四,每一点钟可取三百见方迈当水。此三项机器遇涨水时较平水时亦可抽多。三个旋力抽水机器各有皮带轮,并不相连。旋力机器上半均可揭去,使易于修理。该三机器安在坞边濠内,其濠要挖至离地面深八迈当七,长九迈当,宽四迈当半。濠内砌墙,使不沾水渍。墙上铁板六密理厚,地上铁板有十二密理半厚。抽水筒先可毋须留水,锅炉未开工前,因机器在水面之下,坞内之水自能流入筒内也。旋力之抽水筒为竖,出水之抽水筒为横,离壕口水筒五迈当远,有一个水筒如曲尺样。旋力机器系在壕内,须用皮带接于平地汽机锅炉上,自能动轮。平地上有三副双汽机锅炉并连缩水柜。以上三个机器照前所开,工夫各有实在应用之力。此三机器轴均有带轮相连,内中二副大双机器，每个有一助力轮，其中间之小机器以带轮当作助力轮，看图便知安法。惟缩水柜之地位不载图中，盖因旋力抽水机器锅炉地位不宽，所以要抽气机器安放深处，所用缩水柜要在高处，将汽化水抽水机器之水由锅炉房之水柜放来，用过之水在地下流去。汽筒系生铁皮包，铁皮外层系用毡包，之外有木板一层。机器之曲轴并开机手轮等件均系钢做成。各锅炉缩水柜均有汽力表并缩力表，汽机锅炉与铁厂相离较近者，如抽水机器停工，即可用四个带轮，其力能接到铁厂，则铁厂机轮全动，各边能带五十四马力。此机器要配两个双火锅，下有来去烟管，中间小汽机配一个而路治字号之火锅，而路治即德人创造此火锅之名。边上之大汽机配两个热水筒火炉，需请德员考验。各火锅每方寸应有水力以一百十二磅为准，汽机之马力总须足用，因有电气机器须用去二十四马之力。锅炉均属上等钢板，按照德国部中所定之法制造，并请德员考验，出具凭单，俟到华时并呈鉴核。各锅炉有总气管分小汽管能至抽水电气机器、大汽锤及气铁皮剪四处，小汽管至锤、剪可毋庸办，仅办总气管内各小管，所用汽门自来水有一打铁水柜，水柜内之水可以达到锅炉并缩水柜，水柜之水至锅炉、缩水柜需用人力、汽力抽水各一具，又汽力之进水筒二具，此种水柜毋庸在外洋购办。所有水管应在锅炉后面安设，缩水柜之水管亦安于锅炉后面，放水门均安在锅炉前面，扭开即能流水于生铁水管，此水管可毋庸办。以上所开各项应办机器逐件再登明呈览。

旋力大抽水机器二副，应配进水筒、出水筒、曲尺水筒各一根。旋力小抽水机器一副，应配进水筒、出水筒。旋力抽水机器三副之出水筒内应用水门三个。横安双汽机并缩水柜三副，马力充足，能连动抽水机器三副。大汽机所用之圆式锅炉二个，内有烟通，各件俱全。

大汽机所用而路治字号锅炉两个，各件俱全。小汽机所用而路治字号火锅一个，各件俱全。接连各火锅汽机所用总气管一根。火锅所用人力、汽力水抽各一具并配进水汽筒二具，应配水制、汽制、汽管各件俱全。缩水柜与火锅相接应用水管水制，各件俱全。缩水柜与水柜相接应用水管水制，各件俱全。大汽机所用曲轴并带轮四个、轴枕、铜夹等。各件俱全。大吹号筒并汽管。旋力抽水机器三副，所用顶上各皮带俱全。安放各种机器所用铁地板、螺丝锅钉并油捻。不沾水渍之物。大小各式油捻盆。备用各式通管等件。以上各种机器物料必须全备。除去折内声明毋庸购办之件外，无论折内已未开列，均须不可少之件。但采办此项机器物件必有厂家出给保单，须保其力量、尺寸无讹，以便运到时照件核对，方昭征信。

小抽水机器。

内配四匹马力能移动之汽机一具，并应用之汽筒。其单火锅须上等铁板制造，向火烧之处有八个半见方迈当，须请德员察视。应有逾额之水力，每方寸以八十磅为准，各汽管须安拆灵便。其汽筒径一百七十密理，筒内之推机路长二百五十四密理，曲轴可以左右移动，随带有助力轮、皮带轮、权门汽制、添炉水抽一具、密不泄水之灰盘。又，器具箱一个，内装螺丝扳手、油罐轮夹、密不泄水之篷盖一副，并各小零件俱全。汽机用脚轮系铁造成，轮轴长二十迈当。旋力抽水小机器一具，每分钟可抽水六百厘得至十五迈当高。每一厘得可盛两大玻璃洋酒瓶之数。水筒径八十密理，皮带轮径一百零五密理，宽一百零五密理。其旋力抽水机器有皮带轮二个，一为虚轮，一为实轮，并有轴枕二个。进水筒是横卧式，出水筒是直竖式。装钉垫底铁板应用入木之铁螺丝必须办备。共配有水筒长四十迈当，径八十密理。又，曲尺式水筒三根，径八十密理，水筒应用各接头公母螺丝并油捻俱全。

造坞澳用铁木料零件。

大小辘轳共七个，能起物重自一吨至四吨。各式自来火筒约共长一百迈当。铁钳两把。可移动之熟铁炉六个。可移动之小水抽一具并有篷布水筒。起重用之水力机器两具，每具可起重至二十吨止。大、小平水尺二把。天平秤，可称物只重二百磅，一具。粗、细铁砂布十二打。水抽用之熟皮，计二种，四块。木造打麻油二桶。煤造打麻油二桶。笔铅一百磅。枧砂五十磅。绿胰五十磅。上五宗均装白铁桶。绿油颜料一百五十磅。黑油颜料一百五十磅。白铅油颜料一百五十磅。白锡油颜料一百五十磅。黄油颜料一百五十磅。蓝油颜料一百五十磅。上六宗均装白铁桶。各式篷布两疋。煤油线，径半密理至四密理，一百包。凡锅炉水筒抽水机器有渗漏处，均用此线接缝。橡皮麻布，厚一个半密理，一捆。又厚两个密理，一捆。又厚两个半密理，一捆。又厚三个密理，一捆。橡皮，厚十个密理，一捆。圆橡皮绳，径四分半，五十迈当。以上各分寸均按德尺，每寸十二分，每尺十二寸。又径半寸，五十迈当。又径七分半，五十迈当。又径九分，五十迈当。又径十分半，五十迈当。又径一寸，五十迈当。又径一寸一分半，五十迈当。油线绳，径四分半，五十迈当。又径半寸，五十迈当。又径七分半，五十迈当。又径九分，五十迈当。又径十分半，五十迈当。又径一寸，五十迈当。又径一寸一分半，五十迈当。棉花线绳，径三分，五十迈当。又径四分半，五十迈当。又径半寸，五十迈当。又径七分半，五十迈当。又径九分，五十迈当。又径十分半，五十迈当。粗麻线一百磅。细麻线一百磅。绿色铁丝罗，约长十迈当，一捆。铜丝罗，约长五迈当，一捆。铅丝，径由半密理以至三密理，一百磅。不燃火之白腊片，厚二密理，六块。又厚二密理半，六块。大、小油漆刷帚二十五把。两把手铁车两个。倒铅勺四把。洋锁并钥匙，器具箱并木柜所用，一百副。洋锁并钥匙扭把，各房门所用，五十副。铰链，器具箱并木柜所用，一百副。又房门所用，五十副。入木铁螺丝，长半寸，六十打。又长九分，六十打。又长一寸，一百二十打。又长一寸三分，一百二十打。又长一寸半，一百二十打。又长二寸，一百二十打。又长三寸，一百二十打。细铁钉，长半寸，二十四打。又长七寸半，六十打。又长一寸，一百二十打。又长一寸半，一百二十打。又长二寸，一百二十打。又长二寸半，一百二十打。又长三寸，一百二十打。又长四寸，一百二十打。顶细铁钉，自一号至十号，每号十包，共一百包。又自十号至顶大号，每号五千个。铁螺丝连螺丝母，径四分半长一寸，一千个。又径半寸长一寸半，一千个。又径半寸，长二寸，一千个。方铅二百磅。铅皮，厚二密理，一卷。白铅皮，厚一个至一个半密理，四卷。大小白铁皮五十片。黑铁皮，每片长二尺，宽一尺半，重三磅，共二百磅。以下五宗长宽尺寸与此数同。又重四磅，共二百磅。又重五磅，共二百磅。又重六磅，共二百磅。又重七磅，共二百磅。又重十磅，共二百磅。铁板，长六尺，宽三尺，厚三分，十六块。以下铁板、黄铜板、紫铜板共十六宗，宽长尺寸与此同。又厚四分半，十六块。又厚半寸，十六块。又厚七分半，十二块。又厚九分，十块。又厚十分半，五块。又厚一寸，二块。黄铜板，厚七厘半，二块。又厚一分半，二块。又厚二分二厘半，二块。又厚三分，二块。又厚四分半，二块。又厚半寸，二块。紫铜板，厚七厘半，六块。又厚一分半，六块。又厚二分二厘半，二块。又厚三分，二块。黄铜条，径四分半，二根。又径半寸，二根。又径七分半，二根。又径一寸，二根。紫铜条，径七分半，一根。又径十分半,一根。又径一寸,一根。四方紫铜条,方一寸,一根。又方一寸半,二根。扁铁条,宽四寸,厚一寸,二条。又宽三寸,厚一寸,二条。又宽二寸半,厚七分半,二条。又宽二寸,厚七分半,六条。又宽二寸,厚半寸,六条。又宽一寸九分,厚七分半,六条。又宽一寸半,厚半寸,六条。又宽四寸,厚二寸,二条。又宽一寸半,厚四分半,六条。又宽一寸半,厚三分,十条。又宽一寸三分,厚三分,十条。又宽一寸,厚半寸,十条。又宽一寸,厚四分半,十条。又宽一寸,厚三分,十条。圆铁条,径三分,二十根。又径四分半,十二根。又径半寸,十二根。又径七分半,十二根。又径九分,十二根。又径十分半,十根。又径一寸,十根。又径一寸一分半,十根。又径一寸半,六根。又径一寸九分,二根。又径二寸,二根。又径三寸,二根。四方铁条,方十分半,十根。又方一寸,十根。又方一寸三分,十根。又方一寸半,十根。又方二寸,十根。又方二寸半,十根。又方三寸,十根。扁铁条,宽五寸,厚三寸,十根。扁钢条,宽一寸,厚半寸,六根。做錾刀用。四方钢条,方半寸,长六迈当,一根。以下四方钢条、圆钢条、扁纯钢条共十七宗,长度与此数同。又方九分,一根。又方十分半,一根。又方一寸,一根。又方一寸半,一根。又方二寸,一根。又方二寸半,一根。圆钢条,径半寸,一根。又径七分半,一根。又径九分,一根。又径十分半,一根。又径一寸,一根。又径一寸半,一根。又径二寸,一根。扁纯钢条,厚三分,宽一寸,一根。又厚四分半,宽一寸半,一根。又厚四分半,宽二寸,一根。又厚半寸,宽二寸半,一根。上好圆钢条,径一分半,长十二迈当,一根。以下三宗长度与此数同。又径三分,一根。又径四分半,一根。又径半寸,一根。粗、细铁丝,由径半密理至五密理,四百磅。粗、细紫铜丝,由径半密理至三密理,一百磅。粗、细黄铜丝,由径半密理至五密理,一百磅。白铁瓦,第十一号,二百见方迈当。又第十二号,二百见方迈当。又第十三号,二百见方迈当。窗门玻璃三箱。铁丝网系玻璃窗外罩所用。二百见方迈当。洋硫磺一百磅。洋松香洋名波拉克斯。一百磅。硬松香一百磅。靓砂洋名阿摩呢亚。二十五磅。磺镪水一坛。盐镪水一坛。松香一百磅。铅锡参杂之料五十磅。画图洋纸二卷。人力小车床一具。随带活动床架。中针高一百二十五密理,两针相距五百密理,床面长一千一百密理。又有牛筋二条,并皮带各件俱全。摇手钻一具。可钻眼,径二十五密理,并应用零件俱全。磨刀石二块。径约一迈当。

砖窑家具。

一、横式压砖机器一架。连砖台二,砖模二,有十二至十六马力,每一点钟从两面压砖能出二千五百至三千五百块。随带零件俱全。二、碾泥机器一架。安于卧机上者,碾轮径五十五生的美达(合部尺一尺五寸七分半),长六十生的美达(合一尺八寸九分)。三、备用砖刀两副。四、刀背稜两副。五、备用砖模四个。六、筛子四个。过石面用。七、备用铁水柜两副。连皮管及开关钮。八、备用砖台一个。切砖用。九、备用砖刀两副。归已到者内。十、背稜刀轮两副。归已到者内。十一、水柜两个。归已到者内。十二、备用切砖桌子一个。归已到者内。十三、孔砖模子两副。归已到者内。以上五条俱归入已到家具之内,为备用件数。十四、火轮卧机一副。有二十马力,用以推转碾轮,连皮带轮两个。十五、轮机验力表一副。连盒,零件全。十六、锅炉一个。用二十马力,水火筒皆横者,有空气力六个。按德国锅炉试保例,随带德国官凭,并带安设全图及收拾之法。凡烧火添煤各件以至零件、备件须与德国一律。十七、吸水器一副。十八、归火筒、水筒等之铁焊脚版、螺丝、气管、水管全件。十九、皮带一条。长二十五美达,合七丈八尺六寸五分。足压转、碾泥两机器之用。二十、归气筒备用之水管、火管一全副。二十一、备用炉栅两副。二十二、升火家具两副。二十三、汤气表一副。二十四、油壶两个。一装十启罗,一装十五启罗。每启罗合关平二十六两四钱。二十五、小滴油壶两个。二十六、压油壶一个。二十七、铁单轮车一辆。二十八、尖头铁锤六个。二十九、螺丝钳子一副。三十、总螺丝钳子一把。三十一、细铁匠家具一副。手锤一、铜锤一、大锤一、錾子二、平口錾子二、钉钳一、线钳一、桌钳一。三十二、球灯十二个。用煤油。三十三、杆灯十二个。用煤油。三十四、手灯六个。用煤油。三十五、各样玻璃灯管二十打深。三十六、灯心二十卷。三十七、擦灯杆十二根。擦玻璃灯管用。三十八、(绵)〔棉〕纱一包。三十九、煤油壶两把。每把装十五启罗。四十、木匠家具一副。大小斧子、锯、钻、钻头、各样刨子、各样钳子、螺丝拧子、锤、各样凿子。四十一、水龙一架。内用圆球式吸水鞲,鞲连空气罩。龙架用四轮车,有双筒,筒径一百二十五美里美达(合四寸九分余)。又入水橡皮管带吸水篦,长十美达(合三丈一尺五寸),出水橡皮管连管嘴,长五十美达(合十五丈七尺五寸),径各七十五美里美达(合二寸三分余),亦可作救火之用。四十二、救火水桶十二个。四十三、面粉一百斤。四十四、各样线钉铁钉五千个。四十五、各样螺丝钉五千个。四十六、煤筛子两个。四十七、铁砧子一个。重五十磅。四十八、大锤两个。打铁用。四十九、火剪两把。五十、双铁路。长四千美达(合一千二百六十丈)。木托由旅顺造。路宽六十生的美达(合一尺八寸九分)。连定铁路之钉,结铁路之夹版、钉子等。铁路每美达重十二启罗(合三百六十两八钱),钉版在外。五十一、叉路活枢八全副。宽照铁路。五十二、铁版两种。一,每版长一百一十生的美达(合三尺四寸六分余),宽九十生的美达(合二尺八寸三分半),厚两生的美达(合六寸三分),

计三十块。一,每版长宽均一百一十生的美达,厚两生的美达,计十五块。五十三、箱车十辆。每辆能装物一立方美达,即长宽高均一美达(合三尺一寸五分),辙宽与铁路同。轮用硬铁,轮内周围较大于外。轴眼在轮之内面车箱之旁,用活闸版。五十四、箱车十辆。每辆能装物五百里达,长宽厚各十个生的美达,为一个里达。五十五、运砖车二十辆。辙与铁路之宽合,每辆能装砖八十块至一百块。五十六、车轮四十对连轴。轮内周围较大于外,连轮夹及轮夹铜衬。此车轮与五十三、五十四、五十五等车所用之轮同。五十七、大总螺丝钳子六个。两人力所用者。五十八、与五十七同。一人力所用者。五十九、车前灯笼四十个。用煤油。六十、归十四洞圆窑用铁零件两副。热气管一百六十八个,各径一百三十七美里美里美达(合四寸三分余)。热气管塞一百六十八个,高一百三十三美里美达(合四寸一分余)。烟管十四条,烟管塞十四个,烟管塞铁杆十四根,径十九美里美达(约合部尺六分),长一百八十五生的美达(合五尺八寸二分余),杆头有螺丝连活母螺丝。螺丝钉一百二十个,径十九美里美达(见上),长四十生的美达(合一尺二寸六分),带六角母螺丝及螺丝垫、夹版。六十一、支更表四个。六十二、大圆自鸣钟两个。定在窑炉之上。

以上统计实价四万码克,以上统计到工路费一万码克,二共合五万码克,折湘平银一万两整。

特拉斯磨。特拉斯乃外洋土料,用此磨轧碎。

一、机器杵一副。口高五十生的美达(合部尺一尺五寸七分半),宽三十生的美达(合九寸四分半),每天能杵土料七十五吨。用松、紧两等皮带。此杵用生铁者极好。另带备用杵头两个。二、卧机一副。用十四马力。三、锅炉一个。照肥里得锅炉式,用十四马力。带吸水机两个,升火家具全件及全零件,并带空气力六个,及德国试用官凭。四、皮带一条。长二十美达(合六丈三尺)。足机器杵至卧机所用。五、锅炉备用各件全副。

水管两副,炉栅两副,升火家具全副。六、细磨一副。用皮带运转。上下扇均用硬火石作成,下扇用铁包皮。上扇径一百八十生的美达(合五尺六寸七分),厚四十生的美达。下扇径一百七十生的美达(合五尺三寸五分半),厚四十生的美达(合一尺二寸六分)。上扇用大小齿轮运转。七、石筛子四个。分为四号。头号筛底孔周围十六生的美达,合五寸余。

以上统计实价八千码克,以上统计到工路费二千码克,二共合一万码克,折湘平银二千两整。

那斯米子机器夯。

夯架。乃木料造者。长宽均约四米达(合部尺一丈二尺六寸)。夯桿。高十四美达(合四丈四尺一寸)。夯头。重一千四百启罗(每启罗合关平二十六两四钱,共计三万六千九百六十两,成二千三百一十斤正)。如西一千八百七十一年,在德国海口奇儿地方所用者极好。火轮机器及锅炉等。均照德国例,随带试用官凭。凡一切零件及备用停簧等概勿缺欠。备用火轮机器之气管两副。备用升火家具一副。备用炉栅两副。试用夯力德国官凭。安设全图。即若何安设之图。木工全图。凡在旅顺应作之随夯木工,均自德国带图来华,以便照图制造。机器夯全图。

此折除木件外,均自外洋运到。统计价值一万五千码克。木件概不在内。统计到工运费五千码克,二共合二万马克,折湘平银四千两整。

铁路各种物件。

第一,火轮车子二个。两轮宽隔六十生的密达,长离九十生的密达。煤、水等重四吨半,有十二个气力锅炉,火盘六方密达。气筒宽一百二十五米力密达,气筒内活机器二百四十米力密达,轮宽五百八十米力密达。车与锅炉当按德国例好坏,官要察看该官凭据。锅炉画图并章程均须先为交出,车上零碎家具及必须买各物均要有余,以备更换,应余各物已详德文单内。第二,重铁盘八个要转动五吨重车子,盘路宽六十生的密达,盘路下有圆钢路。第三,轻铁盘十个要转动三吨重车子,盘路宽六十生的密达,盘下有铁椅钢脚。第四,管改铁路叉子左右各二个,共四个。管改钥匙宽六十生的密达,叉路上是钢,下是铁。第五,钢路长一千五百密达,宽六十生的密达。钢路一密达重十个的陆铁脚长八十生的密达。连络钢路铁脚应用各物须买来外,尚须余十分。第六,轻铁路无顶车子十个。两轮隔六十生的密达,长离九十生的密达,可运重至两吨。第七,重铁路无顶车子十个。两轮宽隔六十生的密达,长离九十生的密达,可运重至四吨顿。第八,煤铁路车子。两轮宽隔六十生的密达,长离九十生的密达,可载煤二吨。第九,轻车盘十个。两轮宽隔六十生的密达,长离九十生的密达,可载重至三吨。第十,以上各车车轮、车架均须余一百分之二十分。第十一,修造铁路应用一切家具。

具领坞岸工款商请划兑牛宝禀

光绪十二年七月初三日

窃旅顺坞澳各工,现值秋气澄霁,人夫云集,挖土工程日见起色,加以善威窑炉烧砖及石岛定购坞用方石,各处需款浩繁,拟恳宪台饬下海防支应局准在善威估定坞岸工款项下,再行拨发湘平银五万两,由职局派员承领,俾济要工。惟辽东风气向只行使牛庄宝。前数年间,职道每向支应局商领牛宝到局后,与别项银两匀搭,尚可通用。近以所领专是天津九九二卫化宝,旅顺地极偏僻,本无巨商,不辨银色高低,每至换钱之时,百方挑剔,几至目为假银,市面不愿使用,夫头不愿承领,殊觉万分棘手。伏思山海关洋税向系征收牛宝，光绪十年冬间，职局曾经禀请划拨，承领到工行用，极为合式。该关征款现经拨解总理海军事务衙门，未知与津局现存专济坞工海防捐款能否互相划兑，倘可一为转移，实于旅顺目前全工大有裨益，盖换钱为难，则夫头疑沮畏避，夫头设有逃累，则散夫失所依归，动辄贻亏公帑，工程亦因之濡滞，事极琐屑，而隐为害于全工者甚巨。际此工程吃紧，职道目击情形，不敢不亟思变通补救之法。愚虑所及，是否可行，均候宪裁核夺批示祗遵。

拟调轮船差遣禀 光绪十二年七月初四日

窃职道等前于遵派海镜赴台禀内曾经声明：此后往来朝、旅各处，差多船少，拟（在）〔再〕随时添调。仰蒙宪鉴在案。查利运一船现虽往来津、旅，惟该船经兵驳局原定章程，装物渡人，水脚颇重。此地间隔重洋，各防营因公赴津、烟员弁以及领运饷械，非船莫济。每因水脚难筹，不能搭坐该船，不得已随民船渡海。上年九月间，曾有全船沉溺之事，皆职道等所确知。且该船每有运物赴营、榆各口之时，亦未能专济旅用。又据镇海船管驾汪思孝迭向职道等面禀，该船舱底渗漏，日甚一日，若非七、八月间驶赴沽坞修舱，恐秋深后风急浪高，势颇危险，并准朝鲜袁守世凯函述情形大略相同。伏思仁川地方必须有船来往，借通文报，兼备缓急。两驳船各载巨炮，行海较迟，秋冬更非所宜，迭经职道等切嘱袁守，应令驻仁操演，用壮声威，万不可派令行海。镇海船漏待修又万不容缓，急须筹船接替。伏思北洋三关驻泊各有专船，镇海终年奔驰海上，几无暇日，而泰安、湄云闲泊时多，似非所以均劳逸。目前帑项支绌，无从另议添船。可否仰恳宪台饬调泰安、湄云两轮船与镇海船一例应差。泰安船大压浪，拟令与镇海船梭织更替作为仁川听差之船。湄云船身较小，拟令与利运船均归旅顺听差，若遇事少之时，但以湄云驻泊听差，仍可腾出利运招揽商载，往来津、烟、旅各口，俾资津贴，以免坐耗。是否可行，伏候钧裁核示祇遵，并乞饬下东海、山海两关道施行。所有拟调差船缘由，理合会同统领水师丁提督禀陈。

请调护军营以资差遣禀 光绪十二年七月初五日

窃职道于本年六月二十八日，奉宪台札，饬将职营务处亲兵一哨酌量裁减，妥筹具报等因。奉此，伏思目前度支枯涸，此项护局亲兵非征防各军可比，即使裁减一半，月支仍在百金以外，每年仍需帑千数百金。他日报销，必干部诘，终滋后累。而以职局情势论之，各防营分扎两岸，周环二十里，时有文函来往，加以旅顺电局未另设立听差，分送电报皆由该兵等任之。旅顺兵夫云集，五方杂处，大非昔时可比，去年至今，盗窃各案指不胜屈。职局为银钱重地，每有存款数万之时，倘有疏虞，何敢辞咎？遇有夫勇商民争斗、火灾各事，又不能不弹压援救。止此五十余人，终日竭蹶不遑，犹觉不敷遣用，若人数过少，实难为役。思维再四，颇费踌躇。查旅防淮勇八营，惟护军正、副两营所驻距职局较近。去冬今春，盗贼繁滋，王故镇永胜、张都司文宣屡有拨勇护局之议。职道因其时操防正紧，且未禀奉宪谕，决不敢私役防营。今当海波镜平，又值职局裁撤亲兵，乏人差遣之际，可否仰恳宪台逾格恩施，准于护军正、副两营每营各调护军两棚，暂归职营务处差遣，仍令按关由原营各支原饷。其开革募补，拟调到后，暂由职道管理，以收臂指相使之效。计共四棚，应调什长、正勇、伙勇四十八名。俟两三年后，旅顺工程完竣，船坞事有专责，仍将该勇等送还原营当差，其职营务处原募队长、护勇、亲兵、伙勇等五十六名即于奉准后一律裁撤住支，并将前经垫支月饷仍由职局移向支应局领回，以清款目。惟哨官一员，月支薪水湘平银七两二钱，拟恳宪恩仍准留用，俾得随时约束，免滋事端。其月支薪水仍由职局附入员弁辛粮册内，随时垫支领还。是否可行，伏候钧裁核夺批示祗遵。

陈报履勘旅工各情形禀 光绪十二年七月初八日

窃职道保龄偕善威、湛博士上月回工后，会同职道含芳履勘商酌。查船坞已挖宽长丈尺，据湛博士称，专为修定远各舰，不再添长大之船，长已足用，宽嫌太多。惟此工应随挖即砌，不当挖成后久不修砌。职道等屡催善威速交石样及块数若干清单，以便派员赴石岛速购，尚未交来。据称逐样图画约有五十余样，俟催到时，即当赶办。在洋定购之特拉斯尚未运到，已电怡和宓克赶催。湛博士云，渠虽做工多年，特拉斯实未用过，得失无从置议，此后仍以购整桶塞门土用较妥。职道含芳就善威估价单内买三千吨需银四万五千两核之，是每吨核银十五两，与在沪购塞门土每桶三百斤约价银三两者比较斤重物价，实系不甚悬殊，似湛言不为无因。其能否合用，拟俟运到做成时，饬黎晋贤等会同考验，未敢专信一面之词，恐致虚糜。旅工塞门土已将用罄，职道等现电沪商选购千数百桶以备工需，亦为两相比较之计。最吃紧者，所造硬砖必须费省期速，为坞工一大关键。现正切实考核，另禀专陈，此船坞尚未开工之情形也。前办东南至正南之泊岸，应挖土工一百丈，日内即可赶完。其现估改为厂澳尽挖西南面稀淤之工，经职道等督饬王提调仁宝于六月十四日开工，此工以先筹出土远近与堆土处所为要著。前在津时，本与善威议定，即用已购铁路轮车为一举两得之计，但须多添土车,经费尚不甚大。迨回工后,善威忽称,坞购之路借用必致损坏,须另照购补还。而究竟路须若干长,车须若干多,各件估价若干,必有细单乃能酌度合算与否,以定从违,迭次催询,尚未交到。更恐购自外洋,旷日持久,未便株待。另已添置小车,招集人夫、驴头,均由土方价内设法,不添款项。目前办法,分北、东两路出土:向北出者,约扯合方价七钱五分;向东出者,约扯合方价六钱余至七钱。即使不用铁路,无从再行节省。而连前办之东南一百丈方价,通盘计算,仍与善威在津呈单估土工银十八万八千余之数比较,总可有少无多。惟善威、湛博士皆坚持东面不可出土,必须做第二澳之议。职道等悉心考察,向北、东两面出土与专向北面出土,方价尚不甚悬殊,但土工须多分路方能用人多而成功速,若专向一面出土,蒇事之期相差在半年以外,须明年冬季乃能告竣。而厂口之澳终虑风大,恐他年有仍修小澳之事,善、湛所虑未为无见。计东面澳宽九十丈,在正东或东北地方留为小澳地步,则九十丈正澳之东南隙地本属无用,似可堆土,以期便利。此事职道等未敢遽决,伏恳宪裁批示施行。至稀淤形势以西南为尤甚,即东南已挖之百丈内,其下尚有黄土八九尺者,上面坦坡黑淤忽于六月二十九日坍下长约十丈余,宽约二丈至六七丈,为土约万余方,顷刻间势若崖崩,几致伤人,幸下面黄土未动。就此揣度,若非泊岸做法定准,再似坞土之挖成不砌,延阁数月,一经霖雨积雪,必将此倒彼坍,增无名之大费。其西南角之泊岸边线土工挖界,经善威、湛博士挖看,类如取饴盎中,随手即合,是以究应挖至何处,善威亦未能指定,此挖土工之情形也。南面泊岸做法,职道等与善威、湛博士意见略同,必须仍砌陡直石岸,处处可以泊船。乃为正办斜坡碎石,善、湛皆甚不谓然。沪寄铁码头图单,高七八尺,与此工须高三丈余者，情事悬殊，似难合用。惟湛博士以为善威原估用砖做泊岸背不如改用塞门土搀沙与碎石而成者，即西法所谓驳塘也。据称英之临海泊岸大半用此，前用条石作面，仍如善议，其经费亦较节省，职道等颇佩其言。其北、东两面旧做泊岸，于六月十八日下午，因善威、湛博士未先通知，辄派人在岸背开挖，工员等劝阻之，善亦来告。十九早，职道保龄先往挖处周勘，即约善、湛面谈。据湛云，约略看旧泊岸恐不能敌开门后之长风巨浪，必须重做。善威、德威尼各有数千金修理之说，皆属敷衍。三五年后，必倒坏水中，更难设法。须用十万金专办此工，就旧料而用新法，亦以驳塘为背，乃能永久不敝，但非挖看不能定准。其识明议决，皆发善威所未发，职道甚为叹服，即时允其开挖，渠等亦欣欣而去。旬日开看三处，尚未开完。此工误于一味省帑，估塞门土各料太少，合四五丈工料之值不能敌现估一丈之款项。职道昔年卤莽从事，至今引为深咎，讵敢讳疾忌医，再误大局，伏恳宪台饬下湛博士从实核计，以图久远。全工幸甚，职道幸甚。至南岸应修库屋，职道含芳迭催善威详细分界图单，尚未见到，拟俟交到后，由职道含芳督同牛丞昶昞切实估计，另禀上陈。所有现办旅工各情形，理合肃禀，伏候钧谕训示祗遵。

核计善威造砖估折据实陈明禀

光绪十二年七月初八日

窃查建坞工程首在集料，料若不集，工无所施，事之至理，天下所同。职道保龄在津面奉钧谕，坞面方石以外，定见用砖。回旅后，遵将发交善威造砖估价、比较石料各折，与职道含芳一面求其根底，一面催令作速盘窑，并亲至窑中看。其已盘大、小窑各一座，并询其所出砖数,俾讨论原委,方有实在把握。惟查前呈中堂造砖估折内开,每块泥土价值三厘,用煤值银一厘半,破耗值银半厘。每年工银一万五千三百六十两,每砖摊银三厘。共砖一块合银八厘。职道等查折开之泥土、用煤、破耗三项皆开明砖数,而一年各项工价一万五千三百六十两,每砖摊三厘,并无每年确烧砖数多少,不知凭何数目而摊计之。煤砂每千块用煤五百斤,现在已有大窑,询之司事者,每窑烧砖九千块,十日一出,用煤九千斤。小窑烧砖二千块,五日一出,用煤二千六百斤,计算煤斤皆比原估加倍。近据善威所说,新换小煤不合,须仍照前用开平五槽煤。以煤价每吨五两五钱计,比之原估四两五钱,每吨又多银一两矣。此折上之不实也。比较砖、石价值单内又称,砖价原估八厘乃系约计,而细核只需六厘,其如何细核之处,亦未开明,就其所开不符之几厘,屡派陈文祺面问,均以事忙,无暇回答而止。更有机器价值、造窑、设厂、做屋之费皆不在单内。此项用费一两万金,不在砖数内摊,遗下未完,不知从何报销,即或能另筹款,而比较砖、石之贵贱,理应载明通算分摊,方能得其实际。倘每砖多一文钱,合全坞用砖八百余万计之,即多银五千余两,所关颇重,此又职道等不敢不考实者也。现在两窑:大窑九千,十日一出,是一月三出,得砖二万七千块;小窑二千,五日一出,是一月六出,得砖一万二千块,二共三万九千块,以十个月计,应得砖三十九万块。现据陈文祺面称,善威已画图添做大窑一座。开方核算,约每次可烧砖十八万块。照现在大窑十日一出计之,每月三出,可得砖五十四万块,十个月共得五百四十万块,而用砖之数按其折开六千六百九十方内除用坚石一百三十方,共用砖六千五百六十方。按折开每华方用砖一千二百八十块,核计共用砖八百三十九万六千八百块,(是)〔视〕新旧大小三窑十个月所出之数尚少四分之一。又据陈文祺说俟此窑告成,拟再添一座。若果再添大窑一座,尚可敷用。而第一座大窑尚未盘完,约须七月底、八月初可成,待至窑成,一月干后,能烧已是八月底矣。其再添之窑,尚不知何时动手。九、十、冬月之半仅只二个半月,冬月半后以至开春二月半,此三个月土冻不能取矣。三、四、五、六共四个半月,新旧两年共仅七个月,而雨雪耽阁,均未计及。以时日计之,其砖之能否彀数,实难预定,所呈单内有明年七月告成之语,迨恐该洋人自欺之词也。职道等屡约不来,又派陈文祺往问,皆称事忙,不得回答,又复条开函问,亦似投石于海。职道等荷蒙委任,功令所系,不敢不计其期限急于开工,人言可畏,又不敢不计其实费以核帑项。且事权所在,既蒙委以督办,若不确察著实,以后必至糜费误工,即或中堂加恩能为职道等恕,而职道等又何颜甘作此木偶人耶?凡此工料、机器等价,职道等屡奉札饬考核,帑项攸关,分内之责,但愿其价省期速,不至多费旷时。无如所估太不靠实,亦不敢不据实陈明。是否有当,理合肃禀,虔请训示施行。

附报开平成砖情形禀 光绪十二年七月初八日

再者,开平之砖,缸砖也;善威之砖,泥砖也。查其折开西国各处用砖之工比石耐久,缸砖敌石,情理尚通;泥砖胜石,必无此理。纵使塞门土满灌得法,而砖体开裂,又将奈何?无论所言真伪,其所呈之砖已在宪辕浸试七日,吃进之水二十二两。现查所烧破碎甚多,尚不如中国青砖,岂可与缸砖并论?此等大局所关,巨帑之工,该洋人又何必回护?当初献策之短,贻将来未完之患,其患实非小可,即至其时,该洋人一走而已,无言可对而已。职道等自问当得何罪？大局又何从补救？此不能不慎之于始也。据陈文祺面称，传闻从前开平用西国窑式，成砖不佳，后又改用别式，沿用至今。则地气土性之不同耳。今善威新盘窑式果能成砖与否，若证以开平往事，是又在两可之间，而公然自认成坞限期，究竟有何把握？以上自欺之举，不知受何人之传授，职道等不得不细思而实陈之，合再肃禀。

遵饬核议英商勘估机器禀 光绪十二年七月十二日

窃职道等于本年六月二十八日，奉宪台札饬，以耶松英商霨霞禀称，旅顺海口造坞，经商人核实勘估机器各节，所禀有无把握？怡和购办是否核实？有无铺张隔膜？其坞旁厂屋应用铁梁、铁瓦与德威尼所议相同。饬即查照，妥细核议，据实具覆。并发耶松原禀一函等因。奉此，职道含芳遵将原册发交黎晋贤与梁普时细核。先将横写之华文抄写成行，以类相从，编成册式。职道等细阅耶松所开各项，分门别类，确是修船真正专门，诚非冒充内行者所可比拟。至怡和已购头批机器由善威定单约估银十四万八千两者，如铁门船、特拉斯、大小吸水机器、烧砖机器各件皆工程应用之物，与修船机器无涉。其善威已拟未购之船厂用各机器约估银七万二千两者，又属有纲无目，无从比较。又，德威尼所开折内第十八款：剪床两架，汽锤两架，车床六架，刨床两架，钻床四架，物类寥寥，不堪与比。或今日估价，故少为将来必须添购地步，或竟未知其详，皆未可定。查百工各有专家，湛博士在旅时，职道等曾询以修船用何机器？如何建厂设器？渠答以工程之外，机器丝毫不懂，不敢妄说，即西国各学堂亦从无工程、机器两事均能在行之人，所言颇为著实。耶松本系船厂，其开列之单如庖人治具，五味皆知，八珍亦备,若善威、德威尼之徒皆专门工程竟不能相提并论,假令圬者治庖亦必同此隔膜。再,定远各舰不日可巡海回旅,他日修船之器必以合该船得用为贵,拟请宪台迅饬霨霞来旅,俾职道等与之细谈,就船考订,未始非旅局之幸也。所有遵核机器缘由,理合肃禀,伏候钧裁训示施行。再,霨霞原单其译文名目小有歧异,应俟面议后,连同抄册禀呈,合并声明。

请檄刘道兼管水雷营事务禀

光绪十二年十一月初三日

窃职道前因旅顺水雷营系属初创,一切会商张道席珍、顾守元爵、牛丞昶昞等办理,深赖众力匡助,规模粗具。管带方弁凤鸣虽年少资浅,而有志向上,日督兵目训练讲求,孜孜不懈,甚为刘道所称赏。近年各弁兵技艺皆有长进,曾经刘道考试,详报有案。惟职道现病未痊,张道、顾守等远在天津,牛丞又将赴威海,深恐雷营弁兵功夫懈退,无人考察督率,隳此数年教练心力,亦颇可惜。病中念此,刻不能忘,拟恳宪恩,檄委鱼雷营刘道兼管水雷营事务,俾资整顿。刘道深悉雷电理法,其训兵之严整精详,洵属一时无两,必能措置悉当。以后诸事即由刘道主持,径行具禀,毋庸再会职道衔名,以免函商迟误。其该营应领发辛饷及经垫各项制造经费,拟截至本年年底为限,仍由职道一手经理禀明,领还归垫。自光绪十三年正月起,专由刘道经办领发,以清起讫。抑职道更有请者,水雷功用与炮台相为犄角,若归防军将领统率,尤属一气相生,且文员练兵终非久计。十一年二月间,职道曾面禀论及,仰蒙钧指嘉纳伏见,现统庆军张镇光前、现统护军张都司文宣皆志力远大,心思沉细,职道在旅数年,心敬其为人。目下分守两岸,皆有炮台、口门之责，倘蒙宪台檄饬该两统将随同刘道认真学习，或可收他日得人之效，因雷电理法非一蹴可几，尤须性情相近者潜心领会，数年后，方能深通窾要，不能不宽为之储，早为之计也。是否有当，伏乞钧裁核夺批示施行。

陈报病状并申谢忱禀 光绪十二年十一月十八日

窃职道驽下无状，仰蒙任使，徂东五载，有过无功，竟以积瘁之身，遘猝发之病。方侍钧座，颠陨愆仪。更蒙宪台恩恤矜全，迥逾常格。遣医遗问，相属于道。百方慰勉，宽其病怀。感激涕零，铭之肌骨。余生幸存，捐糜莫报。计自初病迄今五十余日，始为医家温补所误。十月望前后，又触犯气痛旧症，饮食不进者数日，为最险剧。本月初，改服去痰通络各药，下痰甚多，肺气日壮，饮食亦加。医言肝寒肝郁十除八九，心气过亏尚非一时可复元，静养数月可愈。日来，左半身血脉流贯，左手可自摩其顶，左腿日见轻便，试以脚踵贴地，尚无缪戾斜侧之苦，惟腰膝太弱，未敢试步，尚须缓以时日。知蒙钧廑，敢先禀陈。敬闻宪节赴会垣，不得叩送，益增依恋，谨将应理报销力疾督饬李牧次第清厘，随时禀办。所有感恋下忱，手禀上陈。未能庄缮，伏乞恩宥。

遵照造报经收澳坞坝岸土石各工禀

光绪十三年二月初九日〔附清折〕

窃职工程局王提调仁宝经修澳坞坝岸已做土石各工丈尺数目，前经周署运司查照该提调呈递清折，逐一丈量，均无短少。其石坝根脚验明露面处所，亦无蹶裂痕迹，据实禀覆。仰蒙宪台批准，札饬职道，督饬王提调赶将一切用款核实，妥造清册报销等因。

奉此，遵即行令该提调核实，妥造清册，并缮具原估现报各数简明清折，呈候核转前来。职道逐细覆核该提调经修已做土石各工：一，船路、船池，原估湘平银二十五万四千七百两，加以迤东拦截山水坝原估银三百八十四两，两边拦水埝原估银二百八两。又，另案估泊岸、石坝两工项下，开宽船澳南、北、东三面坡分银一万七千三百九两三钱七分五厘，北面石坝沟槽银九千一百三十九两二钱，统计共原估银二十八万一千七百四十两五钱七分五厘。除已报过节省银五万两外，实存原估湘平银二十三万一千七百四十两五钱七分五厘。查现报销土方湘平银二十四万二百四十七两九钱二厘二毫，比较报过节省，实存原估计溢支银八千五百七两三钱二分七厘二毫。除内有光绪八年挑挖废工，并十一年两次重挑坍土用银八千二百三十两九钱六分零八毫不在原估，实溢支银二百七十六两三钱六分六厘四毫。一，石坝、泊岸工程原估土、石两项统计湘平银十二万三千二百六十六两五钱九分八厘六毫，内除船澳三面坡分并北石坝沟槽估银二万六千四百四十八两五钱七分五厘归并土方项下列报。又，南石坝沟槽，原估银一万八千五百三十五两七钱二分，改归开宽南帮新土项下另估。又，泊岸背后挑垫黄黑土并底盘，原估银一万二千二百九十二两五钱，除划还南帮坡分方价外，应存原估银五千八百九十四两六分二厘五毫，已归砌岸小工、挖澳方夫挑垫，作为节省，不另开支。计泊岸、石坝灰石工料，实净原估湘平银七万二千三百八十八两二钱四分一厘一毫，查现报销工料并购存未用各料共湘平银六万九百四十三两一钱六分，计留存未做工价湘平银一万一千四百四十五两八分一厘一毫。一，黄道瑞兰原做御潮土坝加培外帮硪工，原估银二千一百四十六两二钱五分，又加培内帮硪工，原估银一千四百四十两，二共原估湘平银三千五百八十六两二钱五分。查现报销银九百八十七两八钱八分六厘五毫,计应节省银二千五百九十八两三钱六分三厘五毫。惟光绪八、九两年冬季暨十二年六月,叠次抢险、镶埽、镶石、抛护石块、填垫秸料,并建造北码头暨南坝泄水闸、白玉山南拦土石坝用过各工料银七千四百八两五钱一分四厘五毫,均无原估,连前共现报销湘平银八千三百九十六两四钱一厘。除将前项节省抵算,实不敷开支湘平银四千八百十两一钱五分一厘。一,船坞土方,原估湘平银二万七百两,查现报销湘平银一万六千四百七十九两二钱四分四毫,计节省银四千二百二十两七钱五分九厘六毫。又,两次开挖南帮稀泥,除截数交洋员德威尼接办,计照原估用银七万九千七百五十九两八分一厘五毫,连船坞方价共报销湘平银九万六千二百三十八两三钱二分一厘九毫,综计四项共报销湘平银四十万五千八百二十五两七钱八分五厘一毫。其中已有原估各工,除挖船坞土方价颇有节省。又,两次开挖南帮稀泥比照原估作为范围,连遣散土夫发给盘川一并核计在内,不另开报。其余各工间有以盈补绌,并溢出原估外者,均系核实开报,委无牵混浮冒情弊。未估各工如澳工重挑坍土两次,皆在报过节省之后。职道但图核实节帑,未知稍留余地,以防后患,虑事太疏之过,所不敢辞,然核计现报收工土三十五万五千二百余方,比较历次所估三十二万三千余方,尚有应留尽西土坝后戗土九千二百七十余方者,实已增办工程四万二千余方,原估具在,可考而知。其尽西御潮土坝后留土应俟澳坞工成,开口门时再行挑挖,现就所留方数约略以六钱四分估计,需银五千九百五十两四钱一分二厘八毫。此工既并交德威尼承办,他日办工时,拟恳宪恩,准在职局前就澳工方价截报节省银五万两项下查照发给。又,御潮土坝抢险三次,皆事出仓卒,无从预为估计,前与两次坍土等工均经随时禀报有案,其中赏给毅、护两军帮同抢险出力勇丁银七百两,亦已奉准在案。至石坝、泊岸两工共报销用过工料并购存灰石等银六万九百四十三两零,内有点交德威尼议抵石料银一万九千七百六十六两七钱九分一厘。又,折存石料并购存料物议抵银二万十一两七钱九分五厘,二共银三万九千七百七十八两五钱八分六厘,较之与德威尼原议划抵银共三万五千者,有盈无绌。此外,仍有购存铁锭计值银九百五十八两二钱三分,已饬该提调妥为收储。除册、折分别存咨外,所有职工程局王提调遵照造报经修澳坞坝岸已做土石各工缘由,理合禀呈宪台鉴核,并恳饬下海防支应局查照,分别列销。再,南对面沟引河,原估湘平银二千三十两四钱,除两次奉准赏给毅军出力勇丁银一千八百两外,加以购发器具,综计与原估无甚悬异,是以未另造报。王提调因系毅军勇丁经办之工,漏未开具丈尺,并请验收,拟仍饬补开丈尺做法,伏恳饬下周署运司、刘道补为收工,禀候钧批,饬准职局于总结工款时汇案列销,实为公便。是否有当,伏候训示施行。

计呈清折一扣。计开:

一,海路船池,原估土方银二十五万四千七百两,又海澳迤东拦截山水坝,原估银三百八十四两,两边拦水埝碱工,原估银二百零八两,二共原估银五百九十二两。又,泊岸石坝各工程项下续估开宽船澳南、北、东三面坡分银一万七千三百零九两三钱七分五厘,北面石坝沟槽银九千一百三十九两二钱,二共原估银二万六千四百四十八两五钱七分五厘。以上统共原估湘平银二十八万一千七百四十两零五钱七分五厘。除报过节省银五万两外,实存原估湘平银二十三万一千七百四十两零五钱七分五厘,现共报销湘平银二十四万零二百四十七两九钱零二厘二毫,比较报过节省实存原估,以盈补绌,牵扯核算,计应溢支银八千五百零七两三钱二分七厘二毫,内有废工坍土重挑用银八千二百三十两零九钱六分零八毫不在原估,应另开报,实溢支湘平银二百七十六两三钱六分六厘四毫。再,前项拦截山水〔坝〕埝,二估银五百九十二两,此工系用澳工酌加方价,归并报销,不另开载,理合陈明。

一,泊岸、石坝两工,原估土、石两项湘平银十二万三千二百六十六两五钱九分八厘六毫内,船澳三面坡分并北石坝沟槽原估银二万六千四百四十八两五钱七分五厘已归并土方项下报销。又,南石坝沟槽原估银一万八千五百三十五两七钱二分应归入南帮开宽、稀泥新(工)〔土〕项下另估,原估银应开除。又,原估挑垫泊岸背后黄黑土并底盘银一万二千二百九十二两五钱,除划还南帮坡分方价外,实存原估银五千八百九十四两零六分二厘五毫,已归砌岸小工、挖澳方夫挑垫作为节省,原估银应并开除。泊岸、石坝灰石工料实仅原估湘平银七万二千三百八十八两二钱四分一厘一毫。又,留存未做坝、泊价银一万一千四百四十五两零八分一厘一毫。现报销湘平银六万零九百四十三两一钱六分,内有点交德威尼未拆坝、泊两工议抵银一万九千七百六十六两七钱九分一厘。又,已拆泊、坝项下石料并购存灰木石料等银二万零零十一两七钱九分五厘,二共点交德威尼料价湘平银三万九千七百七十八两五钱八分六厘。又,另存铁锭值银九百五十八两二钱三分。连前实共存料价湘平银四万零七百三十六两八钱一分六厘,均在此项报销银六万九百四十三两零内,理合陈明。

一,御潮土坝加培外帮磩工,原估银二千一百四十六两二钱五分,又加培内帮磩工原估银一千四百四十两,二共原估湘平银三千五百八十六两二钱五分。现报销湘平银九百八十七两八钱八分六厘五毫,除报,计应节省银二千五百九十八两三钱六分三厘五毫。又,光绪八、九年冬季暨十二年六月,迭次抢险,镶埽、镶石、抛护石、填垫秸料,并建造北码头、南坝泄水闸、白玉山南拦土石坝,用过未经估计各工料银七千四百零八两五钱一分四厘五毫,除将前项节省银二千五百九十八两三钱六分三厘五毫尽数动用,仍不敷开支银四千八百十两零一钱五分一厘,连前共应报销湘平银八千三百九十六两四钱零一厘,内有奉准赏给毅、护两军于九年十月时帮同抢险出力勇丁银七百两,理合陈明。

一,船坞土方,原估湘平银二万七百两。现报销湘平银一万六千四百七十九两二钱四分零四毫,除报,计节省银四千二百二十两零七钱五分九厘六毫。又,两次已挑开宽南帮土方,除截数交德威尼接办外,比照原估,共用湘平银七万九千七百五十九两零八分一厘五毫,连船坞方价共报销湘平银九万六千二百三十八两三钱二分一厘九毫。再,两次开挖南帮稀泥项下,比照原估,本有节省。惟土夫五千馀名均由天津、登州、金、复等州各处招集来旅,此次改交德威尼接办,仓卒遣散,事出意外,苦累情形,不堪言状。除过支各夫无从追缴外,仍按程途远近酌给川资,综计所费不赀,现概归并此项方价销纳,不另开报,理合陈明。

以上四项统共报销湘平银四十万零五千八百二十五两七钱八分五厘一毫。

统计原估内节省银两,除前在澳土报过银五万两外,北石坝沟槽项下本有盈余,系归并澳土,牵扯核计,弥补不敷,应请免予开报。又,加培土坝项下节省银两已于抢险工内尽数动支,惟船坞方价项下实节省湘平银四千二百二十两零七钱五分九厘六毫。

统计未经估计各工,船澳废工坍土共用银八千二百三十两零九钱六分零八毫，又，御潮土坝迭次抢险并零星工程用款，除将加培碱工节省抵算，仍用银四千八百十两零一钱五分一厘，二共用未经估计湘平银一万三千零四十一两一钱一分一厘八毫。再加澳土项下溢支银二百七十六两三钱六分六厘四毫，连前未经估计，统共用湘平银一万三千三百十七两四钱七分八厘二毫。

又，统计坝、泊工程项下改估各工，并节省及留存工价共应存湘平银三万五千八百七十四两八钱六分三厘六毫，除将前项未经估计并溢支银一万三千三百十七两四钱七分八厘二毫应请查核划销外，实仍存坝、泊工程项下原估湘平银二万二千五百五十七两三钱八分五厘四毫。

再，尽西土坝后戗留土，南长十九丈，北长七丈五尺，均长十三丈二尺五寸，均宽三十六丈五尺五寸，均深二丈五尺。每丈土九百十三方七尺五寸，共土一万二千一百零七方一尺八寸七分五厘。除挑过土二千八百零九方六尺六寸外，实截留土九千二百九十七方五尺二寸，照每方银六钱四分核价，共合湘平银五千九百五十两零四钱一分二厘八毫。此工应俟澳坞全工告成，开口门时再行挑挖，将来何人承办，应请准在前就澳土已用工款截报节省银五万两内开支。至点交德威尼料价，二共湘平银三万九千七百七十八两五钱八分六厘，均经取有该洋员收字，应请饬于该洋员应领包办款内划扣。又，现存铁锭计值银九百五十八两二钱三分，将来此料归何项工程动用，即应归何项工程缴价，合并陈明。

核结水雷营正杂各款禀 光绪十三年闰四月二十八日

窃旅顺水雷营自十年二月起，至十二月止，由职工程局垫支正杂各款已于十一年二月间禀，奉准向海防支应局领还银一万两。

嗣于十一年十二月间汇呈。该营先后造呈全营官弁、兵丁、学生、教习等起支日期清册暨十年分制造用款清册，禀明该营应领辛饷。除全营弁兵自十一年起，每季在支应局具领外，其大、小学生六名，教习一员因起支或先或后，仍在职局按月支垫，拟截至本年十二月止，核数另禀归垫。又补禀十年冬间，旅防吃紧，恳准赏给该弁兵等皮衣，饬照汇入应行报销各项例定衣靴册内呈报。其应领款项即由职局在前经领回银一万两内核结各缘由，均奉批示，饬据该管带将未造报历届衣靴制造各册陆续禀呈。并据称，尚有十年二月未成营时，禀奉核准经办制造各项银六十二两八钱八分四厘四毫，漏未汇入十年分制造册内，另缮清折补禀，核转前来。职道等将各册、折开列用款详细句稽，均尚核实。除前赏给御寒皮衣出自宪恩格外体恤，不得据为成例外，查水雷营禀定营制章程内开，平时操演穿用棉、单粗布袄裤，头巾、草笠、布靴暨操雷号旗等，均准其一年更换一次。又羽毛袄裤非大操排队时不准穿用，定为两年更换一次，如尚能用，三年亦可。各等语。已早札饬该管带遵照办理在案。计自十年春季至十二年春季方满两年，适值宪驾莅旅大阅，该管带援案禀请购制青呢袷衣袴以为大操之用，随同应换夏季搭连布单号衣等，估计工料价值，恳准借领银两。职道因查该营前制羽毛袄袴已多破烂，现在另制青呢袷袄袴需费稍多，较能经久，且与营制章程内所定期限无背，准予汇案造册，禀候核转。至制造各项，当十年海防吃紧时，待用孔急，未遑概赴天津机器、军械两局请领，每在烟台等处就近购办。以十年及十一年春夏计之，每月约银百两有奇，职道等亦已于转呈十年制造清册禀内陈明在案。其后海防解严，惟封河期内不便在津运济，职道等历就该管带开呈需购物件单内酌量缓急多寡驳准。十一年秋冬两季及十二年制造各项总计为数已属无多,连同十年二月起,至十二年十一月截止,止在职工程局支垫正杂各款,饬据银钱处委员李牧竟成结报,共银一万四千八百八十一两九钱八分八厘六毫二丝。除前在支应局领过银一万两外,仍在各工款项下支垫湘平银四千八百八十一两九钱八分八厘六毫二丝。又,除收该营管带开单缴还考取一、二等弁兵加饷应扣银三两五钱四分二厘七毫外,实共支垫湘平银四千八百七十八两四钱四分五厘九毫二丝。等情。职道覆核无异。除将该营陆续送到册报分别存咨外,所有核结旅顺水雷营自十年二月起,至十二年十一月止,正杂各款缘由,是否有当,伏候训示施行。如蒙钧允,拟恳饬下海防支应局知照,于核明后,归职局经领坞岸新款项下列销,实为公便。此后均归刘道经理,以清起讫,合并陈明。再,据该管带方弁凤鸣造呈光绪十二年秋季日记册三本,合并附呈。

陈报节省盈余款项并请另储备用禀

光绪十三年十月二十五日

窃职道前蒙宪台委办旅顺大工,于光绪八年冬月东渡受事。维时海岛荒凉,经营伊始。商贾不前,百物腾贵。所带委员、司事薪水少者,月仅数金,顾兹薪桂米珠,几有不能终日之势。职道察度情形,酌添津贴每员每月火食油烛钱十二吊文、大米七十五斤,又因边外苦寒,发给冬煤;瘴湿为患,筹备医药。迨土工大兴以后,地广夫众,所派监工人员不敷分布,又添额外司事,借助人力不逮。采办料物暨因公往来津、旅员弁量发川资,俾免赔累,益以局用纸张,岁时各费,计八年冬初至十二年秋末四载之久,月用百数十金至四百数十金不等。职道深知帑项艰难,不敢另请公费。曾问周道，说及内地办公向章，匠夫工价概发九六钱文，核扣底串可充公用而不致伤正款，乃与各工员商定照办。然犹恐杯水车薪，终归无济，迁延久役，势必不支也。幸赖王提调仁宝综核精密，不避嫌怨，力筹撙节，于原估船澳、船池方价省五之一，而经职道补还邵连元欠户与土坝抢险购用秸料，奉准作正开销，价银一律饬令归入，现在请销方价销弥者尚不在此数。该提调复以十年秋夏之交，旅市私贩充斥，金、复商人来旅持票易银者众，银值陡涨，与原定方价时每两核制钱一千六百者相悬颇远，婉谕各夫头定议，比照原定银值酌量加增，以视市价则又大减。内地土夫带银回家，亏折亦尚无多，该夫头夙怀恩信，乐于从事。积少成巨，连同核扣九六钱文，陆续核计湘平银一万五千两，乃敷职局数年公用。职道前于善威办公时建议筹款生息，禀中所谓职局从前一应费用苦心经营，未动丝毫正款者，即指此节而言，实惟该提调一人之功。现计收支坝澳工款项下，由职局垫发不敷银五千七百九十六两零，盖亦该提调接办土石各工续扣底串钱文银价盈余，于应领工程项下照数划缴者也。至收支坞岸薪款项下，由职局垫支银一万七千五百七十八两一钱零之多，则因该提调续办土方截数交清，德威尼接收自应比照善威原估造报实在。职局领银六万五千五百两，计节省未领银一万四千二百五十九两七分一厘五毫，益以旅顺银价虽自地方严禁小钱以还，每银一两率常易钱不足一千五百，该提调坚持原议制钱一千六百定章，相机增加，操纵得宜，能廉能惠，职道自愧弗及。复于续办土工筹及底串钱文银价盈余共银三千有奇，皆经据开报细数，在应领方价项下查照划扣。综计该提调原办续办各工，现尚共节省盈余湘平银二万三千三百七十四两六钱七分六厘八毫九忽四微，即职道前禀由职局垫支之数。该提调前屡与职道论及旅工方价之大,碍难报销,常欲节省万金,以供他日费用。职道窃谓,海外办公本与内地不同,宪台自有权衡。惟自旅顺开办工程以至方来,款目繁巨,将来造册报部,各衙门应有之饭食银两,并支应局书吏纸笔之资,终须筹画,拟请饬下海防支应局于核明各报销后,将此次职局节省盈余湘平银二万三千三百七十四两零提出,即在该局另储,以备他日之需,似亦虑远预防之一道也。再,随同职道办公委员、司事、书吏、差弁薪水前于造报常支六款禀中声报,概自本年三月底截支止。惟职道因病延误报销期限,该员弁等守候日久,各有室家之累,情宜量予体恤。查职局前收王提调所缴盈余项下,有垫发前调淮军马队、哨官、勇夫自本年正月至四月辛饷湘平银五百五十三两九钱五分,拟即分给该员弁、书吏等,以为四月至十月八个月薪水,此款向由职局自向银钱所函领,不动禀牍。惟现当总结之时,不敢不随案声请。如蒙恩允,俟奉准后,仍由职道自向淮军行营银钱所在卫提督马队辛饷项下照数划扣饬领。是否有当,均候宪裁训示施行。

图书在版编目(CIP)数据

袁保龄公牍 / (清) 袁保龄撰 ; 孙海鹏整理. 上海 : 上海古籍出版社, 2024. 9. --(近代中外交涉史料丛刊). -- ISBN 978-7-5732-1321-1

Ⅰ. E953

中国国家版本馆 CIP 数据核字第 2024A3D605 号

近代中外交涉史料丛刊

袁保龄公牍

袁保龄　撰

孙海鹏　整理

上海古籍出版社出版发行

(上海市闵行区号景路 159 弄 1-5 号 A 座 5F　邮政编码 201101)

(1) 网址: www.guji.com.cn

(2) E-mail: guji1@guji.com.cn

(3) 易文网网址: www.ewen.co

浙江临安曙光印务有限公司印刷

开本 890×1240　1/32　印张 16　插页 6　字数 359,000

2024 年 9 月第 1 版　2024 年 9 月第 1 次印刷

ISBN 978-7-5732-1321-1

K·3689　定价: 78.00 元